Hochschultext

H. Werner   R. Schaback

Praktische Mathematik II

Methoden der Analysis

Nach Vorlesungen an den Universitäten
Münster und Göttingen,
herausgegeben mit Unterstützung von J. Ebert

Zweite, neubearbeitete und erweiterte Auflage

Mit 36 Abbildungen

Springer-Verlag
Berlin Heidelberg GmbH 1979

Helmut Werner

Westfälische Wilhelms-Universität Münster,
Rechenzentrum und Institut für Numerische und instrumentelle
Mathematik,
Roxeler Str. 64
4400 Münster

Robert Schaback

Georg-August-Universität Göttingen,
Lehrstühle für Numerische und Angewandte Mathematik,
Lotzestr. 16–18
3400 Göttingen

AMS Subject Classification (1970): 65-02, 65Dxx, 65L05, 46N05,
41-01

ISBN 978-3-540-09193-6   ISBN 978-3-662-09406-8 (eBook)
DOI 10.1007/978-3-662-09406-8

CIP-Kurztitelaufnahme der Deutschen Bibliothek. *Werner, Helmut:* Praktische Mathematik /
H. Werner ; R. Schaback. Bd. 1 verf. von Helmut Werner.
NE: Schaback, Robert: 2. Methoden der Analysis : nach Vorlesungen an d. Univ. Münster u.
Göttingen / hrsg. mit Unterstützung von J. Ebert. – 2., neubearb. Aufl. – 1979. (Hochschultext).

Gesamtherstellung: Beltz Offsetdruck, Hemsbach/Bergstr.
2144/3140-543210

Vorwort zur zweiten Auflage

Wie bei der ersten Auflage ist es auch jetzt wieder unsere Intention,
die grundlegenden Gedankengänge der Praktischen Mathematik herauszuarbeiten, um den Leser in die Lage zu versetzen, dort, wo spezielle
mathematische Hilfsmittel fehlen, selbständig Verfahren zu entwickeln.
Es kam uns daher nicht darauf an, einen umfassenden Katalog von Verfahren zu erstellen, sondern die allgemeinen mathematischen Prinzi-
pien dieses Gebietes herauszuarbeiten.

Um der stürmischen Entwicklung der Praktischen Mathematik Rechnung
zu tragen, haben wir eine große Anzahl neuer Ergebnisse aufgenommen
sowie die Darstellung der ersten Auflage größtenteils überarbeitet.
Um den Umfang des Buches nicht allzusehr zu vergrößern, waren daher
erhebliche Streichungen unumgänglich.

Neu aufgenommen wurden Abschnitte über die schnelle Fourier-Transformation und die Rechenpraxis mit TSCHEBYSCHEFF-Polynomen. Die rationale Interpolation wurde zwar gekürzt, aber doch in bezug auf die algo-
rithmische Bearbeitung theoretisch genauer behandelt.

Im Kapitel II wurde durch Streichen des REMES-Algorithmus für rationale Funktionen Platz geschaffen für die klassischen Ergebnisse über
Reihenentwicklungen.

Die Einführung der Spline-Funktionen in Kapitel III wurde erweitert
und durch die für die praktische Anwendung wichtigen B-Splines ergänzt.

Im vierten Kapitel schließlich haben wir uns bei der Behandlung der
asymptotischen Entwicklungen auf die Ausarbeitung eines instruktiven
Beispiels beschränkt, an dem jedoch die Extrapolationsverfahren und
der Kunstgriff von GRAGG besonders leicht verdeutlicht werden konnten.
Zusätzlich wurde die Axiomatik so umformuliert, daß die Erweiterung
auf lineare partielle Differentialgleichungen einfach möglich ist.

Für Hinweise auf Fehler in der vorigen Auflage bzw. Verbesserungsvorschläge möchten wir unseren Kollegen Prof. Börsch-Supan, Prof.
Braess und Prof. Pallaschke Dank aussprechen; gleiches gilt für unsere Mitarbeiter, Dr. H. Arndt, Dipl.-Math. W. Brübach, Dres L. Cromme,
A. Kirsch, A. Paulik, B. Steffen und Dipl.-Math. N. Wiengarn in Münster
und Göttingen, die sich durch Verbesserungsvorschläge oder Korrektur-
lesen an der Neuformulierung dieses Buches beteiligt haben.

Das Schreiben des neugefaßten Textes erfolgte außerordentlich kurz-
fristig; dies war nur möglich dank der tatkräftigen Unterstützung
durch unsere Mitarbeiterinnen, I. Berg, E. Geisler, H. Hornung, M.
Luth und I. Schulte sowie der Herren Dipl.-Math. G. Siebrasse, H.
Mecke und K. Könnecke bei der Anfertigung der Skizzen und Plots.
Ihnen allen sowie dem Springer-Verlag für sein Eingehen auf alle
unsere Wünsche gilt unser aufrichtiger Dank.

Münster und Göttingen, im September 1978

H.Werner und R.Schaback

Inhaltsverzeichnis

Kapitel I   Interpolation

                  Einleitende Bemerkungen   1

§1   Polynominterpolation   3

§2   Differenzenquotienten   22

§3   Die numerische Behandlung der Interpolations-
                  aufgabe; NEWTONsche Interpolationsformel   30

§4   TSCHEBYSCHEFF-Systeme, Trigonometrische
                  Interpolation   41

§5   Rationale Interpolation   59

Kapitel II   Approximationstheorie

                  Einleitende Bemerkungen   83

§1   Der Existenzsatz für lineare Approximationen   85

§2   Diskrete lineare TSCHEBYSCHEFF-Approximation   90

§3   Der REMES-Algorithmus   102

§4   Approximation in euklidischen Räumen   107

§5   Orthogonale Funktionen   114

§6   Der Satz von WEIERSTRASS   131

§7   Konvergenz von Approximationen   137

Kapitel III   Spline-Funktionen und die Darstellung
                  linearer Funktionale

                  Einleitende Bemerkungen   161

§1   Spline-Funktionen   163

§2   Satz von PEANO und Charakterisierung von
                  Spline-Funktionen   168

§3   Interpolation mit Spline-Funktionen   185

§4   B-Splines   199

§5   Beste Approximationen linearer Funktionale   211

§6   Numerische Integration   216

§7   Konvergenzfragen bei der numerischen Quadratur   226

Kapitel IV   Numerische Methoden für Anfangswertprobleme
bei gewöhnlichen Differentialgleichungen

Einleitende Bemerkungen   245

§1   Definition und Aufgabenstellungen   247

§2   Existenzsätze für die Lösung des Anfangswertproblems   252

§3   Stetigkeitsbetrachtungen für Anfangswertprobleme   261

§4   Die differenzierbare Abhängigkeit der Lösungen
eines Anfangswertproblems von Parametern   273

§5   Lineare Differentialgleichungen und Differenzengleichungen n-ter Ordnung mit konstanten
Koeffizienten   288

§6   Allgemeine Theorie der Einschrittverfahren   301

§7   Klassische Einschrittverfahren   314

§8   Spezielle Mehrschrittverfahren,
Prädiktor-Korrektor-Methoden   322

§9   Allgemeine lineare Mehrschrittverfahren   334

§10   Asymptotische Entwicklung des Fehlers bei
linearen Mehrschrittverfahren   349

§11   Die Stabilitätsaussagen von DAHLQUIST   362

Symbolverzeichnis   373

Literaturverzeichnis   378

Stichwortverzeichnis   381

Kapitel I. Interpolation

Einleitende Bemerkungen

Entsprechend der ursprünglichen Bedeutung des Wortes Interpolation
werden in diesem Kapitel zunächst Formeln hergeleitet, die zu einer
Funktion $f(x)$ ein Polynom angeben, das an einigen Punkten in gewissen
Daten (Funktionswerten und Ableitungen) mit der Funktion übereinstimmt.

Die Interpolation war früher von großer Bedeutung für die Numerik,
da sie es gestattet, aus einer Tafel mit wenigen Funktionswerten
hoher Genauigkeit verhältnismäßig genaue Zwischenwerte zu konstruieren. Es hat sich aus diesem Grunde eine Vielzahl von Interpolationsformeln entwickelt.

Heute liegt die Bedeutung der Interpolation mehr auf theoretischem
Gebiet, denn Interpolationsformeln bilden die Grundlage verschie-
dener anderer Prozesse in der numerischen Analysis. Man kann zum
Beispiel durch Integration von Interpolationsformeln zu Integrationsformeln kommen. Die Interpolation gestattet es auch, in natür-
licher Weise den Differenzenquotienten einer Funktion einzuführen,
der später ein sehr bequemes Handwerkszeug darstellen wird.

In der Anpassungsfähigkeit den Polynomen überlegen sind die rationalen Funktionen. Es wird deshalb am Schluß dieses Kapitels auf die
Interpolation mit rationalen Funktionen eingegangen. Da die rationalen Funktionen Pole besitzen, entsteht eine Schwierigkeit, die heute
noch nicht in befriedigender Weise behandelt werden kann, nämlich
die Frage nach der Stetigkeit einer rationalen Interpolierenden im
betrachteten Intervall. Bisher muß man diese Frage von Fall zu Fall
untersuchen, von einigen Spezialfällen abgesehen.

2

Es wird hier der formale Standpunkt eingenommen, daß die vorgelegte
rationale Interpolationsaufgabe lösbar ist, und unter dieser Annahme
werden Algorithmen entwickelt. Auch diese Algorithmen bilden die
theoretische Grundlage für andere in der numerischen Analysis vorkommende Prozesse.

§ 1 Polynominterpolation

1. Problemstellung

In einem Intervall I seien Werte einer Funktion f zu ermitteln, von der einerseits bekannt ist, daß sie gewisse qualitative Eigenschaften wie z.B. Stetigkeit oder Differenzierbarkeit besitzt, und andererseits seien ihre Werte, eventuell auch die Werte einiger Ableitungen, in gewissen, paarweise verschiedenen Punkten $x_i \in I$ vorgegeben. Gesucht ist eine möglichst einfach mit einer Rechenanlage berechenbare Funktion (Interpolierende) $g \in C(I)$, die in den Punkten x_i die betreffenden Werte annimmt.

Um den Wert $f(x)$ von f an einer beliebigen Stelle $\tilde{x} \in I$ zu berechnen, kann man dann näherungsweise den Wert $g(\tilde{x})$ verwenden. Ferner benötigt man eine Abschätzung des dabei begangenen Fehlers $f(\tilde{x})-g(\tilde{x})$, um sicherzugehen, daß $g(\tilde{x})$ genügend nahe bei $f(\tilde{x})$ liegt. Als Interpolierende bieten sich Polynome an; sind n+1 Funktionswerte und Ableitungswerte bekannt, wird man Polynome n-ten Grades in Betracht ziehen und hoffen, daß deren n+1 Koeffizienten eindeutig festgelegt werden.

Für diesen Spezialfall der Polynominterpolation ergeben sich die folgenden Fragestellungen:

1) Existiert zu jeder Vorgabe von n+1 Werten in paarweise verschiedenen Stützstellen $x_i \in I$ ein Polynom $P(x)$ höchstens n-ten Grades (Interpolationspolynom), welches die betreffenden Werte annimmt?

2) Ist das Interpolationspolynom $P(x)$ eindeutig bestimmt?

3) Wie kann man $P(x)$ numerisch ermitteln?

4) Unter welchen Voraussetzungen über f kann man eine Abschätzung für den Fehler $f(x) - P(x)$ für alle $x \in I$ herleiten, wenn man unterstellt, daß die vorgegebenen Zahlen Werte einer Funktion $f \in C^m(I)$ mit $m \in \mathbb{N}$ sind?

Zur Beantwortung dieser Fragen werden zunächst noch einige Eigenschaften von Funktionenräumen und Polynomen hergeleitet:

<u>Hilfssatz 1.1.</u>

Für jedes $n \in \mathbb{N}_o$ ist die Menge

$$\mathcal{P}_n := \{P(x) \mid P \text{ Polynom in } x, \ \partial P \leq n\}$$

ein $(n+1)$-dimensionaler Unterraum von $C^m(I)$ mit der Basis $1,x,x^2,\ldots,x^n$.

<u>Beweis:</u>

Die Definition der <u>linearen Abhängigkeit</u> aus der linearen Algebra überträgt sich folgendermaßen auf die Räume $C^m(I)$:
Die Funktionen $f_1,\ldots,f_k \in C^m(I)$ heißen linear abhängig, falls es reelle Zahlen $a_1,\ldots,a_k$ gibt mit

$$\sum_{i=1}^{k} a_i f_i(x) = 0 \qquad (\forall\, x \in I)$$

und nicht alle a_i verschwinden.
Die lineare Unabhängigkeit der Funktionen $1,x,\ldots,x^n$ folgt aus der Tatsache, daß sich eine identisch verschwindende Linearkombination

$$P(x) = \sum_{i=o}^{n} a_i x^i = 0 \qquad (\forall\, x \in I)$$

als Polynom höchstens n-ten Grades auffassen läßt. Bildet man die Ableitungen von $P(x)$ bis zur Ordnung n, so verifiziert man rekursiv, daß alle Koeffizienten von $P(x)$ verschwinden. $\blacksquare$

<u>Hilfssatz 1.2.</u>

Es seien $f_o,\ldots,f_n$ Funktionen aus $C(I)$; ferner gelte für $n+1$ Punkte $x_o,\ldots,x_n$ von I die Beziehung

$$\det(f_i(x_j)) \neq 0. \qquad\qquad (1.1)$$

Dann sind die Funktionen $f_o,\ldots,f_n$ linear unabhängig.

<u>Beweis:</u>
Es sei

$$\sum_{i=0}^{n} a_i f_i(x) = 0 \qquad (x \in I)$$

eine identisch in I verschwindende Linearkombination der Funktionen $f_0, \ldots, f_n$. Dann gilt

$$\sum_{i=0}^{n} a_i f_i(x_j) = 0 \qquad (0 \le j \le n)$$

und aus (1.1) folgt, daß alle a_i verschwinden. ∎

<u>Bemerkung 1.1.</u>
Der Wert $P(x)$ eines Polynoms n-ten Grades

$$P(x) = a_n x^n + a_{n-1} x^{n-1} + \ldots + a_1 x + a_0$$

läßt sich auf einfache Weise durch n Multiplikationen und Additionen ermitteln, indem man den Ausdruck

$$P(x) = (\ldots((a_n x + a_{n-1}) \cdot x + \ldots + a_1) \cdot x + a_0$$

"von innen heraus" sukzessive berechnet (HORNERsches Schema); eine ausführliche Diskussion findet sich in Band I, Kap. II, § 6. Allerdings wird sich in §3 an einem Beispiel zeigen, daß numerische Überlegungen gegen diese Darstellung sprechen können. ∗
Der grundlegende Satz über die Existenz und Eindeutigkeit bei der Polynominterpolation lautet folgendermaßen:

<u>Satz 1.1.</u>
Zu n+1 paarweise verschiedenen Punkten $x_0, \ldots, x_n$ und n+1 Werten $f_0, \ldots, f_n$ gibt es genau ein Polynom

$$P(x) = \sum_{i=0}^{n} a_i x^i$$

höchstens n-ten Grades, welches in $x_0, \ldots, x_n$ die Werte $f_0, \ldots, f_n$ annimmt.

6

Der <u>Beweis</u> ergibt sich aus der folgenden Konstruktion (LAGRANGEsche Interpolationsformel):

Die Koeffizienten $a_o,\dots,a_n$ des Polynoms P müssen das lineare Gleichungssystem

$$\sum_{i=o}^{n} a_i x_j^i = f_j \qquad (0 \leq j \leq n) \qquad\qquad (1.2)$$

erfüllen.

Dieses läßt sich unter Benutzung von Hilfssatz 1.2 so interpretieren, daß die Polynomkoeffizienten $a_o,\dots,a_n$ die Koeffizienten derjenigen Linearkombination sind, durch die sich das Polynom mit den Werten $P(x_j) = f_j$ für $j=0,\dots,n$ in der Basis $1,x,x^2,\dots,x^n$ ausdrückt. Wenn man eine neue Basis $\omega_o,\dots,\omega_n$ von $\mathcal{P}_n$ finden könnte, in der die in dem Gleichungssystem auftretende Matrix $(\omega_i(x_j))$ die Einheitsmatrix ist, so würde sich die Berechnung der Koeffizienten $c_o,\dots,c_n$ erübrigen. Man hat also $\omega_o,\dots,\omega_n$ so zu bestimmen, daß die Gleichungen

$$\omega_i(x_j) = \delta_{ij} \qquad (0 \leq i,\, j \leq n) \qquad\qquad (1.3)$$

gelten. Dann erhält man das Gleichungssystem

$$\sum_{i=o}^{n} c_i \omega_i(x_j) = f_j \qquad (0 \leq j \leq n)$$

mit der Lösung

$$c_j = f_j \qquad (0 \leq j \leq n),$$

d.h. es gilt

$$P(x) = \sum_{i=o}^{n} f_i \omega_i(x)$$

(<u>LAGRANGEsche Interpolationsformel</u>).

Zur Konstruktion der Polynome $\omega_i(x)$ bildet man zunächst ein Polynom, welches in allen Punkten $x_o,\ldots,x_n$ verschwindet:

$$\Omega(x) := \prod_{i=o}^{n} (x-x_i).$$

Dann ist

$$\tilde{\omega}_j(x) := \frac{\Omega(x)}{x-x_j} = \prod_{\substack{i=o \\ i\neq j}}^{n} (x-x_i) \qquad (0 \leq j \leq n)$$

ein Polynom n-ten Grades, welches in allen Punkten $x_i \neq x_j$ verschwindet und im Punkte x_j den Wert

$$\tilde{\omega}_j(x_j) = \prod_{\substack{i=o \\ i\neq j}}^{n} (x_j-x_i) = \Omega'(x_j) \neq 0$$

hat. Man kann also setzen

$$\omega_j(x) = \frac{\tilde{\omega}_j(x)}{\Omega'(x_j)} = \frac{\Omega(x)}{(x-x_j)\Omega'(x_j)} = \prod_{\substack{i=o \\ i\neq j}}^{n} \frac{x - x_i}{x_j- x_i}$$

und erhält damit (1.3). $\blacksquare$

Die Polynome $\omega_o,\ldots,\omega_n$ sind nach Hilfssatz 1.2 und (1.3) eine Basis von $\mathcal{P}_n$. Ausgeschrieben lautet die Interpolationsformel von LAGRANGE:

$$P(x) = \sum_{i=o}^{n} f_i \cdot \prod_{\substack{j=o \\ j\neq i}}^{n} \frac{x -x_j}{x_i-x_j} . \tag{1.4}$$

<u>Beispiel 1.1.</u>

Im Falle $n = 1$ erhält man als Interpolationspolynom 1. Grades eine Geradengleichung:

8

$$P(x) = f_o \frac{x - x_1}{x_o - x_1} + f_1 \frac{x - x_o}{x_1 - x_o} . \tag{1.5}$$

Insbesondere gilt

$$a_1 = \frac{f_1 - f_o}{x_1 - x_o}$$

und dieser __Differenzenquotient__ wird in §2 verallgemeinert.

2. Die Interpolation nach HERMITE

Es seien nun neben den Funktionswerten $f_o, \ldots, f_m$ auch noch Werte
für Ableitungen vorgegeben; da ein Polynom n-ten Grades n+1
Koeffizienten hat, wird man insgesamt n+1 Größen vorschreiben,
um mit einem Polynom n-ten Grades zu interpolieren. Wie bei der
LAGRANGE-Interpolationsformel kann man eine geeignete __Basis__ des
Raumes der Polynome konstruieren. Bei der HERMITE-Interpolation
gibt man in jedem der paarweise verschiedenen Punkte x_j die
Funktion und __alle__ Ableitungen bis zu einer Ordnung $\mu_j := m_j - 1$ vor.
Die Datenvorgabe läßt sich zusammenfassen zu einer Abbildung

$$T : C^k(I) \to \mathbb{R}^{n+1} \tag{1.6}$$

mit

$$Tf := (f(x_o), \ldots, f^{(\mu_o)}(x_o), \ldots, f(x_m), \ldots, f^{(\mu_m)}(x_m))' . \tag{1.7}$$

($'$ bezeichnet wie üblich die Transposition eines Zeilenvektors.)

Dabei gelte $\mu_j = m_j - 1 \leq k$ und

$$\sum_{j=o}^{m} m_j = n+1 \quad . \tag{1.8}$$

__Satz 1.2.__
Zu jedem $y \in \mathbb{R}^{n+1}$ gibt es genau ein Polynom $P(x)$ höchstens n-ten
Grades (das HERMITE-Interpolationspolynom) mit

$$TP = y. \tag{1.9}$$

<u>Beweis:</u>

Durch die in (1.7) definierte Abbildung T wird der (n+1-dimensionale)
Raum $\mathcal{P}_n$ auf $\mathbb{R}^{n+1}$ abgebildet. Wie der nächste Satz zeigt, ist diese
Abbildung injektiv und somit auch surjektiv. Daraus folgt die Be-
hauptung. ∎

<u>Bemerkung 1.2.</u>

Die Interpolierende P(x) läßt sich schreiben in der Form

$$P(x) = \sum_{j=o}^{m} \sum_{k=o}^{\mu_j} f_j^k \, \omega_j^k(x) \tag{1.10}$$

mit Polynomen $\omega_j^k \in \mathcal{P}_n$, die durch die n+1 Interpolationsaufgaben

$$\frac{d^\ell}{dx^\ell} \, \omega_j^k(x_i) = \delta_{\ell k} \, \delta_{ij} \qquad \begin{array}{l} (0 \leq i, \, j \leq m) \\[1ex] (0 \leq \ell, \, k < m_j) \end{array} \tag{1.11}$$

festgelegt sind.

Zunächst definiert man in Anlehnung an die LAGRANGE-Interpolation:

$$\Omega_j(x) := \prod_{\substack{k=o \\ k \neq j}}^{m} (x-x_k)^{m_k} \quad , \quad \Omega(x) = \prod_{k=o}^{m} (x-x_k)^{m_k} \tag{1.12}$$

und

$$\alpha := \frac{d^{\mu_j}}{dx^{\mu_j}} \, (\Omega_j(x) \, (x-x_j)^{\mu_j}) \Big|_{x=x_j} = \mu_j! \, \Omega_j(x_j) \tag{1.13}$$

sowie

$$\omega_j^{\mu_j}(x) := \frac{1}{\alpha} \cdot \Omega_j(x) \cdot (x-x_j)^{\mu_j} . \tag{1.14}$$

Dann erfüllt $\omega_j^{\mu_j}(x)$ die Gleichungen (1.11).

Die übrigen Polynome ω_j^k lassen sich mit dem Ansatz

$$\omega_j^k(x) := c \cdot \left[\Omega_j(x)(x-x_j)^k - b_{k+1}\omega_j^{k+1}(x) - \ldots - b_{\mu_j}\omega_j^{\mu_j}(x) \right] \in \mathcal{P}_n \tag{1.15}$$

$$\text{für } k = \mu_j - 1, \ldots, o$$

mit

$$c = \left(\frac{d^k}{dx^k}\left(\Omega_j(x)(x-x_j)^k\right) \Big|_{x=x_j} \right)^{-1} = \frac{1}{k!\ \Omega_j(x_j)} \tag{1.16}$$

$$b_\ell = \frac{d^\ell}{dx^\ell}\left(\Omega_j(x)(x-x_j)^k\right) \Big|_{x=x_j} \qquad (k+1 \leq \ell \leq \mu_j) \tag{1.17}$$

rekursiv bestimmen. *

Korollar 1.1.

Sind $x_o, \ldots, x_m$ paarweise verschiedene Punkte und sind $m_o, \ldots, m_m$ reelle Zahlen mit $m_o + \ldots + m_m = n+1$, so ist die aus den Teilmatrizen

$$H_i := \begin{pmatrix} 1 & x_i & x_i^2 & x_i^3 & \cdots & & x_i^{n-1} & x_i^n \\[2mm] & 1 & 2x_i & 3x_i^2 & \cdots & (n-1)x_i^{n-2} & n\,x_i^{n-1} \\[2mm] & & 1 & 3x_i & \cdots & \binom{n-1}{2}x_i^{n-3} & \binom{n}{2}x_i^{n-2} \\[2mm] & o & & \ddots & & \vdots & \vdots \\[2mm] & & & 1 & \cdots & \binom{n-1}{\mu_i}x_i^{n-m_i} & \binom{n}{\mu_i}x_i^{n-\mu_i} \end{pmatrix}$$

zusammengesetzte $(n+1) \times (n+1)$-Matrix

$$H := \begin{pmatrix} H_o \\ H_1 \\ \cdot \\ \cdot \\ \cdot \\ H_m \end{pmatrix}$$

nichtsingulär. (H_i ist eine $m_i \times (n+1)$-Matrix.)

Beweis:

Schreibt man das HERMITE-Interpolationspolynom $P(x)$ als

$$P(x) = \sum_{i=0}^{n} a_i x^i \quad ,$$

so führt die Interpolationsaufgabe (1.9) auf ein lineares Gleichungssystem für die Koeffizienten a_i, dessen Koeffizientenmatrix gerade
H ist. Nach Satz 1.2 kann die Determinante von H daher nicht verschwinden. ∎

Die Existenz, Eindeutigkeit und eine Fehlerabschätzung für die
HERMITE-Interpolation ergibt sich aus

<u>Satz 1.3.</u>
Es sei $f \in C^{n+1}(I)$; das Polynom $P(x)$ sei HERMITE-Interpolierende von
f mit den Daten $TP = Tf$. Dann gilt

$$f(x) - P(x) = \frac{\Omega(x)}{(n+1)!} f^{(n+1)}(\xi(x)) \qquad (\forall x \in I)$$

mit einem Punkt $\xi(x) \in I$. Dabei sei vorausgesetzt, daß
$x_0 < x_1 < \ldots < x_m \in I$ gelte.

Beweis:
Nach Konstruktion gilt $f(x_j) - P(x_j) = \Omega(x_j) = 0$ und die behauptete
Gleichung gilt für $x = x_0, \ldots, x_m$ mit beliebigem $\xi \in I$. Daher genügt
es, einen beliebigen von $x_0, \ldots, x_m$ verschiedenen Punkt $\tilde{x} \in I$ zu betrachten. Dann gilt $\Omega(\tilde{x}) \neq 0$, und man kann eine Konstante $R \in \mathbb{R}$
finden mit

$$f(\tilde{x}) = P(\tilde{x}) + \Omega(\tilde{x}) \cdot R \quad .$$

Die Funktion

$$r(x) := f(x) - P(x) - \Omega(x) \cdot R$$

hat dann in den Punkten x_j Nullstellen der Ordnung m_j und es gilt
$r(\tilde{x}) = 0$.

r(x) hat also in I mindestens m+2 Nullstellen; die Ableitung r'(x)
hat nach dem Satz von ROLLE <u>echt</u> zwischen je zwei Nullstellen von
r(x) wenigstens eine Nullstelle; ferner verschwindet r'(x) in denjenigen x_j, in denen r(x) eine mehrfache Nullstelle hat. Da r(x) in
diesen Punkten ebenfalls verschwindet, sind diese Nullstellen bei der
Anwendung des Satzes von ROLLE nicht mitgezählt worden. Also hat
r'(x) in I mindestens

$$m + 1 + \sum_{\substack{j=o \\ m_j > 1}}^{m} 1 = \sum_{i=o}^{1} \sum_{\substack{j=o \\ m_j > i}}^{m} 1$$

Nullstellen.

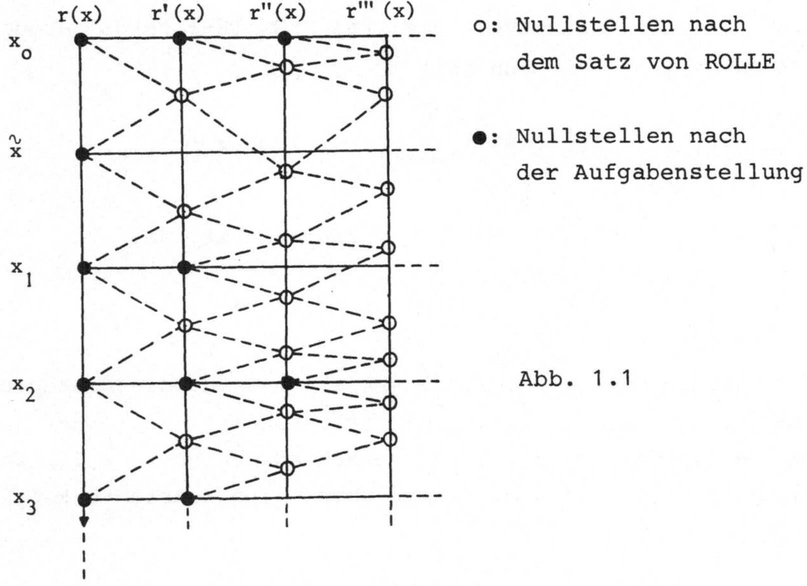

Abb. 1.1

Wenn die k-te Ableitung von r(x) mindestens

$$1 - k + \sum_{\substack{i=o \\ m_j > i}}^{k} \sum_{j=o}^{m} 1 \tag{1.18}$$

Nullstellen hat, so liegt <u>echt</u> zwischen zwei dieser Nullstellen eine
Nullstelle der (k+1)-ten Ableitung. Unter diesen Nullstellen kann
keiner der gegebenen Punkte x_j vorkommen, in denen $r^{(k)}(x)$ ver-

schwindet. Insbesondere fällt somit keine dieser Nullstellen mit irgendeinem der Punkte x_j zusammen, für die $m_j > k+1$ gilt und in denen
$r^{(k+1)}(x)$ (und damit nach Aufgabenstellung auch $r^{(k)}(x)$) verschwindet. Da $r^{(k+1)}(x)$ aber auch in diesen Punkten eine Nullstelle hat,
kommen zu den bisher gezählten Nullstellen noch

$$\sum_{\substack{j=o \\ m_j > k+1}}^{m} 1$$

Nullstellen hinzu. Insgesamt hat $r^{(k+1)}(x)$ mindestens

$$(1 - k + \sum_{i=o}^{k} \sum_{\substack{j=o \\ m_j > i}}^{m} 1) - 1 + \sum_{\substack{j=o \\ m_j > k+1}}^{m} 1 = 1 - (k+1) + \sum_{i=o}^{k+1} \sum_{\substack{j=o \\ m_j > i}}^{m} 1$$

Nullstellen. Damit ist der Induktionsschritt vollzogen. Die Ableitung
$r^{(n+1)}(x)$ hat mindestens

$$1 - (n+1) + \underbrace{\sum_{i=o}^{n+1} \sum_{\substack{j=o \\ m_j > i}}^{m} 1}_{= n + 1} = 1$$

Nullstellen. (Die Doppelsumme in der obigen Formel ist gerade gleich
der Anzahl der gegebenen Funktions- und Ableitungswerte.)
Es gibt also ein $\xi(\tilde{x}) \in I$ mit

$$O = r^{(n+1)}(\xi(\tilde{x})) = f^{(n+1)}(\xi(\tilde{x})) - \underbrace{P^{(n+1)}(\xi(\tilde{x}))}_{= O} - R \cdot \underbrace{\Omega^{(n+1)}(\xi(\tilde{x}))}_{= (n+1)!}.$$

d.h. es gilt

$$R = \frac{f^{(n+1)}(\xi(\tilde{x}))}{(n+1)!} , \quad \xi(\tilde{x}) \in I ,$$

und damit folgt die Behauptung. ∎

14

Ist f selbst ein Polynom n-ten Grades mit $Tf = TP$, so gilt wegen $f^{(n+1)} = 0$ auch $f = P$. Dies verifiziert die in Satz 1.2 benötigte Injektivität von T auf $\mathcal{P}_n$.

Bemerkung 1.3.
Eine analoge Nullstellenabzählung angewandt auf die Funktion

$$\tilde{r}(x) := f(x) - P(x)$$

zeigt, daß die n-te Ableitung eine Nullstelle $\xi \in [\min_{0 \leq j \leq m} x_j, \max_{0 \leq j \leq m} x_j]$ haben muß. Es gilt also

$$0 = \tilde{r}^{(n)}(\xi) = f^{(n)}(\xi) - \underbrace{P^{(n)}(\xi)}_{= n!\, a_n} .$$

Daraus folgt

$$a_n = \frac{f^{(n)}(\xi)}{n!} .$$

Sind alle x_j gleich x_0, so liegt der Spezialfall der TAYLORschen Formel vor, bei der bekanntlich

$$a_n = \frac{1}{n!} \cdot f^{(n)}(x_0)$$

gilt.
Diese Aussage wird weiter unten benötigt. *

Beispiel 1.2.
Es werde der bei der Spline-Interpolation vorkommende Spezialfall $m = 1$, $m_0 = m_1 = 2$ der HERMITE-Interpolation behandelt. Mit

$$\overset{\sim}{\omega}^1_0 = (x - x_1)^2 (x - x_0)$$

und wegen

$$\frac{d\overset{\sim}{\omega}^1_0}{dx} \bigg|_{x_0} = (x_0 - x_1)^2$$

erfüllt

$$\omega_o^1 = \frac{(x-x_o)(x-x_1)^2}{(x_o-x_1)^2}$$

die Bedingungen (1.11).Zur Berechnung von ω_o^o kann man den Ansatz

$$\omega_o^o(x) = c\left[(x-x_1)^2 - b_1 \cdot \omega_o^1(x)\right]$$

machen mit

$$c = (x_o-x_1)^{-2}$$

$$b_1 = \frac{d}{dx}\left((x-x_1)^2\right)\Big|_{x_o} = 2(x_o-x_1) \quad , \quad \text{d.h.}$$

$$\omega_o^o = \frac{1}{(x_o-x_1)^2}\left[(x-x_1)^2 - 2(x_o-x_1)\frac{(x-x_o)\cdot(x-x_1)^2}{(x_o-x_1)^2}\right]$$

$$= \left(\frac{x-x_1}{x_o-x_1}\right)^2\left(1-2\frac{x-x_o}{x_o-x_1}\right) \ .$$

Durch Vertauschung der Indizes folgt sofort:

$$\omega_1^1 = \frac{(x-x_1)\cdot(x-x_o)^2}{(x_1-x_o)^2}$$

$$\omega_1^o = \left(\frac{x-x_o}{x_1-x_o}\right)^2 \cdot \left(1+2\frac{x-x_1}{x_o-x_1}\right) \ .$$

Beispiel 1.3.
Anwendung von Beispiel 1.2 auf die Funktion $f(x) = \sin x$ in $[0,\frac{\pi}{2}]$
mit $x_o = 0$, $x_1 = \frac{\pi}{2}$. Aus (1.10) erhält man

$$P(x) = \underbrace{f(x_0) \cdot \omega_0^0(x)}_{= 0} + f'(x_0) \cdot \omega_0^1(x) + f(x_1) \cdot \omega_1^0(x) + \underbrace{f'(x_1) \cdot \omega_1^1(x)}_{= 0}$$

$$= 0 + 1 \cdot x \cdot \frac{(x - \frac{\pi}{2})^2}{\frac{\pi^2}{4}} + 1 \cdot \frac{x^2}{\frac{\pi^2}{4}} \left(1 + 2 \frac{x - \frac{\pi}{2}}{-\frac{\pi}{2}}\right)$$

$$= \frac{4}{\pi^2} (1 - \frac{4}{\pi}) x^3 - \frac{4}{\pi} (1 - \frac{3}{\pi}) x^2 + x.$$

Für den Fehler gilt nach Satz 1.3:

$$f(x) - P(x) = \frac{\Omega(x)}{4!} f^{(4)}(\xi(x)) \geq 0, \qquad (0 \leq x \leq \frac{\pi}{2})$$

$$\Omega(x) = x^2 (x - \frac{\pi}{2})^2 \leq (\frac{\pi}{4})^4 \quad , \qquad \text{also}$$

$$0 \leq f(x) - P(x) \leq (\frac{\pi}{4})^4 \cdot \frac{1}{4!} \leq \frac{1}{60} \qquad (0 \leq x \leq \frac{\pi}{2}) \quad .$$

Bezeichnet man die Abbildung, die jedem $f \in C^k(I)$ eine Interpolierende P mit den Daten von f zuordnet, (so daß die Gleichung TP = Tf besteht) mit

$$\mathbb{P} : C^k(I) \to \mathcal{P}_n \quad , \tag{1.19}$$

so gilt offenbar

$$\mathbb{P}(\alpha f + \beta g) = \alpha \cdot \mathbb{P} f + \beta \cdot \mathbb{P} g \qquad \underline{\text{(Linearität)}}, \tag{1.20}$$

denn auf der rechten und linken Seite stehen Polynome aus $\mathcal{P}_n$, die in n+1 Daten, vermittelt durch T, übereinstimmen, nach Satz 1.3 also gleich sind.

Ganz entsprechend schließt man, daß gemäß Definition

$$T(\mathbb{P}\,f) = Tf \qquad (1.21)$$

und bei nochmaliger Interpolation

$$\mathbb{P}\,P = P \qquad \text{für } P \in \mathcal{P}_{n+1} \qquad \text{und deshalb}$$

$$\qquad\qquad (1.22)$$

$$\mathbb{P}\,(\mathbb{P}\,f) = \mathbb{P}\,f \qquad \underline{(\text{Idempotenz})}$$

gilt.

Die Abbildung $\mathbb{P}$ besitzt also alle Eigenschaften eines <u>Projektions-operators</u>.

3. Das Interpolationsverfahren von NEVILLE und AITKEN

Dieses Verfahren dient in der Regel der Bestimmung von Werten $P(\overset{\smile}{x})$ des Interpolationspolynoms an einer oder einigen wenigen Stellen $\overset{\smile}{x}$ und nicht der Bestimmung des gesamten Polynoms. Es kommt zu diesem Zweck mit $\frac{3(n-1)\cdot n}{2}$ Punktoperationen pro Argument $\overset{\smile}{x}$ aus.

Gegeben seien Werte $f_o,\ldots,f_n$ zu paarweise verschiedenen Punkten $x_o,\ldots,x_n$. Durch die Werte $f_o,\ldots,f_n$ sind Polynome O-ten Grades gegeben, die jeweils in x_j die Vorgabe f_j erfüllen. Sie seien also durch $P_j(x) \equiv f_j$ definiert. Davon ausgehend kann man rekursiv fortschreiten:

Interpoliert $P_{o,\ldots,k-1}(x)$ in den Werten (x_j,f_j) für $j=0,\ldots,k-1$,

$$P_{1,\ldots,k}(x) \quad \text{in den Werten } (x_j,f_j) \text{ für } j=1,\ldots,k,$$

so ist

$$P_{o,\ldots,k}(x) = \frac{1}{x_o-x_k}\left[\,(x-x_k)P_{o,\ldots,k-1}(x)+(x_o-x)P_{1,\ldots,k}(x)\,\right] (1.23)$$

ein interpolierendes Polynom zu den Werten (x_j,f_j) für $j=0,\ldots,k$, wie man durch Einsetzen leicht verifiziert.

Das Verfahren läßt sich auch graphisch darstellen:

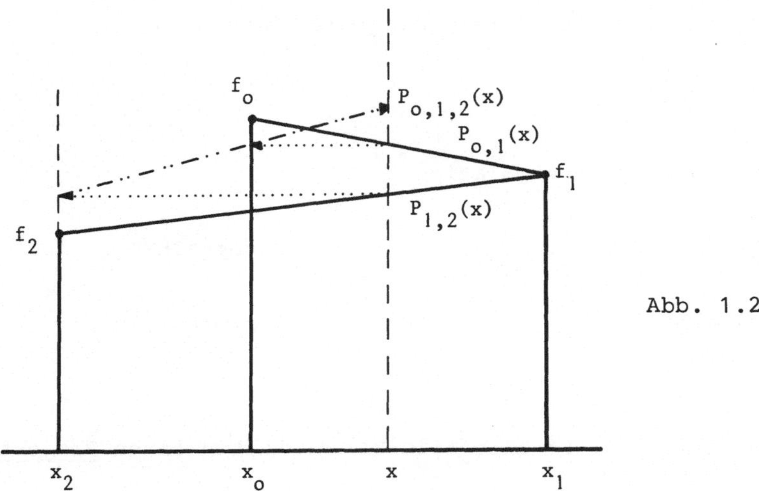

Abb. 1.2

4. Mehrdimensionale Interpolation

Es ist im Rahmen dieser Vorlesung nicht möglich, die schwierige Frage
der mehrdimensionalen Interpolation allgemein zu behandeln. Besonders
kritische Aspekte sind dabei die Art der Verteilung der Stützstellen
und die Festlegung der Grade der zulässigen Terme.

Eine einfache Verallgemeinerung der obigen Überlegungen ist allerdings möglich:

Ausgehend von zwei Punktfolgen

$$x_0 < x_1 < \ldots < x_m, \qquad x_j \in I_x$$
$$y_0 < y_1 < \ldots < y_n, \qquad y_j \in I_y$$

und Datenabbildungen

$$T_x(f) := (f(x_0), \ldots, f(x_m))'$$
$$T_y(g) := (g(y_0), \ldots, g(y_n))'$$

kann man im $\mathbb{R}^2$ das Gitter der Punkte (x_j, y_k) mit $j \in \{0, \ldots, m\}$
und $k \in \{0, \ldots, n\}$ betrachten, in (x_j, y_k) Funktionswerte h_{jk} vorschreiben und ein Polynom $P(x,y)$ in zwei Variablen x,y suchen, dessen
Grad bezüglich x (bzw. y) durch m (bzw. n) beschränkt ist und wel-

ches

$$P(x_j, y_k) = h_{jk} \qquad \begin{array}{l} (0 \le j \le m) \\[2mm] (0 \le k \le n) \end{array}$$

erfüllt.

Wie bei der LAGRANGE-Interpolation in einer Variablen ist das Problem durch Angabe von Basispolynomen $\omega_{jk}(x,y)$ mit

$$\omega_{jk}(x_r, y_s) = \delta_{jr}\delta_{ks} \qquad \begin{array}{l} (0 \le j,r \le m) \\[2mm] (0 \le k,s \le n) \end{array}$$

lösbar; mit

$$\omega_j(x) := \prod_{\substack{r=0 \\ r \ne j}}^{m} \left(\frac{x-x_r}{x_j-x_r}\right) \qquad (0 \le j \le m)$$

$$\tilde{\omega}_k(y) := \prod_{\substack{s=0 \\ s \ne k}}^{n} \left(\frac{y-y_s}{y_k-y_s}\right) \qquad (0 \le k \le n)$$

kann man setzen

$$\omega_{jk}(x,y) = \omega_j(x)\,\tilde{\omega}_k(y) \qquad \begin{array}{l} (0 \le j \le m) \\[2mm] (0 \le k \le n) \end{array}$$

Das zweidimensionale Analogon zur LAGRANGE-Interpolationsformel lautet dann:

$$P(x,y) = \sum_{j=0}^{m} \sum_{k=0}^{n} h_{jk}\,\omega_{jk}(x,y) \ .$$

Dieses Konstruktionsprinzip (<u>Tensorproduktbildung</u>) ist selbstverständlich auf beliebige Raumdimensionen ausdehnbar. In gleicher Weise läßt sich die HERMITE-Interpolation verallgemeinern.

Auf die <u>Güte</u> dieser Interpolation wird allerdings an dieser Stelle
<u>nicht</u> eingegangen.

In jedem festen x_j ist $P(x_j,y)$ als Funktion von y ein interpolierendes Polynom in y vom Grade n zu den Daten $h_{jo},\ldots,h_{jn}$. Deshalb
stimmen $P(x_j,y)$ und eine gegebene Funktion $h(x,y)$ nur bezüglich dieser Daten überein. Die <u>Blending-Methode</u> (GORDON) versucht
dagegen, zu einer gegebenen Funktion $h \in C^k(I_x \times I_y)$ eine Funktion
$Q(x,y)$ mit

$$Q(x_j,y) = h(x_j,y) \qquad\qquad (0 \le j \le m , \; y \in I_y)$$

$$Q(x,y_k) = h(x,y_k) \qquad\qquad (0 \le k \le n , \; x \in I_x)$$

zu bestimmen. Die Blending-Methode interpoliert somit auf <u>Gitter-
linien</u>, die Tensorproduktmethode auf <u>Gitterpunkten</u>. Dies wird erreicht durch den Ansatz als <u>Boolesche Summe</u>

$$Q(x,y) = \sum_{j=o}^{m} \omega_j(x)\, h(x_j,y) + \sum_{k=o}^{n} \tilde{\omega}_k(y)\, h(x,y_k)$$

$$- \sum_{j=o}^{m} \sum_{k=o}^{n} \omega_j(x)\tilde{\omega}_k(y)\, h(x_j,y_k) \; ,$$

der sich wie die Tensorproduktbildung auf beliebige Raumdimensionen
und auf HERMITE-Interpolationsdaten verallgemeinern läßt.

Für die Funktion $f(x,y) = ((x-0.5)^2+(y-0.5))^{1/2}$ auf dem Intervall
$[0,1]^2$ und die fünf Interpolationspunkte $0, \frac{1}{4}, \frac{1}{2}, \frac{3}{4}, 1$ zeigen die
beiden folgenden Skizzen den Verlauf der Fehlerfunktion
$c(P(x,y)-f(x,y))$, wobei der Unterschied zwischen Tensorprodukt-In-
terpolation und der Blending-Methode deutlich sichtbar wird:

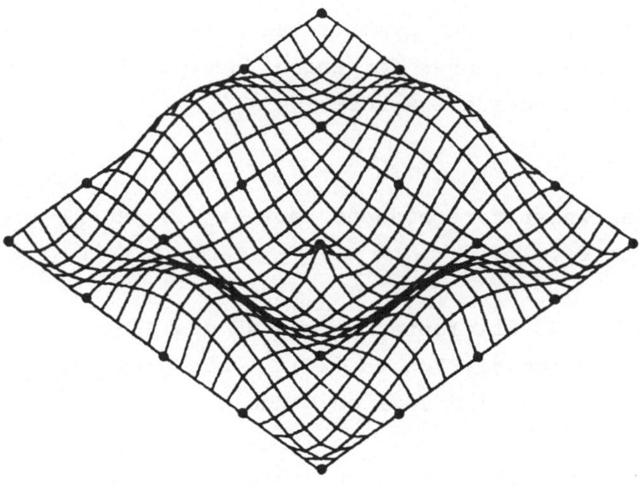

Abb. 1.3: P(x,y) = Tensorprodukt-Interpolierende

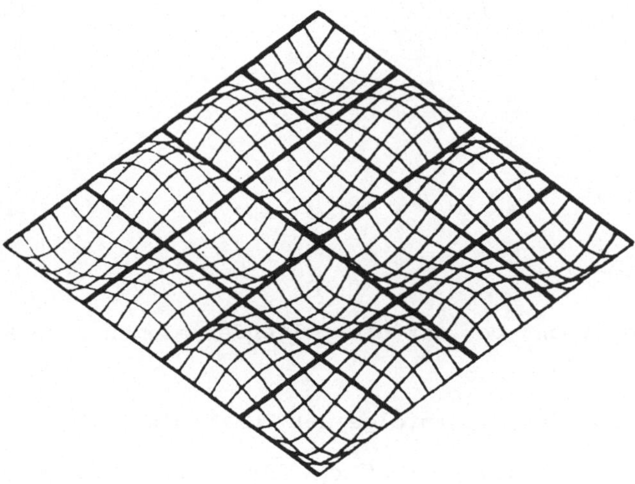

Abb. 1.4: P(x,y) = Blending-Interpolierende

§ 2 Differenzenquotienten

Für zahlreiche Anwendungen in der praktischen Mathematik, insbesondere für die in diesem Paragraphen folgenden Interpolationsformeln soll ein neuer Begriff eingeführt werden:

Definition 2.1'.

Gegeben seien n+1 paarweise verschiedene Werte $x_o,\ldots,x_n \in I := [a,b]$ und zugeordnete Werte $f_o,\ldots,f_n$.

Dann bezeichnet man den Koeffizienten a_n von x^n des Interpolationspolynoms n-ten Grades durch die Punkte (x_j,f_j) als n-ten Differenzenquotienten $\Delta^n(x_o,\ldots,x_n)f$ (im engeren Sinne).

Falls $f_i = f(x_i)$ mit $f \in C(I)$ gilt, so schreibt man zuweilen auch $\Delta^n_t(x_o,\ldots,x_n)f(t)$ und deutet mit t die Variable an, auf die sich die Berechnung des Differenzenquotienten bezieht. ▲

Aus der Interpolationsformel von LAGRANGE folgt die Darstellung

$$\Delta^n(x_o,\ldots,x_n)f = a_n = \sum_{j=o}^{n} f_j \cdot \lambda_j^n \qquad (2.1)$$

mit

$$\lambda_j^n := \prod_{\substack{k=o \\ k\neq j}}^{n} (x_j-x_k)^{-1} \quad , \quad \lambda_o^o := 1 \ . \qquad (2.2)$$

Der n-te Differenzenquotient besitzt die folgenden elementaren Eigenschaften:

1) Er ist unabhängig von der Reihenfolge der Punkte (x_j,f_j).

2) Für $f \in C^n(I)$ mit $x_j \in I$ und $f_j := f(x_j)$ für $j=0,\ldots,n$ gilt

$$\Delta^n_t(x_o,\ldots,x_n) \ f(t) = \frac{1}{n!} \ f^{(n)}(\xi) \qquad (2.3)$$

mit einem Punkt $\xi \in [\min_{o\leq j\leq n} x_j, \ \max_{o\leq j\leq n} x_j]$, der konvexen Hülle der Punkte x_j.

3) Im Falle $f(x) = x^k$ folgt nach 2) für alle $k \in \{0,\ldots,n\}$

$$\Delta_t^n(x_0,\ldots,x_n)f(t) = \delta_{kn} \ . \tag{2.4}$$

Beweis:

Die Aussage 1) folgt aus der Unabhängigkeit der Lösung des Interpolationsproblems von der Numerierung und Anordnung der Punkte.
Aus der Bemerkung 1.3 ergibt sich 2); dann ist 3) eine triviale
Folgerung. ∎

Gestützt auf diese Eigenschaften soll nun untersucht werden, was geschieht, wenn die Punkte x_j in Gruppen zusammenrücken und
$f_j := f(x_j)$ mit einer geeigneten Funktion f gilt.

Satz 2.1.

Gegeben sei eine Folge von Interpolationsaufgaben in je n+1 paarweise
verschiedenen Punkten $x_{jk}^{(\nu)}$, $\nu = 0,1,2,\ldots$ eines Intervalls I mit
Werten $f_{jk}^{(\nu)}$. Die $x_{jk}^{(\nu)}$ mögen in Gruppen von je $m_0,m_1,\ldots,m_m$ Punkten
gegen m+1 feste paarweise verschiedene Punkte $x_0,\ldots,x_m$ konvergieren,
d.h. es gelte

$$\lim_{\nu \to \infty} x_{jk}^{(\nu)} = x_j \qquad (0 \leq k \leq \mu_j := m_j-1,\ 0 \leq j \leq m) \tag{2.5}$$

mit $n+1 = m_0+m_1+\ldots+m_m$. Ist f eine für jedes $j \in \{0,\ldots,m\}$ in einer
Umgebung von x_j mindestens μ_j-mal stetig differenzierbare Funktion,
so konvergieren die durch die Forderung

$$P_\nu(x_{jk}^{(\nu)}) = f_{jk}^{(\nu)} := f(x_{jk}^{(\nu)}) \qquad (0 \leq k \leq \mu_j,\ 0 \leq j \leq m,\ \nu \in \mathbb{N}\ ) \tag{2.6}$$

festgelegten Interpolationspolynome P_ν gleichmäßig in jedem abgeschlossenen Intervall gegen die Lösung Q der HERMITEschen Interpolationsaufgabe

$$Q^{(\ell)}(x_j) = f^{(\ell)}(x_j) \qquad (0 \leq \ell \leq \mu_j,\ 0 \leq j \leq m)\ . \tag{2.7}$$

Beweis:

Es genügt zu zeigen, daß die Koeffizienten der Polynome P_ν gegen die
Koeffizienten des Polynoms Q konvergieren.

Unter Fortlassung des Folgenindex ν wird das Interpolationsproblem (2.6) gemäß (1.2) in der Form

$$Xa = f \text{ mit } a = (a_o,\ldots,a_n)', \quad f = (f_{oo},\ldots,f_{m\mu_m})' \tag{2.8}$$

und

$$X = \begin{pmatrix} X_{o,m_o} \\ \cdot \\ \cdot \\ \cdot \\ X_{m,m_m} \end{pmatrix} \quad \text{mit} \quad X_{j,m_j} = \begin{pmatrix} 1 & x_{jo} & x_{jo}^2 & \cdots & x_{jo}^n \\ 1 & x_{j1} & x_{j1}^2 & \cdots & x_{j1}^n \\ \cdot & \cdot & \cdot & & \cdot \\ \cdot & \cdot & \cdot & & \cdot \\ 1 & x_{j\mu_j} & x_{j\mu_j}^2 & \cdots & x_{j\mu_j}^n \end{pmatrix}$$

geschrieben. Da X eine VANDERMONDE-Matrix ist, gilt

$$\det X = \prod_{\substack{o\leq j,i\leq m \\ o\leq k\leq\mu_j,\, o\leq\ell\leq\mu_i \\ (j,k)>(i,\ell)}} (x_{jk}-x_{i\ell}), \tag{2.9}$$

wobei $(j,k)>(i,\ell)$ gesetzt wird, wenn $j>i$ ist oder $j=i$ und $k>\ell$ gilt.

Beim Zusammenlaufen der Punkte verschwindet (2.9); man hat daher (2.8) mit einem geeigneten Faktor zu multiplizieren, der in (2.9) zu einem sinnvollen Grenzwert führt.

Setzt man zunächst $y_k := x_{ok}$ für $k=o,\ldots,\mu_o$, so liefert (2.1) die Darstellung

$$\Delta^k(y_o,\ldots,y_k)f = \sum_{j=o}^{k} \lambda_j^k\, f(y_j)$$

und man erhält mit

$$L_o := \begin{pmatrix} \lambda_o^o & & & \\ \lambda_o^1 & \lambda_1^1 & & \bigcirc \\ \cdot & & \cdot & \\ \cdot & & & \cdot \\ \cdot & & & & \cdot \\ \lambda_o^{\mu_o} & \lambda_1^{\mu_o} & \cdots & \lambda_{\mu_o}^{\mu_o} \end{pmatrix} \tag{2.10}$$

die Gleichungen

$$
L_o X_{o,m_o} = \begin{pmatrix} \Delta^o 1 & \Delta^o(y_o)x & \cdots & \Delta^o(y_o)x^n \\ \Delta^1 1 & \Delta^1(y_o,y_1)x & \cdots & \Delta^1(y_o,y_1)x^n \\ \vdots & \vdots & & \vdots \\ \Delta^{\mu_o} 1 & \Delta^{\mu_o}(y_o,\ldots,y_{\mu_o})x & \cdots & \Delta^{\mu_o}(y_o,\ldots,y_{\mu_o})x^n \end{pmatrix}
$$

und

$$
L_o \cdot \begin{pmatrix} f(y_o) \\ \vdots \\ f(y_{\mu_o}) \end{pmatrix} = \begin{pmatrix} \Delta^o(y_o)f \\ \vdots \\ \Delta^{\mu_o}(y_o,\ldots,y_{\mu_o})f \end{pmatrix} \quad .
$$

Beim Grenzübergang $\nu \to \infty$ erhält man nach (2.3)

$$
\Delta^j(y_o,\ldots,y_j)x^k \to \binom{k}{j} x_o^{k-j} \qquad (0 \leq j \leq \mu_o,\ j \leq k \leq n)
$$

und $L_o X_{o,m_o}$ strebt gegen die Matrix

$$
H_o := \begin{pmatrix} 1 & x_o & x_o^2 & x_o^3 & \cdots & x_o^n \\ & 1 & 2x_o & 3x_o^2 & \cdots & n\,x_o^{n-1} \\ & & 1 & 3x_o & \cdots & \binom{n}{2}x_o^{n-2} \\ & & & & \ddots & \vdots \\ & & & & & \vdots \\ & & & & 1 \cdots & \binom{n}{\mu_o}x_o^{n-\mu_o} \end{pmatrix}
$$

welche von der HERMITE-Interpolation her bekannt ist.

Auf analoge Weise definiere man $L_1, \ldots, L_m$ und $H_1, \ldots, H_m$. Dann streben die Matrizen $L_j X_{j,m_j}$ gegen H_j. Sei

$$
L := \begin{pmatrix} L_o & & \text{\Large O} \\ & L_1 & \\ & & \ddots \\ \text{\Large O} & & L_m \end{pmatrix} \quad , \quad H := \begin{pmatrix} H_o \\ H_1 \\ \vdots \\ H_m \end{pmatrix} \quad ;
$$

dabei ist $\det H \neq 0$ wegen der Eindeutigkeit der HERMITE-Interpolation (Korollar 1.1). Mit

$$
\tilde{f} := (f_o, \frac{f_o'}{1!}, \ldots, \frac{f_o^{(\mu_o)}}{\mu_o !}, \ldots, \frac{f_m^{(\mu_m)}}{\mu_m !})
$$

streben die nun wieder mit dem Folgeindex ν versehenen Matrizen $L^{(\nu)} \cdot X^{(\nu)}$ gegen die nichtsinguläre Matrix H, und die Vektoren $L^{(\nu)} \cdot f^{(\nu)}$ konvergieren gegen $\tilde{f}$. Die Lösungen $a^{(\nu)}$ der Gleichungen

$$
L^{(\nu)} X^{(\nu)} y^{(\nu)} = L^{(\nu)} f^{(\nu)} \quad ,
$$

lassen sich in der Form

$$
a^{(\nu)} = (L^{(\nu)} X^{(\nu)})^{-1} \cdot (L^{(\nu)} f^{(\nu)})
$$

schreiben und man erhält die Konvergenz der Koeffizientenvektoren $a^{(\nu)}$ gegen die Lösung a der Gleichung

$$
H \cdot a = \tilde{f} \quad .
$$

Nach dem Korollar zu Satz 1.2 enthält der Vektor a die Koeffizienten des gesuchten HERMITE-Interpolationspolynoms $Q(x)$. $\blacksquare$

<u>Bemerkung 2.1.</u>
Nach (2.2) und der Definition der L_j gilt

$$
\det L_j = \lambda_o^o \lambda_1^1 \cdots \lambda_{\mu_j}^{\mu_j} = \prod_{o \leq \ell < k \leq \mu_j} (x_{jk} - x_{j\ell})^{-1} \tag{2.11}
$$

und wegen (2.9) und

$$\det LX = (\det X) \cdot \prod_{j=0}^{m} (\det L_j) = \prod_{\substack{0 \le i < j \le m \\ 0 \le k \le \mu_j \\ 0 \le \ell \le \mu_i}} (x_{jk} - x_{i\ell}) \qquad (2.12)$$

hat man im Grenzfall

$$\det H = \lim_{\nu \to \infty} \det L^{(\nu)} X^{(\nu)} = \prod_{0 \le i < j \le m} (x_j - x_i)^{m_i \cdot m_j} \ .$$

Die in den Produkten auftretenden Faktoren lassen sich in folgendem Diagramm veranschaulichen:

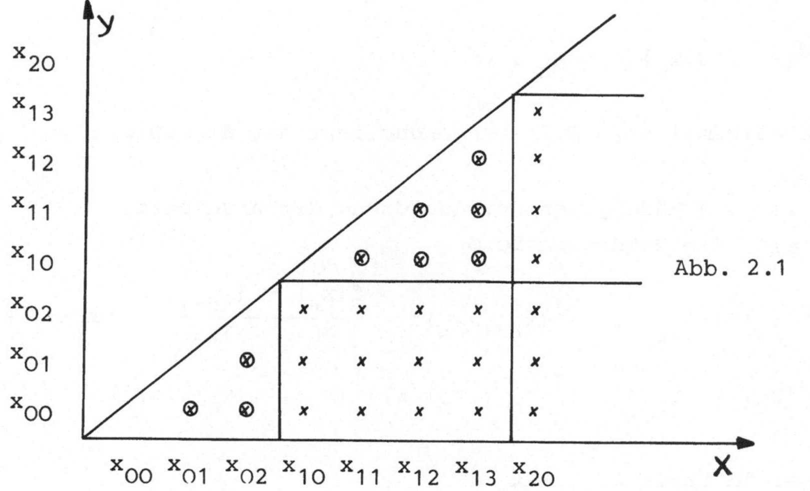

Mit einem Kreuzchen wurden dabei diejenigen Punkte (x,y) versehen, für die $(y-x)$ als Faktor in (2.9) auftritt. Die in den Determinanten (2.11) erscheinenden Faktoren wurden zusätzlich durch kleine Kreise bezeichnet. Die Determinante (2.12) besteht dann aus den restlichen Faktoren. *

Durch Satz 2.1 hat man die Möglichkeit, den Begriff des Differenzenquotienten auf den Fall auszudehnen, daß einige Punkte x_j zusammenfallen; man hat dann allerdings darauf zu achten, daß in solchen Punkten die entsprechenden Ableitungswerte vorzuschreiben sind.

<u>Definition 2.1.</u>

Gegeben sei eine HERMITEsche Vorgabe von Werten

$$
\begin{array}{llll}
x_o & f_o, & \ldots, & f_o^{\mu_o} \\
\cdot & \cdot & & \cdot \\
\cdot & \cdot & & \cdot \\
\cdot & \cdot & & \cdot \\
x_m & f_m, & \ldots, & f_m^{\mu_m}
\end{array}
$$

mit $m_j := \mu_j + 1$ und $n+1 := \sum_{j=o}^{m} m_j$.

Dann nennt man den Koeffizienten a_n von x^n des HERMITEschen Interpolationspolynoms n-ten Grades zu den obigen Werten auch den (<u>verallgemeinerten) n-ten Differenzenquotienten</u> und man schreibt

$$
\Delta^n(x_o, \ldots, x_m) f := a_n \ . \ \blacktriangle
$$

Der verallgemeinerte Differenzenquotient hat die folgenden Eigenschaften:

1) Er ist unabhängig von der Anordnung der Argumente.
2) Es gilt die Rekursionsformel

$$
\Delta^o(x_j) f = f_j \quad , \quad \Delta^1(x_{n-1}, x_n) f = \frac{f(x_n) - f(x_{n-1})}{x_n - x_{n-1}} \quad \text{für } x_n \neq x_{n-1} ,
$$

$$
\Delta^n(x_o, \ldots, x_n) f = \Delta_t^1(x_{n-1}, x_n)(\Delta^{n-1}(x_o, \ldots, x_{n-2}, t) f), \tag{2.13}
$$

wobei im Falle $x_{n-1} = x_n$

$$
\Delta_t^1(x_n, x_n) g(t) = g'(x_n)
$$

zu setzen ist.

3) Bei festem $f \in C^n(I)$ ist $\Delta_t^n(x_o, \ldots, x_n) f(t)$ eine stetige Funktion der Argumente $x_j \in I$.
4) Für jedes $f \in C^n(I)$ gilt

$$
\Delta_t^n(x_o, \ldots, x_n) f(t) = \frac{1}{n!} f^{(n)}(\xi) \tag{2.14}
$$

mit $\xi \in [\ \min_{o \leq j \leq n} x_j, \ \max_{o \leq j \leq n} x_j]$.

5) Für feste Punkte $x_j \in \mathbb{R}$ ist $\Delta^n(x_0,\ldots,x_n)f$ ein lineares Funktional auf der Menge der Vektoren $(f_0,f_0^1,\ldots,f_m^{\mu_m})' \in \mathbb{R}^{n+1}$.

6) Für den Differenzenquotienten eines Produktes gilt die LEIBNIZsche Formel:

$$\Delta^n(x_0,\ldots,x_n)f\cdot g = \sum_{j=o}^{n} \Delta^j(x_0,\ldots,x_j)f\cdot\Delta^{n-j}(x_j,\ldots,x_n)g \qquad (2.15).$$

<u>Beweis:</u>

Die Eigenschaften 1), 3), 4) und 5) ergeben sich unmittelbar aus den bisherigen Überlegungen, 2) ergibt sich als Konsequenz der NEVILLE-AITKENschen Interpolationsformel durch Betrachtung der höchsten Koeffizienten in Formel (1.23) unter Berücksichtigung von 1).

Zum Nachweis von 6) führt man eine Induktion nach n durch. Für n=1 ist die Formel wegen der Identität

$$\Delta^1(x_0,x_1)f\cdot g = \frac{1}{x_0-x_1}\,[f(x_0)(g(x_0)-g(x_1))+(f(x_0)-f(x_1))\cdot g(x_1)]$$

für $x_1 \neq x_0$ bzw.

$$(f\cdot g)' = f\cdot g' + f'\cdot g$$

für zusammenfallende Argumente offenbar richtig.

Die Eigenschaft 2) zeigt, daß man einen n-ten Differenzenquotienten als sukzessive Anwendung von Differenzenquotienten 1. Ordnung beschreiben kann, die man ihrerseits in beliebiger Form zu höheren Differenzenquotienten zusammenfassen kann. Sei die Richtigkeit der Formel (2.15) für n-1 bereits bewiesen. Dann gilt

$$\Delta^n(x_0,\ldots,x_n)f\cdot g = \Delta_t^{n-1}(x_0,\ldots,x_{n-1})\Delta^1(t,x_n)f\cdot g$$

$$= \Delta_t^{n-1}(x_0,\ldots,x_{n-1})[f(t)\cdot\Delta^1(t,x_n)g+\Delta^1(t,x_n)f\cdot g(x_n)]$$

$$= \sum_{j=o}^{n-1} \Delta^j(x_0,\ldots,x_j)f\cdot\Delta_t^{n-1-j}(x_j,\ldots,x_{n-1})\cdot\Delta^1(t,x_n)g$$

$$+ \Delta_t^{n-1}(x_0,\ldots,x_{n-1})\cdot\Delta^1(t,x_n)f\cdot g(x_n)$$

und durch Zusammenfassen der $(n-1-j)$-ten und 1. Differenzenquotienten erhält man die Formel (2.15) für den Exponenten n. Dies beendet den Induktionsschluß. ∎

§ 3 Die numerische Behandlung der Interpolationsaufgabe, NEWTONsche Interpolationsformel

Gegeben sei eine HERMITEsche Vorgabe

$$
\begin{array}{llll}
x_0 & f_0, \ldots, f_0^{\mu_0} & & \text{mit} \\[1ex]
x_1 & f_1, \ldots, f_1^{\mu_1} & \mu_j := m_j - 1 & \\[1ex]
\vdots & \vdots \qquad \vdots & \text{und} & \\[1ex]
x_m & f_m, \ldots, f_m^{\mu_m} & \displaystyle\sum_{j=0}^{m} m_j =: n+1 \ . &
\end{array}
\tag{3.1}
$$

Ferner seien $z_0, \ldots, z_n$ definiert durch $z_0, \ldots, z_{\mu_0} := x_0$, $z_{\mu_0+1}, \ldots, z_{\mu_0+m_1} := x_1$ usw.

Man kann nun versuchen, die Lösung des obigen Interpolationsproblems aus einer Folge von Interpolationsproblemen sukzessive aufzubauen, indem man von den $n+1$ Bedingungen zunächst nur eine, dann zwei usw. erfüllt. Dazu sind für $j=0,\ldots,n$ Polynome P_j vom Grade j zu konstruieren, die jeweils die ersten $j+1$ Vorgaben erfüllen. Zu Beginn setze man

$$
P_0(x) = 1 \cdot f_0 \ ,
$$

und wenn P_{j-1} die ersten j Bedingungen erfüllt, muß auch

$$
P_j(x) := P_{j-1}(x) + \Omega_j(x) \cdot \Delta^j(z_0,\ldots,z_j)f
\tag{3.2}
$$

mit $\Omega_j(x) := \displaystyle\prod_{k=0}^{j-1} (x-z_k)$ die ersten j Vorgaben erfüllen, denn die

Addition von $\Omega_j(x)$ ändert nichts an den Werten von P_{j-1} für diese Vorgaben. Ist $Q_j(x)$ das Interpolationspolynom vom Grade j, welches die ersten $j+1$ Vorgaben erfüllt, so hat Q_j als höchsten Koeffizienten den Differenzquotienten $\Delta^j(z_o,\dots,z_j)f$ gemäß seiner Definition; die Differenz $Q_j(x) - P_j(x)$ hat somit einen Grad $< j$ und verschwindet für die ersten j Vorgaben. Nach dem Eindeutigkeitssatz muß also $Q_j = P_j$ gelten; das Polynom P_j erfüllt deshalb die ersten $j+1$ Vorgaben.

Speziell erhält man für $j = n$:

Das Polynom

$$P_n(x) := \sum_{j=o}^{n} \Omega_j(x)\, \Delta^j(z_o,\dots,z_j)f \qquad (3.3)$$

löst das HERMITEsche Interpolationsproblem (3.1); die Darstellung (3.3) wird als <u>NEWTONsche Interpolationsformel</u> bezeichnet.

Durch (3.3) hat man eine weitere Methode, Interpolationspolynome zu konstruieren; das Resultat ist allerdings wegen des Eindeutigkeitssatzes dasselbe wie bei der LAGRANGE-Interpolationsformel.

Die möglichen Methoden zur Berechnung von Interpolationspolynomen unterscheiden sich dagegen bezüglich der praktischen Anwendung. Denn da die arithmetischen Operationen zur Bestimmung der auftretenden Parameter verschieden angeordnet sind, ergibt sich ein unterschiedliches Rundungsfehlerverhalten.

Eine Übersicht über alle möglichen Methoden zur Bestimmung der Koeffizienten des Interpolationspolynoms erhält man durch folgende Überlegung:

Formuliert man das Interpolationsproblem in Matrixschreibweise

$$X \cdot a = f$$

gemäß (2.8), so ist das Interpolationspolynom $P(x)$ durch

$$\det M(x) := \det \left(\begin{array}{cccccc|c} 1 & x & x^2 & \dots & x^n & & P(x) \\ \hline & & & & & & f_o \\ & & X & & & & f_1 \\ & & & & & & \vdots \\ & & & & & & f_n \end{array}\right) = 0 \qquad (3.4)$$

für alle $x \in \mathbb{R}$ eindeutig festgelegt, denn für die Koeffizienten $a_o, \ldots, a_n$ von P gilt

$$M(x) \cdot \begin{pmatrix} a_o \\ a_1 \\ \vdots \\ a_n \\ -1 \end{pmatrix} = \begin{pmatrix} 0 \\ \cdot \\ \cdot \\ \cdot \\ 0 \end{pmatrix} \qquad (\forall x \in \mathbb{R}).$$

Aus (3.4) erhält man durch Entwickeln nach der letzten Spalte die LAGRANGE-Interpolationsformel.

Benutzt man die Produktformel für Determinanten, so kann man in (3.4) auch die Determinante

$$\det \left(\begin{pmatrix} 1 & 0 & \ldots & 0 \\ 0 & & & \\ \cdot & & L & \\ \cdot & & & \\ \cdot & & & \\ 0 & & & \end{pmatrix} \cdot M(x) \right)$$

$$= \det \left(\begin{array}{cccccc|c} 1 & x & x^2 & \ldots & x^n & & P(x) \\ \hline & & & & & & f_o \\ & & & LX & & & \Delta^1 f \\ & & & & & & \cdot \\ & & & & & & \cdot \\ & & & & & & \Delta^n f \end{array} \right)$$

verwenden; dabei ist in der Definition von L in (2.10) für μ_o die Größe n einzusetzen.

Jetzt liefert die Entwicklung nach der letzten Spalte gerade die NEWTONsche Interpolationsformel. Durch Entwicklung nach der ersten Zeile ergeben sich direkte explizite Formeln für die Berechnung der Koeffizienten von P aus den Differenzenquotienten. Wegen ihrer numerischen Instabilität wird vor der Anwendung dieser Formeln gewarnt.

In der Praxis wird man die NEWTONsche Interpolationsformel folgendermaßen verwenden.

$$P(x) = f_o + (x-x_o)(\Delta^1(x_o,x_1)f + (x-x_1)(\Delta^2(x_o,x_1,x_2)f + \ldots$$
$$\ldots + (x-x_{n-1})\Delta^n(x_o,\ldots,x_n)f)\ldots)) \, , \qquad (3.5)$$

indem man die Klammern von innen heraus rekursiv auswertet.
Dazu werden nacheinander die Differenzenquotienten

$$\Delta^n(x_o,\ldots,x_n)f,\ldots,\Delta^1(x_o,x_1)f \, , \ \Delta^o(x_o) = f_o \qquad (3.6)$$

benötigt; man kann unter Benutzung der Rekurionsformel (2.13) das
Schema

$$
\begin{array}{lllll}
x_o & f_o & & & \\
 & & \Delta^1(x_o,x_1)f & & \\
x_1 & f_1 & & \Delta^2(x_o,x_1,x_2)f & \\
 & & \Delta^1(x_1,x_2)f & & \\
x_2 & f_2 & & \Delta^2(x_1,x_2,x_3)f & \\
\cdot & & \Delta^1(x_2,x_3)f & & \cdot \ \Delta^n(x_o,\ldots,x_n)f \\
\cdot & & \cdot & \cdot & \\
\cdot & & \cdot & \cdot & \\
x_n & f_n & \cdot & \cdot &
\end{array}
\qquad (3.7)
$$

spaltenweise aufbauen und die Differenzenquotienten für (3.5) aus der
obersten Schrägzeile entnehmen.

Fügt man zum Interpolationsproblem noch ein Wertepaar (x_{n+1},f_{n+1})
hinzu, so läßt sich nach (2.13) eine neue untere Schrägzeile berechnen, und man kann das neue Interpolationspolynom P_{n+1} durch

$$P_{n+1} = P_n + (\prod_{j=o}^{n}(x-x_j))\Delta^{n+1}(x_o,\ldots,x_{n+1})f$$

bilden. Dieser Übergang ist also wesentlich leichter als bei der
LAGRANGE-Formel zu vollziehen; die bereits geleistete Vorarbeit für
$P_n(x)$ wird voll ausgenutzt.

Man kann die Berechnung der Differenzenquotienten (3.6) auch durch andere Schemata als (3.7) durchführen, beispielsweise gemäß

$$
\begin{array}{cccccc}
x_o & f_o \\
& & \Delta^1(x_o,x_1)f \\
x_1 & f_1 & & \Delta^2(x_o,x_1,x_2)f & \cdot \\
& & \Delta^1(x_o,x_2)f & & & \cdot \\
x_2 & f_2 & & \Delta^2(x_o,x_1,x_3)f & \cdot \\
& & \Delta^1(x_o,x_3)f & & \cdot \\
x_3 & f_3 & & \Delta^2(x_o,x_1,x_4)f & & \cdot \\
& \cdot & \Delta^1(x_o,x_4)f & & \cdot & \cdot \\
\cdot & \cdot & & \cdot & & \cdot \\
\cdot & \cdot & \cdot & \cdot & & \cdot \\
\cdot & \cdot & \cdot & \cdot & &
\end{array}
\qquad (3.8)
$$

d.h. gemäß dem Schema der Indexmengen

$$
\begin{array}{cccccc}
\{o\} \\
& \{o,1\} \\
\{1\} & & \{o,1,2\} & \cdot \\
& \{o,2\} & & \cdot \\
\{2\} & & \{o,1,3\} & & \cdot \\
& \{o,3\} & \cdot & & & \{o,1,\ldots,n\} & \cdot \\
\{3\} & \cdot & \cdot & & \cdot \\
\cdot & \cdot & \{o,1,n\} & \cdot \\
\cdot & \{o,n\} \\
\{n\}
\end{array}
\qquad (3.8')
$$

Dieses Vorgehen entspricht dem Graphen

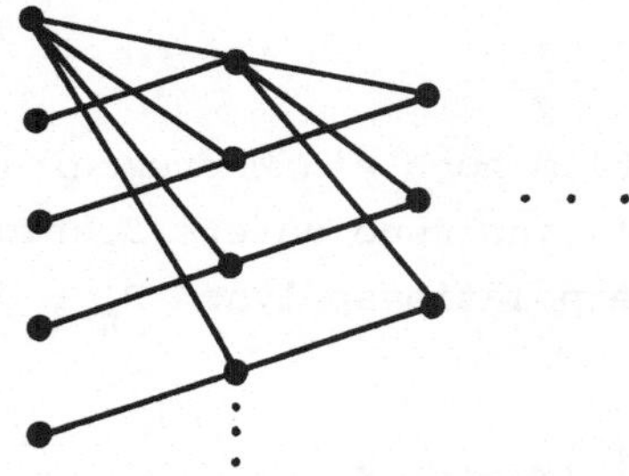

während das Schema (3.7) gemäß dem Graphen

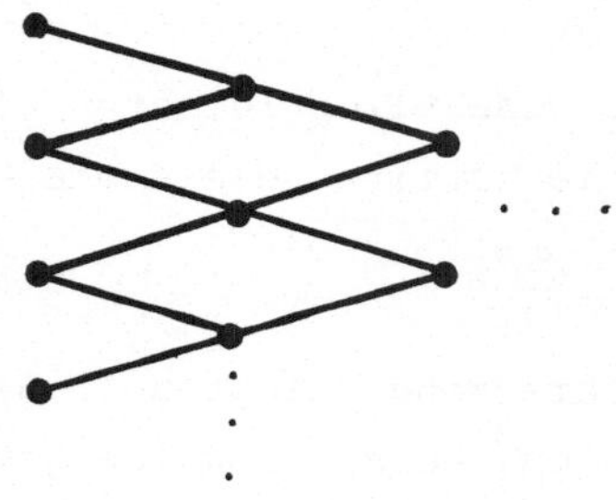

gebildet ist. Im Schema (3.7) sind nach (2.14) die entsprechenden Werte der Ableitungsvorgaben einzusetzen, wenn mehrere der Punkte x_j zusammenfallen. Beispielsweise hat man bei der Berechnung von $\Delta^2(x_o,x_o,x_1)f$ das Schema (3.7) folgendermaßen zu bilden:

$$
\begin{array}{ll}
x_o & f_o \\[2mm]
 & \qquad f_o' \\[1mm]
x_o & f_o \qquad\qquad \dfrac{f_o'-\Delta^1(x_o,x_1)f}{x_o-x_1} = \Delta^2(x_o,x_o,x_1)f \quad . \\[1mm]
 & \qquad \Delta^1(x_o,x_1)f \\[2mm]
x_1 & f_1
\end{array}
$$

Schreibt man die NEWTONsche Interpolationsformel gemäß (3.5), so ergeben sich die Koeffizienten $a_o,\ldots,a_n$ der Darstellung

$$
P(x) = a_o + a_1 x + \ldots + a_n x^n \tag{3.9}
$$

durch den folgenden Algorithmus:

a) Man setze $a_j(n) = \Delta^j(x_o,\ldots,x_j)f$ für $j=0,\ldots,n$.

b) Dann bilde man für $k = n-1$ bis $k = 0$ nacheinander die Größen

$$
a_j(k) := \begin{cases} a_j(k+1) & 0 \le j < k \quad \text{oder} \quad j=n \\[3mm] a_j(k+1)-x_k a_{j+1}(k+1) & 0 \le k \le j \le n-1 \end{cases} \tag{3.10}
$$

Dann sind $a_j = a_j(0)$ die gesuchten Koeffizienten.

<u>Schematische Darstellung dieser Rechnung:</u>

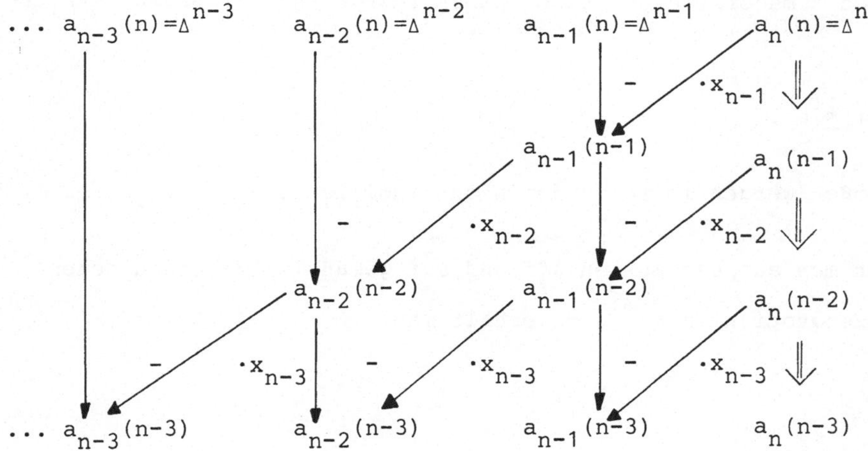

Beispiel 3.1.

Berechnet man die Interpolierende von Beispiel 1.3 auf diese Weise,
so erhält man das Differenzenschema

$$
\begin{array}{c|cccc}
0 & 0 \\
 & & 1 \\
0 & 0 & & 2\cdot(2/\pi - 1)\,/\pi \\
 & & 2/\pi & & 2\cdot(-8/\pi^2 + 2/\pi)\,/\pi \\
\pi/2 & 1 & & -4/\pi^2 \\
 & & 0 \\
\pi/2 & 1
\end{array}
$$

und das Interpolationspolynom nach der NEWTONschen Formel:

$$P(x) = 0 + x\,(1 + x\,(\tfrac{2}{\pi}(\tfrac{2}{\pi} - 1) + (x - \tfrac{\pi}{2})(\tfrac{4}{\pi^2} - \tfrac{16}{\pi^3})))$$

$$= x + x^2\,(\tfrac{12}{\pi^2} - \tfrac{4}{\pi}) + x^3\,(\tfrac{4}{\pi^2} - \tfrac{16}{\pi^3})\;.$$

Rundungsfehler bei der Polynominterpolation

Statt der exakten Werte $\Delta^j f$ erhält man bei der praktischen Rechnung
auf einem Digitalrechner mit Gleitkomma-Arithmetik <u>rundungsfehlerbe-
haftete</u> Werte $\widetilde{\Delta^j f}$. Bei jeder arithmetischen Operation tritt ein
durch eine maschinenabhängige Konstante $\varepsilon > 0$ abschätzbarer <u>relativer</u>
Fehler auf (Band I, Kap. I, §6; WILKINSON).

Es gilt $gl(x \square y) = (x \square y)(1+\overset{\sim}{\varepsilon})$ mit $|\overset{\sim}{\varepsilon}| \leq \varepsilon = \tfrac{1}{2}\,b^{1-t}$ und $b =$ Basis der
Zahlendarstellung, $t =$ Stellenanzahl der Mantisse, $\square$ für $+,\ -,\ \cdot,\ :$.
In Analogie zur LANDAUschen O-Symbolik werde $\langle\varepsilon\rangle$ geschrieben, um
eine durch ε majorisierte, nicht näher festgelegte Größe zu bezeichnen:

$$|\langle\varepsilon\rangle| \leq \varepsilon\;.$$

Diese Größen werden im folgenden nicht indiziert.

Berechnet man aus den Werten $\widetilde{\Delta_1^j f}$ und $\widetilde{\Delta_2^j f}$ gemäß (2.13) einen neuen
Differenzenquotienten $\widetilde{\Delta^{j+1}}$, so erhält man

$$\widetilde{\Delta^{j+1}}f = \frac{(\widetilde{\Delta_1^j}(f) - \widetilde{\Delta_2^j}(f))\,(1 + <\varepsilon>)}{x_i - x_k}\,(1 + <\varepsilon>), \quad i,k \in \{0,\ldots,n\},$$

$$\tag{3.11}$$

$$= \widehat{\Delta^{j+1}}(f)\,(1 + \varepsilon_{j1})\,(1 + \varepsilon_{j2})\,,$$

wobei $\widehat{\Delta^{j+1}}(f)$ der bei exakter Rechnung aus $\widetilde{\Delta_1^j}f$ und $\widetilde{\Delta_2^j}f$ resultierende Differenzenquotient sei.

Geht man von exakten Werten $f_o,\ldots,f_n$ aus, so ergibt sich aus (3.11) rekursiv die Fehlerabschätzung

$$|\widetilde{\Delta^j}f - \Delta^j f| \leq 2j\varepsilon\,|\Delta^j f| + O(\varepsilon^2).\tag{3.12}$$

Im folgenden werden Terme der Größenordnung ε^2 vernachlässigt.

Aus (3.12) ergibt sich, daß die Berechnung von $\widetilde{\Delta^j}f$ sinnlos ist, wenn j so groß ist, daß $2j\varepsilon$ die Größenordnung von 1 erreicht.

Das Rechenschema (3.10) geht unter Berücksichtigung der Rundungsfehler der Größenordnung ε über in

$$\widetilde{a}_j(k) := \begin{cases} \widetilde{a}_j(k+1) & 0\leq j<k \text{ oder } j=n \\[2mm] [\widetilde{a}_j(k+1)-x_k\cdot\widetilde{a}_{j+1}(k+1)(1+\widetilde{\varepsilon}_{jk})](1+\widetilde{\varepsilon}_{jk}) & 0\leq k\leq j\leq n-1 \end{cases}\tag{3.13}$$

Mit der Bezeichnung $\varepsilon_{j,k} := |\widetilde{a}_j(k) - a_j(k)|$ erhält man zunächst aus (3.12)

$$\varepsilon_{j,n} = |\widetilde{\Delta^j}f - \Delta^j f| \leq |\Delta^j f|\,2j\varepsilon\,,\tag{3.14}$$

und mit (3.13) ergibt sich

$$\varepsilon_{j,k} = \begin{cases} \varepsilon_{j,k+1} & 0\leq j<k \\[2mm] \varepsilon_{j,k+1} + |x_k|\,\varepsilon_{j+1,k+1} & 0\leq k\leq j\leq n-1\,, \end{cases}\tag{3.15}$$

wobei der Übersichtlichkeit halber eine Reihe von Fehlertermen unberücksichtigt gelassen wurde. Aus (3.15) folgt induktiv

$$\varepsilon_{k,k} = \sum_{j=k}^{n} (\varepsilon_{j,n} \cdot \prod_{i=k}^{j-1} |x_i|) \qquad\qquad (0 \leq k \leq n),$$

und im Spezialfall k=0 hat man nach (3.14)

$$|a_o - \tilde{a}_o| \approx 2\varepsilon \cdot \sum_{j=o}^{n} (j \cdot |\Delta^j f| \cdot \prod_{i=o}^{j-1} |x_i|) \ .$$

Daraus folgt, daß für große x_i die Berechnung von a_o sehr anfällig gegenüber Rundungsfehlern ist, und dadurch wird die Lösung des Interpolationsproblems durch Berechnung der Koeffizienten $a_o, \dots, a_n$ äußerst kritisch. Es ist daher zweckmäßig, das HORNER-Schema direkt auf die NEWTONsche Formel (3.5) anzuwenden.

Die optimale Auswahl der Stützstellen

Bei Interpolation der Werte einer Funktion $f \in C^{n+1}(I)$ durch ein Polynom P vom Grade $\partial P \leq n$ in Stützstellen $x_o, \dots, x_n \in I$ wird nach Satz 1.3 der Fehler gegeben durch

$$f(x) - P(x) = \frac{\Omega(x)}{(n+1)!} f^{(n+1)}(\xi(x)) \ .$$

Im allgemeinen hat man wenig Informationen über $f^{(n+1)}$ und das Argument ξ und kann kaum hoffen, durch Manipulation dieses Terms zu einer Verbesserung der obigen Abschätzung zu kommen. Anders steht es mit dem Verhalten von

$$\Omega(x) = (x - x_o) \dots (x - x_n) \ .$$

Man kann hier die Frage untersuchen, wie man bei vorgegebenem x die x_j wählten sollte, um $\Omega(x)$ klein zu halten.

Zunächst werde der klassische Fall der Interpolation in einer Tabelle mit äquidistanter Einteilung betrachtet. Da es nur auf die relative Größe von $\Omega(x)$ ankommt, kann man hierzu den Punktabstand gleich Eins setzen. Damit erhält man für die einzelnen Faktoren $x - x_k$ folgende Abschätzungen:

$$\text{für } k \leq j \ : \quad j-k \ \leq \ |x - x_k| \ \leq \ j-k+1$$
$$\text{für } k \geq j+1 : \quad k-j-1 \leq \ |x - x_k| \ \leq \ k-j \qquad ,$$

wenn man x aus $[x_j, x_{j+1}]$ betrachtet. Dies liefert

$$\prod_{k=o}^{j-1} (j-k) \cdot |(x-x_j)(x-x_{j+1})| \cdot \prod_{k=j+2}^{n} (k-j-1) \leq |\Omega(x)| \ ,$$

d.h.

$$j! \cdot |(x-x_j)(x-x_{j+1})| \cdot (n-j-1)! \leq |\Omega(x)|.$$

Analog beweist man, daß

$$|\Omega(x)| \leq (j+1)!(n-j)! \cdot |(x-x_j)(x-x_{j+1})| \qquad (3.16)$$

gilt. Läßt man die genaue Lage von x im Intervall $[x_j, x_{j+1}]$ unbe-rücksichtigt, so sieht man, daß $|\Omega(x)|$ durch Terme der Größenordnung $j!(n-j)!$ bestimmt wird. Die Größe $j!(n-j)!$ wird minimal, wenn man $j \approx \frac{n}{2}$ wählt, d.h. man sollte die Interpolationspunkte x_i symmetrisch um x verteilt der Tabelle entnehmen.

Will man andererseits eine für alle $x \in I$ möglichst gute Interpolation durchführen, ohne mehr Information über f zu verwenden als eine Schranke für die (n+1)-te Ableitung, so wird man versuchen, durch ge-schickte Verteilung der Knoten x_j die Größe $\max_I |\Omega(x)|$ zu minimieren. Dies ist ein Spezialfall der in Kap. II zu besprechenden TSCHEBYSCHEFF-Approximation. Die Lösung läßt sich in geschlossener Form darstellen. Der Einfachheit halber sei $I = [-1,+1]$, für andere Intervalle $[a,b]$ hätte man nur eine Transformation $y = (a+b+x(b-a))/2$ durchzuführen. Die Nullstellen des TSCHEBYSCHEFF-Polynoms

$$T_{n+1}(x) := \cos((n+1)\arccos x) \qquad (-1 \leq x \leq +1) \qquad (3.17)$$

lösen die oben gestellte Aufgabe. Es gilt

<u>Satz 3.1.</u>
Sei $Q(x) := 2^{-n} \cdot T_{n+1}(x)$. Dann gilt

$$\max_I |Q(x)| < \max_I |\Omega(x)|$$

für jedes von $Q(x)$ verschiedene

$$\Omega(x) = \prod_{j=0}^{n} (x-x_j) \quad , \qquad\qquad n \in \mathbb{N}_0 .$$

<u>Beweis:</u>

Wie in Kap. II §5 gezeigt wird, ist $Q(x)$ ein Polynom $(n+1)$-ten
Grades, dessen höchster Koeffizient gleich 1 ist. Es nimmt in den
$n+2$ Punkten $z_j = \cos \frac{j\pi}{n+1}$ $(j=0,\ldots,n+1)$ abwechselnd den Wert $+2^{-n}$
oder -2^{-n} an. Sei $\Omega(x)$ ein beliebiges zur Konkurrenz zugelassenes
Polynom. Wäre $|\Omega(x)| \leq 2^{-n}$ in I, so würde die Differenz
$P(x) = \Omega(x)-Q(x)$ abwechselnd in den genannten $n+2$ Punkten nicht negativ bzw. nicht positiv sein. Da sich die höchsten Potenzen von x
wegheben, hat $P(x)$ höchstens den Grad n, aufgrund der genannten
Wechsel des Vorzeichens aber wenigstens $n+1$ Nullstellen, dabei sind
im Inneren von I gelegene mehrfache Nullstellen zweifach zu zählen.
Also muß P identisch verschwinden, und es ist $\Omega(x)=Q(x)$. Widerspruch.∎

Dieses Resultat legt es nahe, zur Interpolation gerade die Nullstellen von $T_{n+1}(x)$ zu verwenden:

$$x_j = \cos\left(\frac{j\pi}{n+1} + \frac{\pi}{2n+2}\right) = \cos \frac{(2j+1)\pi}{2n+2} \qquad (j=0,\ldots,n) .$$

Die Basispolynome gemäß (1.3) kann man dann in geschlossener Form
angeben, es ist nämlich

$$\omega_j(x) = \frac{1}{T'_{n+1}(x_j)} \cdot \frac{T_{n+1}(x)}{x-x_j} = \frac{(-1)^j}{n+1} \cdot \sqrt{1-x_j^2} \cdot \frac{T_{n+1}(x)}{x-x_j} .$$

Weitere Eigenschaften der TSCHEBYSCHEFF-Polynome findet man in
Kap. II, §5 und bei RIVLIN.

§ 4 TSCHEBYSCHEFF-Systeme, Trigonometrische Interpolation

1. TSCHEBYSCHEFF-Systeme

Definition 4.1.

V sei ein $(n+1)$-dimensionaler reeller (bzw. komplexer) Vektorraum von Funktionen mit einem unendlich viele Elemente enthaltenden Definitionsbereich D.

V heißt zusammen mit D <u>TSCHEBYSCHEFF-System</u> oder <u>HAARsches System</u> oder <u>unisolventes System</u> der Dimension $n+1$, falls eine der drei folgenden äquivalenten Bedingungen erfüllt ist:

a) Zu vorgegebenen paarweise verschiedenen Punkten $x_0, \ldots, x_n \in D$ und beliebigen reellen (bzw. komplexen) Zahlen $f_0, \ldots, f_n$ gibt es ein $u \in V$ mit $u(x_i) = f_i$ für alle $i \in \{0, \ldots, n\}$.

b) Zu vorgegebenen paarweise verschiedenen Punkten $x_0, \ldots, x_n \in D$ und für jede Basis $u_0, \ldots, u_n$ von V gilt

$$\det (u_i(x_j)) \neq 0. \tag{4.1}$$

c) Jedes $u \in V$, welches nicht in D identisch verschwindet, hat höchstens n Nullstellen in D. ▲

Beweis für die Äquivalenz der drei Bedingungen:
Es seien $x_0, \ldots, x_n$ paarweise verschiedene Punkte aus D. Betrachtet man nun die Abbildung $T: V \to \mathbb{R}^{n+1}$ mit $Tu := (u(x_0), \ldots, u(x_n))'$ für alle $u \in V$, so sind a), b), c) jeweils äquivalent zu

    a': T surjektiv
    b': $\det (u_i(x_k)) \neq 0$
    c': T injektiv.

Da T eine lineare Abbildung zwischen endlichdimensionalen linearen Räumen ist, folgt die Gleichwertigkeit von a', b' und c'. ■

Korollar 4.1.

Wegen der Bijektivität der Abbildung T bei TSCHEBYSCHEFF-Systemen hat man in (a) zusätzlich die Eindeutigkeit der Funktion $u \in V$ mit $u(x_i) = f_i$. ■

<u>Beispiel 4.1.</u>

1) Betrachtet man $D := [-1,+1]$ und $V := \{a+bx^2 \mid a,b \in \mathbb{R}\}$, so ist (c) verletzt, da $1-x^2 \in V$ in D zwei Nullstellen hat. D und V bilden also <u>kein</u> TSCHEBYSCHEFF-System.

2) Der Raum $\mathcal{P}_n$ der Polynome höchstens n-ten Grades

$$\mathcal{P}_n := \{ \sum_{i=o}^{n} a_i x^i \mid a_i \in \mathbb{R} \quad \text{oder} \quad a_i \in \mathbb{C}\}$$

bildet mit jedem unendlich viele Elemente enthaltenden Definitionsbereich $D \subset \mathbb{R}$ oder $D \subset \mathbb{C}$ ein TSCHEBYSCHEFF-System der Dimension n+1 (nach (c)).

3) Ist V mit Definitionsbereich D ein TSCHEBYSCHEFF-System und die gegebene Funktion w(x) in D überall ungleich Null, so ist auch

$$wV := \{w(x) \cdot u(x) \mid u \in V\}$$

mit D ein TSCHEBYSCHEFF-System (nach (c)).

4) Sei t(x) eine in dem reellen Definitionsbereich D streng monotone Funktion. Dann bildet

$$\mathbb{E}_n := \{ \sum_{j=o}^{n} a_j (t(x))^j \mid a_j \in \mathbb{R}\}$$

ein TSCHEBYSCHEFF-System der Dimension n+1. Denn für n+1 paarweise verschiedene Punkte $x_o,\ldots,x_n \in D$ verschwindet die VANDERMONDE-Determinante

$$\det \begin{pmatrix} 1 & t(x_o) & \cdots & t^n(x_o) \\ \vdots & \vdots & & \vdots \\ 1 & t(x_n) & \cdots & t^n(x_n) \end{pmatrix} = \underbrace{\prod_{i>j} (t(x_i) - t(x_j))}_{\neq 0}$$

nicht, d.h. die Eigenschaft (b) ist nachgewiesen.

Spezialfälle sind:

$$t(x) = e^x \quad , \quad t(x) = \log x \ .$$

Der folgende Satz zeigt, daß für mehrdimensionale Definitionsbereiche "fast keine" TSCHEBYSCHEFF-Systeme existieren:

Satz 4.1. (HAAR)

Die Menge D enthalte einen <u>Verzweigungspunkt</u>, d.h. ein Gebilde der Form

$$(4.2)$$

Abb. 4.1

(dies ist erfüllt, falls D eine offene Menge eines $\mathbb{R}^k$ mit $k \geq 2$ enthält). Dann gibt es für <u>kein</u> $n \in \mathbb{N}$ auf D ein reelles TSCHEBYSCHEFF-System stetiger Funktionen der Dimension n+1.

<u>Beweis:</u>

Angenommen, es gäbe ein reelles TSCHEBYSCHEFF-System V von stetigen Funktionen auf D. Auf dem Kurvenstück (4.2) kann man n+1 Punkte $x_o,\dots,x_n$ so verteilen, daß auf einem kleinen Teilstück der gleichen Form die Punkte x_o und x_1 auf einem Ast und alle übrigen, im folgenden festgehaltenen Punkte x_j außerhalb liegen:

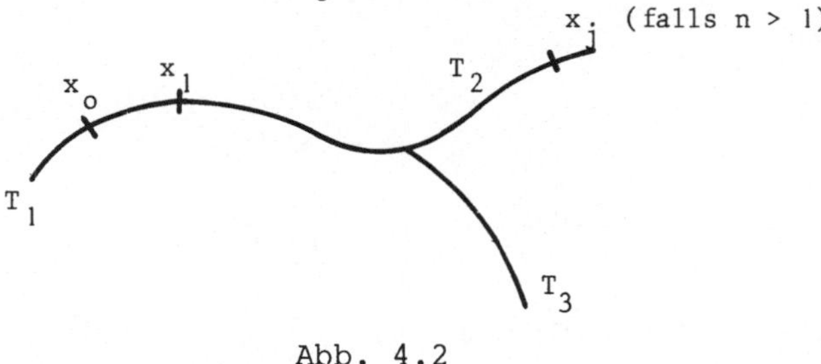

Abb. 4.2

Führt man in V eine Basis $u_o,\dots,u_n$ ein, so hängt die nach (b) nicht verschwindende Determinante

$$D(x_o,x_1) := \det\,(u_i(x_j)) \neq 0 \qquad (0 \leq i,j \leq n) \qquad (4.3)$$

stetig von x_o und x_1 ab (die übrigen x_j werden festgehalten). Bewegt man nun den Punkt x_1 auf den Ast T_3, den Punkt x_o auf den Ast T_2 und danach den Punkt x_1 zurück auf T_1, aber auf den Platz, den früher x_o inne hatte, sowie x_o auf den früher von x_1 besetzten Platz auf T_1, so durchläuft der Wert der Determinante (4.3) stetig das Intervall von $D(x_o,x_1)$ bis $D(x_1,x_o)$. Da $D(x_1,x_o)$ aber aus $D(x_o,x_1)$ durch eine Zeilen- (oder Spalten-) Vertauschung hervorgeht, muß

$$D(x_o, x_1) = -D(x_1, x_o)$$

gelten. Dann müßte aber für irgendwelche Werte von x_o und x_1 die Determinante (4.3) verschwinden. Dies ist wegen (b) unmöglich. ∎

2. Trigonometrische Interpolation

Definition 4.2.

Die Elemente des reellen Vektorraums

$$\mathcal{T}_m := \left\{ T \mid T(x) := \frac{a_o}{2} + \sum_{j=1}^{m} (a_j \cos jx + b_j \sin jx),\ x \in [0, 2\pi),\ a_j, b_j \in \mathbb{R} \right\} \quad (4.4)$$

heißen __trigonometrische Polynome__ vom Grade m. ▲

Setzt man

$$c_j := \frac{1}{2}(a_j - ib_j)$$

$$c_{-j} := \frac{1}{2}(a_j + ib_j)$$

$$(0 \leq j \leq m) \qquad (4.5)$$

mit $b_o := 0$ sowie

$$z := e^{ix} \qquad (x \in [0, 2\pi)), \qquad (4.6)$$

so nehmen die Elemente T von $\mathcal{T}_m$ die Form

$$T(x) = \frac{1}{2} a_o + \sum_{j=1}^{m} (a_j \cos jx + b_j \sin jx)$$

$$= c_o + \sum_{j=1}^{m} ((c_j + c_{-j}) \cos jx + i(c_j - c_{-j}) \sin jx) \qquad (4.7)$$

$$= \sum_{j=-m}^{+m} c_j e^{ijx}$$

$$= \sum_{j=-m}^{+m} c_j z^j =: z^{-m} S(z)$$

an, wobei

$$\overline{c}_j = c_{-j} \qquad (0 \leq j \leq m) \qquad (4.8)$$

gilt und S ein komplexes Polynom vom Grad $\leq n = 2m+1$ ist. Da S höchstens $2m+1$ Nullstellen auf dem Einheitskreisrand besitzt oder identisch verschwindet, gilt wegen (4.6) und (4.7) dieselbe Aussage für T auf $[0,2\pi)$. Umgekehrt zeigen die Formeln

$$a_j = c_j + c_{-j} \quad = 2\ \mathrm{Re}\ c_j$$
$$b_j = i(c_j - c_{-j}) = 2\ \mathrm{Im}\ c_{-j}$$
$$(0 \leq j \leq m), \qquad (4.9)$$

daß $\mathcal{T}_m$ die Dimension $2m+1$ hat, denn wenn $T(x)$ identisch verschwindet, müssen wegen (4.7) alle c_j Null sein, was nach (4.9) das Verschwinden der a_j und b_j nach sich zieht. Somit gilt

Satz 4.2.

$\mathcal{T}_m$ ist ein TSCHEBYSCHEFF-System der Dimension $2m+1$ auf $[0,2\pi)$. $\blacksquare$

Aufgrund der Transformationsformel (4.7) kann man eine Interpolationsaufgabe mit Werten $y_0,\dots,y_{2m}$ und Stützstellen $0 \leq x_0 < x_1 < \dots < x_{2m} < 2\pi$ in eine komplexe Polynominterpolation auf dem Einheitskreisrand überführen, denn die Interpolationsbedingungen

$$T(x_k) = y_k \qquad\qquad (0 \leq k \leq 2m)$$

gehen mit

$$z_k = e^{ix_k} \qquad\qquad (0 \leq k \leq 2m) \qquad (4.10)$$

über in

$$y_k \cdot z_k^m = y_k \cdot e^{imx_k} = T(x_k) z_k^m = S(z_k). \qquad (4.11)$$

Die Rücktransformation von S nach T erfolgt dann mit (4.9).

Bei äquidistanter Stützstellenverteilung

$$x_k = \frac{2\pi k}{2m+1} \qquad\qquad (0 \leq k \leq 2m)$$

in $[0,2\pi)$ sind die nach (4.10) transformierten Stützstellen

$$z_k = e^{\frac{2\pi i k}{2m+1}} =: \zeta_{2m+1}^k \qquad\qquad (0 \leq k \leq 2m)$$

gerade die $(2m+1)$-ten <u>Einheitswurzeln</u>, deren besondere algebraische Eigenschaften im folgenden Hilfssatz zusammengestellt und danach zur Herleitung spezieller Interpolationsformeln herangezogen werden.

<u>Hilfssatz 4.1.</u>

Die n-ten Einheitswurzeln

$$\zeta_n^j := e^{\frac{2\pi i j}{n}}$$

genügen für alle $n \in \mathbb{N}$ und $j \in \mathbb{Z}$ den Gleichungen

$$(\zeta_n^j)^k = \zeta_n^{j\cdot k} = (\zeta_n^k)^j \qquad\qquad (k \in \mathbb{Z}),$$

$$\zeta_{n\cdot m}^{j\cdot m} = \zeta_n^j \qquad (\text{"Kürzungsregel"}) \qquad (m \in \mathbb{Z},\ m \neq 0), \qquad (4.12)$$

$$\overline{\zeta_n^j} = \zeta_n^{-j} ,$$

$$0 = \zeta_n^{j\cdot n} - 1 = (\zeta_n^j - 1) \sum_{k=0}^{n-1} \zeta_n^{j\cdot k} , \qquad\qquad (4.13)$$

$$\sum_{k=0}^{n-1} \zeta_n^{j\cdot k} = \left\{ \begin{matrix} 0 & j \not\equiv 0 \mod n \\ n & \text{sonst} \end{matrix} \right\} \qquad \begin{matrix}(\text{"Orthogonalitäts-}\\ \text{relation"})\end{matrix} \qquad (4.14)$$

<u>Beweis:</u>

Die ersten vier Formeln ergeben sich aus der Definition von ζ_n^j, während (4.14) aus (4.13) folgt, da ζ_n^j genau dann gleich 1 ist, wenn j ein Vielfaches von n ist. ∎

Der Hilfssatz gestattet jetzt eine elementare Darstellung des komplexen Interpolationspolynoms $(n-1)$-ten Grades in den n-ten Einheitswurzeln:

<u>Satz 4.3.</u>

Das komplexe Interpolationspolynom

$$S_{n-1}(z) = \sum_{j=0}^{n-1} d_j z^j , \qquad d_j \in \mathbb{C},\quad 0 \leq j \leq n-1 \qquad (4.15)$$

vom Grade $\leq n-1$ zu den Daten $y_0, \dots, y_{n-1}$ in den n-ten Einheitswurzeln

$$\zeta_n^j = e^{\frac{2\pi i j}{n}} \qquad\qquad (0 \leq j \leq n-1)$$

hat die Koeffizienten

$$d_j = \frac{1}{n} \sum_{k=0}^{n-1} y_k \zeta_n^{-jk} \qquad\qquad (0 \leq j \leq n-1). \qquad\qquad (4.16)$$

<u>Beweis:</u>
Aus (4.15) und (4.16) folgt

$$S_{n-1}(\zeta_n^\ell) = \sum_{j=0}^{n-1} d_j \zeta_n^{j\ell} = \sum_{j=0}^{n-1} \zeta_n^{j\ell} \cdot \frac{1}{n} \sum_{k=0}^{n-1} y_k \zeta_n^{-jk}$$

$$= \sum_{k=0}^{n-1} y_k \cdot \frac{1}{n} \sum_{j=0}^{n-1} \zeta_n^{j(\ell-k)}$$

$$= y_\ell \qquad\qquad (0 \leq \ell \leq n-1)$$

unter Verwendung von (4.14). ∎

<u>Definition 4.3.</u>
Die (komplexe) <u>diskrete FOURIER-Analyse</u> von Daten $y_0,\ldots,y_{n-1}$ besteht
in der durch (4.16) beschriebenen linearen Abbildung des $\mathbb{C}^n$ in sich;
die inverse Abbildung

$$y_k = \sum_{j=0}^{n-1} d_j \zeta_n^{jk} \qquad\qquad (0 \leq k \leq n-1) \qquad\qquad (4.17)$$

wird als (komplexe) <u>diskrete FOURIER-Synthese</u> bezeichnet. Man faßt
beide als <u>diskrete FOURIER-Transformation</u> zusammen.

Ist im Gegensatz zur Situation von Satz 4.2 eine <u>gerade</u> Anzahl 2m
reeller Werte $y_0,\ldots,y_{2m-1}$ gegeben, die in den äquidistanten Punkten
$x_j = \frac{2\pi j}{2m}$, $0 \leq j \leq 2m-1$ durch ein reelles trigonometrisches Polynom zu
interpolieren sind, so wird man in Anlehnung an den oben beschriebenen
Transformationsprozeß eine komplexe FOURIER-Analyse der Länge 2m mit
den Daten $y_k \cdot \zeta_{2m}^{mk} = (-1)^k y_k$ ausführen. Schreibt man das Resultat nach
Satz 4.3 in der Form

$$y_k \cdot \zeta_{2m}^{mk} = \sum_{j=0}^{2m-1} d_j \zeta_{2m}^{jk} \qquad\qquad (0 \leq k \leq 2m-1) \qquad\qquad (4.18)$$

$$= \zeta_{2m}^{mk} \cdot \sum_{\ell=-m}^{m} c_\ell \, \zeta_{2m}^{\ell k}$$

mit

$$c_{j-m} = d_j \qquad\qquad (1 \leq j \leq 2m-1)$$

$$c_{-m} = c_m = \frac{d_o}{2} \, , \qquad\qquad\qquad\qquad\qquad\qquad (4.19)$$

so folgt bei Rücktransformation mit (4.9), daß b_m verschwindet, aber ansonsten genau dieselben Formeln wie im ungeraden Fall n=2m+1 gelten. Die diskrete FOURIER-Analyse liefert dann in (4.7) eine explizite Darstellung der Koeffizienten:

Satz 4.4.

Beliebig vorgegebene reelle Daten $y_o, \ldots, y_{n-1}$ sind für n=2m oder 2m+1 in den äquidistanten Punkten

$$x_k = \frac{2\pi k}{n} \qquad\qquad (0 \leq k \leq n-1)$$

interpolierbar durch ein trigonometrisches Polynom

$$T_m(x) = \frac{1}{2} a_o + \sum_{j=1}^{m} (a_j \cos jx + b_j \sin jx)$$

vom Grade $\leq m$ mit den Koeffizienten

$$a_j = \frac{2}{n} \sum_{k=0}^{n-1} y_k \cos jx_k$$

$$\qquad\qquad\qquad\qquad (0 \leq j \leq m) \qquad\qquad (4.20)$$

$$b_j = \frac{2}{n} \sum_{k=0}^{n-1} y_k \sin jx_k,$$

wobei für gerade n=2m der Term b_m verschwindet und a_m halbiert werden muß.

<u>Beweis:</u>

Es sind nur noch die Formeln (4.20) nachzuweisen; diese folgen durch
FOURIER-Analyse der transformierten Interpolationsformel

$$y_k \cdot \zeta_n^{mk} = \sum_{j=0}^{n-1} c_{j-m} \zeta_n^{jk} \qquad (0 \le k \le n-1), \qquad (4.21)$$

indem man mit $\zeta_n^{-\ell k}$ multipliziert, über k summiert und die Orthogonalitätsrelation (4.14) berücksichtigt. Ersetzt man wieder ℓ durch j,
so erhält man zunächst

$$c_{j-m} = \frac{1}{n} \cdot \sum_{k=0}^{n-1} y_k \, \zeta_n^{mk} \, \zeta_n^{-jk}$$

$$= \frac{1}{n} \cdot \sum_{k=0}^{n-1} y_k \, \zeta_n^{-(j-m)k} \qquad (0 \le j \le n-1),$$

und die Transformationsformeln(4.9) ergeben

$$a_\ell = c_\ell + c_{-\ell} = \frac{1}{n} \cdot \sum_{k=0}^{n-1} y_k (\zeta_n^{-\ell k} + \zeta_n^{\ell k})$$

$$= \frac{2}{n} \cdot \sum_{k=0}^{n-1} y_k \, \cos\ell x_k$$

sowie

$$b_\ell = i(c_\ell - c_{-\ell}) = \frac{1}{n} \cdot \sum_{k=0}^{n-1} y_k \cdot i \underbrace{(\zeta_n^{-\ell k} - \zeta_n^{\ell k})}_{=-2i\sin\ell x_k} = \frac{2}{n} \cdot \sum_{k=0}^{n-1} y_k \, \sin\ell x_k$$

für $\ell=0,1,\ldots,m-1$ und für $\ell=m$ im Falle $n=2m+1$.

Gilt $n=2m$, so folgt mit der Kürzungsregel (4.12) zunächst

$$c_{-m} = \frac{1}{n} \cdot \sum_{k=0}^{n-1} y_k \, \zeta_n^{mk}$$

$$= \frac{1}{n} \cdot \sum_{k=0}^{n-1} y_k \cdot (-1)^k$$

$$= \frac{1}{n} \cdot \sum_{k=0}^{n-1} y_k \, \cos m x_k = a_m + i \cdot 0 \; ;$$

daher ist $b_m = 0$ und a_m hat die angegebene Form. $\blacksquare$

3. Schnelle FOURIER-Transformation

Bei der Bildung der Summen (4.17) treten in der Regel bei mehreren
verschiedenen Koeffizienten d_j numerisch die gleichen (oder nur im
Vorzeichen verschiedenen) Faktoren $\zeta_{2m}^{jk} = \exp(2\pi i \frac{jk}{2m})$ auf. Diese Tatsache kann man ausnutzen, um durch geschicktes Zusammenfassen der
Terme die Anzahl der Multiplikationen zu reduzieren. Auf dieser Tatsache beruht die "schnelle FOURIER-Transformation" (englisch:
"Fast FOURIER Transform" - "FFT").

Ist die Anzahl n der Daten einer diskreten FOURIER-Transformation
gerade, etwa n=2m, so kann man aus (4.17) und der Kürzungsregel
(4.12) für die Daten mit geradem Index 2k eine Reduktion auf eine Summe mit m Termen durchführen:

$$Y_{2k} = \sum_{j=0}^{2m-1} d_j \zeta_{2m}^{j2k} \tag{4.22}$$

$$= \sum_{j=0}^{m-1} (d_j + d_{m+j}) \zeta_m^{jk} \qquad (0 \le k \le m-1) , \tag{4.23}$$

während für ungeraden Index analog

$$Y_{2k+1} = \sum_{j=0}^{2m-1} d_j \zeta_{2m}^{j(2k+1)}$$

$$= \sum_{j=0}^{2m-1} (d_j \zeta_{2m}^j) \zeta_{2m}^{j2k}$$

und mit d_j ersetzt durch $d_j \zeta_{2m}^j$ wegen $\zeta_{2m}^{j+m} = -\zeta_{2m}^j$ bei der durch (4.22),
(4.23) beschriebenen Reduktion

$$Y_{2k+1} = \sum_{j=0}^{m-1} \zeta_{2m}^j (d_j - d_{m+j}) \zeta_m^{jk} \tag{4.24}$$

folgt. Dies ist der schon von GAUSS erkannte und von COOLEY und

TUKEY 1965 wiederentdeckte Grundgedanke der schnellen FOURIER-Transformation im Spezialfall n=2m.

Eine geometrische Veranschaulichung, von der auch GAUSS ausging, besteht darin, entsprechend der Formel (4.22) auf dem Einheitskreis an der Stelle ζ_{2m}^{j} die Koeffizienten $d_j^{(1)} := d_j$ aufzutragen.

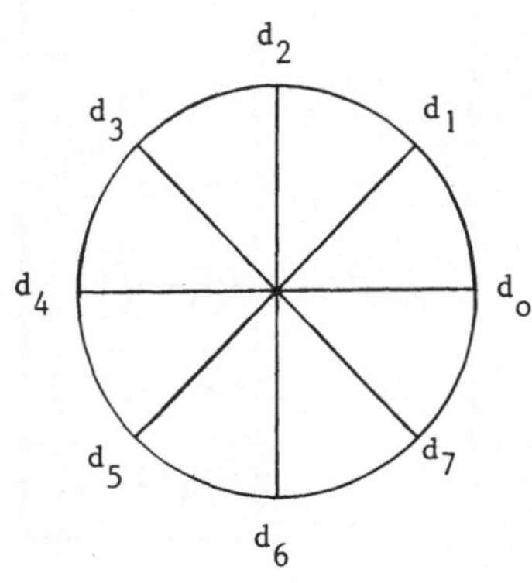

Abb. 4.3

Es sei hier das Beispiel n=8, m=4 dargestellt. Die Summenformel in (4.23) sagt dann, daß man in Abb.4.3 auf dem Einheitskreis diametral gelegene Werte addieren und an der Stelle ζ_{m}^{j} auftragen sollte (Abb.4.4).

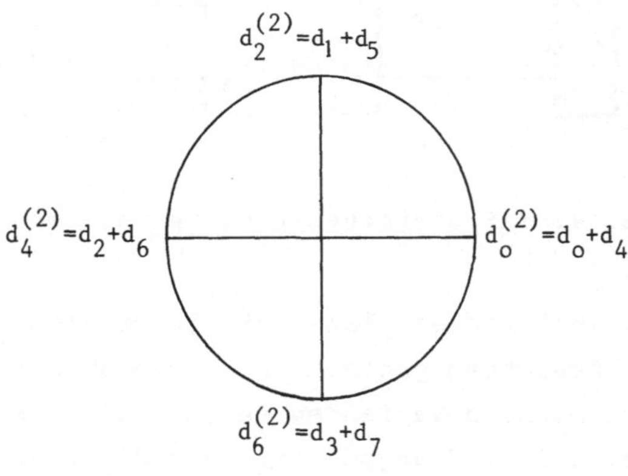

Abb. 4.4

Analog kann man die Formel (4.24) deuten. Da die Positionen $\zeta_{2m}^{1}, \zeta_{2m}^{3}, \ldots$ noch frei sind, kann man die neuen Koeffizienten in diesen Stellen auftragen. (In der Indizierung ist dies bereits berücksichtigt.)

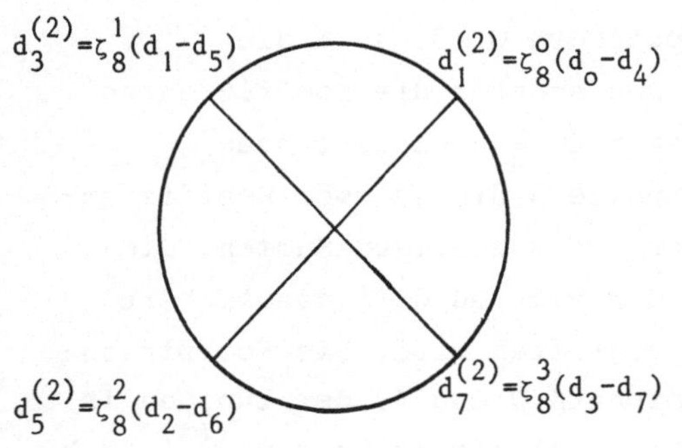

Abb. 4.5

Anschließend wird man natürlich diese Koeffizienten $d_j^{(2)}$ wieder auf einem Kreis (d.h. praktisch auf n Speicherplätzen) absetzen und im Prinzip das Verfahren wiederholen. Dabei ist jedoch zu beachten, daß man es nun mit zwei viergliedrigen Summen zu tun hat, wobei die Koeffizienten der zweiten Summe um ζ_{2m} versetzt gespeichert werden.

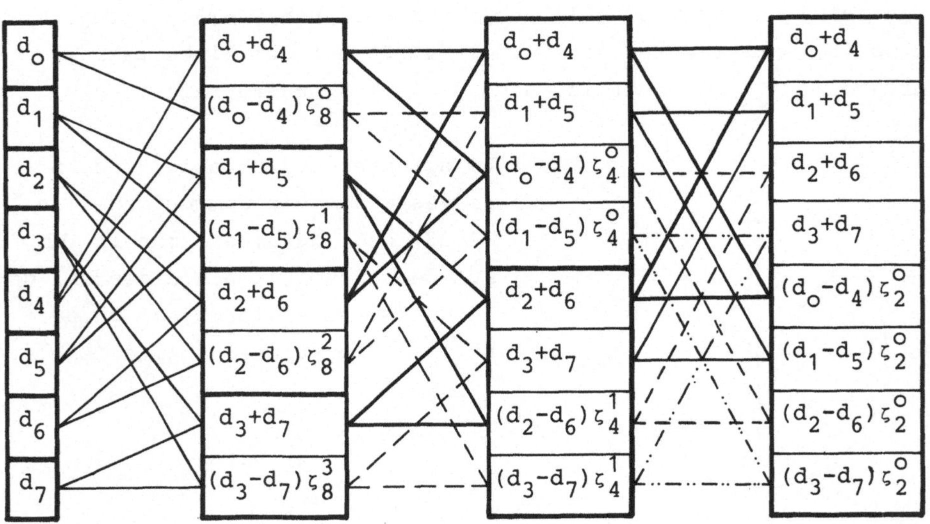

Abb. 4.6: Speicherbelegung bei der schnellen FOURIER-Transformation

In einer Rechenanlage ist dieser Algorithmus weitgehend eine Frage
der Speicherorganisation. Darin unterscheiden sich die in der Literatur
vorkommenden Varianten der schnellen FOURIER-Transformation. In
Abb. 4.6 wird angedeutet, wie die Zusammenfassung und Speicherung
erfolgen kann.

In der Spalte 1 werden die gegebenen Daten d_j gespeichert, in der
Spalte 2 sind die Resultate $d_j^{(2)}$ von Abb. 4.4 und 4.5 zusammengestellt
(obere Indizes weglassen). Statt diametral gelegener Werte hat man
jetzt im unteren Index um $\frac{n}{2}$ unterschiedene Koeffizienten zusammen-
zufassen. In Spalte 2 stehen in den Speichern O, 2, 4, 6 die
Koeffizienten der Summe (4.23) und in den anderen die Koeffizienten
der Summe (4.24). Wieder faßt man je zwei um $\frac{n}{2}$ versetzte neue
Koeffizienten zusammen und erhält in Spalte 3 die je zwei Koeffizienten $d_j^{(3)}$ der daraus resultierenden vier zweigliedrigen Summen. Die
$d_j^{(3)}$ können in einer Rechenanlage auf den Plätzen $d_j^{(1)}$ gespeichert
werden, da nicht mehr auf diese zurückgegriffen wird. Die Koeffizienten der ersten Summe stehen in den Speichern O und 4, der zweiten in
1 und 5,....In Spalte 4 erhält man acht eingliedrige Summen $d_j^{(4)}$, d.h.
die gesuchten Werte y_j. Beispielsweise kann man für 2k+1 = 7 aus

Abb. 4.6 durch sukzessives Einsetzen ablesen:

$$y_7 = (d_3^{(3)} - d_7^{(3)}) \zeta_2^0$$

$$= (d_1^{(2)} - d_5^{(2)}) \zeta_4^0 - (d_3^{(2)} - d_7^{(2)}) \zeta_4^1$$

$$= (d_0^{(1)} - d_4^{(1)}) \zeta_8^0 \zeta_4^0 - (d_2^{(1)} - d_6^{(1)}) \zeta_8^2 \zeta_4^0 - (d_1^{(1)} - d_5^{(1)}) \zeta_8^1 \zeta_4^1 + (d_3^{(1)} - d_7^{(1)}) \zeta_8^3 \zeta_4^1$$

$$= d_0 \zeta_8^0 - d_1 \zeta_8^3 - d_2 \zeta_8^2 + d_3 \zeta_8^5 - d_4 \zeta_8^0 + d_5 \zeta_8^3 + d_6 \zeta_8^2 - d_7 \zeta_8^5$$

$$= \sum_{j=0}^{7} d_j \zeta_8^{j \cdot 7}$$

und diese Summe stimmt mit der aus (4.24) zu entnehmenden überein.

Um das allgemeine Bildungsgesetz zu verdeutlichen, vereinigt man
(4.23) und (4.24) zu einer einzigen Formel, indem man

$$d_{2j+\rho}^{(2)} := (d_j + (-1)^\rho d_{m+j}) \zeta_{2m}^{j\rho} \qquad \begin{pmatrix} 0 \le j < m \\ 0 \le \rho < 2 \end{pmatrix} \tag{4.25}$$

setzt und

$$Y_{2k+\rho} = \sum_{j=0}^{m-1} d_{2j+\rho}^{(2)} \zeta_m^{jk} \qquad \begin{pmatrix} 0 \le k < m \\ 0 \le \rho < 2 \end{pmatrix} \tag{4.26}$$

schreibt.

Ist nun allgemein $n=2^p$, so kann man den obigen Reduktionsprozeß p-mal anwenden. Dabei werden wieder die "diametral gelegenen" (d.h. im Index um $\frac{n}{2}$ unterschiedenen) Koeffizienten zusammengefaßt, man erhält mit $m(\ell) = 2^{p-\ell}$ für den ℓ-ten Schritt statt (4.25) die Formel

$$d_{2j+2^{\ell-1}\rho+r}^{(\ell+1)} := (d_{j+r}^{(\ell)} + (-1)^\rho d_{m+j+r}^{(\ell)}) \; \zeta_{2m(\ell)}^{\rho\nu} \;, \quad j = \nu 2^{\ell-1}, \tag{4.27}$$

für $0 \le r < 2^{\ell-1}$, $0 \le \nu < m(\ell)$ und $0 \le \rho < 2$.

Der Beweis erfolgt durch Verallgemeinerung von (4.26) zu

$$Y_{2^\ell k+r} = \sum_{\nu=0}^{m(\ell)-1} d_{2^\ell \nu+r}^{(\ell+1)} \; \zeta_{m(\ell)}^{\nu k} \qquad \begin{pmatrix} 0 \le r < 2^\ell \\ 0 \le k < m(\ell) \end{pmatrix} \tag{4.28}$$

unter Beachtung der Kürzungsregel.

Die Formeln (4.27) und (4.28) sind für $\ell=1$ mit (4.25) und (4.26)
identisch; faßt man (4.27) als gegebene Rekursionsformel auf, so
beweist man (4.28) durch Induktion. Dies soll jetzt dem Leser überlassen bleiben.

Die Einfachheit des durch (4.27) beschriebenen Algorithmus zur
schnellen FOURIER-Transformation wird durch das folgende FORTRAN-
Unterprogramm verdeutlicht.

Zunächst werden die $N=2^{IP}$-ten Einheitswurzeln

$$\zeta_N^{J-1} = WR(J) + i \cdot WI(J) \qquad (1 \leq J \leq NH = \tfrac{N}{2})$$

bereitgestellt. Sie werden aus $\zeta_N^0 = 1+i\cdot 0$ und $\zeta_N^1 = \cos\dfrac{2\pi}{N} + i\cdot\sin\dfrac{2\pi}{N}$
durch $\zeta_N^J = \zeta_N\zeta_N^{J-1}$ für $J = 2,\ldots,\tfrac{N}{2}$ rekursiv bestimmt. Dies ist, wie
man leicht mit den in Band I beschriebenen Methoden verifiziert, ein
numerisch stabiler Prozeß, da $|\zeta_N^J| = 1$ gilt.

Um ein Überspeichern der alten Werte $d_j^{(\ell)}$ durch die neuen $d_j^{(\ell+1)}$
zu vermeiden, wird je ein Speicherbereich der Länge N abwechselnd
für $d_j^{(\ell)}$ und $d_j^{(\ell+1)}$ genutzt. Dies wird geregelt durch die "Basisadresse" IADR = O oder N, die die Felder YR und YI in zwei Teile der
Länge N teilt, so daß $d_j^{(\ell+1)}$ die Plätze IADR+1,...,IADR+N einnimmt
und die $d_j^{(\ell)}$ beginnend bei N-IADR+1 abgespeichert sind.

Die Indizierung lehnt sich an (4.27) an; die beiden äußeren Schlei-
fen laufen über L = ℓ = 1,...,IP = p mit $n=2^p$ bzw. über J = j+1
mit $j = \nu\cdot 2^{\ell-1} = \nu\cdot L2$ von 1,..., NH = $\tfrac{n}{2}$ in Schritten von $2^{\ell-1}$ = L2.
Die Größe J1 entspricht dann j+r in (4.27), wobei noch die jeweilige
Basisadresse N-IADR zu berücksichtigen ist. Schließlich sind
J2 = IADR+1+2j+r bzw. J4 = J2+L2 die beiden Zieladressen für die
in (4.27) zu berechnenden $d^{\ell+1}$ mit Indizes 2j+r bzw. $2j+r+2^{\ell-1}$.
Über die Größe INDEX = +1 oder -1 kann man zwischen FOURIER-Synthese
bzw. FOURIER-Analyse wählen; die Rückspeicherung auf die Basisadres-
se O im Fall eines ungeraden p und die Division durch N im Fall der
FOURIER-Analyse werden am Schluß des Programms durchgeführt.

```fortran
      SUBRCUTINE FFT(IP,YR,YI,WR,WI,INDEX)
      DATA PI /3.141593/
      DIMENSION YR(1),YI(1),WR(1),WI(1)
C
C     INITIALISIERUNGEN
C
      N        =    2**IP
      NH       =    N/2
C
C     BERECHNUNG DER N-TEN EINHEITSWURZELN
C
      PINH     =    PI/FLOAT(NH)
      W1       =    COS(PINH)
      W2       =    FLOAT(INDEX)*SIN(PINH)
      WR(1)    =    1.OEO
      WI(1)    =    O.OEO
      DO 1 J = 2, NH
      L        =    J - 1
      WR(J)    =    W1 * WR(L) - W2 * WI(L)
      WI(J)    =    W2 * WR(L) + W1 * WI(L)
  1   CONTINUE
C
C     BEGINN DER FOURIER - TRANSFORMATION
C
      L2       =    1
      IADR     =    O
      DO 4 L = 1, IP
      J1MAX    =    IADR
      IADR     =    N - IADR
      J2       =    IADR
      DO 3 J = 1,NH,L2
      J1MIN    =    J1MAX + 1
      J1MAX    =    J1MAX + L2
      W1       =    WR(J)
      W2       =    WI(J)
      DO 2 J1 = J1MIN, J1MAX
      J2       =    J2 + 1
      J3       =    J1 + NH
      J4       =    J2 + L2
      YR(J2)   =    YR(J1) + YR(J3)
      YI(J2)   =    YI(J1) + YI(J3)
      YR1      =    YR(J1) - YR(J3)
      YI1      =    YI(J1) - YI(J3)
      YR(J4)   =    YR1 * W1 - YI1 * W2
      YI(J4)   =    YR1 * W2 + YI1 * W1
  2   CONTINUE
      J2       =    J2 + L2
  3   CONTINUE
      L2       =    2 * L2
  4   CONTINUE
```

```
C
C       RUECKSPEICHERN, WENN IADR   = N
C
        IF (IADR .EQ. O)                   GO TO 6
        DO 5 J = 1, N
          L      =   N + J
          YR(J)  =   YR(L)
          YI(J)  =   YI(L)
      5 CONTINUE
C
C       DIVISION DURCH N BEI FOURIER - ANALYSE
C
      6 IF (INDEX .GT. O)                  GO TO 8
        DO 7 J = 1, N
          YR(J)  =   YR(J) / N
          YI(J)  =   YI(J) / N
      7 CONTINUE
C
C       ENDE
C
      8 RETURN
        END
      *
```

Aus diesem Programm kann man auch ablesen, wie groß der Rechenaufwand
bei der schnellen FOURIER-Transformation ist. Da die innere Schleife
L2-mal, die mittlere Schleife NH/L2-mal durchlaufen wird, fallen
NH=n/2-mal die Operationen zur Bestimmung von YR(J2),...,YI(J4) an,
d. h. jeweils 6 Strich- und 4 Punktoperationen. Die äußere Schleife
wird $p = {_2}\log n$ mal durchlaufen, damit ist der gesamte Aufwand proportional zu $n \cdot {_2}\log n$ für Zweierpotenzen n. Zur Auswertung nach
(4.17) mit dem HORNERschema wären n(n-1) komplexe Multiplikationen
und Additionen nötig gewesen. Auf die Verallgemeinerung auf beliebige
Zahlen soll hier nicht eingegangen werden.

Die in der Literatur beschriebenen Verfahren zur Reduktion von 2m
reellen Interpolationsvorgaben auf m komplexe Vorgaben sind nicht
wesentlich effizienter als ein Schritt der schnellen FOURIER-Transformation, angewandt auf die 2m komplexen Werte in (4.18) zuzüglich
der Rücktransformation der 2m Lösungskoeffizienten mit (4.19) und
(4.9).

Eine Anwendung der schnellen FOURIER-Transformation

Wie in § 3 schon angedeutet, ist es zweckmäßig, die Interpolation
mit Polynomen (n-1)-ten Grades auf [-1,+1] wegen der Fehlerabschätzung des Satzes 1.3 in den Nullstellen des TSCHEBYSCHEFF-Polynoms

$$T_n(x) = \cos n\,(\text{arc}\cos x)$$

$$= \cos n\,\varphi \qquad \text{für} \quad x = \cos\varphi \in [-1,+1]$$

durchzuführen. Eine besonders effiziente Methode zur Berechnung des Interpolationspolynoms erhält man, indem man die schnelle FOURIER-Transformation heranzieht und als Basis des Polynomraums die TSCHEBYSCHEFF-Polynome wählt:

<u>Satz 4.5.</u>

Das Interpolationspolynom

$$P(x) = \sum_{j=0}^{n-1}{}' d_j T_j(x) := \frac{d_o}{2} + \sum_{j=1}^{n-1} d_j T_j(x) \tag{4.29}$$

vom Grad n-1 in den Nullstellen von T_n zu den Daten $f_o,\ldots,f_{n-1}$ ergibt sich über die symmetrisch fortgesetzten Werte

$$f_{2n-1-k} := f_k \qquad\qquad (0 \le k < n) \tag{4.30}$$

und die mit der schnellen FOURIER-Transformation effizient auswertbaren Formeln

$$d_j := \frac{1}{n}\,\zeta_{4n}^{-j}\,\sum_{k=0}^{2n-1} f_k\,\zeta_{2n}^{-jk} \qquad\qquad (0 \le j < 2n). \tag{4.31}$$

<u>Beweis:</u>

Die FOURIER-Syntheseformel (4.17) für die Koeffizienten gemäß (4.31) liefert

$$f_k = \frac{1}{2}\,\sum_{j=0}^{2n-1} d_j\,\zeta_{4n}^{j}\,\zeta_{2n}^{jk} \qquad\qquad (0 \le k < 2n). \tag{4.32}$$

Um diese Formel auf die Interpolationsbedingung für (4.29) umzuschreiben, benötigt man einige Aussagen über die mit (4.31) berechneten d_j. Durch Einsetzen von (4.30) in (4.31) folgt zunächst $d_n = 0$. Ferner ist d_j reell wegen

$$\overline{d_j} = \frac{1}{n} \zeta_{4n}^{j} \sum_{k=o}^{2n-1} f_k \, \zeta_{2n}^{jk}$$

$$= \frac{1}{n} \zeta_{4n}^{j} \sum_{k=o}^{2n-1} f_{2n-1-k} \, \zeta_{2n}^{-j(2n-1-k)} \underbrace{\zeta_{2n}^{-j}}_{=\zeta_{4n}^{-2j}}$$

$$= d_j \quad,$$

und es gilt

$$d_{2n-j} = \frac{1}{n} \zeta_{4n}^{-2n+j} \sum_{k=o}^{2n-1} f_k \, \zeta_{2n}^{-(2n-j)k}$$

$$= -\frac{1}{n} \zeta_{4n}^{j} \sum_{k=o}^{2n-1} f_k \, \zeta_{2n}^{jk}$$

$$= -\overline{d_j} = -d_j \quad,$$

wobei die Indizes j beliebige ganze Zahlen sein können. Jetzt geht (4.32) über in die gewünschte Interpolationsbedingung

$$f_k = \frac{1}{2} \sum_{j=o}^{2n-1} d_j \, \zeta_{4n}^{(2k+1)j}$$

$$= \frac{1}{2} \sum_{j=o}^{n-1} d_j \, \zeta_{4n}^{(2k+1)j} + \frac{1}{2} \sum_{j=1}^{n-1} d_{2n-j} \underbrace{\zeta_{4n}^{(2k+1)(2n-j)}}_{= -\zeta_{4n}^{-(2k+1)j}}$$

$$= \frac{1}{2} d_o + \sum_{j=1}^{n-1} d_j \, \frac{1}{2} \, (\zeta_{4n}^{(2k+1)j} + \zeta_{4n}^{-(2k+1)j})$$

$$= \sum_{j=o}^{n-1}{}' d_j \, \cos j \, \frac{(2k+1) 2\pi}{4n}$$

$$= \sum_{j=o}^{n-1}{}' d_j T_j (\cos \frac{(2k+1)\pi}{2n}) \quad. \quad \blacksquare$$

In Kapitel II, §5 wird gezeigt, wie man auch ein durch (4.29) gegebenes Polynom nach dem geringfügig modifizierten HORNERschema auswerten kann.

§ 5 Rationale Interpolation

1. Theoretische Vorüberlegungen

Die Polynome sind, wie sich noch zeigen wird, selbst zur näherungs-
weisen Darstellung glatter Funktionen nicht allzu gut geeignet, da
sie zwischen den Interpolationspunkten zur Oszillation neigen und
deshalb ihre Ableitungen im Interpolationsbereich stark variieren.

Eine anpassungsfähigere Funktionenklasse bilden die rationalen Funktionen. Deshalb wird im folgenden das Interpolationsproblem für die
Klasse

$$\mathbb{R}(\ell,m) := \left\{ R(x) = \frac{p(x)}{q(x)} \;\middle|\; p,q \text{ Polynome}, \; \partial p \leq \ell, \; \partial q \leq m, \; q \neq 0 \right\} \quad (5.1)$$

der rationalen Funktionen mit einem Zählergrad $\leq \ell$ und einem Nennergrad $\leq m$ behandelt. Die Funktionen der Klasse $\mathbb{R}(\ell,m)$ hängen von
$\ell+m+1$ Parametern ab, da man die $\ell+m+2$ Polynomkoeffizienten noch einer
Normierung unterwerfen kann. Also wird man in Analogie zur Polynominterpolation

$$n := \ell + m$$

setzen und zu Vorgaben $f_0,\ldots,f_n$ in $n+1$ paarweise verschiedenen Punkten $x_0,x_1,\ldots,x_n$ eine Funktion $R(x) \in \mathbb{R}(\ell,m)$ suchen mit

$$R(x_j) = \frac{p(x_j)}{q(x_j)} = f_j \qquad (0 \leq j \leq n). \qquad (5.2)$$

Falls $R(x)$ diese Aufgabe löst, muß

$$p(x_j) - f_j \cdot q(x_j) = 0 \qquad (0 \leq j \leq n) \qquad (5.3)$$

gelten; dieses "linearisierte" Problem soll im folgenden weiter untersucht werden. Anschließend muß man dann überlegen, wann aus (5.3)
auch (5.2) folgt.

60

Mit den Bezeichnungen

$$\overline{x}^\ell := (1,x,\ldots,x^\ell) \ , \quad \overline{x}^m := (1,x,\ldots,x^m) \ , \quad x \in \mathbb{R} \ ,$$

$$a = (a_o,a_1,\ldots,a_\ell)' \ , \quad b = (b_o,b_1,\ldots,b_m)'$$

gelte

$$p(x) = \overline{x}^\ell \cdot a \ , \quad q(x) = \overline{x}^m \cdot b \ , \tag{5.4}$$

und (5.3) geht dann über in das homogene lineare Gleichungssystem

$$\overline{x}_j^\ell \cdot a - f_j \overline{x}_j^m \cdot b = 0 \qquad\qquad (0 \le j \le n) \ , \tag{5.5}$$

welches man mit

$$X_{o,n}^\ell := \begin{pmatrix} \overline{x}_o^\ell \\ \cdot \\ \cdot \\ \cdot \\ \overline{x}_n^\ell \end{pmatrix} , \quad X_{o,n}^m := \begin{pmatrix} \overline{x}_o^m \\ \cdot \\ \cdot \\ \cdot \\ \overline{x}_n^m \end{pmatrix} , \quad F_n = \begin{pmatrix} f_o & & & \\ & f_1 & & \text{\Large 0} \\ & & \cdot & \\ \text{\Large 0} & & \cdot & \\ & & & \cdot f_n \end{pmatrix} \tag{5.6}$$

in der Form

$$(X_{o,n}^\ell, \ F_n X_{o,n}^m) \begin{pmatrix} a \\ -b \end{pmatrix} = 0 \tag{5.7}$$

schreiben kann. Das System (5.7) besteht aus n+1 Gleichungen mit
$\ell+1+m+1 = n+2$ Unbekannten; daher existiert mindestens eine nichttriviale Lösung $\begin{pmatrix} a \\ -b \end{pmatrix}$. Da $X_{o,n}^\ell$ den Rang $\ell+1$ hat, kann für keine solche
Lösung b=0 gelten, und die gemäß (5.4) gebildeten Funktionen p(x)
und q(x) lösen das linearisierte Problem (5.3).

Jetzt ist zu überlegen, wann aus (5.3) auch (5.2) folgt. Dazu sind
für jedes $j \in \{0,\ldots,n\}$ zwei Fälle zu unterscheiden:

Ist $q(x_j) \neq 0$, so ergibt sich die Beziehung (5.2) aus (5.3);
ist $q(x_j) = 0$, so treten dagegen Schwierigkeiten auf.

Denn aus $q(x_j) = 0$ folgt aufgrund von (5.3) auch $p(x_j) = 0$; die Polynome p und q enthalten dann einen Faktor der Form $(x-x_j)^d$, der Exponent d sei maximal gewählt; es ist in diesem Falle $d \geq 1$. Das Polynompaar

$$p^*(x) := \frac{p(x)}{(x-x_j)^d} \quad \text{und} \quad q^*(x) := \frac{q(x)}{(x-x_j)^d} \tag{5.8}$$

erfüllt für $k \neq j$ ebenfalls (5.3). Da d maximal gewählt war, muß jetzt $q^*(x_j) \neq 0$ gelten und der Wert $R(x_j) = p^*(x_j) \, / \, q^*(x_j)$ ist notwendig endlich.

Da im Falle $q(x_j) = 0$ die Beziehung (5.3) für <u>jede</u> Wahl von f_j erfüllt ist, kann man nicht erwarten, daß $R(x_j) = f_j$ gilt, denn $R(x_j)$ ist durch p^* und q^* festgelegt.

Zu gegebenen Werten $f_o, \ldots, f_n$ in Punkten $x_o, \ldots, x_n$ kann es also gewisse Punkte x_j geben, in denen die Vorgabe f_j entweder gar nicht oder nur dann erfüllt werden kann, wenn sie einen bestimmten, von den übrigen Daten abhängigen Wert hat. Solche Punkte x_j werden im folgenden als <u>unerreichbare</u> Punkte bezeichnet.

Gibt es unerreichbare Punkte, so lösen die in (5.8) definierten Polynome zunächst nur in den erreichbaren Punkten das linearisierte Problem.

Die Situation ist eine andere, wenn Lösungen p und q von (5.3) einen gemeinsamen Faktor $(x-x^*)^d$ mit $d \geq 1$ und $x^* \neq x_j$ für $j=0,\ldots,n$ enthalten. Dann sind alle Polynompaare der Form

$$\frac{p(x)}{(x-x^*)^\nu} \quad , \quad \frac{q(x)}{(x-x^*)^\nu} \qquad \text{für } \nu = 0,\ldots,d$$

Lösungen von (5.3) und die Matrix $(X_{o,n}^\ell, \; F_n X_{o,n}^m)$ hat höchstens den Rang n+1-d. Die Frage ist nun, ob sich umgekehrt aus p und q ein Polynom s mit $\partial s \leq d$ abspalten läßt, falls der Rang von $(X_{o,n}^\ell, F_n X_{o,n}^m)$ gleich n+1-d ist:

<u>Satz 5.1.</u>

Ist der Rang von $(X_{o,n}^{\ell}, F_n X_{o,n}^m)$ gleich n+1-d, so existiert ein bis
auf einen konstanten Faktor eindeutiges Lösungspaar p*, q* von (5.3)
mit $\partial p^* \leq \ell$-d, $\partial q^* \leq$ m-d. Ferner hat jede Lösung von (5.3) die Gestalt

$$s(x) \cdot p^*(x) \ , \quad s(x) \cdot q^*(x) \qquad \text{mit} \quad \partial s \leq d$$

und ein Punkt x_j ist genau dann unerreichbar, wenn $q^*(x_j) = 0$ gilt.

<u>Bemerkung 5.1.</u>

Die Koeffizienten von p* und q* können aus dem homogenen linearen
Gleichungssystem

$$(X_{o,n}^{\ell-d} \ , \ F_n X_{o,n}^{m-d}) \ \binom{a}{-b} = 0 \qquad a \in \mathbb{R}^{\ell+1-d}, \ b \in \mathbb{R}^{m+1-d}$$

ermittelt werden, wie sich aus dem Beweis von Satz 5.1 ergeben wird.*

<u>Beweis:</u>

Sind p_1, q_1 und p_2, q_2 Lösungen von (5.3), so sind auch $\lambda_1 p_1 + \lambda_2 p_2$,
$\lambda_1 q_1 + \lambda_2 q_2$ für $\lambda_1, \lambda_2 \in \mathbb{R}$ Lösungen von (5.3). Durch Bildung geeigneter Linearkombinationen läßt sich aus den d+1 linear unabhängigen
Lösungen des Gleichungssystems (5.7) ein Lösungspaar p^*, q^* konstruieren mit

$$\partial p^* \leq \ell\text{-d} \ , \quad \partial q^* \leq m.$$

Analog läßt sich ein Lösungspaar $\tilde{p}, \tilde{q}$ finden mit

$$\partial \tilde{p} \leq \ell \qquad , \quad \partial \tilde{q} \leq m\text{-d}.$$

Aus den Gleichungen (5.3) folgt dann

$$p^*(x_j) \cdot \tilde{q}(x_j) = \tilde{p}(x_j) \cdot q^*(x_j) \qquad (0 \leq j \leq n);$$

das Polynom $p^*(x) \cdot \tilde{q}(x) - \tilde{p}(x) \cdot q^*(x)$ hat höchstens den Grad ℓ+m = n,
verschwindet in n+1 Punkten, und es folgt $p^*(x) \cdot \tilde{q}(x) = \tilde{p}(x) \cdot q^*(x)$.
Das Polynom $p^*(x) \cdot \tilde{q}(x)$ hat höchstens den Grad n-2d, und somit muß
$\partial \tilde{p} \leq \ell$-d oder $\partial q^* \leq$ m-d gelten. Es gibt also ein Lösungspaar p^*, q^*

mit

$$\partial p^* \leq \ell - d \quad , \quad \partial p^* \leq m - d .$$

Dann bilden die Paare $x^r p^*(x)$, $x^r q^*(x)$ mit $0 \leq r \leq d$ eine Basis der Lösungen von (5.3), und es folgen die beiden ersten Aussagen von Satz 5.1 sowie die Bemerkung.

Zu zeigen bleibt, daß aus $q^*(x_j) = 0$ die Unerreichbarkeit von x_j folgt, denn im Falle $q^*(x_j) \neq 0$ ist x_j trivialerweise erreichbar. Nimmt man an, daß $q^*(x_j) = 0$ gilt und x_j dennoch erreichbar wäre, so müßte wegen $p^*(x_j) = 0$ mit einer maximalen Zahl $r \in \mathbb{N}$ der Faktor $(x-x_j)^r$ in q^* und p^* enthalten sein. Ferner würde

$$\lim_{x \to x_j} \frac{p^*(x)}{q^*(x)} = \frac{p^*(x) / (x-x_j)^r \big|_{x=x_j}}{q^*(x) / (x-x_j)^r \big|_{x=x_j}} = f_j$$

gelten; das Funktionenpaar

$$p(x) := \frac{p^*(x)}{(x-x_j)^r} \quad , \quad q(x) := \frac{q^*(x)}{(x-x_j)^r}$$

wäre eine Lösung von (5.3). Da dann eine Basis des Lösungsraumes von (5.3) durch die Funktionenpaare

$$x^j p(x) \quad , \quad x^j q(x) \qquad \text{mit } j=0,\ldots,d+r$$

gegeben ist, erhält man einen Widerspruch zur Rangvoraussetzung

$$(X^{\ell}_{0,n} , F_n X^m_{0,n}) = n+1-d . \quad \blacksquare$$

Sehr viel schwerer ist die Frage zu beantworten, ob man den Daten (x_j, f_j) a priori ansehen kann, daß die gefundene Interpolierende zwischen den Interpolationspunkten stetig, d.h. der Nenner von Null verschieden ist. Für Spezialfälle findet man bei HAVERKAMP Kriterien und eine Zusammenstellung der vorhergehenden Literatur.

Ein theoretischer Ansatz zur Lösung von (5.3) kann von einer hypothetischen Lösung $R(x) = \frac{p(x)}{q(x)}$ ausgehen. Für eine solche Lösung gilt die Identität

$$p(x) - R(x)q(x) = 0, \tag{5.9}$$

um die man das Gleichungssystem (5.3) erweitern kann. Die nichttriviale Lösbarkeit von (5.3) ist daher äquivalent zu

$$\det M = 0 \tag{5.10}$$

mit

$$M = \begin{pmatrix} \overline{x}^{\ell} & R(x) \cdot \overline{x}^{m} \\ X^{\ell}_{0,n} & F_n X^{m}_{0,n} \end{pmatrix} . \tag{5.11}$$

Durch Entwickeln der Determinante von M könnte man nun R(x) bestimmen. Dabei hätte man die Größen $a_0, \ldots, a_{\ell}$, $b_0, \ldots, b_m$ durch entsprechende Unterdeterminanten der Matrix

$$(X^{\ell}_{0,n} , F_n X^{m}_{0,n})$$

auszudrücken. Ebensowenig wie bei der Polynominterpolation kann dieses Vorgehen hier empfohlen werden.

2. Der Kettenbruchalgorithmus

Auf eine übersichtliche und einfache Methode zur rationalen Interpolation führt dagegen die <u>Kettenbruchdarstellung</u> rationaler Funktionen, welche in gewisser Weise eine Analogie zur NEWTONschen Interpolationsformel ist. Der Ansatz

$$f(x) = \alpha_0 + \cfrac{x - x_0}{\alpha_1 + \cfrac{x - x_1}{\alpha_2 + \cfrac{}{\ddots + \cfrac{x - x_{n-1}}{\alpha_n}}}} \tag{5.12}$$

führt auf eine rationale Funktion R(x), welche sich unter Verwendung der Kurzschreibweise

$$\frac{a_1|}{|b_1} + \frac{a_2|}{|b_2} + \ldots + \frac{a_n|}{|b_n}$$

für den Kettenbruch

$$\cfrac{a_1}{b_1 + \cfrac{a_2}{b_2 + \cdot \cdot \cdot + \cfrac{a_n}{b_n}}}$$

in der Form

$$R(x) = \alpha_o + \frac{x-x_o|}{|\alpha_1} + \frac{x-x_1|}{|\alpha_2} + \ldots + \frac{x-x_{n-1}|}{|\alpha_n} \qquad (5.13)$$

schreiben läßt.

Sollen nun die Interpolationsvorgaben erfüllt werden, so ist offenbar wegen

$$R_o(x_o) = \alpha_o$$

zunächst

$$\alpha_o = f_o . \qquad (5.14)$$

zu setzen.

Analog erhält man aus

$$R_1(x_1) = \alpha_o + \frac{x_1-x_o}{\alpha_1} \stackrel{!}{=} f_1$$

für den nächsten Parameter

$$\alpha_1 = \frac{x_1-x_o}{f_1-f_o} . \qquad (5.15)$$

Dies legt eine Variation des Begriffes "Differenzenquotient" nahe.

Es werden durch die Rekursion

$$\nabla^1(x_o,x_1)f := \frac{x_o - x_1}{f_o - f_1} \quad \text{und für } n \geq 2:$$

$$\nabla^n(x_o,\ldots,x_n)f := \frac{x_n - x_{n-1}}{\nabla^{n-1}(x_o,\ldots,x_{n-2},x_n)f - \nabla^{n-1}(x_o,\ldots,x_{n-1})f}$$

(5.16)

<u>inverse Differenzenquotienten</u> zu Werten (x_j,f_j) für $j=0,\ldots,n$ definiert. Diese und die folgenden Ausdrücke sind zunächst rein formal zu bilden; die auftretenden Nenner werden als von Null verschieden vorausgesetzt. Beim inversen Differenzenquotienten kommt es auf die Reihenfolge der Argumente an. ▲

Gilt $f_j := f(x_j)$ mit einer genügend oft differenzierbaren Funktion f, so kann man die Ausdrücke (5.16) auch für zusammenfallende Punkte x_j berechnen, indem man die entsprechenden Grenzübergänge ausführt. Beispielsweise erhält man

$$\nabla^1(x_o,x_o)f = \frac{1}{f'(x_o)} \quad , \quad \nabla^2(x_o,x_o,x_o)f = \frac{2(f'(x_o))^2}{f''(x_o)} \ .$$

Man kann die rekursive Definition von $\nabla^n(x_o,\ldots,x_n)f$ in einen Kettenbruch umschreiben, indem man sukzessiv

$$\nabla^{n-1}(x_o,\ldots,x_{n-2},x_n)f \ ,$$
$$\nabla^{n-2}(x_o,\ldots,x_{n-3},x_n)f \ ,$$
$$\cdots$$
$$\nabla^1(x_o,x_n)f = \frac{x_n - x_o}{f_n - f_o}$$

durch ihre Definitionen ersetzt. Dies ergibt

$$\nabla^n(x_o,\ldots,x_n)f =$$

(5.17)

$$= \frac{x_n - x_{n-1}}{\left\lfloor -\nabla^{n-1}(x_o,\ldots,x_{n-1})f \right.} + \frac{x_n - x_{n-2}}{\left\lfloor -\nabla^{n-2}(x_o,\ldots,x_{n-2})f \right.} + \ldots + \frac{x_n - x_o}{\left\lfloor f_n - f_o \right.} \ .$$

Indem man jeweils die Nenner heraufmultipliziert, durch die linke
Seite der Gleichung dividiert und danach wieder rechte und linke
Seite der Gleichung vertauscht, findet man rekursiv

$$\nabla^{n-1}(x_0,\ldots,x_{n-1})f + \cfrac{x_n-x_{n-1}}{\nabla^n(x_0,\ldots,x_n)f} =$$

$$= \cfrac{x_n-x_{n-2}}{-\nabla^{n-2}(x_0,\ldots,x_{n-2})f} +\ldots+ \cfrac{x_n-x_0}{f_n-f_0} \ ,$$

$$(5.18)$$

$$\nabla^{n-2}(x_0,\ldots,x_{n-2})f + \cfrac{x_n-x_{n-2}}{\nabla^{n-1}(x_0,\ldots,x_{n-1})f} + \cfrac{x_n-x_{n-1}}{\nabla^n(x_0,\ldots,x_n)f} =$$

$$= \cfrac{x_n-x_{n-3}}{-\nabla^{n-3}(x_0,\ldots,x_{n-3})f} +\ldots+ \cfrac{x_n-x_0}{f_n-f_0} \ ,$$

$$\cdots$$

und schließlich

$$f_0 + \cfrac{x_n-x_0}{\nabla^1(x_0,x_1)f} + \cfrac{x_n-x_1}{\nabla^2(x_0,x_1,x_2)f} +\ldots+ \cfrac{x_n-x_{n-1}}{\nabla^n(x_0,\ldots,x_n)f} = f_n \ . \quad (5.19)$$

Dabei wurde formal gerechnet und angenommen, daß keine Schwierigkeiten
bei den Divisionen auftraten. Da die letzte Gleichung für beliebige
Werte von n gilt, so haben wir damit folgendes bewiesen:

<u>Satz 5.2.</u>
Existieren die inversen Differenzenquotienten $\alpha_j := \nabla^j(x_0,\ldots,x_j)f$
(j=0,...,n), so stellt der mit diesen Koeffizienten gebildete Kettenbruch (5.12) eine rationale Interpolation mit $R(x_j) = f_j$ dar,
j=0,...,n. ∎

Zur Berechnung der inversen Differenzenquotienten wird man so vorgehen wie im Schema (3.8') bei den gewöhnlichen Differenzenquotienten,
d.h.man trägt für die 0-ten Differenzenquotienten die gegebenen
Funktionswerte ein und berechnet spaltenweise die 1-ten,...,n-ten
Quotienten mit den Argumenten aus (3.8').

Treten Nullen bei der Division auf, so kann man durch Vertauschen der
Interpolationspunkte versuchen, diese Schwierigkeit zu umgehen. Ist
dies nicht möglich, so gilt

Korollar 5.1.
Sind die inversen Differenzenquotienten mit den in (3.8') genannten
Argumenten in der j-ten Spalte alle gleich, so daß man die (j+1)-ten
inversen Differenzenquotienten nicht bilden kann, so wird die Interpolierende zu den n+1 Vorgaben durch die Funktion

$$R(x) = \alpha_o + \cfrac{x-x_o}{\alpha_1} + \ldots + \cfrac{x-x_{j-1}}{\alpha_j} \tag{5.20}$$

geliefert. In diesem Fall ist der Kettenbruch also nicht so lang wie
erwartet, R(x) ist entartet.

Der Beweis ergibt sich aus (5.19) für n=j, wenn man außerdem für x_j
nacheinander die Argumente $x_{j+1},\ldots,x_n$ einsetzt und die Gleichheit
der inversen Differenzenquotienten

$$\nabla^j(x_o,\ldots,x_{j-1},x_j)f = \nabla^j(x_o,\ldots,x_{j-1},x_{j+1})f = \ldots = \nabla^j(x_o,\ldots,x_{j-1},x_n)f$$

berücksichtigt. ∎

Die Formel (5.13) liefert eine spezielle rationale Interpolierende,
deren Zähler- und Nennergrad noch zu bestimmen sein wird. Man kann
(5.12) auf einfache Weise analog zum HORNER-Schema auswerten; es sind
lediglich die Multiplikationen durch Divisionen zu ersetzen.

Zur Bestimmung des Zähler- und Nennergrades in (5.13) wird der Kettenbruch (5.13) im folgenden als rationale Funktion geschrieben (Einrichten des Kettenbruchs). Dies geschieht zweckmäßig durch Einführung von
Vektoren der Form $\tilde{R}(x) := \begin{pmatrix} Z(x) \\ N(x) \end{pmatrix}$ anstelle des Bruches R(x) = Z(x)/N(x).

Im Spezialfall des Kettenbruchs (5.13) beginnt man mit
$\tilde{R}_n(x) := \begin{pmatrix} Z_n(x) \\ N_n(x) \end{pmatrix} := \begin{pmatrix} \alpha_n \\ 1 \end{pmatrix}$ und berechnet "von hinten" die in den Nen-
nern stehenden Funktionen. Man addiert α_j zu dem Bruch
$(x-x_j) \cdot N_{j+1}/Z_{j+1}$, d.h. man bildet für j=n-1,n-2,\ldots,0 nacheinander
die Vektoren

$$\tilde{R}_j(x) := \begin{pmatrix} Z_j(x) \\ N_j(x) \end{pmatrix} := T_j(x) \begin{pmatrix} Z_{j+1}(x) \\ N_{j+1}(x) \end{pmatrix} = T_j(x)\tilde{R}_{j+1}(x) \qquad (5.21)$$

mit der Matrix

$$T_j(x) = \begin{pmatrix} \alpha_j & x-x_j \\ 1 & 0 \end{pmatrix} \qquad (0 \le j \le n) \ .$$

Der Zähler $Z_0(x)$ und der Nenner $N_0(x)$ der durch (5.13) gegebenen rationalen Funktion $R(x) = Z_0(x)/N_0(x)$ sind dann aus

$$\tilde{R}_0(x) = \begin{pmatrix} Z_0(x) \\ N_0(x) \end{pmatrix} = T_0(x)\ldots T_{n-1}(x) \begin{pmatrix} \alpha_n \\ 1 \end{pmatrix} = T_0(x)\ldots T_n(x) \begin{pmatrix} 1 \\ 0 \end{pmatrix} \qquad (5.22)$$

zu entnehmen.

Jetzt soll der Grad der durch (5.13) gegebenen Interpolierenden bestimmt werden. Dazu werden für die oben definierten Matrizen und Vektoren von Polynomen durch ein vorangestelltes "∂" diejenigen Matrizen und Vektoren bezeichnet, die statt der betreffenden Polynome lediglich deren Grade enthalten. Man erhält

$$\partial T_j = \begin{pmatrix} 0 & 1 \\ 0 & -\infty \end{pmatrix}$$

und verifiziert durch Induktion, daß

$$\partial(T_0 \ldots T_{j-1}) = \begin{pmatrix} [\frac{j}{2}] & [\frac{j+1}{2}] \\ [\frac{j-1}{2}] & [\frac{j}{2}] \end{pmatrix} \qquad \text{für } j \ge 2$$

gilt. Aus (5.22) ergibt sich damit

<u>Satz 5.3.</u>

Wird die Interpolierende (5.13) auf die Form

$$R(x) = \frac{Z(x)}{N(x)} \qquad (5.23)$$

gebracht, so ist $\partial Z = \left[\dfrac{n+1}{2}\right]$, $\partial N = \left[\dfrac{n}{2}\right]$.

<u>Beispiel 5.1.</u>

Gesucht werde die rationale Funktion

$$R(x) = \frac{a_0 + a_1 x + a_2 x^2}{b_0 + b_1 x + b_2 x^2} \, ,$$

die die folgenden Punkte interpoliert:

j	0	1	2	3	4
x_j	1	2	3	4	5
f_j	10	$10\,\frac{1}{5}$	$10\,\frac{12}{31}$	$10\,\frac{129}{229}$	$10\,\frac{1432}{1961}$

Aus dem Schema der inversen Differenzenquotienten

x_j	f_j	∇f	$\nabla^2 f$	$\nabla^3 f$	$\nabla^4 f$
1	10				
		5			
2	$10\,\frac{1}{5}$		6		
		$\frac{31}{6}$		7	
3	$10\,\frac{12}{31}$		$\frac{43}{7}$		8
		$\frac{229}{43}$		$\frac{57}{8}$	
4	$10\,\frac{129}{229}$		$\frac{358}{57}$		
		$\frac{1961}{358}$			
5	$10\,\frac{1432}{1961}$				

folgt dann

$$R(x) = 10 + \frac{x-1}{\vert\underline{5}} + \frac{x-2}{\vert\underline{6}} + \frac{x-3}{\vert\underline{7}} + \frac{x-4}{\vert\underline{8}} \, .$$

Die Umrechnung in einen Bruch mit Hilfe der Formeln (5.21) und (5.22)
liefert

$$\begin{pmatrix} Z(x) \\ N(x) \end{pmatrix} = \begin{pmatrix} 10 & x-1 \\ 1 & 0 \end{pmatrix} \begin{pmatrix} 5 & x-2 \\ 1 & 0 \end{pmatrix} \begin{pmatrix} 6 & x-3 \\ 1 & 0 \end{pmatrix} \begin{pmatrix} 7 & x-4 \\ 1 & 0 \end{pmatrix} \begin{pmatrix} 8 \\ 1 \end{pmatrix}$$

$$= \begin{pmatrix} 13072 + 1474\,x + 24\,x^2 \\ 1336 + 120\,x + x^2 \end{pmatrix} \quad .$$

<u>Bemerkung 5.2.</u>
Zur Berechnung der Werte einer rationalen Funktion

$$R(x) = \frac{p(x)}{q(x)}$$

mit $\partial q \leq \partial p \leq n$ kann man mit n Punktoperationen auskommen, wenn man
die ökonomische Darstellung

$$R(x) = p_0 + \cfrac{c_1}{p_1 + \cfrac{c_2}{p_2 + \ldots}}$$

mit Polynomen p_i verwendet. Dabei ist der höchste Koeffizient aller
p_i gleich 1 für $i \geq 1$, und es gilt $\sum \partial p_i \leq n$. Man gelangt zu dieser
Darstellung, indem man R(x) in der Bruchdarstellung zunächst ausdivi-
diert und dann jeweils auf den Restbruch die Operationen "Übergang zum
Reziproken" und "Ausdividieren" anwendet. So ergibt sich für die rationale Funktion R(x) in Beispiel 5.1

$$R(x) = 24 - \cfrac{1406}{x + \cfrac{149728}{1406} - \cfrac{\left(\dfrac{202581280}{1406^2}\right)}{x + \dfrac{18992}{1406}}} \quad ;$$

allerdings besteht die Gefahr, daß die Koeffizienten stark anwachsen,
wie das Beispiel zeigt.

3. Der Fall unerreichbarer Punkte

Die vorher entwickelte homogene Schreibweise erlaubt auch einen Einblick in die Struktur der Interpolierenden, wenn der Algorithmus abbricht, weil einige der $\nabla^j f$, aber nicht alle, den gleichen Wert haben, so daß bei der Bildung der inversen Differenzenquotienten $\nabla^{j+1} f$ Schwierigkeiten wegen verschwindender Nenner auftreten.

Für diese Analyse werde

$$\begin{pmatrix} P_{-1} \\ Q_{-1} \end{pmatrix} = \begin{pmatrix} 1 \\ 0 \end{pmatrix} , \qquad \begin{pmatrix} P_0 \\ Q_0 \end{pmatrix} = \begin{pmatrix} \alpha_0 \\ 1 \end{pmatrix} \tag{5.24}$$

mit den oben definierten Größen $\alpha_i = \nabla^j (x_0, \ldots, x_j) f$ und

$$T_j = \begin{pmatrix} \alpha_j & x-x_j \\ 1 & 0 \end{pmatrix} \qquad \text{sowie allgemeiner}$$

$$\begin{pmatrix} P_j \\ Q_j \end{pmatrix} = T_0 \cdot \ldots \cdot T_j \cdot \begin{pmatrix} 1 \\ 0 \end{pmatrix} \tag{5.25}$$

gesetzt. Im Normalfall, d.h. wenn keine Nenner bei der Bildung der inversen Differenzenquotienten verschwinden, besagen die obigen Ergebnisse, daß

$$R_j(x_i) = \frac{P_j(x_i)}{Q_j(x_i)} = f_i \qquad (0 \le i \le j \le n)$$

gilt.

Berücksichtigt man die spezielle Form der T_i, so bekommt man

$$\begin{pmatrix} P_{j+1} \\ Q_{j+1} \end{pmatrix} = T_0 \cdot \ldots \cdot T_j \cdot \left[T_{j+1} \cdot \begin{pmatrix} 1 \\ 0 \end{pmatrix} \right]$$
$$= T_0 \cdot \ldots \cdot T_j \cdot \left[\alpha_{j+1} \cdot \begin{pmatrix} 1 \\ 0 \end{pmatrix} + \begin{pmatrix} 0 \\ 1 \end{pmatrix} \right] ,$$

das ergibt die für $j=0, \ldots, n-1$ gültige Rekursionsformel

$$\begin{pmatrix} P_{j+1} \\ Q_{j+1} \end{pmatrix} = \alpha_{j+1} \cdot \begin{pmatrix} P_j \\ Q_j \end{pmatrix} + (x-x_j) \cdot \begin{pmatrix} P_{j-1} \\ Q_{j-1} \end{pmatrix} . \tag{5.26}$$

Da es bei der Bildung der rationalen Funktionen $R_j(x)$ nur auf die Verhältnisse von P_j und Q_j ankommt, kann man beide mit einem gemeinsamen Faktor multiplizieren, ohne den Wert der rationalen Funktionen $R_j(x)$ zu ändern. Allerdings hat man den entsprechenden Faktor dann auch in die Rekursion (5.26) einzubauen:

$$\begin{pmatrix} \tilde{P}_{j+1} \\ \tilde{Q}_{j+1} \end{pmatrix} := c_{j+1} \cdot \begin{pmatrix} P_{j+1} \\ Q_{j+1} \end{pmatrix} = c_{j+1} \cdot \alpha_{j+1} \cdot \begin{pmatrix} P_j \\ Q_j \end{pmatrix} + (x-x_j) c_{j+1} \cdot \begin{pmatrix} P_{j-1} \\ Q_{j-1} \end{pmatrix} \tag{5.27}$$

und

$$\begin{pmatrix} P_{j+2} \\ Q_{j+2} \end{pmatrix} = \frac{\alpha_{j+2}}{c_{j+1}} \cdot \begin{pmatrix} \tilde{P}_{j+1} \\ \tilde{Q}_{j+1} \end{pmatrix} + (x-x_{j+1}) \cdot \begin{pmatrix} P_j \\ Q_j \end{pmatrix} . \tag{5.28}$$

Wählt man insbesondere

$$c_{j+1} = \alpha_{j+1}^{-1} = \frac{\nabla^j(x_o,\ldots,x_{j-1},x_{j+1})f - \nabla^j(x_o,\ldots,x_j)f}{x_{j+1} - x_j} ,$$

so ist in dem hier zu behandelnden Fall der Gleichheit der j-ten inversen Differenzenquotienten $c_{j+1} = 0$, d.h. nach (5.27) hat man

$$\tilde{P}_{j+1} = P_j \quad , \quad \tilde{Q}_{j+1} = Q_j \tag{5.29}$$

zu setzen. Diese Setzung ist sinnvoll, denn die Gleichheit der inversen Differenzenquotienten impliziert

$$R_j(x_{j+1}) = \frac{P_j(x_{j+1})}{Q_j(x_{j+1})} = f_{j+1} .$$

Ist nun $0 < |\alpha_{j+1}| < \infty$, so kann man umformen

$$\frac{\alpha_{j+2}}{c_{j+1}} = \frac{x_{j+2} - x_{j+1}}{\nabla^{j+1}(x_o,\ldots,x_j,x_{j+2})f - \alpha_{j+1}} \cdot \frac{1}{c_{j+1}} = \frac{x_{j+2} - x_{j+1}}{\nabla^{j+1}(\ldots)f \cdot c_{j+1} - 1} .$$

Vollzieht man nun unter der Annahme, daß $R_j(x_{j+2}) \neq f_{j+2}$,
also $\nabla^j(x_o,\ldots,x_{j-1},x_{j+2})f \neq \alpha_j$ und damit $\nabla^{j+1}(\ldots)f \neq \alpha_{j+1}$ gelten,
nun wieder die Setzung $c_{j+1} = 0$, so erhält man

$$\begin{pmatrix} P_{j+2} \\ Q_{j+2} \end{pmatrix} = (x_{j+1} - x_{j+2}) \cdot \begin{pmatrix} \tilde{P}_{j+1} \\ \tilde{Q}_{j+1} \end{pmatrix} + (x-x_{j+1}) \cdot \begin{pmatrix} P_j \\ Q_j \end{pmatrix}$$

aus (5.28). Dies vereinfacht sich mit (5.29) zu

$$\begin{pmatrix} P_{j+2} \\ Q_{j+2} \end{pmatrix} = (x-x_{j+2}) \cdot \begin{pmatrix} P_j \\ Q_j \end{pmatrix} \quad ,$$

was zu einer formalen Lösung der Gleichung

$$P_{j+2}(x_{j+2}) - f_{j+2} \cdot Q_{j+2}(x_{j+2}) = 0$$

führt, denn beide Polynome verschwinden wegen des Faktors $(x-x_{j+2})$
an der Stelle x_{j+2}. Man kann aber diesen Faktor nicht wegkürzen, denn
es würden dann $P_j(x)$, $Q_j(x)$ übrigbleiben, von denen gerade

$$R_j(x_{j+2}) \neq f_{j+2}$$

vorausgesetzt war.

Dies zeigt

<u>Korollar 5.2.</u>
Sind bei der Bildung der inversen Differenzenquotienten einige j-te
inverse Differenzenquotienten gleich, jedoch nicht alle, so besitzt
die Interpolationsaufgabe keine eigentliche Lösung, es treten vielmehr
unerreichbare Punkte auf.

4. Konstruktion für beliebige Zähler- und Nennergrade

Bisher hatten die Interpolierenden nur die Zähler- und Nennergrade
$[\frac{n+1}{2}]$ und $[\frac{n}{2}]$.

Wie kann man zu rationalen Interpolierenden mit beliebigem Zählergrad
ℓ und Nennergrad m mit $\ell+m = n$ kommen?

Zur Beantwortung dieser Frage wird zunächst die Einschränkung $\ell \geq m$
gemacht. Der Fall $\ell < m$ ist auf den Fall $\ell \geq m$ durch Interpolation
der Werte $(x_j,\frac{1}{f_j})$ und anschließende Kehrwertbildung der Interpolierenden zurückführbar. Dieses Vorgehen ist im Falle $f_j = 0$ geringfügig
zu modifizieren; man setze die gesuchte Interpolierende in der Form
$R(x) = (x-x_j)\, R_1(x)$ an und bestimme $R_1(x) = \frac{p_1(x)}{q_1(x)}$ aus den Interpolationsbedingungen

$$R_1(x_k) = \frac{f_k}{x_k-x_j} \qquad\qquad (0 \leq k \leq n\ ,\ k \neq j)$$

und den Forderungen $\partial p \leq \ell - 1,\quad \partial q \leq m$. Analog ist zu verfahren,
wenn mehrere der f_j verschwinden.

Es sei im folgenden also $\ell \geq m$ vorausgesetzt. Dann ist die <u>Lösung des
Interpolationsproblems</u> zerlegbar in folgende Schritte:

1) die Bestimmung eines Polynoms P_1 mit $\partial P_1 \leq \ell-m =: \nu$, welches die
   Werte $(x_0,f_0),\ldots,(x_\nu,f_\nu)$ interpoliert;

2) die Konstruktion einer rationalen Funktion $R_1(x)$ von der Klasse
   $\mathbb{R}([\frac{m+1}{2}],\ [\frac{m}{2}])$, indem man etwa mit der Kettenbruchformel (5.13), zu
   den Werten

$$\tilde{f}_k := \left[\frac{f_k-P_1(x_k)}{(x_k-x_0)\ldots(x_k-x_\nu)}\right]^{-1} = (\Delta^{\nu+1}(x_0,x_1,\ldots,x_\nu,x_k)f)^{-1} \qquad (5.30)$$

$$(\nu+1\leq k\leq n)$$

   eine rationale Interpolierende $\tilde{R}_1(x)$ bestimmt und $R_1(x) = \frac{1}{\tilde{R}_1(x)}$
   setzt. Die Identität (5.30) wird weiter unten bewiesen;

3) die Bildung der Lösung $R(x)$ gemäß der Formel

$$R(x) = P_1(x) + R_1(x)\cdot(x-x_0)\ldots(x-x_\nu)\,. \qquad (5.31)$$

Falls in (5.30)

$$f_k = P_1(x_k)$$

für $k=\nu+1,\ldots,\nu+\mu$ gelten sollte, braucht man in (5.30) und (5.31) lediglich ν durch $\nu+\mu$ zu ersetzen. Dies ändert nichts an der Tatsache, daß wegen (5.30) die Funktion $R(x)$ der Klasse $\mathrm{IR}(\ell,m)$ angehört.

Den Gleichungen (5.31) und (5.30) ist zu entnehmen, daß die so konstruierte Funktion $R(x) \in \mathrm{IR}(\ell,m)$ sämtliche Wertepaare $(x_o,f_o),\ldots,(x_n,f_n)$ interpoliert. Das obige Verfahren ist somit eine einfache Methode zur Lösung der rationalen Interpolationsaufgabe.

Die praktische Rechnung geschieht wie bei der NEWTONschen Interpolationsformel über den Aufbau eines Differenzenschemas. Zur Bestimmung von P_1 benötigt man zunächst die Differenzenquotienten $\Delta^j(x_o,\ldots,x_j)$ für $j=0,\ldots,\nu$. Daran anschließend sind die inversen Differenzenquotienten der Werte (5.30) zu berechnen. Die Größen $\overset{\scriptscriptstyle\curlyvee-1}{f}_k$ lassen sich nach (2.1) in der Form

$$\overset{\scriptscriptstyle\curlyvee-1}{f}_k = \lambda_k^{\nu+1}(f_k - P_1(x_k))$$

schreiben, und wegen $f_j = P_1(x_j)$ für $j=0,\ldots,\nu$ gilt

$$\overset{\scriptscriptstyle\curlyvee-1}{f}_k = \sum_{j=o}^{\nu} \lambda_j^{\nu+1}(f_j - P_1(x_j)) + \lambda_k^{\nu+1}(f_k - P_1(x_k))$$

$$= \Delta^{\nu+1}(x_o,\ldots,x_\nu,x_k)(f - P_1)$$

$$= \Delta^{\nu+1}(x_o,\ldots,x_\nu,x_k)f\;.$$

Berechnet man das Differenzenschema gemäß dem Graphen (3.8') bis zur Spalte der $(\nu+1)$-ten Differenzenquotienten, so braucht man also lediglich die Elemente dieser Spalte zu invertieren und das Schema mit inversen Differenzenquotienten zu ergänzen. Für das obige Verfahren kann man dann die Daten zur Bestimmung von $P_1(x)$ und $R_1(x)$ aus dem Schema ablesen. Man berechne $P_1(x)$ nach der NEWTONschen Interpolationsformel aus den ersten ν gewöhnlichen Differenzenquotienten und anschließend $\tilde{R}_1(x) = \dfrac{1}{R_1(x)}$ nach (5.13) aus den restlichen inversen Differenzenquotienten. Mit (5.31) ist dann die Lösung der rationalen Interpolationsaufgabe bestimmt.

5. Der Algorithmus von WYNN und STOER

Es sei der Wert der rationalen Interpolierenden $R(x) = \dfrac{p(x)}{q(x)}$ zu Vorgaben (x_j, f_j), $j=0,\ldots,n$, in einem festen Punkt x^* zu berechnen. Wie beim Verfahren von NEVILLE und AITKEN zur Polynominterpolation kann man bei dieser Problemstellung iterativ vorgehen, indem man eine Folge von Mengen $\mathcal{M}_k$ von Polynompaaren $(p_j, q_j) \in \mathcal{M}_k$ konstruiert mit $\partial p_j + \partial q_j + 1 = \partial p_{j+1} + \partial q_{j+1}$, $\partial p_j \leq \partial p_{j+1}$, $\partial q_j \leq \partial q_{j+1}$, so daß (5.3) von (p_j, q_j) für $j+1$ der $x_0, \ldots, x_n$ erfüllt ist. Man kann den Prozeß mit den die Menge $\mathcal{M}_0$ bildenden Paaren $(f_j, 1)$, $0 \leq j \leq n$, beginnen und hat nur noch den Iterationsschritt zu untersuchen.

Dazu seien I_1 und I_2 Teilmengen von $\{0,\ldots,n\}$ mit der Eigenschaft $I_j := I^* \cup \{i_j\}$, $j=1,2$, also $I^* = I_1 \cap I_2$ und $I := I_1 \cup I_2$ für zwei verschiedene Indizes i_1, i_2, die nicht in I^* liegen. Für $j=1,2$ möge das Polynompaar (p_{I_j}, q_{I_j}) die Eigenschaft

$$p_{I_j}(x_k) - f_k q_{I_j}(x_k) = 0 \qquad \text{für alle } k \in I_j$$

haben.

Bildet man für beliebige Konstanten α_{I,I_j} die Polynome

$$p_I(x) := \alpha_{I,I_2}(x - x_{i_2}) p_{I_1}(x) + \alpha_{I,I_1}(x_{i_1} - x) p_{I_2}(x)$$

$$q_I(x) := \alpha_{I,I_2}(x - x_{i_2}) q_{I_1}(x) + \alpha_{I,I_1}(x_{i_1} - x) q_{I_2}(x) \quad, \tag{5.32}$$

so gilt, wie man unmittelbar durch Einsetzen verifiziert,

$$p_I(x_k) - f_k q_I(x_k) = 0 \qquad \text{für alle } k \in I \ ,$$

und man kann die α_{I,I_j} so wählen, daß bei $p_I(x)$ oder $q_I(x)$ der höchste

Koeffizient verschwindet, so daß

$$\partial p_I \leq \partial p_{I_1} + 1 \quad , \quad \partial q_I = \partial q_{I_1} \tag{5.33}$$

oder

$$\partial p_I = \partial p_{I_1} \quad , \quad \partial q_I \leq \partial q_{I_1} + 1 \tag{5.34}$$

gilt. Die Summe aus Zählergrad und Nennergrad steigt also nur um 1 an; man hat die Freiheit, den Zählergrad <u>oder</u> den Nennergrad zu erhöhen und erreicht somit nach n Schritten eine rationale Interpolierende $R(x) \in \mathbb{R}(\ell,m)$ mit $n=\ell+m$. Prinzipiell kann man irgendeine Folge von Gradpaaren vorschreiben, durch die festgelegt wird, wie die Zähler- und Nennergrade aufgebaut werden. Es muß nur gelten

$$\partial p_I + \partial q_I = (\text{Mächtigkeit von } I) - 1 \ .$$

Analog zur Kettenbruchmethode wird man das Vergrößern von Zähler- und Nennergrad etwa gemäß der folgenden Skizze bewerkstelligen:

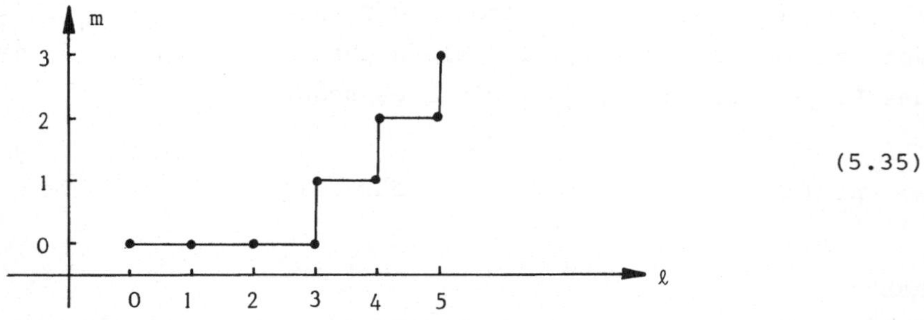

$$\tag{5.35}$$

Die zugehörigen Indexmengen hat man dabei nach dem Graphen zu (3.8') zu berechnen, indem man wieder das Schema mit den Indexmengen

$$
\begin{array}{llll}
\{0\} \\
& \{0,1\} \\
\{1\} & & \{0,1,2\} \quad . \\
& \{0,2\} \\
\{2\} & & \{0,1,3\} \\
& \{0,3\} & \quad\vdots & \quad\quad\quad\quad \{0,1,\ldots,n\} \\
\{3\} & \quad\vdots & \quad\quad\vdots \\
\quad\vdots & \quad\vdots & \{0,1,n\} \\
\quad\vdots & \{0,n\} \\
\{n\}
\end{array}
\tag{5.36}
$$

spaltenweise aufbaut. Zu jeder Indexmenge I der j-ten Spalte des
Schemas (5.36) ergibt die Rekursionsformel (5.32) ein Polynompaar
(p_I, q_I) mit

$$p_I(x_k) - f_k q_I(x_k) = 0 \qquad \text{für alle } k \in I , \qquad (5.37)$$

es gilt für die Polynomgrade

$$\partial p_I + \partial q_I = j - 1 \qquad (5.38)$$

und Zähler- sowie Nennergrad mögen von Spalte zu Spalte schwach monoton gemäß dem Schema (5.35) steigen.

Es zeigt sich, daß das Vorgehen gemäß (5.35) und (5.36) eine einfache
Berechnung der in (5.32) auftretenden Koeffizienten gestattet. Dazu
benötigt man den

Hilfssatz 5.1.
Es seien I^* bzw. I_1 Indexmengen der $(j-1)$-ten bzw. j-ten Spalte des
Schemas (5.36) und es gelte $I_1 = I^* \cup \{i_1\}$. Für ein Polynom p sei
ferner der höchste Koeffizient mit HK(p) bezeichnet und die zu den
Spalten von (5.36) gehörigen Polynomgrade seien gemäß (5.35) gebildet.
Dann hat das mit den obigen Bezeichnungen gebildete Polynom

$$D_{I^*,I_1}(x) := p_{I^*}(x) q_{I_1}(x) - p_{I_1}(x) q_{I^*}(x)$$

die Darstellung

$$D_{I^*,I_1}(x) = d_{I^*,I_1} \cdot \prod_{k \in I^*} (x - x_k) \qquad (5.39)$$

mit dem Faktor

$$d_{I^*,I_1} = \begin{cases} -HK(p_{I_1}) \cdot HK(q_{I^*}) & , \text{ falls } \partial q_{I_1} = \partial q_{I^*} \\ HK(p_{I^*}) \cdot HK(q_{I_1}) & , \text{ falls } \partial p_{I_1} = \partial p_{I^*} \end{cases} . \qquad (5.40)$$

Beweis:
Nach (5.37) verschwindet $D_{I^*,I_1}(x_k)$ für alle $k \in I^*$, d.h. in $j-1$
verschiedenen Punkten. Wegen (5.35) und (5.38) gilt

$$\partial D_{I^*,I_1} = \partial p_{I_1} + \partial q_{I_1} = j-1,$$ und es folgt (5.39). Durch Betrachtung des höchsten Terms in der Definitionsgleichung von D_{I^*,I_1} ergibt sich (5.40). ∎

Die praktische Benutzung der Rekursionsformel (5.32) wird durch Hilfssatz 5.1 wesentlich vereinfacht. Hat man nämlich $R(x^*) = \dfrac{p(x^*)}{q(x^*)}$ mit $\partial p = \ell \geq \partial q = m$ für einen festen Punkt $x^* \neq x_k$, $k=0,1,\ldots,n$ zu berechnen, so läßt sich das Verfahren von WYNN und STOER wie folgt aufgliedern:

1) Man bestimme ein Indexschema (5.36) und eine Folge von Polynomgraden gemäß (5.35).

2) Die zu den Indexmengen der ersten Spalte von (5.36) gehörigen rationalen Interpolierenden sind in der Form $(p,q) = (f_k,1)$ für $k=0,\ldots,n$ ansetzbar und wegen $\ell \geq m$ sind die den ersten $\ell-m+2$ Spalten von (5.36) entsprechenden rationalen Interpolierenden durch Schritte des NEVILLE-AITKEN-Verfahrens zu berechnen.

3) Hat man in einem Teildiagramm von (5.36) der Form

$$I_1 \cap I_2 = I^* \underset{I_2}{\overset{I_1}{\diagdown\diagup}} I = I_1 \cup I_2 \ ,$$

welches zu einer Stelle des treppenförmigen Anstiegs der Kurve in (5.35) gehört, das Wertepaar $(p_I(x^*),q_I(x^*))$ gemäß (5.32) zu berechnen, so bestimme man die benötigten Koeffizienten α_{I,I_1} und α_{I,I_2}, indem man die aus (5.32) folgenden Beziehungen

$$\frac{\alpha_{I,I_2}}{\alpha_{I,I_1}} = \frac{HK(p_{I_2})}{HK(p_{I_1})} \ , \qquad \text{falls } \partial p_I = \partial p_{I_1} = \partial p_{I_2} \ ,$$

$$\frac{\alpha_{I,I_2}}{\alpha_{I,I_1}} = \frac{HK(q_{I_2})}{HK(q_{I_1})} \ , \qquad \text{falls } \partial q_I = \partial q_{I_1} = \partial q_{I_2} \ ,$$

mit (5.40) umformt zu der Gleichung

$$\frac{\alpha_{I,I_2}}{\alpha_{I,I_1}} = \frac{d_{I^*,I_2}}{d_{I^*,I_1}} = \frac{D_{I^*,I_2}(x^*)}{D_{I^*,I_1}(x^*)} \tag{5.41}$$

und die Größen $D_{I*,I_j}(x*)$ für $j=1,2$ in der Form

$$D_{I*,I_j}(x*) = P_{I*}(x*)q_{I_j}(x*) - P_{I_j}(x*)q_{I*}(x*) \tag{5.42}$$

berechnet. Da in (5.41) und (5.42) lediglich bereits bekannte Werte von Polynomen im Punkt $x*$ vorkommen, ist die Berechnung der Koeffizienten α_{I,I_1} und α_{I,I_2} leicht zu bewerkstelligen. Durch die Wahl der Folge von Polynomgraden gemäß dem Schema (5.35) ist in (5.41) keine Fallunterscheidung mehr nötig.

Der Schritt 3) des Verfahrens läßt sich noch weiter vereinfachen. Da in (5.41) ein konstanter gemeinsamer Faktor für α_{I,I_1} und α_{I,I_2} frei bleibt, kann man α_{I,I_1} zu

$$\alpha_{I,I_1} := \frac{D_{I*,I_1}(x*)}{q_{I*}(x*)\cdot q_{I_1}(x*)\cdot q_{I_2}(x*)}$$

fixieren. Setzt man für Indexmengen J des Schemas (5.36)

$$R_J := \frac{P_J(x*)}{q_J(x*)} \quad ,$$

so folgt unter Fortlassung des Arguments $x*$ die Gleichung

$$\alpha_{I,I_1}P_{I_2} = \frac{(P_{I*}q_{I_1}-P_{I_1}q_{I*})P_{I_2}}{q_{I*}q_{I_1}q_{I_2}} = (R_{I*}-R_{I_1})R_{I_2}$$

und analog erhält man

$$\alpha_{I,I_2}P_{I_1} = \frac{D_{I*,I_2}}{q_{I*}\cdot q_{I_1}\cdot q_{I_2}} \cdot P_{I_1} = (R_{I*}-R_{I_2})R_{I_1}$$

$$\alpha_{I,I_1}q_{I_2} = R_{I*}-R_{I_1} \qquad\qquad \text{und}$$

$$\alpha_{I,I_2}q_{I_1} = R_{I*}-R_{I_2}$$

Damit geht (5.32) über in die kombinierte Formel

$$R_I = \frac{R_{I_1}(R_{I^*}-R_{I_2})(x^*-x_{i_2}) + R_{I_2}(R_{I^*}-R_{I_1})(x_{i_1}-x^*)}{(R_{I^*}-R_{I_2})(x^*-x_{i_2}) + (R_{I^*}-R_{I_1})(x_{i_1}-x^*)} , \qquad (5.43)$$

welche den Schritt 3) geschlossen darstellt. In (5.43) erfolgt automatisch eine Steigerung des Zählergrades beim Übergang von I_1, I_2 nach I, wenn beim Übergang von I* nach I_1, I_2 der Nennergrad gesteigert wurde und umgekehrt.

Kapitel II. Approximationstheorie

<u>Einleitende Bemerkungen</u>

Im vorigen Kapitel wurden Formeln zur Interpolation einer Funktion f
mit Hilfe von Polynomen oder rationalen Funktionen abgeleitet. Es wurde also zu einem (n+1)-Tupel von Daten ein Polynom oder eine rationale
Funktion mit n+1 verfügbaren Parametern bestimmt, und man hoffte, daß
die Interpolierende möglichst gut die Funktion f darstellt. Für den
Fall der Interpolationspolynome konnten dann punktweise und gleichmäßig für das ganze Definitionsintervall gültige Fehlerabschätzungen
angegeben werden.

In diesem Kapitel wird die Fragestellung anders formuliert. Vorgegeben
ist die Genauigkeit, mit der f gleichmäßig im Intervall I dargestellt
werden soll. Gesucht ist eine Näherung der Funktion f durch eine numerisch möglichst leicht auswertbare Funktion wie etwa ein Polynom oder
eine rationale Funktion. Um die Güte der Näherung messen zu können,
wird im Raum C(I) der stetigen Funktionen eine Norm eingeführt, etwa
durch

$$\| f \|_{\infty} := \max_{t \in I} | f(t) | \qquad\qquad \text{(TSCHEBYSCHEFF-Norm)}$$

oder

$$\| f \|_{q} := \left(\int_{I} | f(t) |^{q}\, dt \right)^{1/q} \qquad (L_{q}\text{-Norm, } q \geq 1) \quad .$$

Die "Güte" einer Approximation u einer Funktion f wird durch die Norm
der Fehlerfunktion f-u gemessen; dementsprechend hängen "beste"
Approximationen von der jeweils gewählten Norm ab. Die Anwendungen
solcher Approximationen liegen auf der Hand; in elektronischen Rechenanlagen kann man beispielsweise die Werte der Tangens- bzw. Cotangens-
funktion dadurch berechnen, daß man zunächst das Argument modulo $\frac{\pi}{4}$

reduziert und dann den Wert eines ungeraden Polynoms 13. Grades in
$[0,\frac{\pi}{4}]$ ermittelt, das tan x bis auf $0{,}17\cdot10^{-7}$ exakt approximiert.
Dadurch ist es möglich, mit nur 8 Multiplikationen einen Tangens
bis auf 7 Stellen nach dem Komma zu berechnen. (Verwendet man zur
Approximation rationale Funktionen, so kommt man sogar mit 4 Multiplikationen und einer Division zur gleichen Genauigkeit.)

Das führt zunächst zu der Aufgabenstellung, bei vorgegebenem Grad n
oder allgemeiner bei vorgegebener Parameterzahl n+1 zu einer bestmög-
lichen Approximation zu kommen. Es wird gezeigt, daß diese Aufgabenstellung bei linearen (n+1)-parametrischen Funktionenfamilien stets
eine Lösung besitzt, wenn man sich auf eine der genannten Normen fest-
legt. Man wird anschließend durch Variation der Zahl n dafür sorgen,
daß die zugehörige beste Approximation gerade noch die vorgegebene
Genauigkeit erreicht.

Von besonderer Bedeutung für Rechenanlagen sind die besten Approximationen in der TSCHEBYSCHEFF-Norm, für die eine Konstruktionsmethode
angegeben wird (REMES-Algorithmus, § 3). Beste Approximationen der
wichtigsten transzendenten Funktionen sind in den meisten Programmbib-
liotheken vorhanden.

Die L_2-Norm entsteht aus dem Skalarprodukt

$$(f,g)_2 := \int_I f(t)g(t)\,dt \; ;$$

solche (<u>euklidischen</u>) Normen bieten spezielle Möglichkeiten durch Ausnutzung des Begriffs der <u>Orthogonalität</u>. Damit läßt sich das Approximationsproblem auf lineare Gleichungssysteme (Normalgleichungen)
reduzieren, was einerseits von großem praktischen Nutzen ist (Ausgleichsrechnung, RAYLEIGH-RITZ-GALERKIN-Verfahren), andererseits
aber auch eine tiefergehende theoretische Untersuchung möglich macht.

Bei Spezialisierung auf algebraische bzw. trigonometrische Polynome
erhält man so zunächst die klassischen Typen orthogonaler Polynome
und die FOURIERreihen. Wegen ihrer großen Bedeutung für die Analysis
und die numerische Praxis werden in §§ 4-7 diese Klassen von Approximationen eingehend untersucht.

Dies gilt besonders hinsichtlich der Konvergenzaussagen, bei denen
gefragt ist, ob jedes gegebene f ∈ C(I) als Limes einer konvergenten
Folge approximierender algebraischer bzw. trigonometrischer Polynome
wachsenden Grades dargestellt werden kann (Satz von WEIERSTRASS, §6).
Wählt man dagegen spezielle Folgen, etwa die Folge der Partialsummen
der FOURIERreihe oder einer Reihenentwicklung nach Orthogonalpolynomen
oder auch eine Folge von Interpolierenden im Bezug auf feste Inter-
polationsknotenmatrizen, so ist die Konvergenzfrage für stetige Funktionen im allgemeinen negativ zu beantworten (Satz von FABER bzw.
CHARSCHILATZE-LOSINSKI, §7). Für differenzierbare Funktionen kann dagegen Konvergenz eintreten: z. B. bei Folgen von Interpolationspolynomen, wenn man die Nullstellen der TSCHEBYSCHEFF-Polynome als Stützstellen wählt.

Will man bei geeignet vorgegebener Folge von Stützstellen Konvergenz
der Interpolierenden für jede stetige Funktion erzielen, so muß
man von Polynomen abgehen und andere Funktionenklassen verwenden, z.B.
die in Kapitel III eingeführten Splinefunktionen.

§ 1 Der Existenzsatz für lineare Approximationen

Allgemeiner als in den einleitenden Bemerkungen wird in diesem Abschnitt die Approximation von Elementen f eines normierten Raumes $\mathbb{B}$
durch Elemente eines linearen Teilraums $\mathbb{P}$ von $\mathbb{B}$ betrachtet und nach
Existenz und Eindeutigkeit bester Approximationen gefragt.

Zum Beweis des Existenzsatzes für beste Approximationen benötigt man

Lemma 1.1.
Es sei $u_o, \dots, u_n$ eine Basis eines linearen Teilraums $\mathbb{P}$ von $\mathbb{B}$.
Dann existiert für jede Norm $\|\cdot\|$ auf $\mathbb{B}$ eine Konstante $M \in \mathbb{R}$, so daß

$$|c| := \sqrt{\sum_{j=o}^{n} c_j^2} \leq M\|p\| \tag{1.1}$$

für jedes $p = \sum_{j=o}^{n} c_j u_j \in \mathbb{P}$ gilt.

Der Beweis folgt aus der Tatsache, daß $|.|$ eine Norm auf $\mathbb{P}$ ist und
auf endlichdimensionalen Räumen alle Normen äquivalent sind. $\blacksquare$

<u>Satz 1.1.</u> (<u>Existenzsatz für beste lineare Approximationen</u>)
Es sei $\mathbb{P}$ ein $(n+1)$-dimensionaler linearer Teilraum eines normierten
linearen Raumes $\mathbb{B}$. Dann gibt es zu jedem $f \in \mathbb{B}$ eine <u>beste lineare</u>
<u>Approximation</u> $p* \in \mathbb{P}$, d.h. ein Element $p*$ mit der Eigenschaft

$$\| f-p* \| \;\leq\; \| f-p \| \quad \text{für jedes } p \in \mathbb{P}. \tag{1.2}$$

<u>Beweis:</u>
Zu jedem $f \in \mathbb{B}$ gibt es eine "<u>Minimalfolge</u>" $\{p_j\} \subset \mathbb{P}$ mit

$$\| f-p_j \| \xrightarrow[j \to \infty]{} \inf_{p \in \mathbb{P}} \| f-p \| =: \eta(f). \tag{1.3}$$

Wegen

$$\| p_j \| \;\leq\; \| f \| + \| f-p_j \|$$

und (1.3) sind die p_j beschränkt.

Nach Lemma 1.1 sind dann auch die Koeffizientenvektoren $c^{(j)}$ beschränkt.
Daher liegen die $c^{(j)}$ in einer kompakten Menge des $\mathbb{R}^{n+1}$ (bzw. des
$\mathbb{C}^{n+1}$, wenn $\mathbb{B}$ ein linearer Raum über $\mathbb{C}$ ist). Also besitzt die Folge
der Vektoren $\{c^{(j)}\}$ eine konvergente Teilfolge mit dem Limes $c*$ und
dem zugehörigen Element $p* = \sum_{j=o}^{n} c_j^* u_j \in \mathbb{P}$. Aus (1.3) folgt dann die
Behauptung, weil aus $c^{(j)} \to c*$ zunächst $\| p_j-p* \| \to 0$ und daraus

$$\| f-p* \| \;\leq\; \| f-p_j \| + \| p_j-p* \| \xrightarrow[j \to \infty]{} \eta(f)$$

folgt. Also ist $p*$ eine beste Approximation. $\blacksquare$

<u>Korollar 1.1.</u>
Die Menge der besten Approximationen ist konvex.

<u>Beweis:</u>
Es seien p_1, p_2 beste Approximationen zu f bezüglich einer Norm $\| \cdot \|$.
Dann gilt für jedes $t \in [0,1]$ die Abschätzung

$$\| f-(tp_1+(1-t)p_2)\| = \| t(f-p_1)+(1-t)(f-p_2)\|$$

$$\leq t\underbrace{\| f-p_1\|}_{=\eta(f)} +(1-t)\underbrace{\| f-p_2\|}_{=\eta(f)}$$

$$= \eta(f). \qquad\blacksquare$$

(1.4)

Bemerkung 1.1.

Die Lösung eines linearen Approximationsproblems braucht nicht eindeutig zu sein. *

Beispiel 1.1.

Man setze $\mathbb{B} := \mathbb{R}^2$ und $\| (x,y)\|_\infty := \max(|x|,|y|)$ sowie $\mathbb{P} := \{(x,0) \mid x \in \mathbb{R}\}$. Von $f := (0,1)$ hat jeder Punkt der x-Achse $\mathbb{P}$ mit $|x| \leq 1$ denselben Abstand (in der Norm), nämlich 1, die übrigen Punkte haben größeren Abstand.

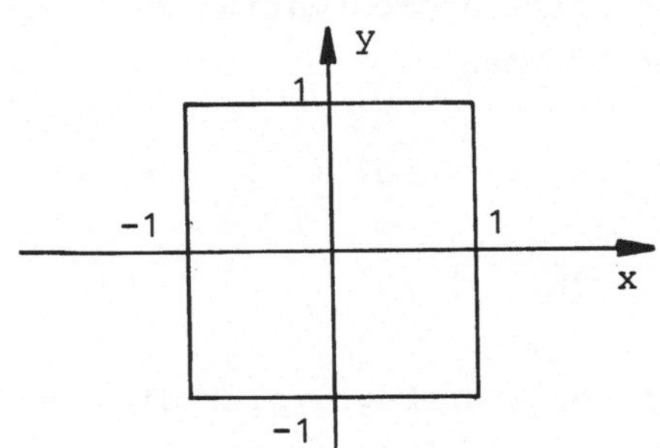

Abb. 1.1: Einheitskugel $\| (x,y)\|_\infty \leq 1$

Es ist sofort zu sehen, daß diese Mehrdeutigkeit der besten Approximation für die Norm $\| (x,y)\|_2 := \sqrt{x^2+y^2}$ nicht mehr auftreten kann, da dann der kürzeste Abstand eines Punktes von einer Geraden durch das Lot auf die Gerade gegeben und somit die beste Approximation eindeutig bestimmt ist. Dies führt zur

Definition 1.1.

Die Norm eines linearen Raumes $\mathbb{B}$ heißt <u>strikt konvex</u> , wenn für jedes Paar $u_1,u_2 \in \mathbb{B}$ mit $u_1 \neq u_2$ und $\|u_1\| = \|u_2\| = 1$ die Relation

$$\|u_1 + u_2\| < 2$$

gilt. ▲

Aus der Ungleichung (1.4) folgt mit $t = \frac{1}{2}$ sofort der

<u>Satz 1.2.</u>

Die Lösung des linearen Approximationsproblems ist bei strikt konvexer
Norm eindeutig bestimmt. ∎

Zunächst sollen noch einige Stetigkeitsaussagen hergeleitet werden.
Da man Ungenauigkeiten in den Werten von f in der Praxis nicht vermeiden kann, ist wichtig, daß die beste Approximation von f stetig
von f abhängt.

<u>Satz 1.3.</u>

Es seien $f,g \in \mathbb{B}$ und die Größen $\eta(f)$ bzw. $\eta(g)$ bezeichnen , wie in
(1.3) definiert, ihren Abstand vom linearen Unterraum $\mathbb{P}$. Dann gilt

$$|\eta(f) - \eta(g)| \leq \|f-g\| .$$

<u>Beweis:</u>

Bis auf $\delta > 0$ sei $p \in \mathbb{B}$ beste Approximation zu f und $q \in \mathbb{P}$ beste
Approximation zu g. Dann hat man

$$\|f-p\| \leq \|f-q\| + \delta \leq \|f-g\| + \|g-q\| + \delta, \quad d.h.$$

$$\eta(f) \leq \|f-g\| + \eta(g) + 2\delta.$$

Da die linke Seite nicht von δ abhängt, gilt die Abschätzung auch
für $\delta := 0$. Aus der Symmetrie in f und g folgt damit die Behauptung. ∎

<u>Bemerkung 1.2.</u>

1) Diese Abschätzung gilt offenbar für jede Art von Approximation und
   ist nicht auf lineare Approximation beschränkt, denn es wurde nur
   die Dreiecksungleichung benutzt.
2) Unterscheidet sich g von f nur um ε, d.h. gilt

$$\|f-g\| \leq \varepsilon,$$

so hat man

$$|\eta(f) - \eta(g)| \leq \varepsilon ,$$

d.h. die Ungenauigkeit der Güte der Approximation ist nicht schlechter als die Ungenauigkeit der gegebenen Funktion.

Man kann fragen, wie nahe eine Approximierende $p \in \mathbb{P}$ bei der besten Approximation p^* von f liegt, wenn $\|f-p\|$ nahe bei $\eta(f)$ ist:

<u>Satz 1.4.</u>

Zu einem $f \in \mathbb{B}$ sei die beste Approximierende p^* aus einem endlichdimensionalen linearen Teilraum $\mathbb{P} \subset \mathbb{B}$ eindeutig bestimmt. Dann existiert zu jedem $\varepsilon > 0$ eine Konstante $K_f(\varepsilon)$ mit

$$\|p-p^*\| \leq K_f(\varepsilon)$$

für alle $p \in \mathbb{P}$ mit $\|f-p\| - \eta(f) \leq \varepsilon$. Die $K_f(\varepsilon)$ lassen sich so wählen, daß gilt $\lim_{\varepsilon \to 0} K_f(\varepsilon) = 0$.

<u>Beweis:</u>

Man setze für jedes $\varepsilon > 0$

$$K_f(\varepsilon) := \max\{\|p-p^*\| \mid p \in \mathbb{P} , \|f-p\| - \eta(f) \leq \varepsilon\} \qquad (1.5)$$

und dieses Maximum existiert, da für alle $p \in \mathbb{P}$ mit

$$\|f-p\| \leq \varepsilon + \eta(f)$$

auch

$$\|p-p^*\| \leq \|p-f\| + \|f-p^*\| \leq \varepsilon + \eta(f) + \eta(f)$$

und

$$\|p\| \leq \|p-f\| + \|f\| \leq \varepsilon + \eta(f) + \|f\|$$

gilt, so daß man aus Lemma 1.1 auf die Kompaktheit der Menge der Koeffizientenvektoren der $p \in \mathbb{P}$ mit $\|f-p\| - \eta(f) \leq \varepsilon$ schließen kann. Hat man nun eine gegen Null konvergierende Folge ε_j und wählt man dazu eine Folge von Elementen $p_j \in \mathbb{P}$ mit

$$\|f-p_j\| - \eta(f) \leq \varepsilon_j \quad \text{und} \quad \|p_j-p^*\| = K_f(\varepsilon_j) \quad ,$$

was wegen der soeben bewiesenen Kompaktheit möglich ist, so strebt die Folge $\|f-p_j\|$ gegen $\eta(f)$. Also strebt (wie bereits beim Beweis von Satz 1.1 geschlossen wurde) eine Teilfolge der p_j gegen eine beste Approximation und wegen der Eindeutigkeit muß dies p^* sein. Nach (1.5) gilt dann für die Teilfolge

$$\lim_{j \to \infty} K_f(\varepsilon_j) = \lim_{j \to \infty} \| p_j - p^* \| = 0. \tag{1.6}$$

Da die Funktion $K_f(\varepsilon)$ monoton ist bezüglich ε, strebt $K_f(\varepsilon_j)$ für jede Nullfolge $\{\varepsilon_j\}_{j \in \mathbb{N}}$ gegen Null. ∎

§ 2 Diskrete lineare TSCHEBYSCHEFF-Approximation

Es sei I eine kompakte Teilmenge eines $\mathbb{R}^k$; auf I betrachte man den Raum $\mathbb{B} = C(I)$ der auf I stetigen reellwertigen Funktionen mit der Norm

$$\| f \| := \| f \|_\infty := \max_{x \in I} | f(x) | \cdot w(x) \qquad \text{(TSCHEBYSCHEFF-Norm)} \tag{2.1}$$

mit einer auf I stetigen positiven Gewichtsfunktion $w(x)$. Die Approximation in der Norm (2.1) wird als <u>TSCHEBYSCHEFF-Approximation</u> bezeichnet.

<u>Bemerkung 2.1.</u>

1) Ist f eine in I nicht verschwindende stetige Funktion, so kann man $w(x) := | f(x) |^{-1}$ setzen; eine beste Approximation u* aus irgendeiner Menge von approximierenden Funktionen hat dann die Eigenschaft

$$\max_{x \in I} \frac{| f(x) - u^*(x) |}{| f(x) |} \leq \max_{x \in I} \frac{| f(x) - u(x) |}{| f(x) |} \tag{2.2}$$

für alle anderen zur Approximation zugelassenen Funktionen $u \in C(I)$; die Ungleichung (2.2) besagt aber gerade, daß u* eine Approximierende von f mit betragsmäßig kleinstem <u>relativen</u> Fehler ist.

2) Ist u* eine beste Approximation von $f \in C(I)$ bezüglich einer Gewichtsfunktion $w \in C(I)$, $w > 0$ und einem linearen Teilraum $\mathbb{P}$ von $C(I)$, so gilt

$$\max_{x \in I} | f(x) - u^*(x) | \, w(x) = \inf_{u \in \mathbb{P}} \max_{x \in I} | f(x) - u(x) | \, w(x)$$

und man hat daher

$$\max_{x \in I} \left| f(x) \cdot w(x) - u^*(x) \cdot w(x) \right| = \inf_{u \in \mathbb{P}} \max_{x \in I} \left| f(x) \cdot w(x) - u(x) \cdot w(x) \right|,$$

d.h. die Funktion $u^*(x) \cdot w(x)$ ist beste Approximation der Funktion $f(x) \cdot w(x)$ bezüglich des Teilraums $\mathbb{P}w := \{u(x) \cdot w(x) \mid u \in \mathbb{P}\}$ und der Gewichtsfunktion $\tilde{w}(x) = 1$. Man kann sich also auf den Fall $w(x) = 1$ beschränken, wenn man beste Approximationen in $C(I)$ sucht.

Es wird jetzt ein endlichdimensionaler linearer Teilraum $\mathbb{P}$ von $C(I)$ der Dimension $n+1 \in \mathbb{N}$ mit der Basis $u_o, \ldots, u_n$ zur Approximation herangezogen.

Gesucht sind also reelle Zahlen $c_o^*, \ldots, c_n^*$ mit

$$\left\| f - \sum_{j=o}^{n} c_j^* u_j \right\| \leq \left\| f - \sum_{j=o}^{n} c_j u_j \right\|$$

für alle Vektoren $(c_o, \ldots, c_n) \in \mathbb{R}^{n+1}$. Praktisch unterscheidet man folgende Situationen:

1) Es sei $I = \{x_1, \ldots, x_m\}$ eine <u>endliche</u> Punktmenge.
   In diesem Falle spricht man von <u>diskreter</u> linearer TSCHEBYSCHEFF-Approximation.
   Es sind also Zahlen $c_o^*, \ldots, c_n^*$ gesucht, die die Abschätzungen

$$\left| f(x_k) - \sum_{j=o}^{n} c_j^* u_j(x_k) \right| \leq d \qquad (1 \leq k \leq m)$$

mit einer möglichst kleinen Zahl d erfüllen. Beseitigt man die Betragsstriche, so erhält man die $2m$ linearen Ungleichungen

$$f(x_k) - \sum_{j=o}^{n} c_j^* u_j(x_k) + d \geq 0$$
$$(1 \leq k \leq m) \;,$$
$$-f(x_k) + \sum_{j=o}^{n} c_j^* u_j(x_k) + d \geq 0$$

die Bedingungen für die Zahlen $c_o^*, \ldots, c_n^*$ darstellen und in denen d zu minimieren ist. Dies ist ein lineares Optimierungsproblem, welches sich beispielsweise durch das <u>Simplexverfahren</u> lösen läßt. Dazu ist man allerdings nur im Falle $m > n+2$ gezwungen; für $m \leq n+1$ kann man das Problem durch direkte Interpolation mit $d=0$

lösen und der Fall m = n+2 läßt sich, wie unten gezeigt wird,
ebenfalls auf eine Interpolationsaufgabe zurückführen.

2) Ist I ein beliebiges Kompaktum, so kann man ebenfalls das Problem
auf lineare Optimierung reduzieren, wenn man geeignete endliche
Teilmengen von I herausgreift und dort durch diskrete TSCHEBYSCHEFF-
Approximation eine beste Approximation bestimmt. Man kann dabei
aber nicht vorhersagen, wie viele Punkte man letzten Endes zur
Berechnung einer besten Approximation heranziehen muß und wo diese
Punkte liegen.

3) Besteht I aus einem Intervall I := [a,b] und bilden die Funktionen
$u_o,\ldots,u_n$ ein <u>TSCHEBYSCHEFF-System</u> (vgl. Kapitel I, §4), so kann
man zur Lösung des TSCHEBYSCHEFFschen Approximationsproblems den
<u>REMES</u>-Algorithmus verwenden, welcher das allgemeine Problem durch
eine Folge von diskreten Approximationsproblemen auf nur n+2
Punkten ersetzt (vgl. §3).

Um der Einschränkung auf eine Teilmenge X ⊂ I Rechnung zu tragen,
wird

$$\eta(f,X) := \inf_{u\in\mathbb{P}} \|f-u\|_{\infty,X} := \inf_{u\in\mathbb{P}} \max_{x\in X} |f(x) - u(x)|$$

definiert und es gilt offenbar

$$\eta(f,X) \le \eta(f,I) =: \eta(f) \qquad \text{für } X \subset I. \tag{2.3}$$

<u>Beispiel 2.1.</u>

Approximiert man $f(x)=\cos x$ auf $[0, \frac{\pi}{2}]$ durch Polynome 1. Grades in
der <u>TSCHEBYSCHEFF</u>-Norm, so hat die beste Approximation u* den in
der Skizze gezeigten Verlauf.

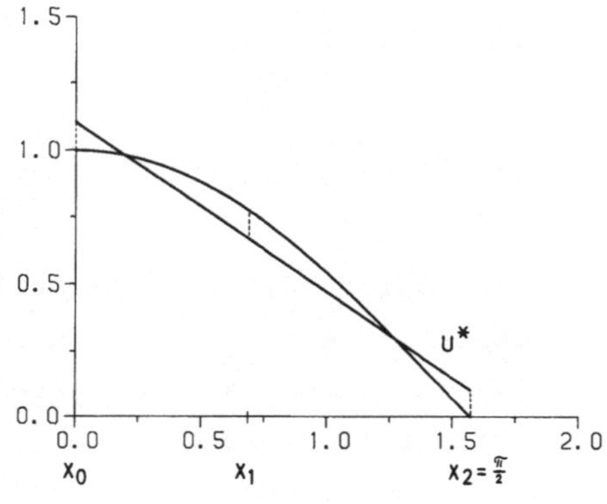

Abb. 2.1

Auf der 3-punktigen Menge $X = \{x_0, x_1, x_2\}$ ist die Fehlerfunktion
$f-u^*$ extremal; jede Änderung der Geraden u^* würde einen der drei
gestrichelten Fehler vergrößern. Somit ist die Approximation u^* auch
optimal, wenn statt $I = [0, \frac{\pi}{2}]$ nur die drei Punkte x_0, x_1, x_2 gegeben
wären. Es gilt also

$$(f(x_j) - u^*(x_j))(-1)^{j+1}\sigma = \|f-u^*\|_{\infty, I} = \eta(f,I) = \eta(f,X) \quad (0 \le j \le 2)$$

mit einem festen Vorzeichen $\sigma \in \{\pm 1\}$, und u^* löst das Interpolationsproblem

$$u^*(x_j) = f(x_j) + \sigma \cdot (-1)^j \eta(f,X) \qquad (0 \le j \le 2).$$

Die Berechnung von u^* ist also einfach, wenn die Menge X und
$\sigma \cdot \eta(f,X)$ bekannt sind, also kommt es neben der Interpolation, d.h.
Bestimmung von Koeffizienten, vor allem darauf an, zwei weitere Unbekannte zu ermitteln: die Menge X und $\sigma \cdot \eta(f,X)$. Die Bestimmung von X
ist aber schwierig, da man nicht in geschlossener Form darstellen
kann, wie die x_j von f abhängen.

Hier wird zunächst angenommen, X sei bekannt, und es wird versucht,
$\sigma \cdot \eta(f,X)$ und die Koeffizienten der besten Approximierenden über X
zu bestimmen. Ist $\mathbb{P}$ ein $(n+1)$-dimensionaler Raum, so hat man also
$n+2$ unbekannte Skalare und wird deshalb $(n+2)$-punktige Mengen X betrachten.

Im nächsten Paragraphen wird dann durch sukzessive Variation von X
mit dem REMES-Algorithmus versucht, $\eta(f,X)$ gegen den Wert $\eta(f,I)$
zu steigern.

<u>Satz 2.1.</u>
Gegeben seien $X = \{x_0, \ldots, x_{n+1}\} \subset I$ und ein $(n+1)$-dimensionaler Teilraum
$\mathbb{P} \subset C(I)$. Ferner habe $\mathbb{P}$ eine Basis $u_0, \ldots, u_n$ auch über X linear
unabhängiger Funktionen. Bezeichne $q = (q_0, \ldots, q_{n+1})'$ eine Lösung
der $n+1$ homogenen linearen Gleichungen

$$\sum_{k=0}^{n+1} u_j(x_k) \cdot q_k = 0 \qquad (0 \le j \le n) \quad \text{mit } \sum_k |q_k| = 1. \qquad (2.4)$$

Ist dann f eine beliebige Funktion aus $C(I)$, so gilt

$$\eta(f,X) = |\rho| \quad , \quad \rho := \sum_{j=0}^{n+1} f(x_j) \cdot q_j \quad , \tag{2.5}$$

und mit

$$\epsilon_j := -(\operatorname{sgn} \rho)(\operatorname{sgn} q_j) \qquad (0 \le j \le n+1) \tag{2.6}$$

gelten die Interpolationsbedingungen

$$u^*(x_k) = f(x_k) + \epsilon_k \cdot \eta(f,X) \qquad (0 \le k \le n+1) \tag{2.7}$$

für eine beste Approximation

$$u^*(x) = \sum_{j=0}^{n} \alpha_j u_j(x) \tag{2.8}$$

von f auf X bezüglich $\mathbb{P}$.

<u>Beweis:</u>
Aus (2.4) folgt zunächst, daß für jede Linearkombination u der u_j, d.h. jedes Element von $\mathbb{P}$, die Relation

$$\sum_k u(x_k) q_k = 0 \tag{2.9}$$

gilt. Variable Indizes etwa bei Summationen und Maximum-/Minimum - bildungen laufen hier und im folgenden stets von 0 bis n+1, soweit nichts anderes gesagt ist. Bezeichnet man zu beliebigem $u \in \mathbb{P}$ die Abweichungen in den Punkten von X mit

$$\eta_j := u(x_j) - f(x_j) \quad ,$$

so folgt mit (2.9) und (2.5) die Identität

$$\sum_j \eta_j \cdot q_j = -\rho \quad ,$$

die man wegen der Normierung der q_j zu

$$\sum_j (\eta_j \cdot \operatorname{sgn} q_j + \rho) \cdot |q_j| = 0 \tag{2.10}$$

umschreiben kann. Die Größe

$$\max_{j} |\eta_j| = \|u-f\|_{\infty,X}$$

soll minimiert werden. Aus (2.10) entnimmt man, daß die Faktoren $(\eta_j \cdot \text{sgn } q_j + \rho)$ entweder alle verschwinden oder sowohl negativ als auch positiv vorhanden sein müssen, d.h. es gibt ℓ und k mit

$$\eta_\ell \cdot \text{sgn } q_\ell < -\rho < \eta_k \cdot \text{sgn } q_k \quad ,$$

und dies bedeutet, daß wenigstens eine der beiden Zahlen $|\eta_\ell|$ und $|\eta_k|$ größer ist als $|\rho|$.

Das beste, was man erreichen kann, ist also gegeben durch

$$\eta_j^* = -\rho \cdot \text{sgn } q_j = \varepsilon_j \cdot |\rho| \qquad (0 \leq j \leq n+1)$$

und

$$\max_{j} |\eta_j^*| = |\rho| \quad ,$$

womit der Satz bewiesen ist, da die unter beschriebene Konstruktionsmethode zeigt, daß die Interpolationsbedingungen (2.7) stets erfüllbar sind. ∎

Zur <u>algorithmischen Lösung</u> der Approximationsaufgabe über der Punktmenge X durch die Interpolationsaufgabe (2.7) bietet sich folgende Methode an. Man transformiert die Matrix

$$A := \begin{pmatrix} u_0(x_0) & \cdots & u_n(x_0) & f(x_0) \\ \vdots & & \vdots & \vdots \\ u_0(x_{n+1}) & \cdots & u_n(x_{n+1}) & f(x_{n+1}) \end{pmatrix} \qquad (2.11)$$

mit Hilfe einer nichtsingulären $(n+2) \times (n+2)$ Matrix Q (die man etwa als Produkt GAUSSscher Eliminationen oder HOUSEHOLDER-Transformationen mit Pivotisierung nach Band I gewinnen kann) auf obere Dreiecksgestalt

$$R = Q \cdot A = \begin{pmatrix} * & & & * & * \\ & \cdot & & \cdot & \cdot \\ & & \cdot & \cdot & \cdot \\ & & & \cdot & \cdot \\ O & & & * & * \\ & & & O & \sigma \end{pmatrix} \qquad .$$

Diese Verfahren sorgen dafür, daß aus $\det A = 0$ stets $\sigma = 0$ folgt. Die Zeilen von Q gestatten Multiplikation mit einem Skalar, ohne daß dadurch die Dreiecksgestalt verlorengeht. Normiert man die Elemente der letzten Zeile von Q durch

$$\sum_j |q_{n+2,j}| = 1 ,$$

so hat man in

$$q_j := q_{n+2,j} \qquad\qquad (0 \le j \le n+1)$$

eine Lösung von (2.4) und findet

$$\rho = \sigma.$$

Ferner erhält man die Koeffizienten $(\alpha_o, \ldots, \alpha_n, -1)' =:$ a einer Lösung (2.8) der Interpolationsbedingungen (2.7) aus dem linearen Gleichungssystem

$$Q \cdot A \cdot a = Q \cdot \eta(f,x) \cdot \varepsilon$$

mit den aus (2.5) und (2.6) gewonnenen Größen $\eta(f,X)$ und $\varepsilon = (\varepsilon_o, \ldots, \varepsilon_{n+1})'$. Die obigen Voraussetzungen über die Transformationmatrix Q garantieren, daß das Gleichungssystem stets eine Lösung hat, denn es ist entweder homogen oder es gilt $\det QA \neq 0$.

<u>Definition 2.1.</u>
Eine Menge $X = \{x_o, \ldots, x_{n+1}\} \subset I$ von n+2 paarweise verschiedenen Punkten wird als <u>Referenz</u> bezeichnet; die Referenzen bilden eine Teilmenge des $\mathbb{R}^{(n+2)k}$ im Falle eines k-dimensionalen Grundbereichs I. ▲

Satz 2.1 reduziert ein Approximationsproblem in den n+2 Punkten einer Referenz im wesentlichen auf die Lösung eines linearen Gleichungssystems; gleichzeitig kann man eine Reihe nützlicher Konsequenzen ziehen:

Korollar 2.1.

Im Falle $I = [a,b] \subset \mathbb{R}$ und $a \leq x_o < x_1 < \ldots < x_{n+1} \leq b$ hat man
Alternation

$$\varepsilon_j = -\varepsilon_{j+1} \qquad\qquad (0 \leq j \leq n), \qquad\qquad (2.12)$$

sofern $u_o, \ldots, u_n$ ein HAARsches System auf I ist. Durch

$$D(X)f := \sum_k q_k f(x_k) = \rho = \eta(f,X) \cdot \operatorname{sgn} \rho \qquad\qquad (2.13)$$

wird zu jeder "Referenz" $X = \{x_o, \ldots, x_{n+1}\}$ ein lineares Funktional
auf $C(I)$ definiert, das auf $\mathbb{P}$ verschwindet.

Beweis:

Wegen (2.6) genügt es, statt (2.12) die Gleichungen

$$\operatorname{sgn} q_j = -\operatorname{sgn} q_{j+1} \qquad\qquad (0 \leq j \leq n) \qquad\qquad (2.14)$$

zu verifizieren. Es sei $f(x) \in C(I)$ eine auf X von $u_o, \ldots, u_n$ linear
unabhängige Funktion, so daß $\det A \neq 0$ gilt. Das Gleichungssystem

$$A'z = \rho \cdot e_{n+2} \quad , \quad z \in \mathbb{R}^{n+2}$$

hat q als Lösung, und aus der CRAMERschen Regel ergibt sich

$$q_j = \frac{(-1)^j \rho}{\det A'} \, d_j \cdot (-1)^{n+1} \qquad\qquad (2.15)$$

mit

$$d_j := \det \begin{pmatrix} u_o(x_o) \ldots u_o(x_{j-1}) & u_o(x_{j+1}) \ldots u_o(x_{n+1}) \\ \vdots & \vdots & \vdots & \vdots \\ u_n(x_o) \ldots u_n(x_{j-1}) & u_n(x_{j+1}) \ldots u_n(x_{n+1}) \end{pmatrix} . \qquad (2.16)$$

Die Größen d_j hängen stetig von X ab und sind wegen der HAARschen Bedingung nie Null. Da sich beispielsweise d_{j+1} durch Verschiebung von
x_j nach x_{j+1} stetig in d_j überführen läßt, müssen alle d_j gleiches
Vorzeichen haben. Dann ergibt sich (2.14) aus (2.15). Die Größen q_j
sind nach (2.4) nur von X abhängig, aber nicht von f. Damit ergibt
sich auch die Linearität des durch (2.13) definierten Funktionals
$D(X)f$, das nach (2.9) auf $\mathbb{P}$ verschwindet. ∎

<u>Bemerkung 2.2.</u>

1) Ersetzt man u_o in (2.16) durch $\pm\, u_o$, so ist

$$\operatorname{sgn} q_j = (-1)^{n+1-j} \tag{2.17}$$

erreichbar; wegen (2.6) und (2.13) geht dann (2.7) über in

$$f(x_k)-u^*(x_k) = (-1)^{n+1-k}D(X)f \quad , \tag{2.18}$$

was im folgenden verwendet wird. *

2) Ist $\mathbb{P} = \mathcal{P}_n$ und setzt man $u_j(x) = x^j$ auf $I \subset \mathbb{R}$, so gilt

$$D(X)f = \frac{\Delta^{n+1}(x_o,\ldots,x_{n+1})f}{\sum\limits_k \lambda_k(X)(-1)^{n+1-k}} \quad , \tag{2.19}$$

wobei der Nenner die in Kap. I, §2 definierten <u>Gewichte</u> des Differenzenquotienten

$$\Delta^{n+1}(x_o,\ldots,x_{n+1})f = \sum\limits_k \lambda_k(X)f(x_k)$$

enthält. Offensichtlich verschwinden beide Seiten von (2.19) auf dem $(n+1)$-dimensionalen Teilraum $\mathcal{P}_n$ des $(n+2)$-dimensionalen Raums $C(X)$, d.h. $D(X)f$ und die rechte Seite von (2.19) müssen aus dem eindimensionalen Raum $\mathcal{P}_n^{\perp}$ stammen, also bis auf einen Faktor übereinstimmen. Da

$$\operatorname{sgn} \lambda_j(X) = (-1)^{n+1-j}$$

gilt, haben auf beiden Seiten von (2.19) wegen (2.4) die Gewichte der $f(x_k)$ die Betragssumme Eins. Dann muß der Proportionalitätsfaktor den Betrag Eins haben; das korrekte Vorzeichen tritt auf, da die Gewichte mit Index $n+1$ in beiden Fällen positiv sind.

Im Falle $\mathbb{P} = \mathcal{P}_n$ vereinfacht sich das zuvor beschriebene Konstruktionsverfahren für u^*; man kann $D(X)f$ nach (2.19) und die Lösung u^* von (2.18) durch herkömmliche Interpolationsmethoden berechnen. Den Nenner von (2.19) erhält man einfach durch Bildung eines Differenzenschemas (I. 3.8) der Daten $(-1)^{n+1}, (-1)^n,\ldots,(-1)^o$; ist bereits eine gute Approximation $\tilde{u}$ bekannt, so

kann man die Rundungsfehlereinflüsse durch Berechnung von
$\Delta^{n+1}(x_o,\ldots,x_{n+1})(f-\tilde{u})$ statt $\Delta^{n+1}(x_o,\ldots,x_{n+1})f$ reduzieren.

Die bisherigen Resultate gestatten auch einige Aussagen über den Approximationsfehler:

Satz 2.2.

Sei I eine beliebige kompakte Menge und $X \in B$ eine Referenz sowie
$\mathbb{P}$ ein beliebiger (n+1)-dimensionaler Teilraum von $C(I)$, dessen Basis
$u_o,\ldots,u_n$ auf X linear unabhängig sei. Dann gilt für jede Lösung
u^* von (2.7) die Abschätzung

$$0 \leq \eta(f,I)-\eta(f,X) \leq \|f-u^*\|_{\infty,I}-\|f-u^*\|_{\infty,X} \ , \tag{2.20}$$

und im Falle

$$\|f-u^*\|_{\infty,I} = \|f-u^*\|_{\infty,X} \tag{2.21}$$

ist u^* bereits beste Approximation von f bezüglich ganz I. Mit der
Größe

$$\mu := \min_{k}|q_k(X)| \tag{2.22}$$

gilt ferner

$$\|f-u\|_{\infty,I} \geq \|f-u\|_{\infty,X} \geq \|f-u^*\|_{\infty,X} + \frac{\mu}{1-\mu}\|u-u^*\|_{\infty,X} \tag{2.23}$$

für jedes $u \in \mathbb{P}$. Im Falle $\mu > 0$ ist die beste Approximation u^* zu f
auf X <u>eindeutig</u> bestimmt; gilt zusätzlich (2.21), so ist u^* <u>eindeutige</u> beste Approximation <u>auf I</u>.

Beweis:

Wegen (2.3) und (2.7) ist der erste Teil der Aussage klar. Nach Wahl
der q_j, ihrer Normierung und aufgrund der Definition von ε_j in (2.6)
gilt

$$0 = -\mathrm{sgn}\ \rho \cdot \sum_{j}v(x_j)q_j = \sum_{j}v(x_j)\varepsilon_j\cdot|q_j| \quad \text{für jedes } v \in \mathbb{P}.$$

In einem der Punkte von X muß $|v|$ gleich $\|v\|_{\infty,X}$ sein. Nimmt v etwa
in x_k den Wert $-\varepsilon_k\cdot\|v\|_{\infty,X}$ an, so ist also

$$O \leq -|q_k| \cdot \|v\|_{\infty,X} + \max_j v(x_j) \cdot \varepsilon_j \cdot (1-|q_k|),$$

umgeschrieben mit $|q_k| \geq \mu$ und für die spezielle Setzung $v = u-u^*$ daher

$$\frac{\mu}{1-\mu} \|u-u^*\|_{\infty,X} \leq (u(x_i)-u^*(x_i))\varepsilon_i$$

$$= (u-f)(x_i)\varepsilon_i - (u^*-f)(x_i)\varepsilon_i$$

$$\leq \|u-f\|_{\infty,X} - \eta(f,X)$$

mit einem geeigneten Index i.

Ist v in x_k gleich $+\varepsilon_k \cdot \|v\|_{\infty,X}$, so kann man analog schließen. Dies beweist (2.23).

Die Zusätze ergeben sich leicht, indem man für u konkurrierende beste Approximationen einsetzt. ∎

Der Fall einer allgemeinen kompakten Menge I soll jetzt nicht weiter verfolgt werden; bis zum Ende von §3 sei jetzt stets $I = [a,b] \subset \mathbb{R}$ und $\{u_o,\ldots,u_n\}$ ein TSCHEBYSCHEFF-System der Dimension $n+1$ auf I und

$$B := \{X = (x_o,\ldots,x_{n+1}) \in \mathbb{R}^{n+2} \mid a \leq x_o < x_1 < \ldots < x_{n+1} \leq b\}$$

mit der durch $\|X\| = \max_k |x_k|$ induzierten Metrik.

Satz 2.3.

Erweitert man $D(X)f$ auf den Abschluß

$$\overline{B} := \{X = (x_o,\ldots,x_{n+1}) \in \mathbb{R}^{n+2} \mid a \leq x_o \leq x_1 \leq \ldots \leq x_{n+1} \leq b\}$$

der Menge B der Referenzen durch die Setzung

$$D(X)f := O \quad \text{für } X \in \overline{B}\backslash B , \quad f \in C(I) ,$$

so ist für festes $f \in C(I)$ die reellwertige Funktion $D(X)f$ auf $\overline{B}$ bezüglich der Variablen X stetig.

Beweis:

1) Für $X \in B$ ist die Stetigkeit wegen der Stetigkeit der die Koeffizienten q_j definierenden Determinanten (2.16) trivial.

2) Für ein $X \in \overline{B} \setminus B$ sind höchstens n+1 der Komponenten des Vektors
voneinander verschieden. Dann kann man durch $u_o, \ldots, u_n$ die Funktion
f in diesen Punkten interpolieren:
Es gibt ein $u \in \mathbb{P}$ mit $u(x_j) = f(x_j)$, $0 \leq j \leq n+1$.
Weiter gilt $D(Y)u = 0$ wegen $u \in \mathbb{P}$ für jedes $Y \in B$ und nach Definition von $D(X)$ auch für $Y \in \overline{B} \setminus B$. Man erhält

$$D(Y)f - D(X)f = (D(Y)(f-u) - D(X)(f-u))$$

$$= D(Y)(f-u) - 0$$

und dieser Ausdruck verschwindet, falls Y in $\overline{B} \setminus B$ liegt. Für den
Fall $Y \in B$ muß man ausnutzen, daß f-u eine in I gleichmäßig stetige Funktion ist; es gibt für jedes $\varepsilon > 0$ ein $\delta > 0$, so daß für
jedes Paar von Werten $x,y \in I$ mit $|x-y| < \delta$ die Abschätzung

$$|f(x) - u(x) - f(y) + u(y)| < \varepsilon$$

gilt.
Für zwei Referenzen $Y \in B$ und X mit $\|X - \dot{Y}\| < \delta$ erhält man
dann

$$|D(Y)f - D(X)f| = |D(Y)(f-u)| \leq \sum_j |q_j| |f(y_j) - u(y_j)| < \varepsilon$$

gemäß (2.13) und der Normierung in (2.4). Damit ist die Stetigkeit
von $D(X)f$ in $\overline{B}$ nachgewiesen. ∎

<u>Korollar 2.2.</u>
Zu jedem $\varepsilon > 0$ gibt es ein $\delta(\varepsilon) > 0$, so daß für festes $f \in C(I)$ und
jedes $X \in \overline{B}$ mit

$$|D(X)f| \geq \varepsilon$$

die Abschätzung

$$\min_{0 \leq j < n} |x_{j+1} - x_j| \geq \delta$$

gilt.

102

<u>Beweis:</u>

Da $\overline{B}$ abgeschlossen und beschränkt in $\mathbb{R}^{n+2}$ ist, muß $D(X)f$ bezüglich X sogar <u>gleichmäßig</u> stetig auf $\overline{B}$ sein. Es gibt also zu jedem $\varepsilon > O$ ein $\delta(\varepsilon) > O$, so daß für festes $f \in C(I)$ aus $\|X-X^*\| < \delta(\varepsilon)$ stets $|D(X)f-D(X^{\,})f| < \varepsilon$ folgt. Gilt für ein $X \in \overline{B}$ die Abschätzung

$$\min_{O \le j \le n} |x_{j+1}-x_j| = |x_{k_o+1}-x_{k_o}| < \delta(\varepsilon),$$

so bilde man

$$X^* := (x_o,\dots,x_{k_o},x_{k_o},x_{k_o+2},\dots,x_{n+1}) \in \overline{B}\backslash B.$$

Dann gilt $\|X-X^*\| = |x_{k_o+1}-x_{k_o}| < \delta(\varepsilon)$ und es folgt

$$|D(X)f-D(X^*)f| = |D(X)f| < \varepsilon . \quad \blacksquare$$

§ 3   Der REMES-Algorithmus

In diesem Paragraphen wird ein Verfahren angegeben, welches das TSCHEBYSCHEFF-Approximationsproblem mit Linearkombinationen eines TSCHEBYSCHEFF-Systems $u_o,\dots,u_n$ für eine stetige Funktion f auf einem Intervall $I := [a,b]$ durch eine Folge diskreter TSCHEBYSCHEFF-Approximationsprobleme auf jeweils n+2 Punkten von I löst:

<u>Der REMES-Algorithmus</u>

Gegeben seien $f \in C(I)$ und ein TSCHEBYSCHEFF-System $u_o,\dots,u_n$ auf I. Sei $\mathbb{P}$ der von den Linearkombinationen der Funktionen $u_o,\dots,u_n$ erzeugte lineare Raum. Wie im vorigen Paragraphen bezeichne B die Menge der $X = (x_o,\dots,x_{n+1}) \in \mathbb{R}^{n+2}$ mit $a \le x_o < x_1 < \dots < x_{n+1} \le b$.

<u>Start:</u> Man wähle $X^o \in B$ beliebig.

<u>Iterationsschritt:</u> Zu gegebenem $X^k \in B$ löse man nach §2 das diskrete TSCHEBYSCHEFF-Approximationsproblem für f auf X^k durch Interpolation der Werte

$$f(x_j^k)-(-1)^{n+1-j}D(X^k)f \qquad\qquad (O \le j \le n+1)$$

in n+1 Teilpunkten von X^k mit einer Funktion $p^k \in \mathbb{P}$. Ist $\|\varepsilon^k\|_\infty > \eta_k$ mit

$$\varepsilon^k := f - p^k \quad, \quad \eta_k := |D(X^k)f| \quad, \tag{3.1}$$

so bestimme man $X^{k+1} = (x_o^{k+1}, \ldots, x_{n+1}^{k+1}) \in B$ derart, daß gilt

$$|\varepsilon^k(x_j^{k+1})| \geq \eta_k \qquad (0 \leq j \leq n+1), \tag{3.2}$$

$$\text{sgn } \varepsilon^k(x_j^{k+1}) = \sigma_k(-1)^j \quad, \quad \sigma_k \in \{-1,+1\} \quad, \quad (0 \leq j \leq n+1), \tag{3.3}$$

$$|\varepsilon^k(x_{j_k}^{k+1})| = \|\varepsilon^k\|_\infty \quad \text{für ein } j_k \in \{0, \ldots, n+1\} \; . \tag{3.4}$$

Anschließend wiederhole man den Iterationsschritt mit X^{k+1} anstelle von X^k. Ist $\|\varepsilon^k\|_\infty = \eta_k$, so breche man die Rechnung ab und setze für die Theorie $X^{k+j} = X^k$, $p^{k+j} = p^k$ für alle $j \in \mathbb{N}$.

<u>Bemerkung 3.1.</u>

1) Statt (3.4) genügt es, einen Punkt $x_{j_k}^{k+1}$ zu finden, in dem $|\varepsilon^k(x_{j_k}^{k+1})|$ nahe bei $\|f-p^k\|_\infty$ liegt, und zwar so nahe, daß

$$\|f-p^k\|_\infty - |\varepsilon^k(x_{j_k}^{k+1})|$$

wenigstens proportional zu

$$\eta(f) - \eta_k$$

mit einem hinreichend kleinen Faktor gegen Null strebt. Man braucht nur (3.4) für das folgende durch eine entsprechende Abschätzung zu ersetzen.

2) Auf Grund der Einschließung von η_k nach Satz 2.2 hat man eine Kontrolle über die Genauigkeit und kann das Verfahren abbrechen, wenn alle $|\varepsilon^k(x_j^k)|$ mit $\|\varepsilon^k\|_\infty$ bis auf eine vorgegebene Toleranz übereinstimmen. *

<u>Hilfssatz 3.1.</u>

a) Der Übergang von X^k zu X^{k+1} ist durch Austausch eines Punktes von X^k gegen einen Punkt $x* \in I$ mit $|\varepsilon^k(x*)| = \|\varepsilon^k\|_\infty$ realisierbar.

b) Es gilt $\eta_{k+1} \geq \eta_k$ für $k \geq 0$.

<u>Bemerkung 3.2.</u>

In der Praxis wird man allerdings mehrere Punkte gleichzeitig austauschen. Dadurch wächst η_k schneller an. $*$

<u>Beweis:</u>

Man darf ohne Einschränkung annehmen, daß ein Punkt $x* \in I$ existiert mit

$$|\varepsilon^k(x*)| = \|\varepsilon^k\| > \eta_k ,$$

da man andernfalls $x^{k+1} = x^k$ setzt und abbricht. Ferner kann man sich auf den Fall $\eta_k > 0$ beschränken, weil sonst die Bildung von x^{k+1} trivial ist.

Es gelte also $\|\varepsilon^k\| = |\varepsilon^k(x*)| > \eta_k > 0$.

Liegt $x*$ zwischen zwei benachbarten Punkten von X^k, so ersetze man denjenigen Punkt durch $x*$, in dem ε^k das gleiche Vorzeichen wie in $x*$ hat. Liegt $x*$ vor oder hinter allen Punkten von X^k, so sorge man durch Weglassen des ersten oder letzten Punktes von X^k dafür, daß die so entstandenen Fehlerterme im Vorzeichen alternieren.

Zum Beweis von b) hat man mit den gemäß (2.17) gebildeten Gewichten $q(x^{k+1})$ die η_{k+1} abzuschätzen:

$$\eta_{k+1} = |D(X^{k+1})f| = |D(X^{k+1})(f-p^k)|$$

$$= |\sum_j q_j(x^{k+1}) \varepsilon^k(x_j^{k+1})|$$

$$= \sum_j |q_j(x^{k+1})| \, |\varepsilon^k(x_j^{k+1})|$$

$$\geq \eta_k \cdot 1 ,$$

wobei von (2.9), (3.1), (3.2) und (3.3) Gebrauch gemacht wird. $\blacksquare$

Mit Hilfssatz 3.1 läßt sich nun der Konvergenzbeweis für den REMES-Algorithmus in Angriff nehmen:

<u>Satz 3.1.</u>

1) Es gilt $\eta_k \to \eta(f)$ und die Konvergenz ist mindestens linear.

2) Die Folge der Lösungen p^k der diskreten TSCHEBYSCHEFF-Approximationsprobleme auf den Mengen X^k besitzt eine Teilfolge, die gegen eine Lösung des TSCHEBYSCHEFF-Approximationsproblems auf I konvergiert.

<u>Bemerkung 3.3.</u>

Unter gewissen Zusatzvoraussetzungen kann man sogar quadratische Konvergenz $\eta_k \to \eta(f)$ beweisen, denn man kann den REMES-Algorithmus als NEWTONsches Verfahren zur Lösung eines nichtlinearen Gleichungssystems umschreiben. *

<u>Beweis:</u>

a) Gilt für ein X^1 aus B die Gleichung $\eta_1 = 0$, so folgt nach (3.1) und (3.4)

$$0 = \eta_1 = |D(X^1)f| = |D(X^1)\varepsilon^0|$$

$$= \left| \sum_j q_j(X^1)\varepsilon^0(x_j^1) \right|$$

$$\geq |q_{j_0}(X^1)| \cdot \|\varepsilon^0\|$$

für ein geeignetes j_0. Da $|q_{j_0}(X^1)| > 0$ ist, gilt $\|\varepsilon^0\| = 0$ und es folgt die Identität

$$p^0 = f.$$

Das Verfahren bricht ab, da $0 \leq \eta_0 \leq \eta_1 = 0 = \|\varepsilon^0\|$ gilt.

b) Ist $\eta_1 > 0$, so gilt nach Hilfssatz 3.1 für alle $k \in \mathbb{N}$ die Abschätzung

$$|D(X^k)f| = \eta_k \geq \eta_1 > 0,$$

und nach Korollar 2.2 existiert ein $\delta > 0$ mit

$$\min_{0 < j < n} |x_j^k - x_{j+1}^k| \geq \delta \qquad \text{für alle } k \in \mathbb{N}.$$

Auf der kompakten Menge

$$B_\delta := \{X \in B \mid \, |x_j - x_{j+1}| \geq \delta \, , \, 0 \leq j \leq n\}, \qquad \delta > 0 \qquad (3.5)$$

nimmt die stetige nichtnegative Funktion

$$\mu(X) := \min_j \, |q_j(X)| < 1$$

ihr positives Minimum K < 1 an; somit gilt

$$0 < K \leq |q_j(X^k)| \leq 1 - K < 1 \qquad (3.6)$$

für $0 \leq j \leq n+1$ und jedes $k \in \mathbb{N}$.

Jetzt kann man η_{k+1} für $k \in \mathbb{N}$ nach unten abschätzen:

$$\eta_{k+1} = |D(X^{k+1})\varepsilon^k| = |\sum_j q_j(X^{k+1})\varepsilon^k(x_j^{k+1})|$$

$$\geq |q_{j_k}(X^{k+1})| \cdot \|\varepsilon^k\| + [1-|q_{j_k}(X^{k+1})|]\eta_k \quad , \qquad (3.7)$$

mit $\|\varepsilon^k\| \geq \eta(f)$ und (3.6) folgt weiter

$$\eta(f)-\eta_{k+1} \leq (1-|q_{j_k}(X^{k+1})|)(\eta(f)-\eta_k) \leq (1-K)(\eta(f)-\eta_k) \quad ,$$

woraus sich die lineare Konvergenz $\eta_k \to \eta(f)$ ergibt.

Aus (3.7) läßt sich auch $\|\varepsilon^k\|$ abschätzen:

$$\|\varepsilon^k\| \leq \frac{\eta_{k+1} - \eta_k}{|q_{j_k}(X^{k+1})|} + \eta_k \; .$$

Daraus folgt

$$\lim_{k \to \infty} \|\varepsilon^k\| = \eta(f) \qquad (3.8)$$

und wie im Beweis des Existenzsatzes für beste lineare Approximationen ergibt sich damit die Existenz einer Teilfolge der p^k, welche gegen eine beste Approximation von f auf I konvergiert. ∎

Indem man auch noch die Folge der Punktmengen X^k betrachtet, läßt sich eine Verschärfung von Satz 3.1 angeben:

Satz 3.2.

1) Es gibt eine Punktmenge (<u>Alternante</u>) $X^* \in B$ mit der Eigenschaft, daß jede Lösung des diskreten TSCHEBYSCHEFF-Approximationsproblems auf X^* auch eine Lösung des TSCHEBYSCHEFF-Approximationsproblems auf I ist und umgekehrt.

2) Das TSCHEBYSCHEFF-Approximationsproblem auf I und auf X^* ist eindeutig lösbar.

3) Die im REMES-Algorithmus erzeugte Folge $p_o, p_1, \ldots$ konvergiert gleichmäßig gegen die Lösung des TSCHEBYSCHEFF-Approximationsproblems auf I.

Beweis:

Da alle X^k in der durch (3.5) definierten kompakten Menge $B_\delta \subset \mathbb{R}^{n+2}$ liegen, existiert eine konvergente Teilfolge $\{X^k\}_{k \in N \subset \mathbb{N}}$ der Folge $\{X^k\}_{k \in \mathbb{N}}$ mit einem Limes $X^* \in B_\delta$. Wegen der Stetigkeit von $D(X)f$ bezüglich X gilt dann

$$|D(X^*)f| = \lim_{\substack{k \to \infty \\ k \in N}} |D(X^k)f| = \lim_{\substack{k \to \infty \\ k \in N}} \eta^k = \eta(f). \qquad (3.9)$$

Nach Satz 2.2 ist dann jede Lösung des Approximationsproblems auf X^* auch Lösung bezüglich I. Da wegen der HAARschen Bedingung alle $d_i(X)$ und nach (2.15) auch alle $q_j(X)$ von Null verschieden sind, müssen beide Approximationsprobleme eindeutige Lösungen haben.

Da jeder Häufungspunkt $\tilde{p}$ der Folge $\{p^k\}$ beste Approximation auf I ist, stimmen diese Funktionen $\tilde{p}$ sämtlich mit p^* überein und Satz 3.2 ist bewiesen. ∎

§ 4 Approximation in euklidischen Räumen

Es sei $\mathbb{H}$ ein linearer Raum über $\mathbb{R}$, in dem ein Skalarprodukt

$$(u,v) \in \mathbb{R} \quad \text{für alle } u,v \in \mathbb{H}$$

erklärt ist. Ein solcher Raum heißt <u>euklidisch</u>. Dann ist

$$\|u\| := \|u\|_2 := (u,u)^{1/2} \quad (u \in \mathbb{H}) \tag{4.1}$$

eine Norm auf $\mathbb{H}$.

<u>Satz 4.1.</u>
Die durch (4.1) gegebene Norm ist strikt konvex.

<u>Beweis:</u>
Es sei $\|u\| = \|v\| = 1$ und $u \neq v$. Wegen

$$\left(\frac{u+v}{2} , \frac{u-v}{2}\right) = \frac{\|u\|^2}{4} - \frac{\|v\|^2}{4} = 0$$

sind $\frac{u+v}{2}$ und $\frac{u-v}{2}$ orthogonal. Damit erhält man

$$1 = \|u\|^2 = \left\|\frac{u+v}{2} + \frac{u-v}{2}\right\|^2$$

$$= \left\|\frac{u+v}{2}\right\|^2 + \left\|\frac{u-v}{2}\right\|^2 > \left\|\frac{u+v}{2}\right\|^2 . \quad \blacksquare$$

Aus diesem Satz folgt also

<u>Korollar 4.1.</u>
Ist $\mathbb{P}$ ein linearer (nicht notwendig endlichdimensionaler) Teilraum von $\mathbb{H}$, so ist die beste Approximation aus $\mathbb{P}$ für jedes $u \in \mathbb{H}$ eindeutig bestimmt. $\blacksquare$

<u>Satz 4.2.</u> (Charakterisierungssatz)
Es sei $\mathbb{P}$ ein linearer Teilraum von $\mathbb{H}$. Ein Element $p \in \mathbb{P}$ ist genau dann die beste Approximation eines Elementes $u \in \mathbb{H}$, wenn

$$(u-p,q) = 0 \qquad \forall q \in \mathbb{P} \tag{4.2}$$

gilt (<u>Orthogonalitätsbedingung</u>).

<u>Beweis:</u>
Mit beliebigem $q \in \mathbb{P}$ und einem reellen Parameter t betrachte man die Differenz $u-p^*$ für $p^* = p-tq$. Mit $v := u-p$ findet man

$$\|u-p^*\|^2 - \|u-p\|^2 = (v+tq,v+tq) - (v,v)$$

$$= 2(v,tq) + (tq,tq) \tag{4.3}$$

$$= 2t(v,q) + t^2\|q\|^2 =: \Phi(t).$$

Das Element $p \in \mathbb{P}$ ist somit genau dann beste Approximation von u, wenn $\Phi(t) \geq 0$ für jedes t und jedes $q \in \mathbb{P}$ gilt. Wegen $\Phi(0) = 0$ ist dies genau dann der Fall, wenn $\Phi'(0) = 2(v,q)$ verschwindet. ∎

Bemerkung 4.1.

Die obige Schlußweise bleibt richtig, wenn $(\,,\,)$ nur eine semidefinite Bilinearform ist. Durch (4.1) ist dann nur eine <u>Seminorm</u> gegeben; diese Situation tritt bei den Spline-Funktionen in Kapitel III auf. *

Korollar 4.2.

Ist $\mathbb{P}$ endlichdimensional und $\{u_0,\ldots,u_n\}$ eine Basis von $\mathbb{P}$, so kann man die beste Approximation

$$p = \sum_{k=0}^{n} c_k u_k \in \mathbb{P}$$

von $u \in \mathbb{H}$ aus den Orthogonalitätsbedingungen

$$(u-p,u_j) = (u,u_j) - \sum_{k=0}^{n} c_k(u_k,u_j) = 0 \quad (0 \leq j \leq n) \tag{4.4}$$

berechnen. Das Gleichungssystem (4.4) heißt <u>System der Normalgleichungen</u>. Wenn $u_0,\ldots,u_n$ eine Basis von $\mathbb{P}$ ist, kann die Determinante

$$\det\left((u_j,u_k)\right)_{0\leq k,j\leq n}$$

(die <u>GRAMsche Determinante</u>) nicht verschwinden; denn die Funktion $u = 0 \in \mathbb{H}$ hat die eindeutige Approximation 0, also besitzt das <u>homogene</u> Gleichungssystem (4.4) nur die triviale Lösung. ∎

Beispiel 4.1.

Im Falle $\mathbb{H} = \mathbb{R}^n$ mit dem Skalarprodukt

110

$$(x,y) := \sum_{j=1}^{n} x_j y_j \qquad \text{für} \qquad x = (x_1,\ldots,x_n)' \text{ und} \qquad (4.5)$$
$$y = (y_1,\ldots,y_n)' \in \mathbb{R}^n$$

erhält man die Approximation nach der Methode der kleinsten Quadrate:

Gegeben sei ein n-Tupel $b = (b_1,\ldots,b_n)'$ von Meßwerten. Gesucht ist eine Zahl y, für die

$$\sum_{j=1}^{n} (y-b_j)^2$$

minimal ist. Dies entspricht gerade der Approximation des Vektors b durch ein Element des linearen Teilraums $\mathbb{P} := \{\alpha(1,\ldots,1)' \mid \alpha \in \mathbb{R}\}$ unter dem Skalarprodukt (4.5). Als Basis kann man den Vektor $u_o := (1,\ldots,1)'$ wählen. Damit geht (4.4) über in

$$(b,u_o)-c_o(u_o,u_o) = \sum_{j=1}^{n} b_j - c_o \cdot n = 0.$$

Als Lösung ergibt sich also der Mittelwert

$$y = \frac{1}{n} \sum_{j=1}^{n} b_j \; .$$

Beispiel 4.2.
Als lineares <u>Ausgleichsproblem</u> bezeichnet man die etwas allgemeinere Aufgabe, zu einer gegebenen (nxm)-Matrix A mit $n \geq m$ und einem Vektor $b \in \mathbb{R}^n$ eine "möglichst gute Lösung" $x \in \mathbb{R}^m$ des überbestimmten linearen Gleichungssystems $Ax = b$ zu berechnen. Nach der Methode der kleinsten Quadrate (für die schon GAUSS eine präzise statistische Rechtfertigung angab) wäre ein solches x als Minimum in der L_2-Norm von $Ax-b$ zu berechnen.

Beispiel 4.1 ist ein Spezialfall mit $A = (1,\ldots,1)' : \mathbb{R}^1 \to \mathbb{R}^n$.

Nimmt man daher den Teilraum $A \cdot \mathbb{R}^m$ des euklidischen Raums $\mathbb{R}^n$ mit dem Skalarprodukt (4.5), so ist Ax als beste Approximation von b zu bestimmen und nach Satz 4.2 muß gelten

$$(b-Ax,Ay) = 0 \qquad \forall \; y \in \mathbb{R}^m.$$

Dies ist äquivalent zu

$$(A'(b-Ax),y) = 0 \qquad \forall\, y \in \mathbb{R}^m ,$$

und es folgen die <u>GAUSSschen Normalgleichungen</u>

$$A'Ax = A'b \tag{4.6}$$

für den Vektor $x \in \mathbb{R}^m$, der $\|Ax-b\|_2$ minimiert.

Die numerische Lösung linearer Ausgleichsprobleme erfolgt aber aus Stabilitätsgründen nicht über die GAUSSschen Normalgleichungen (die Berechnung und Invertierung von A'A induziert vermeidbare Rundungsfehler), sondern durch <u>Orthogonalisierungsverfahren</u> (vgl. Band I).

Beispielsweise läßt sich A durch Linksmultiplikation mit HOUSEHOLDER- oder JACOBI-Transformationen (vgl. Band I) im $\mathbb{R}^n$ so in ein Produkt QA = R mit einer Orthogonalmatrix Q überführen, daß R die Form

$$R = QA = \begin{pmatrix} * & * & * & . & . & . & * \\ 0 & * & * & . & . & . & * \\ 0 & 0 & * & . & . & . & * \\ . & & . & & & & . \\ . & & & . & & & . \\ . & & & & . & & . \\ 0 & 0 & & . & . & . & * \\ & & & 0 & & & \end{pmatrix} =: \begin{pmatrix} \widetilde{R} \\ \\ 0 \end{pmatrix}$$

mit einer (m×m)-Superdiagonalmatrix $\widetilde{R}$ hat. Ist der Rang von A gleich m, so ist $\widetilde{R}$ nichtsingulär, alle Diagonalelemente sind von Null verschieden. Da orthogonale Matrizen die L_2-Norm von Vektoren invariant lassen, folgt

$$\|Ax-b\|_2 = \|Q(Ax-b)\|_2$$

$$= \|Rx-Qb\|_2$$

und bei Zerlegung von Qb in zwei Vektoren $\widetilde{b}_1$ (die Komponente im Bildraum von QA) und $\widetilde{b}_2$ von m und n-m Komponenten ist also $x \in \mathbb{R}^m$ so zu bestimmen, daß

$$\left\|\begin{pmatrix}\tilde{R}\\O\end{pmatrix}x - \begin{pmatrix}\tilde{b}_1\\\tilde{b}_2\end{pmatrix}\right\|_2^2 = \|\tilde{R}x-\tilde{b}_1\|_2^2 + \|\tilde{b}_2\|_2^2 \geq \|\tilde{b}_2\|_2^2$$

minimal ist. Dabei sind die L_2-Normen im $\mathbb{R}^n$, $\mathbb{R}^m$ und $\mathbb{R}^{n-m}$ zu nehmen.

Ganz offensichtlich ist also $x \in \mathbb{R}^m$ als Lösung des $(m \times m)$-Gleichungs-systems

$$\tilde{R}x = \tilde{b}_1 \qquad\qquad\qquad (4.7)$$

durch Rückwärts-Einsetzen zu berechnen, und $\|\tilde{b}_2\|_2^2$, das Quadrat der Länge der zum Bildraum $A \cdot \mathbb{R}^m$ orthogonalen Komponenten, gibt die <u>Feh-lerquadratsumme</u> an. Da die Kondition quadratischer Matrizen bei Multi-plikation mit orthogonalen Transformationen invariant bleibt (wenn man die Spektralnorm oder die euklidische Norm für Matrizen zur Beurtei-lung heranzieht, vgl. Band I), ist es plausibel, daß die Lösung von (4.7) numerisch günstiger ist als die der GAUSSschen Normalgleichungen (4.6). Dies ist durch numerische Experimente leicht zu bestätigen.

Beispiel 4.3.

Eine noch weiter führende Verallgemeinerung ergibt sich, wenn A eine beliebige lineare Abbildung eines linearen Raumes $\mathbb{B}$ in einen eukli-dischen Raum $\mathbb{H}$ ist. Denn dann kann man eine Lösung der Operatorglei-chung

$$Ax = b \qquad\qquad\qquad (4.8)$$

zu gegebenem $b \in \mathbb{H}$ näherungsweise dadurch lösen, daß man einen end-lichdimensionalen Teilraum $\mathbb{B}_1$ von $\mathbb{B}$ auswählt und ein Element $A\tilde{x}$ des Teilraums $\mathbb{P} = A \cdot \mathbb{B}_1 \subset \mathbb{H}$ als beste Approximation von b bezüglich $\mathbb{P}$ bestimmt.

Als Beispiele kommen Differential- und Integraloperatoren in Frage; man kann etwa die Lösung $x(t)$ einer Integralgleichung

$$(Ax)(s) := \int_{-1}^{+1} K(s,t)x(t)dt = b(s) \qquad (s \in [-1,+1])$$

dadurch numerisch annähern, daß man b approximiert durch die Funktionen

$$(Ap)(s) = \int_{-1}^{+1} K(s,t)p(t)dt$$

mit Polynomen $p \in \mathcal{P}_n =: \mathbb{B}_1$.

Beispiel 4.4.

Eine Reihe physikalischer Probleme führt direkt auf die mathematische
Aufgabe, zu einer linearen Abbildung $A: \mathbb{B} \to \mathbb{H}$ wie im vorangegangenen
Beispiel ein Minimum des Ausdrucks $\|Ax-b\|_{\mathbb{H}}^2$ zu festem $b \in \mathbb{H}$ zu fin-
den, etwa wenn der gesuchte stationäre Zustand eines Systems durch
ein Minimum an potentieller Energie beschrieben wird. In diesem Falle
ist im allgemeinen keine Formulierung als Gleichungssystem (4.8) möglich, da $Ax = b$ den Fall der Energie Null widerspiegelt; vielmehr wäre ein Normalgleichungssystem vom GAUSSschen Typ (4.4) sinnvoll.

Wählt man wieder einen endlichdimensionalen Teilraum $\mathbb{B}_1$ von $\mathbb{B}$ und
approximiert b durch Elemente Ax aus $\mathbb{P} = A \cdot \mathbb{B}_1$, so bestimmt

$$(b-A\tilde{x}) \perp Ay \qquad \forall\, y \in \mathbb{B}_1 \tag{4.9}$$

die Näherungslösung $\tilde{x} \in \mathbb{B}_1$. Ist eine Basis $\{x_1, \ldots, x_n\}$ von $\mathbb{B}_1$ gegeben und sind auch $Ax_1, \ldots, Ax_n$ linear unabhängig, so kann man den
Ansatz

$$\tilde{x} = \sum_{i=1}^{n} \alpha_i x_i$$

machen und (4.9) in

$$\sum_{i=1}^{n} (Ax_j, Ax_i)\alpha_i = (Ax_j, b) \qquad (1 \leq j \leq n) \tag{4.10}$$

überführen. Das lineare Gleichungssystem (4.10) hat dann eine positiv
definite, symmetrische Koeffizientenmatrix. Man bezeichnet das obige
Vorgehen als <u>RAYLEIGH-RITZ-GALERKIN-Verfahren</u>.

Besonderes Augenmerk gilt bei festem $\mathbb{B}_1$ der Wahl der Basis
$\{x_1, \ldots, x_n\}$; man versucht, der Matrix $((Ax_i, Ax_j))$ eine möglichst gün-
stige Form, etwa die einer Bandmatrix, zu geben. Dieser Aspekt wird
bei den Spline-Funktionen in Kap. III wieder aufgegriffen.

Wenn man zu $A: \mathbb{B} \to \mathbb{H}$ die Adjungierte $A': \mathbb{H}' \to \mathbb{B}'$ bilden kann und
$\mathbb{B}'$ ein Skalarprodukt trägt, so kann man auch aus den verallgemeiner-
ten GAUSSschen Normalgleichungen

$$A'Ax = A'b \qquad (4.11)$$

ein numerisches Verfahren ableiten, indem man A'b durch Elemente des Bildes $A'A \cdot \mathbb{B}_1$ eines endlichdimensionalen Teilraums $\mathbb{B}_1$ von $\mathbb{B}$ approximiert. Diese Strategie wird im Falle einer Norm vom Typ L_2 auf $\mathbb{B}'$ als <u>Methode der kleinsten Quadrate</u> zur Lösung von (4.11) bezeichnet. Wie im endlichdimensionalen Fall, der klassischen linearen Ausgleichsrechnung, ist auch hier in der Regel die Auflösung von (4.9) mit dem RAYLEIGH-RITZ-GALERKIN-Verfahren dem Umweg über die GAUSSschen Normalgleichungen (4.11) vorzuziehen.

§ 5 Orthogonale Funktionen

<u>Bemerkung 5.1.</u>
Die Normalgleichungen (4.4) haben eine besonders einfache Form, wenn man dafür sorgt, daß die Basis $u_0, \ldots, u_n$ ein Orthonormalsystem ist; dann gilt

$$c_j = (u, u_j) \qquad (0 \le j \le n) \qquad (5.1)$$

für die Koeffizienten $c_0, \ldots, c_n$ der besten Approximation, und man kann bei Erhöhung der Dimension von $\mathbb{P}$ um 1 die bereits berechneten Werte $c_0, \ldots, c_n$ weiter verwenden. Mit (5.1) hat die beste Approximation $p \in \mathbb{P}$ von $u \in \mathbb{H}$ nämlich die einfache Darstellung

$$p = \sum_{j=1}^{n} (u, u_j) u_j \quad . \qquad (5.2)$$

Offenbar ist jedes $p \in \mathbb{P}$ gleich seiner besten Approximation. Die Abbildung von $\mathbb{H}$ in sich, welche jedem $u \in \mathbb{H}$ seine eindeutig bestimmte beste Approximation zuordnet, ist somit auf $\mathbb{P}$ gleich der Identität; sie wird im folgenden auch mit $\mathcal{P}$ bezeichnet;

$$\mathcal{P}u := \sum_{j=1}^{n} (u, u_j) u_j \quad . \qquad (5.3)$$

Sie erfüllt die charakteristische Relation einer <u>Projektion</u>:

$$\mathcal{P}u = p = \mathcal{P}p = \mathcal{P}(\mathcal{P}u) \quad , \quad \text{d.h.} \ \mathcal{P}^2 = \mathcal{P} \quad \text{(Idempotenz)} \ .$$

Mit Hilfe der Orthogonalitätsrelation (4.4) folgt

$$\|u\|^2 = \|u-\mathbb{P}u+\mathbb{P}u\|^2 = \|u-\mathbb{P}u\|^2 + \underset{=\,0}{2(u-\mathbb{P}u,\mathbb{P}u)} + \|\mathbb{P}u\|^2$$

$$= \|u-\mathbb{P}u\|^2 + \|\mathbb{P}u\|^2 . \tag{5.4}$$

Daher gelten die Abschätzungen

$$\|\mathbb{P}u\| \leq \|u\| \tag{5.5}$$

und

$$\|u-\mathbb{P}u\| \leq \|u\| , \tag{5.6}$$

d.h. die Operatoren $\mathbb{P}$ und $E-\mathbb{P}$ haben eine Operatornorm ≤ 1. Dabei sei E die Identität auf $\mathbb{H}$. Aus (5.5) und (5.3) folgt die BESSELsche Un-gleichung

$$\sum_{j=1}^{n} (u,u_j)^2 \leq \|u\|^2 . \tag{5.7}$$

Zusammengefaßt ergibt sich:

Satz 5.1.
Bilden $u_o,\ldots,u_n$ eine orthonormale Basis des $(n+1)$-dimensionalen Teil-raums $\mathbb{P}$ eines euklidischen Raumes $\mathbb{H}$, so ist zu jedem $u \in \mathbb{H}$ das Element

$$\mathbb{P}u := \sum_{j=o}^{n} (u,u_j)u_j \tag{5.8}$$

die eindeutig bestimmte beste Approximation von u bezüglich $\mathbb{P}$. $\blacksquare$

Beispiel 5.1.
Für stetige komplexwertige Funktionen auf dem Einheitskreisrand ist

$$(f,g) := \frac{1}{2\pi} \int_o^{2\pi} f(e^{it})\overline{g}(e^{it})dt$$

ein Skalarprodukt; es folgt für beliebige $j,k \in \mathbb{Z}$

$$(z^j, z^k) = \frac{1}{2\pi} \int_0^{2\pi} e^{i(j-k)t} dt = \begin{cases} 1 & \text{für } j=k \\ 0 & \text{für } j \neq k \end{cases},$$

d.h. die Monome z^j, $j \in \mathbb{Z}$, bilden ein Orthonormalsystem.

<u>Beispiel 5.2.</u>

Setzt man

$$\cos jt = \frac{1}{2}(e^{ijt} + e^{-ijt}), \quad \sin jt = \frac{1}{2i}(e^{ijt} - e^{-ijt})$$

für $t \in [0, 2\pi]$, so ergibt sich, daß die Funktionen

$$\frac{1}{\sqrt{2}}, \cos x, \sin x, \ldots, \cos nx, \sin nx, \ldots$$

orthonormal im Raum $C_{2\pi}$ der 2π-periodischen stetigen Funktionen auf $\mathbb{R}$ sind, wenn man das Skalarprodukt

$$(f,g) = \frac{1}{\pi} \int_0^{2\pi} f(t)g(t) \, dt \tag{5.9}$$

verwendet.

Zu gegebenem $f \in C_{2\pi}$ ist nach Satz 5.1 das trigonometrische Polynom

$$S_n(f) := \frac{a_0}{2} + \sum_{j=1}^{n} (a_j \cos jx + b_j \sin jx) \tag{5.10}$$

die beste Approximation zu f in $\mathcal{T}_n$ (vgl. Def. I.4.2) in der L_2-Norm

$$\|g\|_2^2 = \int_0^{2\pi} g^2(t) \, dt = \pi \cdot (g,g) \qquad (g \in C_{2\pi}), \tag{5.11}$$

wenn man

$$a_j = a_j(f) = \frac{1}{\pi} \int_0^{2\pi} f(t) \cos jt \, dt \qquad (0 \le j \le n)$$

$$\tag{5.12}$$

$$b_j = b_j(f) = \frac{1}{\pi} \int_0^{2\pi} f(t) \sin jt \, dt \qquad (1 \le j \le n)$$

setzt.

<u>Definition 5.1.</u>
Man bezeichnet $S_n(f)$ als n-te <u>FOURIER-Partialsumme</u> und die Zahlen a_j, b_j in (5.12) als <u>FOURIER-Koeffizienten</u> von f. ▲

Mit

$$c_j(f) = a_j(f) - ib_j(f)$$

$$c_{-j}(f) = a_j(f) + ib_j(f) \qquad (0 \leq j \leq n,\ b_o = 0) \qquad (5.13)$$

geht (5.12) über in

$$c_j(f) = \frac{1}{\pi} \int_0^{2\pi} f(t)e^{-ijt}dt \qquad (j \in \mathbb{Z}) \qquad (5.14)$$

sowie

$$S_n(f) = \frac{a_o}{2} + \sum_{j=1}^{n} \left(a_j \frac{e^{ijx}+e^{-ijx}}{2} + b_j \frac{e^{ijx}-e^{-ijx}}{2i} \right)$$

$$= \frac{a_o}{2} + \frac{1}{2} \sum_{j=1}^{n} \left((a_j-ib_j)e^{ijx} + (a_j+ib_j)e^{-ijx} \right) \qquad (5.15)$$

$$= \sum_{j=-n}^{+n} c_j(f)e^{ijx}\ .$$

Die Folge der komplexen Zahlen $c_j(f)$ für $j \in \mathbb{Z}$ bezeichnet man auch als <u>FOURIER-Transformierte</u> von f und schreibt

$$\hat{f}_j := c_j(f) \qquad (j \in \mathbb{Z})$$

sowie

$$\hat{f} = \left\{ \hat{f}_j \right\}_{j \in \mathbb{Z}} = \left\{ c_j(f) \right\}_{j \in \mathbb{Z}}\ .$$

<u>Bemerkung 5.2.</u>

Die Berechnung der FOURIER-Koeffizienten durch Näherungsverfahren nach
Kap. III ist wegen der Oszillationen der Integranden in (5.12) problematisch. Andererseits möchte man die Ähnlichkeit der Formeln (5.14)
zu denen der diskreten FOURIER-Analyse (vgl. I.4.16)

$$d_j^{(n)}(f) := \frac{1}{n} \sum_{k=o}^{n-1} f(\frac{2\pi k}{n}) \, e^{\frac{-ijk}{n}} \qquad\qquad (0 \le j \le \infty) \qquad\qquad (5.16)$$

ausnutzen und letztere mit Hilfe der schnellen FOURIER-Transformation
(Kap. I, §4) berechnen. Nach §7 klingen die FOURIER-Koeffizienten c_j
aus (5.14) für hinreichend glatte Funktionen mit wachsendem j sehr
schnell ab, was für die d_j aus (5.16) nicht zutrifft, denn letztere
haben stets die Periode n:

$$d_{j+n}^{(n)}(f) = \frac{1}{n} \sum_{k=o}^{n-1} f(\frac{2\pi k}{n}) \, e^{\frac{-ik(j+n)}{n}} = d_j^{(n)} \ .$$

Als Ausweg aus dieser Situation bietet sich an, daß man f zuerst durch
eine Näherung $P_n f$ ersetzt, die nur von den Daten $f(\frac{2\pi k}{n})$, $0 \le k < n$,
abhängt und dann die FOURIER-Koeffizienten $c_j(P_n f)$ von $P_n f$ durch die
$d_j^{(n)}(f)$ ausdrückt:

<u>Satz 5.2.</u>

Es sei $P_n: C_{2\pi} \to C_{2\pi}$ eine lineare Abbildung mit der <u>Translationsin-</u>
<u>varianzeigenschaft</u>

$$(P_n f^*) = (P_n f)(.-h), \quad \text{falls } f^* = f(.-h) \quad \text{für } h = \frac{2\pi}{n} \, ,$$

die nur von den Daten

$$T_n \, f \ := (f(O),f(h),\ldots,f((n-1)h)'$$

abhängt, d.h.

$$P_n(f) = O \qquad\qquad \forall f \in C_{2\pi} \text{ mit } T_n(f) = O \ . \qquad\qquad (5.17)$$

Dann gibt es von f unabhängige <u>Abminderungsfaktoren</u> $\tau_j^{(n)}$ mit

$$c_j(P_nf) = \tau_j^{(n)} \cdot d_j^{(n)}(f) \, ,$$

die im Beweis explizit konstruiert werden.

<u>Beweis:</u>

Sei $g_0 \in C_{2\pi}$ eine Funktion mit $T_ng_0 = (1,0,\ldots,0)'$ und $g_j(x) := g_{j-1}(x-h)$ für $1 \leq j < n$. Sei $p = p_0 = P_ng_0$ und $p_j = P_ng_j$. Offenbar gilt wegen der Translationsinvarianz

$$p_j(x) = (P_ng_j)(x) = (P_ng_{j-1})(x-h) = p_{j-1}(x-h),$$

also $p_j(x) = p(x-jh)$ und wegen der Periodizität von p hat man

$$p_j(kh) = p((k-j)h) = \delta_{jk} \quad \text{für} \quad 0 \leq j < n, \; 0 \leq k \leq n.$$

Damit folgt

$$T_n\left(\sum_{j=0}^{n-1} f(jh) \cdot g_j\right) = \sum_{j=0}^{n-1} f(jh) \cdot \underbrace{T_ng_j}_{= e_j} = T_nf$$

für jedes $f \in C_{2\pi}$ und mit (5.17) analog

$$P_nf(x) = P_n\left(\sum_{j=0}^{n-1} f(jh) \cdot g_j\right)(x) = \sum_{j=0}^{n-1} f(jh) \cdot (P_ng_j)(x)$$

$$= \sum_{j=0}^{n-1} f(jh) \cdot p_j(x) = \sum_{j=0}^{n-1} f(jh) \cdot p(x-jh).$$

Mit dieser Darstellungsform für P_nf kann man die FOURIER-Koeffizienten von P_nf ausrechnen:

$$c_j(P_n f) = \frac{1}{\pi} \int_0^{2\pi} (P_n f)(t)\, e^{-ijt} dt$$

$$= \sum_{k=0}^{n-1} f(kh)\, \frac{1}{\pi} \int_0^{2\pi} p(t-kh)\, e^{-ijt} dt$$

$$= \sum_{k=0}^{n-1} f(kh)\, \frac{1}{\pi} \int_{-kh}^{2\pi-kh} p(s)\, e^{-ijs}\, e^{-ijkh} ds$$

$$= \sum_{k=0}^{n-1} f(kh)\, e^{-ijkh}\, \frac{1}{\pi} \int_0^{2\pi} p(s)\, e^{-ijs} ds$$

$$= n \cdot d_j^{(n)}(f) \cdot c_j(p) \qquad\qquad (0 \le j < \infty).$$

Somit ergeben sich die Abminderungsfaktoren

$$\tau_j^{(n)} := n \cdot c_j(p) \tag{5.18}$$

als Vielfache der FOURIER-Koeffizienten von p. ∎

Beispiel 5.3.

Ist Pf durch den Polygonzug definiert, der die Punkte $(kh, f(kh))$, $h = \frac{2\pi}{n}$, verbindet, so hat man p gemäß der Skizze zu konstruieren:

Abb. 5.1

Durch partielle Integration berechnet man die FOURIER-Koeffizienten

$$c_j(p) = \frac{1}{\pi} \int_0^{2\pi} p(x)\, e^{-ijx} dx$$

$$= \frac{1}{\pi} \cdot 2 \cdot \int_0^h (1 - \frac{x}{h}) \cos jx\, dx + 0$$

$$= \frac{n}{\pi^2 j^2} \sin^2 \frac{\pi j}{n} \qquad\qquad (j > 0)$$

und es folgt

$$c_0(p) = \frac{1}{\pi} \cdot \frac{2\pi}{n} = \frac{2}{n} \quad .$$

Nach (5.18) führt dies zu Abminderungsfaktoren, die das asymptotische
Verhalten

$$\tau_j^{(n)} = 0(\frac{1}{j^2}) \qquad\qquad \text{für } j \to \infty \text{ bei festem } n$$

haben.

<u>Beispiel 5.4.</u>
Es sei I ein reelles Intervall. Im Raum C(I) der stetigen Funktionen
auf I kann man ein Skalarprodukt durch

$$(f,g)_w := \int_I f(t)g(t)w(t)dt \qquad\qquad (f,g \in C(I)) \qquad\qquad (5.19)$$

mit einer im Inneren von I stetigen und positiven Gewichtsfunktion w
einführen.

Zwei bezüglich des obigen Skalarprodukts orthogonale Funktionen
f,g ∈ C(I) werden im folgenden als <u>w-orthogonal</u> bezeichnet.

Will man ein f ∈ C(I) durch Polynome höchstens n-ten Grades approximieren, so empfiehlt es sich nach Bemerkung 5.1, im Raum $\mathcal{P}_n$ zur
Basis der w-orthogonalen Polynome überzugehen.

<u>Satz 5.3.</u>

Es sei $g \in C(I)$ w-orthogonal zum Raum $\mathcal{P}_n$ der Polynome vom Grad $\leq n$.
Dann verschwindet g identisch oder g hat mindestens n+1 Nullstellen
mit Vorzeichenwechsel.

<u>Beweis:</u>

Es werde angenommen, g habe nur $k \leq n$ Nullstellen $z_1 < z_2 < \ldots < z_k$ in
I mit Vorzeichenwechsel. Mit

$$P(t) := \prod_{j=1}^{k} (t-z_j)$$

ist dann $g(t) \cdot P(t)$ in allen Teilintervallen
$(a,z_1),(z_1,z_2),\ldots,(z_{k-1},z_k),(z_k,b)$ von Null verschieden und hat stets
gleiches Vorzeichen, so daß das Skalarprodukt

$$(g,P)_w = \int_I g(t)P(t)w(t)dt$$

nicht verschwinden kann, im Widerspruch zur Annahme.

Somit muß g identisch verschwinden oder mindestens n+1 Nullstellen
mit Vorzeichenwechsel haben. ∎

<u>Folgerungen aus Satz 5.3.</u>

1) Es sei $f \in C(I)$, und $P_n \in \mathcal{P}_n$ sei die beste Approximation von f
   bezüglich $\mathcal{P}_n$. Dann ist nach (4.2) die Fehlerfunktion $f-P_n$
   w-orthogonal zu $\mathcal{P}_n$. folglich hat $f-P_n$ mindestens n+1 Nullstellen
   in I.

   Man könnte also P_n durch Interpolation von f in n+1 Punkten bestimmen, wenn man die Interpolationspunkte kennen würde.

2) Ist $Q \in \mathcal{P}_{n+1}$ w-orthogonal zu $\mathcal{P}_n$, so hat Q notwendig die Form

$$Q(t) = c \cdot \prod_{j=0}^{n} (t-z_j)$$

   mit $c \in \mathbb{R}$ und n+1 paarweise verschiedenen Punkten $z_0,\ldots,z_n \in I$;
   entweder gilt $Q = 0$ oder $\partial Q = n+1$.

Die Konstruktion einer Folge von Polynomen $P_j \in \mathcal{P}_j$ mit $\partial P_j = j$ der Eigenschaft

$$P_j \quad \text{w-orthogonal zu} \quad \mathcal{P}_{j-1} \qquad \forall \, j \in \mathbb{N}$$

läßt sich beispielsweise durch das Orthogonalisierungsverfahren von E. SCHMIDT durchführen, was allerdings wegen numerischer Instabilität nicht für die praktische Berechnung empfohlen werden kann; es ist günstiger, den folgenden Satz anzuwenden.

Satz 5.4.

Die bezüglich einer Gewichtsfunktion $w(t)$ paarweise orthogonalen und nicht identisch verschwindenen Polynome $P_0, P_1, \ldots$ genügen einer Rekursionsformel der Form

$$P_{n+1}(x) = (a_{n+1}x + b_{n+1})P_n(x) - c_{n+1}P_{n-1}(x) \tag{5.20}$$

mit Koeffizienten $a_{n+1}, b_{n+1}, c_{n+1} \in \mathbb{R}$ und es gilt

$$a_{n+1} = c_{n+1}\, a_n\, \frac{\|P_{n-1}\|^2}{\|P_n\|^2} \qquad \text{für } n \in \mathbb{N}. \tag{5.21}$$

Beweis:

Da $x \cdot P_n(x)$ in $\mathcal{P}_{n+1}$ liegt, hat man eine Darstellung

$$x \cdot P_n(x) = \sum_{j=0}^{n+1} c_j^* \cdot P_j(x)$$

und wegen der w-Orthogonalität der Polynome P_j untereinander sowie von P_n und $t \cdot P_j$ für $j < n-1$ gilt:

$$0 = \int_I P_n(t)(tP_j(t))w(t)dt = \int_I tP_n(t)P_j(t)w(t)dt = c_j \int_I P_j^2(t)w(t)dt,$$

d.h. $x \cdot P_n(x)$ ist Linearkombination von $P_{n-1}(x), P_n(x)$ und $P_{n+1}(x)$. Dadurch ergibt sich der erste Teil der Behauptung.

124

Nach Folgerung 2) aus Satz 5.3 ist $\partial P_{n+1} = n+1$, also $a_{n+1} \neq 0$
für $n=0,1,\ldots$. Geht man von (5.20) mit n ersetzt durch n-1 aus,
multipliziert mit $a_{n+1}P_n$, integriert, berücksichtigt die Orthogonalität der P_j und nochmals (5.20), so folgt

$$a_{n+1} \int_I P_n^2(t) \, dt = a_{n+1} \int_I P_n(t) \cdot (a_n t \cdot P_{n-1}(t)) \, dt$$

$$= a_n \int_I P_{n-1}(t)(a_{n+1} t \cdot P_n(t)) \, dt$$

$$= a_n \cdot c_{n+1} \cdot \|P_{n-1}\|^2 . \qquad \blacksquare$$

Beispiel 5.5. (<u>LEGENDRE-Polynome</u>)
Betrachtet werde das Intervall $[-1,+1]$ und die Gewichtsfunktion
$w(x) = 1$. Man erhält die folgenden Polynome $P_m(x)$:

$$P_0(x) = 1 \qquad\qquad\qquad \text{Nullstellen von } P_m$$

$$P_1(x) = x \qquad\qquad\qquad\qquad 0$$

$$P_2(x) = x^2 - \frac{1}{3} \qquad\qquad\qquad \pm\sqrt{\frac{1}{3}}$$

$$P_3(x) = x^3 - \frac{3}{5}x \qquad\qquad\qquad \pm\sqrt{\frac{3}{5}} \, , \, 0$$

$$P_4(x) = x^4 - \frac{6}{7}x^2 + \frac{3}{35} \qquad\qquad \pm\sqrt{\frac{3}{7} \pm \frac{1}{7}\sqrt{\frac{24}{5}}} \, .$$

$$\vdots$$

$$P_n(x) = \frac{d^n}{dx^n}((x^2-1)^n)\,\frac{n!}{(2n)!} = \frac{(n!)^3}{(2n)!}\frac{d^n}{dx^n}\left[\frac{(x-1)^n}{n!} \cdot \frac{(x+1)^n}{n!}\right]$$

$$\text{(RODRIGUEZ-Formel)}.$$

Daraus entnimmt man

$$P_n(1) = \frac{(n!)^2}{(2n)!}\, 2^n, \qquad P_n(-1) = P_n(1)\cdot(-1)^n$$

und die Rekursionsformel (5.20) muß wegen dieser Gleichungen und der
Normierung des höchsten Koeffizienten die Form

$$P_{n+1}(x) = x\,P_n(x) - \frac{n^2}{4n^2-1}\,P_{n-1}(x) \qquad\qquad (n \geq 1)$$

haben. Aus (5.21) folgt dann induktiv

$$\|P_n\|^2 = \frac{4n^4}{(2n+1)\,2n\cdot 2n\cdot(2n-1)} \|P_{n-1}\|^2 = \frac{4^n(n!)^4}{(2n+1)!\,(2n)!}\cdot 2\,. \qquad (5.22)$$

Beispiel 5.6.

Man kann auch unendliche Intervalle zulassen:

a) die <u>HERMITEschen Polynome</u> sind orthogonal bezüglich $w(x) = e^{-x^2}$ in $(-\infty,+\infty)$;

b) die <u>LAGUERREschen Polynome</u> sind orthogonal bezüglich $w(x) = e^{-x}$ in $[0,\infty)$.

Beispiel 5.7. (<u>TSCHEBYSCHEFF-Polynome</u>)

Man kann auch die in $(-1,+1)$ stetige Gewichtsfunktion $w(x) = 1/\sqrt{1-x^2}$ und das Intervall $I := [-1,+1]$ betrachten.

Zur Berechnung von

$$\int\limits_{-1}^{+1} f(x)\,\frac{dx}{\sqrt{1-x^2}}$$

setzt man $x = \cos\vartheta$, $\vartheta \in [0,\pi]$. Es folgt

$$\int\limits_{-1}^{+1} f(x)\,\frac{dx}{\sqrt{1-x^2}} = \int\limits_0^\pi f(\cos\vartheta)\,\frac{\sin\vartheta\,d\vartheta}{\sqrt{1-\cos^2\vartheta}} = \int\limits_0^\pi f(\cos\vartheta)\,d\vartheta\,.$$

Als zu $\mathcal{P}_{n-1}$ w-orthogonales Polynom T_n ergibt sich

$$T_n(x) = \cos n\,(\text{arc}\cos x) = \cos n\,\vartheta\,, \qquad (5.23)$$

da

$$\delta_{jk} = 2\cdot\frac{1}{\pi}\int\limits_0^\pi \cos jt\,\cos kt\,dt \qquad\qquad (1 \le j \le k < \infty) \qquad (5.24)$$

gilt und $\cos nt$ wegen

$$\cos(n+1)t = 2\cos t\,\cos nt - \cos(n-1)t$$

ein Polynom n-ten Grades in $\cos t$ ist. Somit hat $T_n(x)$ die Rekursions-formel

$$T_{n+1}(x) = 2x\, T_n(x) - T_{n-1}(x).$$

(5.25)

Aus $T_0(x) = 1$, $T_1(x) = x$ und der Rekursionsformel (5.25) folgt

$$HK(T_n) = 2^{n-1}$$

(5.26)

für den höchsten Koeffizienten von $T_n(x)$.

Die Nullstellen von $T_n(x)$ sind

$$x_j^{(n)} = \cos \vartheta_j^{(n)} = \cos \left(\frac{\pi}{2n} + j\,\frac{\pi}{n}\right) \qquad (0 \le j \le n-1).$$

(5.27)

Ferner hat T_n genau $n+1$ Extrema vom Betrage 1 in den Punkten

$$y_j := \cos \left(\frac{j}{n} \cdot \pi\right) \qquad (0 \le j \le n)$$

(5.28)

und es folgt analog zum Beweis des Satzes I.3.1, daß
nur das TSCHEBYSCHEFF-Polynom T_n die Eigenschaften

$$|T_n(x)| \le 1 \qquad \qquad \forall\, x \in I$$

$$T_n(1) = 1$$

unter allen Polynomen aus $\mathcal{P}_n$ besitzt. Da sich Nullstellen und Extrema
von T_n für große n zum Rand des Intervalls hin verdichten, erhält man
große Werte für $T_n'(x)$ am Rand; es gilt beispielsweise

$$|T_n'(1)| = n^2 .$$

Durch

$$U_n(x) := \frac{1}{n+1}\,\frac{d}{dx}\,T_{n+1}(x) \qquad (n=0,1,2,\ldots)$$

werden die <u>TSCHEBYSCHEFF-Polynome 2. Art</u> definiert; sie genügen in I
derselben Rekursionsformel (5.25)

$$U_{n+1}(x) = 2x U_n(x) - U_{n-1}(x) \qquad (n \ge 1)$$

wie die TSCHEBYSCHEFF-Polynome erster Art.

Wegen ihrer guten numerischen Eigenschaften sollte man beim Rechnen mit Polynomen als Basis Orthogonalpolynome statt der Monome x^j in Betracht ziehen. Die Rekursionsformeln (5.20) erlauben dabei oft ein fast ebenso einfaches Arbeiten, was im Spezialfall der für endliche Intervalle empfehlenswerten TSCHEBYSCHEFF-Polynome gezeigt werden soll:

<u>Satz 5.5.</u>

Es gelten die Formeln

$$T_{m+n}(x) = 2T_m(x) \cdot T_n(x) + T_{|m-n|}(x) \qquad (m,n \in \mathbb{N}_o) \qquad (5.29)$$

und

$$2 \int\limits^{x} T_n(t)\,dt = \frac{T_{n+1}(x)}{n+1} - \frac{T_{n-1}(x)}{n-1} + const \quad (n > 1). \qquad (5.30)$$

Die Darstellung

$$P_n(x) = \frac{a_o}{2} + \sum_{j=1}^{n} a_j T_j(x) =: {\sum_{j=o}^{n}}' a_j T_j(x) \qquad (5.31)$$

eines Polynoms führt zu den Rekursionsformeln

$$b_{n+1} := b_{n+2} := 0$$

$$b_k := 2x b_{k+1} - b_{k+2} + a_k \qquad (k=n,n-1,\dots,0) \qquad (5.32)$$

zur Berechnung von

$$P_n(x) = \frac{b_o - b_2}{2} \qquad \text{(verallgemeinertes HORNERschema)}$$

sowie mit $a_{n+1} := a_{n+2} := 0$ zu

$$c_j := (a_{j-1} - a_{j+1})/2j \qquad (1 \leq j \leq n+1) \qquad (5.33)$$

für

$$\int\limits^{x} P_n(t)\,dt = const + \sum_{j=1}^{n+1} c_j T_j(x) \qquad (5.34)$$

128

und

$$d_n := d_{n+1} := 0$$

$$d_j := d_{j+2} + 2(j+1)a_{j+1} \qquad (j=n-1,n-2,\ldots,0)$$

(5.35)

für

$$P_n'(x) = \sum_{j=0}^{n-1}{}' d_j T_j(x).$$

(5.36)

Ferner gilt für ein beliebiges

$$Q_m(x) = \sum_{i=0}^{m}{}' b_i T_i(x)$$

(5.37)

und für

$$P_n(x) \cdot Q_m(x) = \sum_{k=0}^{n+m}{}' c_k T_k(x)$$

die Formel

$$2c_k = \sum_{j=0}^{k} a_j b_{k-j} + \sum_{j=k+1}^{n} a_j b_{j-k} + \sum_{i=k+1}^{m} a_{i-k} b_i \qquad (k \geq 1)$$

(5.38)

$$2c_0 = a_0 b_0 + 2 \sum_{j=0}^{\min(n,m)} a_j b_j \ .$$

<u>Beweis:</u>
Aus (5.32) folgt

$$P_n(x) = \frac{a_0}{2} + \sum_{j=1}^{n} (b_j - 2xb_{j+1} + b_{j+2}) T_j(x)$$

$$= \frac{1}{2}(b_0 - 2xb_1 + b_2) + \sum_{j=2}^{n} b_j \underbrace{(T_j(x) - 2xT_{j-1}(x) + T_{j-2}(x))}_{= 0}$$

$$+ b_1 T_1(x) - b_2 T_0(x)$$

$$= \frac{b_0 - b_2}{2} \ .$$

Ferner ergibt sich (5.30) aus

$$T_n'(x) = \frac{d}{d\varphi}(\cos n\varphi)\,\frac{d\varphi}{dx} \qquad\qquad (\text{ für } x=\cos\varphi)$$

$$= n\,\frac{\sin n\varphi}{\sin\varphi}$$

und

$$\frac{T_{n+1}'(x)}{n+1} - \frac{T_{n-1}'(x)}{n-1} = (\sin(n+1)\varphi - \sin(n-1)\varphi)/\sin\varphi$$

$$= 2\cos n\varphi = 2T_n(x)$$

$$= U_{n+1}(x) - U_{n-1}(x)\ .$$

Also gilt mit (5.33) die Gleichung (5.34) wegen

$$2\int\limits^x P_n(t)\,dt$$

$$= a_o T_1(x) + \frac{a_1}{2}\,T_2(x) + \sum_{j=2}^{n} a_j\left(\frac{T_{j+1}(x)}{j+1} - \frac{T_{j-1}(x)}{j-1}\right) + \text{const}$$

$$= \sum_{j=1}^{n+1} (a_{j-1}-a_{j+1})\cdot\frac{T_j(x)}{j} + \text{const}$$

mit $T_1' = T_o$ und $T_2' = 4T_1$. Da (5.35) die Umkehrung der Rekursion
(5.33) darstellt, muß auch (5.36) gelten. Die Formel (5.29) ist für
$m \geq n$ gleichbedeutend mit

$$\cos(m+n)\varphi + \cos(m-n)\varphi = 2\cos m\varphi\cos n\varphi$$

und (5.38) ergibt sich durch Ausmultiplizieren der Darstellungen
(5.31) und (5.37), Einsetzen von (5.29) und Zusammenfassen. ∎

Bemerkung 5.3.
1) Die Formel (5.32) ersetzt das HORNERschema für die Basis x^j.
   Wie in den übrigen Formeln ist der Mehraufwand gegenüber den her-
   kömmlichen Rechnungen gering; es treten lediglich zusätzliche
   Additionen/Subtraktionen bzw. eine Multiplikation/Division mit 2

130

auf.

2) Wie sich in §7 zeigen wird, lassen sich glatte Funktionen f auf
[-1,+1] in Reihen

$$f(x) = \sum_{n=o}^{\infty}{}' a_n T_n(x) \tag{5.39}$$

entwickeln, bei denen die Koeffizienten a_n mit wachsendem n rasch
abfallen. Dies wirkt sich bei der Durchrechnung von (5.32) günstig
aus, da mit kleinen Zahlen begonnen wird. Dieser Effekt ist bei
anderer Basiswahl nicht gesichert.

3) Die näherungsweise Berechnung von Koeffizienten einer Reihe (5.39)
kann äußerst effizient durch Benutzung der Methoden zur numerischen
FOURIER-Transformation erfolgen. Es gilt nämlich

$$\begin{aligned}
(f,T_j)_w &= \int_{-1}^{+1} f(x)T_j(x) \; \frac{dx}{\sqrt{1-x^2}} \\[2ex]
&= \int_o^{\pi} \underbrace{f(\cos \varphi)}_{=:\tilde{f}(\varphi)} \cos j\varphi \; d\varphi \\[2ex]
&= \frac{\pi}{2} \frac{1}{\pi} \int_o^{2\pi} \tilde{f}(\varphi) \cos j\varphi \; d\varphi \\[2ex]
&= \frac{\pi}{2} a_j(\tilde{f}) = \frac{\pi}{2} c_j(\tilde{f}) \; .
\end{aligned} \tag{5.40}$$

Wegen der Orthogonalität der TSCHEBYSCHEFF-Polynome (vgl. (5.24))
sind also die Entwicklungskoeffizienten a_n in (5.39) aus

$$(f,T_n)_w = a_n(T_n,T_n)_w = \frac{\pi}{2} a_n \qquad (n \geq 1)$$

bzw.

$$(f,T_o)_w = \frac{1}{2} a_o(T_o,T_o)_w = \frac{\pi}{2} a_o$$

zu gewinnen. Damit folgt statt (5.8) die Formel

$$\mathcal{P} f = \frac{2}{\pi} \sum_{j=o}^{n} (f,T_j)_w \, T_j = \sum_{j=o}^{n} c_j(\tilde{f}) T_j \ ,$$

d.h. die Entwicklungskoeffizienten von f(x) nach TSCHEBYSCHEFF-
Polynomen sind genau die FOURIER-Koeffizienten der Funktion
$\tilde{f}(\varphi)$ = f(cos φ). Somit sind die schnelle FOURIER-Transformation
und die Methode der Abminderungsfaktoren (Satz 5.2) auch hier
anwendbar.

§ 6 Der Satz von WEIERSTRASS

Die Resultate des vorigen Paragraphen führten zu Approximationen
der Form

$$f(x) \approx \sum_{j=o}^{n} (f,u_j)u_j(x) \qquad\qquad (6.1)$$

mit einem Orthonormalsystem $\{u_j\}_{j\geq o}$ in einem euklidischen Raum $\mathbb{H}$.
Daran schließt sich auf natürliche Weise die Frage an, unter welchen
Umständen man in (6.1) den Grenzübergang $n \to \infty$ durchführen kann und
in welchem Sinne die Reihe gegebenenfalls gegen f konvergiert.

Die wichtigsten Spezialfälle von (6.1) sind durch Approximationen mit
algebraischen bzw. trigonometrischen Polynomen gegeben; man wird daher zunächst zu klären versuchen, ob jede Funktion f überhaupt durch
algebraische oder trigonometrische Funktionen beliebig gut approximier-
bar ist und ob durch Orthogonalreihen solche Approximationen reali-
sierbar sind. Der erste Teil des Problems wird durch den Satz von
WEIERSTRASS in diesem Abschnitt positiv beantwortet, während der
zweite Teil Gegenstand des §7 ist.

Satz 6.1 (WEIERSTRASS)
Zu jedem $f \in C(I)$ mit $I = [a,b] \subset \mathbb{R}$ und jedem $\varepsilon > 0$ gibt es ein
algebraisches Polynom p mit

$$\| f-p \|_{\infty,I} \leq \varepsilon \ . \qquad\qquad (6.2)$$

Der <u>Beweis</u> dieses Satzes stützt sich auf eine einfache geometrische
Vorüberlegung:

132

Jedes $f \in C(I)$, $I = [a,b]$,
ist auf I gleichmäßig
stetig, d.h. zu jedem $\varepsilon > 0$
gibt es ein $\delta > 0$ mit

$$(6.3) \qquad |f(x)-f(y)| < \frac{\varepsilon}{2}$$

für alle $x,y \in I$ mit
$|x-y| < \delta$. Dann kann man
$f(x)$ in einem Intervall
der Länge 2δ um einen <u>fe-</u>
<u>sten</u> Punkt $t \in I$ gemäß der
nebenstehenden Skizze zwischen zwei Parabeln ein-
schließen:

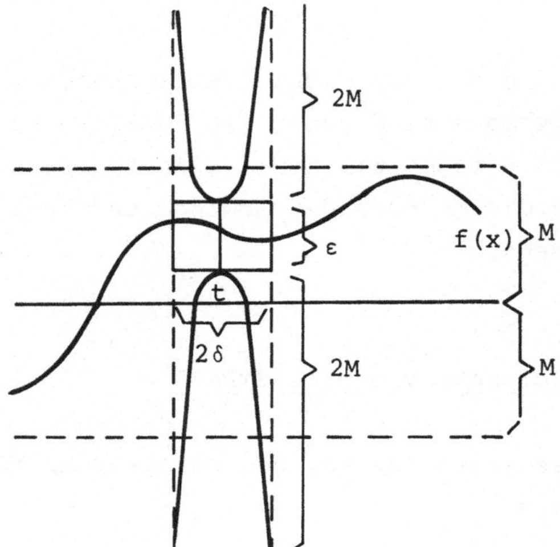

$$-2M\left(\frac{x-t}{\delta}\right)^2 - \frac{\varepsilon}{2} + f(t) \;\leq\; f(x) \;\leq\; f(t) + \frac{\varepsilon}{2} + 2M\left(\frac{x-t}{\delta}\right)^2 \qquad (6.4)$$

$$\underbrace{\qquad\qquad\qquad\qquad}_{p_{\ell,t}(x)} \;\leq\; f(x) \;\leq\; \underbrace{\qquad\qquad\qquad}_{p_{r,t}(x)}$$

$$(|x-t| \leq \delta),$$

wobei $M = \|f\|_{\infty,I}$ gesetzt sei und x als Variable anzusehen ist. Ange-
nommen, eine solche Einschließung ließe sich näherungsweise auch für
eine Approximation p_f von f erzielen:

$$-\frac{\varepsilon}{2} + p_{\ell,t}(x) \;\leq\; p_f(x) \;\leq\; p_{r,t}(x) + \frac{\varepsilon}{2} \;; \qquad (6.5)$$

dann könnte man nachträglich wieder $x = t$ setzen und erhielte die
Behauptung

$$-\varepsilon + f(t) \;\leq\; p_f(t) \;\leq\; f(t) + \varepsilon$$

des Satzes von WEIERSTRASS.

Schreibt man das Ersetzen von f durch p_f als Bild einer linearen
Abbildung K_n von $C(I)$ in sich, so müßte die Anwendung von K_n auf
(6.4) für hinreichend großes n gerade (6.5) liefern. Also müßte
K_n die Ungleichung erhalten und Parabeln im wesentlichen auf sich

abbilden. Dies wird genauer beschrieben durch die Forderungen:

Für jedes Paar $g,h \in C(I)$ mit $g(x) \leq h(x)$ für alle $x \in I$ gilt

$$(K_n g)(x) \leq (K_n h)(x) \qquad (x \in I) \qquad \underline{\text{(Monotonie)}}$$

und

$$\|K_n x^j - x^j\|_{\infty, I} \to 0 \qquad \text{für } n \to \infty \quad \text{und } j=0,1 \text{ und } 2. \qquad (6.6)$$

Beispielsweise gilt für die Parabel $p_{r,t}(x)$ dann

$$K_n(p_{r,t})(x) - p_{r,t}(x)$$

$$= K_n(f(t) + \frac{\varepsilon}{2} + 2\frac{M}{\delta^2}(x^2 - 2tx + t^2)) - p_{r,t}(x)$$

$$= (K_n(1)-1) \cdot (f(t) + \frac{\varepsilon}{2} + 2\frac{M}{\delta^2}t^2) + (K_n(x)-x) \cdot (-4t\frac{M}{\delta^2})$$

$$+ (K_n(x^2)-x^2) \cdot (2\frac{M}{\delta^2}) \ .$$

Die Faktoren bei $K_n(x^j)-x^j$ sind unabhängig von t durch eine gemeinsame positive Konstante L betragsmäßig nach oben abschätzbar; es folgt

$$|K_n(p_{r,t}(x)) - p_{r,t}(x)| \leq L \sum_{j=o}^{2} |K_n(x^j)-x^j| \ , \qquad (6.7)$$

und wählt man aufgrund von (6.6) den Index n so groß, daß

$$\|K_n x^j - x^j\|_{\infty, I} \leq \frac{\varepsilon}{6L} \qquad \text{für } j=0,1,2 \qquad (6.8)$$

gilt, so hat man wegen (6.7) gerade

$$\|K_n(p_{r,t}) - p_{r,t}\|_{\infty, I} \leq \frac{\varepsilon}{2}$$

unabhängig von t. Da Entsprechendes auch für $p_{\ell,t}$ gilt, geht somit (6.5) aus (6.4) durch Anwendung der linearen Abbildung K_n hervor.

Insgesamt ist eine allgemeinere Aussage bewiesen worden:

<u>Satz 6.2.</u> (KOROVKIN)

Es sei $\{K_n\}$ eine Folge monotoner linearer Abbildungen von $C(I)$ in sich und es gelte (6.6). Dann folgt

$$\|K_n f-f\|_{\infty,I} \to 0 \qquad \text{für } n \to \infty$$

und jedes $f \in C(I)$. $\blacksquare$

Es bleibt zum Beweis des Satzes von WEIERSTRASS noch die Aufgabe, spezielle monotone lineare Abbildungen mit Werten im Raum der Polynome anzugeben:

<u>Satz 6.3.</u>

Der Operator $B_n : C[0,1] \to \mathcal{P}_n$ mit

$$B_n f := \sum_{j=0}^{n} \binom{n}{j} \ f(\tfrac{j}{n}) \ x^j \ (1-x)^{n-j} \ ,$$

dessen Bild $B_n f$ das n-te <u>BERNSTEIN-Polynom</u> zur Funktion f heißt, ist ein linearer, monotoner Operator und bildet die Funktionen $f_j(x) = x^j$, $j=0,1$, auf sich ab, und es gilt $\|B_n x^2 - x^2\|_{\infty} \to 0$ für $n \to \infty$.

<u>Bemerkung 6.1.</u>

Da man jedes Intervall I mitsamt dem Funktionenraum $C(I)$ durch eine lineare Abbildung in das Intervall $[0,1]$ transformieren kann, ist mit der Existenz einer Folge von Operatoren, die die Voraussetzungen von Satz 6.2 erfüllen, der Approximationssatz 6.1 von WEIERSTRASS nachgewiesen.

<u>Beweis von Satz 6.3.</u>

Die Monotonie und die Linearität der Operatoren B_n sind trivial. Für $(B_n 1)(x)$ folgt

$$(B_n 1)(x) = \sum_{j=0}^{n} \binom{n}{j} x^j (1-x)^{n-j} = ((1-x)+x)^n = 1$$

und für $(B_n x)(x)$ ergibt sich

$$(B_n x)(x) = \sum_{j=0}^{n} \frac{j}{n} \binom{n}{j} \ x^j (1-x)^{n-j} = x \sum_{j=1}^{n} \binom{n-1}{j-1} x^{j-1} (1-x)^{n-j}$$

$$= x((1-x)+x)^{n-1} = x.$$

Zur Berechnung von $B_n x^2$ beachte man

$$\frac{j^2}{n^2} = \frac{j(j-1)}{n(n-1)} \, (1 - \frac{1}{n}) + \frac{1}{n^2} \quad \text{und} \quad \binom{n}{j} \, \frac{j(j-1)}{n(n-1)} = \binom{n-2}{j-2}.$$

Damit folgt

$$(B_n x^2)(x) = \sum_{j=0}^{n} \binom{n}{j} \, \frac{j^2}{n^2} \, x^j (1-x)^{n-j}$$

$$= x^2 (1- \frac{1}{n}) \sum_{j=2}^{n} \binom{n-2}{j-2} x^{j-2} (1-x)^{n-j} + \frac{x}{n} \sum_{j=1}^{n} \binom{n-1}{j-1} x^{j-1} (1-x)^{n-j}$$

$$= (x^2 - \frac{x^2}{n}) \, ((1-x)+x)^{n-2} + \frac{x}{n}$$

$$= x^2 - \frac{x^2}{n} + \frac{x}{n} \, ,$$

woraus für $n \to \infty$ mit $|x| \leq 1$ die Behauptung ersichtlich ist. $\blacksquare$

<u>Bemerkung 6.2.</u>
Man kann für eine Funktion $f \in C^{(k)}(I)$ die Ableitungen $f', \ldots, f^{(k)}$
simultan approximieren, indem man zu gegebenem $\varepsilon > 0$ die Ableitung
$f^{(k)}$ bis auf $\varepsilon/(b-a)^k$ genau approximiert; durch k-malige Integration
des erhaltenen Interpolationspolynoms erhält man dann eine bis auf ε
genaue Approximation von $f(x)$. *

<u>Bemerkung 6.3.</u>
Ist $f \in C[-1,+1]$ eine gerade bzw. ungerade Funktion und ist P ein
Approximationspolynom, das f gleichmäßig bis auf ε approximiert, so
ist $\frac{1}{2}(P(x)\pm P(-x))$ ein gerades bzw. ungerades Polynom, das $f(x)$
ebenfalls bis auf ε approximiert, denn es gilt

$$f(x) - \frac{1}{2}(P(x) \pm P(-x)) = \frac{1}{2}(f(x) - P(x)) \pm \frac{1}{2}(f(-x) - P(-x)).$$

Man kann also gerade Funktionen durch gerade Polynome und ungerade
Funktionen durch ungerade Polynome beliebig gut approximieren. Damit
kann auch der trigonometrische Fall des Approximationssatzes von
WEIERSTRASS bewiesen werden:

<u>Satz 6.4.</u>

Jede Funktion $f \in C_{2\pi}$ läßt sich beliebig gut durch trigonometrische
Polynome approximieren.

<u>Beweis:</u>

Es sei $f \in C_{2\pi}$ gegeben. Dann ist

$$f^*(\varphi) \; := \; \tfrac{1}{2}[f(\varphi) + f(-\varphi)] \text{ eine gerade Funktion und}$$

$$f^{**}(\varphi) \; := \; \tfrac{1}{2}[f(\varphi) - f(-\varphi)] \text{ ist eine ungerade Funktion.}$$

Durch die Transformation $x := \cos \varphi$ kann man die eindeutige Funktion
$g^*(x) := f^*(\arccos x)$ für $x \in [-1,+1]$ definieren. Approximiert man
zu gegebenem $\varepsilon > 0$ die Funktion g^* in $[-1,+1]$ durch ein Polynom P^*
bis auf $\varepsilon/3$, so hat man in $T^*(\varphi) := P^*(\cos \varphi)$ ein trigonometrisches
Polynom, das f^* in $\mathbb{R}$ bis auf $\varepsilon/3$ genau approximiert. Die Funktion
$f^{**}(\varphi)$ kann man jeweils in einem kleinen, um 0, $\underline{+}\pi,\ldots$ symmetrischen
Intervall durch Geradenstücke ersetzen, so daß eine ungerade steti-
ge Funktion $\tilde{f}(\varphi)$ entsteht, die sich von $f^{**}(\varphi)$ nirgends um mehr als
$\varepsilon/3$ unterscheidet und in 0, $\underline{+}\pi,\ldots$ differenzierbar ist.
Die Funktion $\dfrac{\tilde{f}(\varphi)}{\sin \varphi}$ ist dann stetig, gerade und kann wie vorher durch
ein trigonometrisches Polynom $\tilde{T}(\varphi)$ bis auf $\varepsilon/3$ genau ersetzt werden,
$T^{**}(\varphi) = \sin \varphi \cdot \tilde{T}(\varphi)$ approximiert dann $\tilde{f}(\varphi)$ bis auf $\varepsilon/3$ genau, also
approximiert $P(\varphi) = T^*(\varphi) + T^{**}(\varphi)$ die Funktion $f(\varphi)$ gleichmäßig bis
auf ε genau. $\blacksquare$

Für die Konvergenzüberlegungen bei Orthogonalreihen muß der Satz
von WEIERSTRASS noch auf die durch Skalarprodukte erzeugten Normen
erweitert werden.

<u>Korollar 6.1.</u>

Jede Funktion $f \in C_{2\pi}$ läßt sich bezüglich der L_2-Norm (bzw. der
durch (5.9) erzeugten Norm) beliebig gut durch trigonometrische Polynome approximieren.

<u>Beweis:</u>

Man kann jede der beiden Normen bis auf eine Konstante durch die
TSCHEBYSCHEFF-Norm abschätzen:

$$\|f\|_2^2 = \pi(f,f) \qquad\qquad\qquad \text{(vgl. (5.9))}$$

$$= \int_o^{2\pi} f^2(t)\,dt \;\leq\; 2\pi\|f\|_{\infty,[0,2\pi]}^2,$$

so daß sich eine kleine TSCHEBYSCHEFF-Norm des Approximationsfehlers
auf die anderen Normen überträgt. ∎

Korollar 6.2.

Ist w eine auf I = (a,b) stetige, positive und integrierbare Gewichtsfunktion, so ist jedes f ∈ C[a,b] durch Polynome in der durch
das Skalarprodukt (,)$_w$ in (5.19) erzeugten Norm beliebig gut appro-
ximierbar.

Beweis:

Durch analoge Abschätzung wie oben erhält man

$$\|f\|_2^2 = \int_a^b f^2(t)w(t)\,dt \;\leq\; \|f\|_\infty^2 \int_a^b w(t)\,dt \;\leq\; \text{const}\|f\|_\infty^2 . \quad \blacksquare$$

§ 7 Konvergenz von Approximationen

Den Gegenstand dieses Abschnitts bildet im wesentlichen die Frage
nach der Konvergenz von Partialsummen

$$(\mathbb{P}_n f)(x) = \sum_{j=o}^{n} (f,u_j)u_j(x) \qquad\qquad (7.1)$$

von Reihenentwicklungen nach Orthonormalsystemen $\{u_j\}_{j\in\mathbb{N}_o}$.
Besonderes Gewicht haben dabei die Partialsummen von FOURIER-Reihen
und von TSCHEBYSCHEFF-Reihen, d.h. von Reihenentwicklungen nach
TSCHEBYSCHEFF-Polynomen im Zusammenhang mit dem Skalarprodukt

$$(f,g)_w = \int_{-1}^{+1} f(t)g(t)\,\frac{dt}{\sqrt{1-t^2}} \qquad (f,g \in C[-1,+1]). \qquad (7.2)$$

Da sich nach §6 diese beiden Fälle nicht wesentlich unterscheiden,
können sie weitgehend gemeinsam behandelt werden.

Die Konvergenz $\mathbb{P}_n f \to f$ für $n \to \infty$ kann punktweise oder in irgend-
einer Norm betrachtet werden. Dadurch ergeben sich ganz verschiede-
ne Aussagen; in den aus den Skalarprodukten abgeleiteten Normen hat
man stets Konvergenz (Satz 7.1), während die <u>gleichmäßige</u> Konvergenz
(d.h. Konvergenz in der TSCHEBYSCHEFF-Norm) für stetige Funktionen
<u>nicht</u> notwendig eintritt (Korollar 7.4), da man zusätzliche Bedingun-
gen an f braucht (Korollare 7.2, 7.3, Satz 7.9). Auch für andere
Näherungsverfahren, z.B. die Interpolation auf einer Folge von Punktmengen

$$
\begin{array}{cccccc}
x_0^0 & & & & & \\
x_0^1 & x_1^1 & & & & \\
x_0^2 & x_1^2 & x_2^2 & & & \\
\cdot & \cdot & \cdot & & & \\
\cdot & \cdot & & \cdot & & \\
\cdot & \cdot & & & \cdot & \\
x_0^n & x_1^n & x_2^n & \cdots & & x_n^n \\
\cdot & \cdot & \cdot & & \cdot & \\
\cdot & \cdot & \cdot & \cdot & & \cdot \\
\cdot & \cdot & \cdot & & \cdot & & \cdot
\end{array}
\qquad (7.3)
$$

(die sich zu einer <u>Knotenmatrix</u> der obigen Form zusammenfassen lassen) durch eine Folge von Interpolationspolynomen $p_j \in \mathcal{P}_j$ zu den
Punkten $x_0^j,\ldots,x_j^j \in I =: [a,b]$ ist die Lage dieselbe: der Satz von
FABER (Satz 7.7) zeigt, daß nicht für jede Funktion $f \in C(I)$ gleichmäßige Konvergenz $p_j \to f$ auf I eintreten kann.

Für praktische Zwecke sind diese negativen Ergebnisse nicht allzu
problematisch, da man zeigen kann (Satz 7.8, Korollar 7.6), daß die
Interpolierende bezüglich $\mathcal{P}_n$ in den Nullstellen von T_{n+1} sowie die
n-te Partialsumme der TSCHEBYSCHEFF-Reihenentwicklung sich für nicht
zu große n kaum schlechter verhalten als die beste TSCHEBYSCHEFF-
Approximation.

Aus dem Satz von WEIERSTRASS (Satz 6.1) folgt zunächst die Konvergenz
von Orthogonalreihen in der durch das Skalarprodukt erzeugten Norm:

<u>Satz 7.1.</u>
Es sei $\mathbb{H}$ ein euklidischer Raum mit einer Folge aufsteigender linearer
Teilräume

$$\mathbb{P}_o \subset \mathbb{P}_1 \subset \ldots \subset \mathbb{P}_n \subset \mathbb{P}_{n+1} \subset \ldots \subset \mathbb{H} \, ,$$

und es gelte der Satz von WEIERSTRASS in dem Sinne, daß zu jedem $f \in \mathbb{H}$ und jedem $\varepsilon > 0$ ein $n = n(\varepsilon, f)$ und ein $p_n \in \mathbb{P}_n$ existiert mit

$$\| p_n - f \| \leq \varepsilon . \tag{7.4}$$

Ferner sei $\{u_j\}_{j \geq o}$ ein Orthonormalsystem und $\mathbb{P}_n$ werde durch $u_o, \ldots, u_n$ erzeugt.

Dann konvergieren die gemäß (7.1) gebildeten Partialsummen gegen f in der durch das Skalarprodukt erzeugten Norm:

$$\lim_{n \to \infty} \| f - \mathbb{P}_n f \| = 0, \tag{7.5}$$

und es gilt die PARSEVALsche Gleichung

$$(f,f) = \sum_{j=o}^{\infty} (f,u_j)^2 \tag{7.6}$$

sowie die Fehlerabschätzung

$$\| f - \mathbb{P}_n f \|^2 = \sum_{j=n+1}^{\infty} (f,u_j)^2 = \| f \|^2 - \| \mathbb{P}_n f \|^2 \, . \tag{7.7}$$

<u>Beweis:</u>
Nach Satz 5.1 ist $\mathbb{P}_n f$ die beste Approximation zu f in $\mathbb{P}_n$; zu jedem $\varepsilon > 0$ hat man dann

$$\| \mathbb{P}_{n(\varepsilon,f)} f - f \| \leq \| p_{n(\varepsilon,f)} - f \| \leq \varepsilon \, .$$

Andererseits gilt für $m \geq n$ nach (4.2) die Gleichung

$$\| \mathbb{P}_n f - f \|^2 = \| \mathbb{P}_n f - \mathbb{P}_m f + \mathbb{P}_m f - f \|^2$$

$$= \| \mathbb{P}_n f - \mathbb{P}_m f \|^2 + \| \mathbb{P}_m f - f \|^2 + \underbrace{2(\mathbb{P}_n f - \mathbb{P}_m f, \mathbb{P}_m f - f)}_{= 0}$$

$$= \| \mathbb{P}_n f - \mathbb{P}_m f \|^2 + \| \mathbb{P}_m f - f \|^2 \, ,$$

140

d.h. man hat

$$\| \mathbb{P}_m f - f \| \leq \varepsilon \quad \text{und} \quad \| \mathbb{P}_m f - \mathbb{P}_{n(\varepsilon,f)} f \| \leq \varepsilon$$

für alle $m \geq n(\varepsilon,f)$ und $\{\mathbb{P}_m f\}_{m \geq 0}$ ist eine CAUCHYfolge.

Damit ist (7.5) bewiesen; man erhält (7.6) und (7.7) aus der zum Beweis der BESSELschen Ungleichung benutzten Identität (5.4) durch Grenzübergang $n \to \infty$. ∎

Bemerkung 7.1.

Die Allgemeinheit des Satzes 7.1 läßt eine Reihe von Erweiterungen zu; beispielsweise läßt sich statt $\mathbb{H} = C_{2\pi}$ der größere Raum $L_{2\pi}$ der (Äquivalenzklassen von) 2π-periodischen LEBESGUE-quadratintegrierbaren Funktionen verwenden, um die Konvergenz von FOURIER-Reihen in der L_2-Norm für alle Funktionen $f \in L_{2\pi}$ nachzuweisen. *

Die Fehlerabschätzung (7.7) erlaubt Aussagen über die Konvergenzgeschwindigkeit:

Korollar 7.1.

Zu $f \in C_{2\pi}^k$ bzw. $f \in C^k[-1,+1]$ konvergieren die Partialsummen $\mathbb{P}_n f$ der FOURIER- bzw. TSCHEBYSCHEFF-Reihenentwicklung in der jeweiligen euklidischen Norm gemäß

$$\| f - \mathbb{P}_n f \| \leq \frac{1}{(n+1)^k} \| f^{(k)} - \mathbb{P}_n f^{(k)} \| = \sigma(n^{-k}) \quad \text{für } n \to \infty.$$

Beweis:

Aus der Definition (5.14) der FOURIER-Transformierten folgt durch partielle Integration zunächst

$$|c_j(f)| \leq \frac{1}{|j|^k} |c_j(f^{(k)})| \qquad (j \in \mathbb{Z} \setminus \{0\}, \quad k \in \mathbb{N})$$

im Fall der trigonometrischen Polynome; aus (7.7) und (5.15) ergibt sich dann

$$\| f - \mathbb{P}_n f \|^2 = \sum_{|j| \geq n+1}^{\infty} |c_j(f)|^2$$

$$\leq \sum_{|j| \geq n+1}^{\infty} \frac{1}{j^{2k}} |c_j(f^{(k)})|^2$$

$$\leq \frac{1}{(n+1)^{2k}} \| f^{(k)} - \mathbb{P}_n(f^{(k)}) \|^2 .$$

Der Fall algebraischer Polynome läßt sich analog zum Vorgehen bei der Bemerkung 5.3 auf den trigonometrischen Fall reduzieren. ∎

Korollar 7.2.

Zu $f \in C^1_{2\pi}$ ist die FOURIER-Reihe gleichmäßig konvergent.

Beweis:

Da $f - \mathbb{P}_n f$ zu 1 orthogonal ist, d.h. das Integral über $f - \mathbb{P}_n f$ verschwindet, muß $f - \mathbb{P}_n f$ mindestens eine Nullstelle x_n haben. Es folgt

$$(f - \mathbb{P}_n f)(x) = \int_{x_n}^{x} (f - \mathbb{P}_n f)'(t)\,dt$$

$$= \int_{x_n}^{x} (f' - \mathbb{P}_n f')(t)\,dt ,$$

da $(\mathbb{P}_n f)' = \mathbb{P}_n f'$ leicht mit Hilfe von $\hat{f'}_j = ij\hat{f}_j$ beweisbar ist. Dann kann man mit der CAUCHY-SCHWARZschen Ungleichung abschätzen:

$$|(f - \mathbb{P}_n f)(x)|^2 \leq \int_{x_n}^{x} 1^2\,dt \cdot \int_{x_n}^{x} (f' - \mathbb{P}_n f')^2(t)\,dt$$

$$\leq \pi \cdot \pi \, \| f' - \mathbb{P}_n f' \|^2$$

und $\| f' - \mathbb{P}_n f' \|$ konvergiert gegen Null nach Satz 7.1. ∎

Korollar 7.3.

Zu $f \in C^1[-1,+1]$ ist die Entwicklung nach TSCHEBYSCHEFF-Polynomen gleichmäßig konvergent.

<u>Beweis:</u>
Man argumentiere wie in Bemerkung 5.3 und Korollar 7.2. ∎

Durch Kombination der obigen Korollare folgt

<u>Korollar 7.4.</u>
Zu $f \in C^k$ haben die FOURIER- bzw. TSCHEBYSCHEFF-Partialsummen mindestens das Konvergenzverhalten

$$\| f - \mathbb{P}_n f \|_\infty \leq o(n^{1-k}) \qquad \text{für } n \to \infty \ . \ \blacksquare$$

<u>Bemerkung 7.2.</u>
Aus Korollar 7.4 erhält man für die TSCHEBYSCHEFF-Approximation $T_n f$ die Konvergenzaussage

$$\| f - T_n f \|_\infty \leq \| f - \mathbb{P}_n(f) \|_\infty = o(n^{1-k}) \ ,$$

die aber wegen des Resultats

$$\| f - T_n f \|_\infty \leq (\tfrac{\pi}{2})^k \ \frac{\| f^{(k)} \|_\infty}{(n+1)n(n-1)\dots(n-k+2)}$$

von JACKSON nicht optimal ist. Weitergehende Ergebnisse dieser Art findet man in den Standardwerken der <u>Approximationstheorie</u>, beispielsweise kann man für Funktionen $f \in C[-1,+1]$ mit der LIPSCHITZ-Bedingung

$$| f(x) - f(y) | \leq L | x-y | \qquad\qquad (x,y \in [-1,+1])$$

die gleichmäßige Konvergenz, genauer

$$\| f - T_n f \|_\infty \leq \frac{2\pi L}{2n+2}$$

beweisen. Am Ende dieses Abschnitts zeigt sich, daß man durch Interpolation in den Nullstellen des TSCHEBYSCHEFF-Polynoms $T_{n+1}(x)$ für jede stetige Funktion die Güte der TSCHEBYSCHEFF-Approximation bis auf einen Faktor log n erreichen kann. *

Die bisherigen Konvergenzresultate erlauben keine Aussage über <u>punktweise</u> Konvergenz

$$(\mathbb{P}_n f)(x) \to f(x) \qquad\qquad (n \to \infty)$$

oder bezüglich x gleichmäßige Konvergenz bei nur stetigen Funktionen
f. Dazu muß $f(x) - (\mathbb{P}_n f)(x)$ für festes x genauer untersucht werden;
der Fall algebraischer Polynome wird dabei zugunsten der trigonometrischen Polynome vorerst zurückgestellt.

Im Raum $C_{2\pi}$ kann man $\mathbb{P}_n f = S_n(f)$ aus (5.10) gewinnen:

$$(\mathbb{P}_n f)(x) = \frac{a_o}{2} + \sum_{j=1}^{n} (a_j \cos j x + b_j \sin j x)$$

$$= \frac{1}{\pi} \int_o^{2\pi} f(t) (\frac{1}{2} + \sum_{j=1}^{n} (\cos j t \cos j x + \sin j t \sin j x)) dt$$

$$= \frac{1}{\pi} \int_o^{2\pi} f(t) (\frac{1}{2} + \sum_{j=1}^{n} \cos j (t-x)) dt.$$

Der Integrand läßt sich wegen

$$(\frac{1}{2} + \sum_{j=1}^{n} \cos j z) \cdot 2\sin \frac{z}{2}$$

$$= \sin \frac{z}{2} + \sum_{j=1}^{n} 2 \cos j z \sin \frac{z}{2}$$

$$= \sin \frac{z}{2} + \sum_{j=1}^{n} (\sin(j + \frac{1}{2})z - \sin(j - \frac{1}{2})z) \tag{7.8}$$

$$= \sin(n + \frac{1}{2}) z$$

vereinfachen zu

$$(\mathbb{P}_n f)(x) = \frac{1}{\pi} \int_o^{2\pi} f(t) D_n(t-x) dt$$

mit dem DIRICHLETschen Kern

$$D_n(z) := \frac{1}{2}\, \frac{\sin(n + \frac{1}{2})z}{\sin \frac{z}{2}}\;. \tag{7.9}$$

Durch Verschiebung des Integrationsparameters und Ausnutzung der Periodizität folgt weiter

$$(\mathbb{P}_n f)(x) = \frac{1}{\pi} \int\limits_{-x}^{2\pi-x} f(x+s)D_n(s)\,ds$$

$$\tag{7.10}$$

$$= \frac{1}{\pi} \int\limits_{-\pi}^{+\pi} f(x+s)D_n(s)\,ds$$

und wegen $\mathbb{P}_n 1 = 1$ ergibt sich die Darstellung

$$(\mathbb{P}_n f)(x) - f(x) = \frac{1}{\pi} \int\limits_{-\pi}^{+\pi} (f(x+s)-f(x))D_n(s)\,ds \tag{7.11}$$

für den Fehler, indem man $f(x)$ als Konstante auffaßt.

Mit den LEBESGUEschen Konstanten

$$\lambda_n = \frac{2}{\pi} \int\limits_{0}^{\pi} |D_n(s)|\,ds$$

$$= \frac{1}{\pi} \int\limits_{0}^{\pi} \left| \frac{\sin(n + \frac{1}{2})s}{\sin \frac{s}{2}} \right|\,ds$$

erhält man die Abschätzung

$$|(\mathbb{P}_n f)(x)| \le \frac{1}{\pi}\|f\|_\infty \int\limits_{-\pi}^{+\pi} |D_n(s)|\,ds = \|f\|_\infty\, \frac{2}{\pi} \int\limits_{0}^{\pi} |D_n(s)|\,ds$$

$$= \|f\|_\infty \cdot \lambda_n\,,$$

also hat $\mathbb{P}_n$ als Abbildung von $C_{2\pi}$ in sich bei Zugrundelegung der TSCHEBYSCHEFF-Norm eine Operatornorm

$$\| \mathbb{P}_n \|_\infty := \sup_{f \neq 0} \frac{\| \mathbb{P}_n f \|_\infty}{\| f \|_\infty} \leq \lambda_n .$$

Andererseits kann man zu jedem $\varepsilon > 0$ eine gerade 2π-periodische stetige Funktion f mit $\| f \|_\infty = 1$ wählen, die die gerade Treppenfunktion sgn $D_n(t)$ so approximiert, daß

$$| (\mathbb{P}_n f)(0) | = \frac{1}{\pi} \left| \int_{-\pi}^{+\pi} D_n(t) f(t) dt \right|$$

$$\geq \frac{1}{\pi} \left| \int_{-\pi}^{+\pi} D_n(t) \operatorname{sgn} D_n(t) dt \right| - \varepsilon$$

$$= \lambda_n - \varepsilon = (\lambda_n - \varepsilon) \| f \|_\infty$$

gilt. Damit folgt

$$\| \mathbb{P}_n \|_\infty = \lambda_n , \tag{7.12}$$

auch wenn man $\mathbb{P}_n$ auf gerade Funktionen einschränkt, d.h. (7.12) gilt auch für die Partialsummen der Reihenentwicklung von $f \in C[-1,+1]$ nach TSCHEBYSCHEFF-Polynomen.

Wenn man

$$\| f - \mathbb{P}_n f \|_\infty \to 0 \qquad \text{für } n \to \infty$$

haben möchte, wäre wegen

$$\| \mathbb{P}_n f \|_\infty \leq \| f \|_\infty + \| f - \mathbb{P}_n f \|_\infty \tag{7.13}$$

die Beschränktheit der λ_n erwünscht. Daß dies <u>nicht</u> der Fall ist, zeigt

<u>Satz 7.2.</u>

Es gilt

$$\frac{4}{\pi^2} \log(n+1) \leq \lambda_n \leq \frac{4}{\pi^2} \log n + c_2 \tag{7.14}$$

mit einer festen Konstanten c_2 für die LEBESGUEschen Konstanten

$$\lambda_n = \| \mathbb{P}_n \|_\infty = \frac{2}{\pi} \int\limits_0^\pi |D_n(s)| \, ds \ .$$

<u>Beweis:</u>

Mit der Substitution $s = \frac{2\pi x}{2k+1}$ ergibt sich

$$\lambda_k = \frac{2}{2k+1} \int\limits_0^{k+\frac{1}{2}} \left| \frac{\sin \pi x}{\sin \frac{\pi x}{2k+1}} \right| \, dx$$

$$= \frac{2}{2k+1} \left\{ \sum_{j=0}^{k-1} \int\limits_j^{j+1} \left| \frac{\sin \pi x}{\sin \frac{\pi x}{2k+1}} \right| \, dx + \int\limits_k^{k+\frac{1}{2}} \left| \frac{\sin \pi x}{\sin \frac{\pi x}{2k+1}} \right| \, dx \right\} . \qquad (7.15)$$

Zur Abschätzung von λ_k nach unten kann man den letzten Term weglassen und die Nenner der Integranden durch ihr Maximum ersetzen:

$$\lambda_k \geq \frac{2}{2k+1} \sum_{j=0}^{k-1} \int\limits_j^{j+1} \frac{|\sin \pi x| \, dx}{\sin \frac{\pi (j+1)}{2k+1}} \quad .$$

Mit

$$\int\limits_j^{j+1} |\sin \pi x| \, dx = \int\limits_0^1 |\sin \pi x| \, dx = \frac{2}{\pi} \qquad\qquad (7.16)$$

und $0 \leq \sin x \leq x$ für $x \in [0, \frac{\pi}{2}]$ erhält man

$$\lambda_k \geq 2 \, \frac{2}{\pi^2} \sum_{j=1}^{k} \frac{\pi}{2k+1} \left(\frac{1}{\sin \frac{\pi j}{2k+1}} - \frac{1}{\frac{\pi j}{2k+1}} \right) + \frac{4}{\pi^2} \sum_{j=1}^{k} \frac{1}{j} \ .$$

Durch Bildung einer Ober- bzw. einer Untersumme für das Integral über $\frac{1}{x}$ ergibt sich

$$\frac{1}{2} + \ldots + \frac{1}{k} \leq \log k = \int\limits_1^k \frac{1}{x} \, dx \leq 1 + \frac{1}{2} + \ldots + \frac{1}{k-1} \qquad (7.17)$$

und es folgt wegen $\sin \frac{\pi j}{2k+1} \leq \frac{\pi j}{2k+1}$ die Abschätzung

$$\lambda_k \geq \frac{4}{\pi^2} \log (k+1) \ .$$

Zur Abschätzung nach oben geht man wieder von (7.15) aus und ersetzt die Integrationsgrenze des letzten Terms durch 1+k. Außerdem zieht man den Term mit j=0 heraus und erhält unter Benutzung von

$$\sin (\varphi x) \geq x \cdot \sin \varphi \qquad \text{für } x \in [0,1] \ , \quad \varphi \in [0,\tfrac{\pi}{2}]$$

die Abschätzung

$$\lambda_k \leq \frac{2\pi}{2k+1} \int_0^1 \frac{\sin \pi x}{\pi x \cdot \sin \frac{\pi}{2k+1}} \, dx + \frac{2}{2k+1} \sum_{j=1}^{k} \int_j^{j+1} \frac{|\sin \pi x|}{\sin \frac{\pi x}{2k+1}} \, dx$$

$$\leq \frac{2\pi}{2k+1} \frac{1}{\sin \frac{\pi}{2k+1}} \cdot 1 + \frac{2}{2k+1} \sum_{j=1}^{k} \int_j^{j+1} \frac{|\sin \pi x|}{\sin \frac{\pi j}{2k+1}} \, dx$$

$$\leq 2 \cdot \frac{\frac{\pi}{2k+1}}{\sin \frac{\pi}{2k+1}} + \frac{4}{\pi^2} \sum_{j=1}^{k} \frac{\pi}{2k+1} \left(\frac{1}{\sin \frac{\pi j}{2k+1}} - \frac{1}{\frac{\pi j}{2k+1}} \right) + \frac{4}{\pi^2} \sum_{j=1}^{k} \frac{1}{j}$$

$$\leq \frac{4}{\pi^2} (1+\log k) + 2 \cdot \frac{\pi}{2k+1} \cdot \frac{1}{\sin \frac{\pi}{2k+1}} + \frac{4}{\pi^2} \sum_{j=1}^{k} \frac{\pi}{2k+1} \left(\frac{1}{\sin \frac{\pi j}{2k+1}} - \frac{1}{\frac{\pi j}{2k+1}} \right) ,$$

aus der sich (7.14) ablesen läßt, denn die Summe auf der rechten Seite strebt für $n \to \infty$ gegen das Integral

$$\int_0^{\pi/2} \left(\frac{1}{\sin t} - \frac{1}{t} \right) dt \ . \quad \blacksquare$$

Wie (7.13) vermuten läßt, müßte aus der Unbeschränktheit von $\| \mathbb{P}_n \|$ zu erschließen sein, daß für ein festes f die Approximationen $\mathbb{P}_n f$ nicht gleichmäßig gegen f konvergieren. Dies wird in der Tat durch den Satz von BANACH-STEINHAUS gesichert, der als Vorbereitung noch den folgenden allgemeinen Satz benötigt:

<u>Hilfssatz 7.1.</u> (<u>Satz von BAIRE</u>)

Es sei R ein vollständiger metrischer Raum und es seien $S_n \subset R$ für alle $n \in \mathbb{N}$ abgeschlossene Mengen mit

$$R = \bigcup_{n=1}^{\infty} S_n \ . \tag{7.18}$$

Dann existiert ein $n \in \mathbb{N}$, so daß S_n eine Kugel

$$K_r(x_o) := \{x \mid x \in R, \quad d(x,x_o) \leq r\} \ , \ x_o \in R \tag{7.19}$$

mit $r > 0$ enthält. Dabei sei $d(x,y)$ die Distanzfunktion auf R.

<u>Beweis:</u>

Angenommen, es gelte (7.18) und keine Kugel der Form (7.19) liege in einer der Mengen S_n. Mit jeder der offenen Komplementärmengen T_n von S_n muß dann jede Kugel $K_r(x_o)$ mit $x_o \in R$, $r > 0$ einen nichtleeren Durchschnitt haben. Wählt man $x_1 \in R$ und $r_1 > 0$ beliebig, so enthält speziell die Menge $K_{r_1}(x_1) \cap T_1$ eine Kugel $K_{r_2}(x_2)$ mit $0 < r_2 < \frac{r_1}{2}$. Durch Wiederholung dieser Konstruktion erhält man eine Folge von Kugeln $K_{r_j}(x_j)$ mit

$$K_{r_{j+1}}(x_{j+1}) \subset K_{r_j}(x_j) \cap T_j \quad \text{und} \quad 0 < r_{j+1} < \frac{r_j}{2} \ . \tag{7.20}$$

Die Folge $\{x_j\}_{j \in \mathbb{N}}$ ist dann eine CAUCHYfolge, denn für $k, n \in \mathbb{N}$ gilt

$$d(x_n, x_{n+k}) \leq r_n < \frac{r_1}{2^{n-1}} \ ,$$

weil x_n und x_{n+k} in $K_{r_n}(x_n)$ liegen. Also existiert ein Grenzwert x^* von $\{x_j\}_{j \in \mathbb{N}}$, welcher in allen $K_{r_j}(x_j)$ liegen muß, da jede der Kugeln $K_{r_j}(x_j)$ ein Endstück der Folge $\{x_j\}$ enthält. Nach (7.20) liegt x^* dann in allen T_j und es folgt, daß der Durchschnitt der T_j nicht leer ist. Dies ist ein Widerspruch zu (7.18). ∎

Mit dem Satz von BAIRE beweist man nun

Satz 7.3. (BANACH-STEINHAUS)
Es sei $\{L_j\}_{j \in \mathbb{N}}$ eine Folge beschränkter linearer Operatoren zwischen BANACH-Räumen B_1 und B_2. Für jedes $f \in B_1$ gelte

$$\sup_{j \in \mathbb{N}} \|L_j f\| =: M(f) < \infty. \qquad (7.21)$$

Dann gilt für die Operatornormen

$$\sup_{j \in \mathbb{N}} \|L_j\| < \infty . \qquad (7.22)$$

Beweis:
Im vollständigen metrischen Raum $R = B_1$ bilde man die abgeschlossenen Mengen

$$S_n := \{f \in B_1 \mid M(f) \le n\} \qquad (n \in \mathbb{N}) . \qquad (7.23)$$

Dann folgt (7.18) aus (7.21) und es existiert ein $g \in B_1$ und ein $r > 0$ mit $K_r(g) \subset S_n$ für ein festes $n \in \mathbb{N}$. Zu beliebigem $f \in B_1$, $f \neq 0$ liegt dann $g + \frac{r}{\|f\|} \cdot f$ in $K_r(g) \subset S_n$ und es folgt aus (7.21) und (7.23) die Ungleichung

$$\|L_j(g + \frac{r}{\|f\|} f)\| \le n \qquad (j \in \mathbb{N}) .$$

Schließlich ergibt sich (7.22) durch die einfache Abschätzung

$$\|L_j f\| = \frac{\|f\|}{r} L_j(f \frac{r}{\|f\|}) \le \frac{\|f\|}{r} (\|L_j(g + f \frac{r}{\|f\|})\| + \|L_j g\|)$$

$$\le \frac{2n}{r} \|f\|$$

für jedes $j \in \mathbb{N}$ und jedes $f \in B_1$, $f \neq 0$. Damit ist die gleichmäßige Beschränktheit der Operatoren nachgewiesen. ∎

Korollar 7.5.
Es gibt ein $f \in C_{2\pi}$ mit

$$\|\mathbb{P}_n f\|_\infty \to \infty \qquad\qquad \text{für } n \to \infty \qquad (7.24)$$

150

und

$$\| f - \mathbb{P}_n f \|_\infty \to \infty \quad \text{für} \quad n \to \infty . \tag{7.25}$$

<u>Beweis:</u>
Die Räume C[a,b] und $C_{2\pi}$ sind BANACHräume unter der TSCHEBYSCHEFF-
Norm, da zu jeder CAUCHYfolge $\{v_n\}_{n\in\mathbb{N}}$ zunächst ein punktweiser
Limes v(t) $\in$ IR existiert, die Konvergenz $v_n(t) \to v(t)$ gleichmäßig
ist und daher die Grenzfunktion wieder stetig bzw. im Falle
$v_n \in C_{2\pi}$ auch 2π-periodisch sein muß.

Aus den Sätzen 7.2 und 7.3 folgt dann (7.24); wegen

$$\| f - \mathbb{P}_n f \|_\infty \geq \| \mathbb{P}_n f \|_\infty - \| f \|_\infty$$

ergibt sich (7.25). ∎

Hat man stetige lineare Abbildungen L_n von $C_{2\pi}$ in sich mit

$$\| L_n \|_\infty \geq \| \mathbb{P}_n \|_\infty \; , \tag{7.26}$$

so gilt eine entsprechende negative Aussage auch für die Approximation
von f durch $L_n f$. Dabei kann $L_n f$ z.B. durch <u>Interpolation</u> von f gewonnen sein. Die Ungleichung (7.26) ist aber für alle sinnvollen Appro-
ximationsabbildungen L_n mit Werten in den trigonometrischen Polynomen
erfüllt:

<u>Satz 7.4.</u> (<u>CHARSHILADZE-LOSINSKI</u>)
Es sei L ein beschränkter linearer Operator von $C_{2\pi}$ in sich mit der
Eigenschaft

$$L(Lf) = Lf \quad \text{für alle } f \in C_{2\pi} . \tag{7.27}$$

(Solche Operatoren werden auch als <u>Projektionsoperatoren</u> bezeichnet.)
Ferner bilde L den Raum $C_{2\pi}$ auf den linearen Teilraum $\mathcal{T}_n$ der trigonometrischen Polynome n-ten Grades ab. Dann läßt sich die zu der
TSCHEBYSCHEFF-Norm in $C_{2\pi}$ zugeordnete Operatornorm von L durch die
des FOURIER-Partialsummenoperators S_n abschätzen:

$$\| L \|_\infty \geq \| S_n \|_\infty . \tag{7.28}$$

<u>Beweis:</u>

Es sei für $y \in \mathbb{R}$ durch

$$(T_y f)(x) := f(x+y) \qquad (x \in \mathbb{R}, \ f \in C_{2\pi})$$

der <u>Translationsoperator</u> bezüglich y in $C_{2\pi}$ definiert. Dann gilt trivialerweise

$$\| T_y \|_\infty = 1$$

und man kann den folgenden Operator von $C_{2\pi}$ in sich bilden:

$$(\Phi f)(x) := \frac{1}{2\pi} \int_{-\pi}^{+\pi} [T_{-y} L T_y f](x) \ dy \ . \tag{7.29}$$

Der Operator Φ ist linear und beschränkt; genauer gilt

$$| (\Phi f)(x) | \ \leq \ \frac{1}{2\pi} \| [T_{-y} L T_y f](x) \|_\infty \ \cdot \ 2\pi$$

$$\leq \ \| T_{-y} L T_y f \|_\infty \ \leq \ \| T_{-y} \|_\infty \ \cdot \ \| L \|_\infty \ \cdot \ \| T_y \|_\infty \ \cdot \ \| f \|_\infty$$

$$= \ \| L \|_\infty \ \cdot \ \| f \|_\infty$$

und man hat

$$\| \Phi \|_\infty \ \leq \ \| L \|_\infty \ . \tag{7.30}$$

Bemerkenswerterweise gilt

$$\Phi = S_n \ .$$

Zum Nachweis dieser Identität genügt es, für alle $k \in \mathbb{N}_0$ die Gleichung

$$\Phi e^{ikt} = S_n e^{ikt} \tag{7.31}$$

nachzuweisen. Denn ein gegebenes $f \in C_{2\pi}$ läßt sich nach dem Satz von WEIERSTRASS durch Linearkombinationen (mit komplexen Koeffizienten) der Funktionen e^{ikt} beliebig gut approximieren. Diese Funktionen sollen hier an Stelle der reellen trigonometrischen Funktionen benutzt werden, weil die Rechnung in diesem Falle sehr einfach wird.

Es ist

$$(T_y e^{ikt})(x) = e^{ik(x+y)} = e^{iky} e^{ikx}$$

$$(LT_y e^{ikt})(x) = (L(T_y e^{ikt}))(x)$$

$$= e^{iky}(Le^{ikt}))(x)$$

$$(T_{-y}LT_y e^{ikt})(x) = e^{iky}(L(e^{ikt}))(x-y).$$

Im Falle $k \leq n$ gilt nach (7.27) mit einem geeignetem $f \in C_{2\pi}$ die Gleichung $Lf = e^{ikx}$, also

$$(Le^{ikt})(x) = e^{ikx} \ ,$$

und es folgt

$$(T_{-y}LT_y e^{ikt})(x) = e^{iky} e^{ik(x-y)} = e^{ikx}$$

sowie

$$(\Phi(e^{ikt}))(x) = \frac{1}{2\pi} \int_{-\pi}^{+\pi} e^{ikx} dy = e^{ikx} = (S_n(e^{ikt}))(x) \ .$$

Für $k > n$ gilt $(S_n(e^{ikt}))(x) = 0$ und e^{iky} ist orthogonal zu dem trigonometrischen Polynom $(L(e^{ikt}))(x-y)$, dessen Grad höchstens n ist. Damit erhält man schließlich

$$(\Phi(e^{ikt}))(x) = \frac{1}{2\pi} \int_{-\pi}^{+\pi} e^{iky}(L(e^{ikt}))(x-y) dy = 0 = (S_n(e^{ikt}))(x). \ \blacksquare$$

Zusammen mit Satz 7.3 liefert Satz 7.4 den

<u>Satz 7.5.</u>

Ist für jedes $n \geq 0$ ein beschränkter linearer Projektionsoperator L_n von $C_{2\pi}$ in den Raum $\mathcal{T}_n$ der trigonometrischen Polynome vom Grad $\leq n$ gegeben, so existiert ein $f \in C_{2\pi}$ mit

$$\| L_n f \|_\infty \to \infty \quad \text{für } n \to \infty . \ \blacksquare$$

Um den Satz 7.5 auf algebraische Polynome zu übertragen, wird man die Substitution $x = \cos \varphi$ verwenden. Allerdings muß man dann ein Analogon des Satzes 7.5 für __gerade__ trigonometrische Polynome herleiten:

<u>Satz 7.6.</u>

Es sei L ein beschränkter linearer Projektionsoperator vom Raum $C_{2\pi}^*$ der geraden Funktionen aus $C_{2\pi}$ in den linearen Raum der geraden trigonometrischen Polynome vom Grad $\leq n$. Dann gilt

$$\| I-L\|_\infty \geq \frac{1}{2}(\lambda_n - 1) \geq \frac{2}{\pi^2} \log n - \frac{1}{2} , \tag{7.32}$$

wobei I die Identität auf $C_{2\pi}^*$ sei und die zur TSCHEBYSCHEFF-Norm zugeordnete Operatornorm verwendet wird.

<u>Beweis:</u>

Analog zum Beweis von Satz 7.4 definiert man für $f \in C_{2\pi}^*$ durch

$$(\Phi f)(x) := \frac{1}{2\pi} \int_{-\pi}^{+\pi} (T_y (I-L)(T_y + T_{-y}) f)(x)\, dy$$

einen Operator von $C_{2\pi}^*$ in $C_{2\pi}^*$ und man zeigt, daß wie erwartet

$$\Phi = I - S_n$$

gilt. Aufgrund des Satzes von WEIERSTRASS genügt es,

$$\Phi(\cos kt)(x) = (I-S_n)(\cos kt)(x) = \begin{cases} \cos kx & \text{falls } k > n \\ \\ 0 & \text{sonst} \end{cases} \tag{7.33}$$

nachzuweisen.

Für alle $k \geq 0$ gilt

$$(T_y + T_{-y})(\cos kt)(x) = \cos k(x+y) + \cos k(x-y) = 2 \cos kx \cos ky .$$

Im Falle $k \leq n$ läßt L die Funktion $\cos kt$ fest und es folgt

$$(I-L)(T_y + T_{-y})(\cos kt)(x) = 2 \cos ky \cdot (I-L)(\cos kt)(x) = 0,$$

also gilt (7.33).

Für $k > n$ ist $L(\cos kt)$ ein trigonometrisches Polynom p_k vom Grade $\leq n$. Dann hat $\Phi(\cos kt)$ die Form

$$\Phi(\cos kt)(x) = \frac{1}{2\pi} \int_{-\pi}^{+\pi} T_y(I-L)(2 \cos kt \cos ky)(x) \, dy$$

$$= \frac{1}{2\pi} \int_{-\pi}^{+\pi} T_y(2 \cos kt \cos ky - 2 \cos ky \cdot p_k(t))(x) \, dy$$

$$= \frac{2}{2\pi} \int_{-\pi}^{+\pi} (\cos k(x+y) \cos ky - \cos ky \cdot p_k(x+y)) \, dy \ .$$

Die Integration über den zweiten Teil des Integranden liefert Null, da p_k orthogonal zu $\cos ky$ ist. Somit bleibt

$$\Phi(\cos kt)(x) = \frac{2}{2\pi} \int_{-\pi}^{+\pi} \cos ky \, (\cos kx \cos ky - \sin kx \sin ky) \, dy$$

$$= \frac{2}{2\pi} \cos kx \int_{-\pi}^{+\pi} \cos^2 ky \, dy + 0$$

$$= \cos kx$$

übrig und (7.33) ist nachgewiesen.

Wie im Beweis des Satzes 7.4 folgt nun die Abschätzung

$$\|\Phi\|_\infty = \|I-S_n\|_\infty \leq 2\|I-L\|_\infty$$

und wegen Satz 7.2 gilt

$$\lambda_n = \|S_n\|_\infty \leq \|I-S_n\|_\infty + 1 \ .$$

Damit ergibt sich (7.32):

$$\|I-L\|_\infty \geq \frac{1}{2} \|I-S_n\| \geq \frac{1}{2} (\lambda_n-1) \ . \quad \blacksquare$$

Jetzt kann die Frage nach der Existenz einer universellen Knotenmatrix für die Polynom-Interpolation verneint werden.

<u>Satz 7.7.</u> (<u>FABER</u>)

1) Es existiert keine Knotenmatrix (7.3), für welche die zugehörigen Interpolationspolynome für jede Funktion $f \in C(I)$ gegen f konvergieren.

2) Allgemeiner erhält man:

Ist für jedes $n \geq 0$ ein linearer beschränkter Projektionsoperator L_n von $C(I)$ auf $\mathcal{P}_n$ gegeben, so gilt

$$\|L_n\| \to \infty \quad \text{für } n \to \infty \tag{7.34}$$

und es existiert ein $f \in C(I)$ mit

$$\|L_n f\| \to \infty \quad \text{für } n \to \infty \; .$$

<u>Beweis:</u>

Man hat lediglich 2) zu beweisen.

Zu jedem $f^* \in C^*_{2\pi}$ existiert ein $f \in C[-1,+1]$ mit $f(\cos \varphi) = f^*(\varphi)$ und durch

$$(L^*_n f^*)(\varphi) := L_n f(\cos \varphi) \qquad (f^* \in C^*_{2\pi})$$

erhält man eine Folge von linearen stetigen Projektionsoperatoren L^*_n, die $C^*_{2\pi}$ in den Raum der geraden trigonometrischen Polynome vom Grad $\leq n$ abbilden und es gilt trivialerweise

$$\|L^*_n\|_\infty = \|L_n\|_\infty .$$

Nach Satz 7.6 ist

$$\|L_n\| = \|L^*_n\| \geq \|I - L^*_n\| - 1 \geq \frac{2}{\pi^2} \log n - \frac{3}{2}$$

und man erhält (7.34).

Der Rest der Behauptung des Satzes folgt schließlich aus dem Satz von BANACH-STEINHAUS. ∎

Insgesamt ergibt sich somit für die Normen beliebiger Interpolationsoperatoren (und damit auch für die Fehleroperatoren) ein mindestens logarithmisches Anwachsen. Allerdings ist dieses Wachstum für numerische Zwecke nicht kritisch, wie der folgende Satz von <u>POWELL</u> verdeutlicht:

<u>Satz 7.8.</u>

Gegeben seien Punkte $x_0,\ldots,x_n \in I$ und zugehörige Basisfunktionen $\omega_j(x)$ der LAGRANGE-Interpolation in $x_0,\ldots,x_n$. Zu beliebigem $f \in C(I)$ sei

$$(L_n f)(x) := \sum_{j=0}^{n} \omega_j(x) f(x_j)$$

die LAGRANGE-Interpolierende von f auf $x_0,\ldots,x_n$ und

$$\varepsilon := f - L_n f$$

sei die zugehörige Fehlerfunktion.

Ist $\eta_n(f) = \| f - T_n f \|_\infty$ die Güte der besten TSCHEBYSCHEFF-Approximation $T_n f$ von f bezüglich $\mathcal{P}_n$, so gilt

$$\| \varepsilon \|_\infty \leq \eta_n(f)\,(1 + \| \sum_{j=0}^{n} |\omega_j(x)| \; \|_\infty) . \qquad (7.35)$$

Wenn man die Nullstellen des TSCHEBYSCHEFF-Polynoms T_{n+1} als Punkte x_j wählt, ergeben sich die Konstanten

$$v_n := 1 + \| \sum_{j=0}^{n} |\omega_j(x)| \; \|_\infty \approx \frac{2}{\pi} \log n$$

zu

n	1	2	3	4	10	50	100
v_n	2,414	2,667	2,848	2,989	3,489	4,466	4,9o1

<u>Bemerkung 7.3.</u>

Genauer gilt nach POWELL (Computer Journal 9, 1967)

$$v_n = 1 + \frac{1}{n+1} \sum_{j=0}^{n} \tan\left(\frac{j + \frac{1}{2}}{n+1} \cdot \frac{\pi}{2}\right) . \; *$$

<u>Beweis von Satz 7.8:</u>

Da der Operator L_n die Polynome n-ten Grades fest läßt, gilt

$$\begin{aligned}
\varepsilon = f - L_n f &= f - T_n f + T_n f - L_n f \\
&= f - T_n f + L_n (T_n f - L_n f) \\
&= f - T_n f + \sum_{j=0}^{n} \omega_j(x) (T_n f - L_n f)(x_j) \\
&= f - T_n f + \sum_{j=0}^{n} \omega_j(x) ((T_n f)(x_j) - f(x_j))
\end{aligned}$$

und durch einfache Abschätzung folgt (7.35):

$$|\varepsilon(x)| \leq |f(x) - (T_n f)(x)| + \sum_{j=0}^{n} |\omega_j(x)| \; |(T_n f)(x_j) - f(x_j)|$$

$$\leq \eta_n(f) (1 + \sum_{j=0}^{n} |\omega_j(x)|).$$

Um das asymptotische Verhalten von v_n zu bestimmen, entnimmt man für
die Koeffizienten $d_j^{(\ell)}$ der Entwicklung von ω_ℓ nach TSCHEBYSCHEFF-Polynomen aus (I. 4.31) die Gleichung

$$d_j^{(\ell)} = \frac{1}{n} \; \zeta_{4n}^{-j\ell} (\zeta_{2n}^{-j\ell} + \zeta_{2n}^{-j(2n-1-\ell)})$$

$$\tag{7.36}$$

$$= \frac{2}{n} \cos \frac{(2\ell+1)j\pi}{2n} =: \frac{2}{n} \cos j\varphi_\ell$$

mit den Nullstellen $\varphi_\ell = \frac{(2\ell+1)\pi}{2n}$, $0 \leq \ell \leq n-1$ von $\cos n\varphi$ und es folgt
aus (I. 4.29) und (I. 7.36) die Darstellung

$$\begin{aligned}
\omega_\ell(\cos \varphi) &= \frac{2}{n} \sum_{j=0}^{n-1} \cos j\varphi_\ell \, \cos j\varphi \\
&= \frac{1}{n} \sum_{j=0}^{n-1} (\cos j(\varphi+\varphi_\ell) + \cos j(\varphi-\varphi_\ell)) \\
&= \frac{1}{n} (D_{n-1}(\varphi+\varphi_\ell) + D_{n-1}(\varphi-\varphi_\ell)).
\end{aligned}$$

Es ist also D_{n-1} an $2n$ äquidistanten Punkten mit Abstand $\frac{\pi}{n}$ auszuwerten, d.h. man kann v_n über

$$v_n \leq 1 + \frac{1}{n} \max_{\varphi \in \mathbb{R}} \sum_{j=0}^{2n-1} |D_{n-1}(\varphi + \frac{j\pi}{n})|$$

abschätzen. In $[- \frac{\pi}{2n}, + \frac{\pi}{2n}]$ gilt

$$|D_{n-1}(\psi)| \leq \frac{(n - \frac{1}{2})|\psi|}{2 \cdot \frac{2}{\pi} \frac{|\psi|}{2}} = (2n-1)\frac{\pi}{4}$$

wegen $\frac{2}{\pi}|x| \leq |\sin x| \leq |x|$; dieselbe Abschätzung muß auch in $[2\pi - \frac{\pi}{2n}, 2\pi + \frac{\pi}{2n}]$ gelten. Dagegen hat man für $\psi \in [\frac{\pi(2j-1)}{2n}, \frac{\pi(2j+1)}{2n}]$ für $j=1,\ldots,n$ die Ungleichung

$$|D_{n-1}(\psi)| \leq \frac{1}{2 \sin \frac{\psi}{2}} \leq \frac{1}{2 \sin \frac{\pi(2j-1)}{4n}} \, ,$$

während für $j=n+1,\ldots,2n-1$ entsprechende symmetrische Terme auftreten. Somit folgt analog zum Beweis von Satz 7.2 die Abschätzung

$$v_n \leq 1 + \frac{2}{n} \left(\frac{(2n-1)\pi}{4} + \frac{1}{2} \sum_{j=1}^{n-1} \frac{1}{\sin \frac{\pi(2j-1)}{4n}} \right)$$

$$\leq 1 + \pi + \frac{1}{n} \sum_{j=1}^{n-1} \frac{1}{\frac{\pi(2j-1)}{4n}} + \frac{1}{n} \sum_{j=1}^{n-1} \left(\frac{1}{\sin \frac{\pi(2j-1)}{4n}} - \frac{1}{\frac{\pi(2j-1)}{4n}} \right)$$

$$\leq 1 + \pi + \frac{2}{\pi} 2 \sum_{j=1}^{n-1} \frac{1}{2j-1} + \frac{2}{\pi} \frac{\pi}{2n} \sum_{j=1}^{n-1} \left(\frac{1}{\sin \frac{\pi(2j-1)}{4n}} - \frac{1}{\frac{\pi(2j-1)}{4n}} \right)$$

$$\leq \text{const.} + \frac{2}{\pi} \log (2n-3) \qquad\qquad (n \geq 2). \quad \blacksquare$$

Analog zu Satz 7.8 kann man auch den Approximationsfehler von Reihenentwicklungen mit dem der besten TSCHEBYSCHEFF—Approximation vergleichen.

Korollar 7.6.

Bezeichnet $T_n f$ die beste TSCHEBYSCHEFF-Approximation von
$f \in C_{2\pi}$ bzw. $f \in C[-1,+1]$ bezüglich $\mathcal{T}_n$ bzw. $\mathcal{P}_n$ und $\mathbb{P}_n f$ dagegen
die orthogonale Projektion auf $\mathcal{T}_n$ bzw. $\mathcal{P}_n$ bezüglich der Skalarprodukte (5.9) bzw. (7.2), so gilt

$$\| f - \mathbb{P}_n f \|_\infty \leq (1 + \lambda_n) \| f - T_n f \|_\infty \, , \tag{7.37}$$

d.h. der Fehler der Reihenentwicklung ist nur um einen schwach wachsenden Faktor größer als der optimale Fehler.

Beweis:

Man hat wie beim Beweis von Satz 7.8 zunächst

$$f - \mathbb{P}_n f = f - T_n f + T_n f - \mathbb{P}_n f$$

$$= f - T_n f + \mathbb{P}_n (T_n f - \mathbb{P}_n f)$$

$$= f - T_n f + \mathbb{P}_n (T_n f - f)$$

und damit nach (7.12) die Abschätzung (7.37). ∎

Die obigen teils positiven, teils negativen Ergebnisse zeigen die
Situation bei der Untersuchung der gleichmäßigen Konvergenz; für die
punktweise Konvergenz kann man den Fehler des FOURIER-Partialsummenoperators durch (7.11) ausdrücken und die Formel

$$(\mathbb{P}_n f - f)(x) = \frac{1}{\pi} \int_{-\pi}^{+\pi} (f(x+s) - f(x)) D_n(s) ds$$

$$= \frac{1}{\pi} \int_{-\pi}^{+\pi} \frac{f(x+s) - f(x)}{2 \sin \frac{s}{2}} \sin(n + \tfrac{1}{2}) s \, ds \tag{7.38}$$

$$= \frac{1}{\pi} \int_{-\pi}^{+\pi} g_x(s)(\sin ns \cos \tfrac{s}{2} + \cos ns \sin \tfrac{s}{2}) ds$$

als Summe von FOURIER-Koeffizienten der Funktionen

$v_x(s) := g_x(s) \cos\frac{s}{2}$ bzw. $w_x(s) := g_x(s) \sin\frac{s}{2}$ auffassen, wobei formal

$$g_x(s) := \frac{f(x+s)-f(x)}{2\sin\frac{s}{2}} \qquad\qquad (s \in \mathbb{R})$$

gesetzt sei. Ist $g_x(s)$ hinreichend glatt, so sind $v_x(s)$ und $w_x(s)$ glatte 2π-periodische Funktionen und nach der BESSELschen Ungleichung (5.7) bzw. der PARSEVALschen Gleichung (7.6) konvergieren ihre FOURIER-Koeffizienten gegen Null, was die gewünschte Konvergenz von $(\mathbb{P}_n f)(x)$ gegen $f(x)$ impliziert. Je nach Anforderung an $g_x(s)$ erhält man mit dieser auf DIRICHLET zurückgehenden Beweistechnik verschiedene hinreichende Konvergenzkritierien:

Satz 7.9.

a) Ist $f \in C_{2\pi}$ in x differenzierbar, so folgt

$$(\mathbb{P}_n f)(x) \to f(x) \qquad\qquad \text{für } n \to \infty .$$

b) Ist f LEBESGUE-integrierbar, 2π-periodisch und beschränkt mit nur endlich vielen "Extrem- und Unstetigkeitsstellen" in $[0,2\pi)$, so konvergiert $(\mathbb{P}_n f)(x)$ für jedes x gegen das arithmetische Mittel des rechts- und linksseitigen Grenzwertes von f in x (DIRICHLET).

c) Ist f um x HÖLDERstetig, d.h. gibt es positive Konstanten $A(x)$ und $\alpha(x)$ mit

$$|f(x+s)-f(x)| \leq A(x)|s|^{\alpha(x)} \qquad (s \in [-\varepsilon,+\varepsilon]), \qquad\qquad (7.39)$$

so konvergiert $(\mathbb{P}_n f)(x)$ gegen $f(x)$ für $n \to \infty$.

d) Gilt $A(x) \leq A$ und $\alpha(x) \geq \alpha > 0$ für alle $x \in \mathbb{R}$, so ist die Konvergenz gleichmäßig.

Beweis:

Da $g_x(s)$ bei beschränktem f nur für $s = 2k\pi$, $k \in \mathbb{Z}$, Singularitäten haben könnte, in denen wegen $2\sin\frac{s}{2} = s + \mathcal{O}(s^3)$ statt $g_x(s)$ der Differenzenquotient $\Delta^1(x,x+s)f$ genommen werden kann, ist letztlich die Glätte von $\Delta^1(x,x+s)f$ als Funktion von s entscheidend. Dann ist a) schon durch die dem Satz vorangestellten Überlegungen erledigt; die Beweise von c) und d) beruhen darauf, daß aus (7.39) die Integrierbarkeit von $\Delta^1(x,x+s)f$ um $s = 0$ folgt und das asymptotische Verschwinden der FOURIER-Koeffizienten auch für betragsmäßig LEBESGUE-integrierbare Funktionen beweisbar ist. Für Einzelheiten muß ebenso wie für den Beweis von b) auf die umfangreiche Literatur über Orthogonalreihen verwiesen werden. ∎

Kapitel III. Spline-Funktionen und die Darstellung linearer Funktionale

<u>Einleitende Bemerkungen</u>

In diesem Kapitel sollen speziell die numerische Differentiation und
Integration behandelt werden. Sie lassen sich auffassen als stetige
lineare Funktionale auf geeigneten Funktionenräumen. Da man in der
Numerik in der Regel weder die Funktionen noch ihre Ableitungen exakt
kennt, muß man versuchen, diese Funktionale mit Hilfe einiger Näherungswerte der Funktionen selbst darzustellen. Diesem Vorgehen entspricht eine Approximation der gesuchten Funktionalwerte durch die
Werte von Punktfunktionalen.

Ein Hilfsmittel zur Kontrolle des dabei entstehenden Fehlers ist der
Satz von PEANO. Bei der Formulierung dieses Satzes werden die Spline-
Funktionen herangezogen, die in den Anwendungen mehr und mehr an Bedeutung gewinnen. Deshalb beginnt dieses Kapitel mit einer Einführung
in die Theorie der Spline-Funktionen. Als Ausgangspunkt werden deren
Optimalitätseigenschaften verwendet. Allerdings ist es nicht notwendig, Hilfsmittel aus der Variationsrechnung zu verwenden, sondern es
genügt, auf die Approximationstheorie in euklidischen Räumen zurück-
zugehen. Praktisch wird jeder stetigen Funktion eine interpolierende
Spline-Funktion zugeordnet, die eine charakteristische Orthogonalitätsrelation erfüllt. Aus dieser ergibt sich die Optimalität und unter
Zuhilfenahme der jeweils vorgelegten Interpolationsbedingungen auch
die Eindeutigkeit der Interpolierenden. Im Hinblick auf die praktische Anwendung wird die numerische Berechnung der kubischen Spline-
Interpolierenden gesondert betrachtet, und es wird für den Fall allgemeiner Spline-Funktionen eine zur numerischen Behandlung geeignete
Basis aus B-Splines angegeben.

Damit sind die Voraussetzungen für die Untersuchung der oben erwähnten
Approximationen linearer Funktionale durch Punktfunktionale gegeben.
Es zeigt sich, daß die Anwendung des darzustellenden Funktionals auf
die Spline-Interpolierende bereits zu (in gewissem Sinn) optimalen
Formeln führt. Als kurzgefaßtes Anwendungsbeispiel wird die numerische Differentiation behandelt; die numerische Integration findet
eine breitere Darstellung. Es werden die klassischen Formeln ein-
schließlich der zugehörigen Fehlerabschätzungen angegeben. Dann folgen Betrachtungen über das Konvergenzverhalten der Integrationsformeln bei anwachsender Stützstellenzahl.

Man hat die Wahl, entweder zu komplizierteren Verteilungen der Knoten
überzugehen (GAUSS-Quadraturen und Verallgemeinerungen) oder die Koeffizienten der Quadraturformeln nach anderen Gesichtspunkten zu
wählen. Dies führt auf die ROMBERG-Integration, die hier in das
Schema der RICHARDSON-Extrapolation eingeordnet wird, indem eine Entwicklung des Restgliedes nach geraden Potenzen von h erfolgt.

§ 1 Spline-Funktionen

Zur graphischen Interpolation einer Reihe von Datenpunkten (x_j, f_j), $0 \le j \le N$, mit den Abzissen $x_0 < x_1 < \ldots < x_N \in I := [a,b]$ benutzten Konstrukteure früher statt eines Kurvenlineals auch häufig einen dünnen biegsamen Stab (Spline), den man durch Festklemmen zwang, auf dem Zeichenpapier die gegebenen Punkte zu verbinden. Anschließend konnte man dann längs des Stabes eine interpolierende Kurve zeichnen. Physikalisch ist die Lage, die der Stab zwischen den Datenpunkten einnimmt, durch ein Minimum der elastischen Energie charakterisiert, d.h. die Gesamtkrümmung, gegeben durch das Integral

$$\int_I \frac{(y''(t))^2}{1 + y'^2(t)}\, dt\ , \tag{1.1}$$

wird durch die den Stab darstellende Funktion $s(t) \in C^2(I)$ unter allen anderen zweimal stetig differenzierbaren Interpolierenden minimiert.

Für den Fall kleiner erster Ableitungen kann man das Integral (1.1) näherungsweise durch

$$\int_I (y''(t))^2\, dt \tag{1.2}$$

ersetzen. In der Variationsrechnung wird gezeigt, daß eine dieses Integral minimierende, zweimal stetig differenzierbare Funktion s zwischen den Punkten x_j sogar viermal stetig differenzierbar ist und die Gleichung $s^{(4)}(x) = 0$ erfüllt. Daher ist s stückweise ein kubisches Polynom. Physikalisch ist außerdem selbstverständlich, daß der Stab außerhalb des Einspannintervalles $[x_0, x_N]$ geradlinig verläuft, also $s^{(2)}(x) = 0$ gilt. Die englische Bezeichnung "Spline" für den erwähnten Stab hat einer ganzen Funktionenklasse den Namen gegeben.

Man verallgemeinert nämlich die eingangs geschilderte Interpolationsaufgabe durch die nachfolgenden Definitionen:

Definition 1.1.

Es bezeichne $\mathbb{D}^k(I)$, abgekürzt $\mathbb{D}^k$, für $k \in \mathbb{N}$ den Raum der Funktionen aus $C^{k-1}(I)$, die in I bis auf endlich viele Ausnahmepunkte k Ableitungen besitzen. Die k-te Ableitung sei zwischen diesen Ausnahmepunkten stetig und habe in ihnen Sprungstellen. Lage und Anzahl der Sprungstellen hängen von der einzelnen Funktion ab. Auf $\mathbb{D}^k$ seien die __Bilinearform__

$$(f,g)_k := \int_I f^{(k)}(t) \cdot g^{(k)}(t)\,dt \ , \qquad (f,g \in \mathbb{D}^k) \tag{1.3}$$

und die __Seminorm__

$$\|f\|_k = \sqrt{(f,f)_k} \tag{1.4}$$

definiert. ▲

__Bemerkung 1.1.__
Offenbar verschwindet die Seminorm genau dann für ein $f \in \mathbb{D}^k$, wenn abgesehen von den Ausnahmepunkten die Ableitung $f^{(k)}(x)$ in I identisch verschwindet. Da f zu $C^{k-1}(I)$ gehört, ist f dann ein Polynom $(k-1)$-ten Grades. *

Bei der einführenden Interpolationsaufgabe wurde von einer __Datenvorgabe__ vom __LAGRANGE-Typ__ ausgegangen, d.h. zu jedem x_j war der Funktionswert f_j gegeben. Für eine allgemeine Formulierung der Vorgabe sollte man auch Ableitungen in einzelnen Punkten bzw. Integrale über die Funktion oder eine ihrer Ableitungen zulassen:

__Definition 1.2.__
Es sei eine lineare __Datenabbildung__

$$T: \mathbb{D}^k(I) \to \mathbb{R}^{N+1} \tag{1.5}$$

gegeben. Jede Komponente von T sei entweder ein Wert

$$f^{(\nu)}(x) \qquad\qquad \text{mit } x \in I \text{ und } 0 \le \nu < k$$

bzw. $\tag{1.6}$

$$\int_{I_1} f^{(\nu)}(t)\,w(t)\,dt \quad \text{mit } I_1 \subset I,\ w \in C(I_1) \text{ und } 0 \le \nu < k$$

oder eine endliche Linearkombination solcher Funktionale. T sei surjektiv. ▲

Ein Beispiel stellt der in Kap. I, 1.6-7 durch die HERMITEsche Datenvorgabe erklärte Operator T dar. Da die Polynome N-ten Grades zu $\mathbb{D}^k$ gehören, garantiert in diesem Falle die Lösbarkeit des HERMITEschen Interpolationsproblems, daß T surjektiv ist.

Ein Spline-Interpolationsproblem $\mathbb{P}_S = \mathbb{P}_S(T,k)$ besteht dann darin, zu $f \in \mathbb{D}^k$ ein $s \in \mathbb{D}^k$ zu bestimmen mit

1. $Ts = Tf$ (Interpolationseigenschaft) und

2. $\|s\|_k \leq \|g\|_k \ \forall g \in \mathbb{D}^k$ mit $Tg = Tf$ (Minimaleigenschaft). $\qquad (1.7)$

Die Forderung 2 kann man dahingehend deuten, daß unter allen Interpolierenden von f eine besonders "glatte" ausgewählt werden soll.

Die Lösungen von $\mathbb{P}_S$ charakterisiert

Satz 1.1.

Folgende Eigenschaften einer Funktion $s \in \mathbb{D}^k$ mit $Ts = Tf$ für $f \in \mathbb{D}^k$ sind äquivalent:

a) Die Funktion s löst $\mathbb{P}_S$.

b) Für jedes $g \in \mathbb{D}^k$ mit $Tg = Tf$ gilt

$$(s,g-s)_k = 0 \ , \ \text{bzw.} \qquad (1.8)$$

c) für jedes $h \in \mathbb{D}^k$ mit $Th = 0$ gilt

$$(s,h)_k = 0 \quad \text{(Orthogonalitätsrelation)} . \qquad (1.9)$$

Beweis:

Die Äquivalenz von b) und c) ist offensichtlich, denn man braucht zur Verifikation nur $h = g-s$ zu setzen. Andererseits löst $s \in \mathbb{D}^k$ genau dann das Problem $\mathbb{P}_S$, wenn $t^* = f-s$ eine beste Approximation zu f in der Seminorm $\|.\|_k$ im Vergleich mit allen Funktionen des Kerns von T (mit ker T bezeichnet) ist. Aus Satz II. 4.2 mit der Bemerkung II. 4.1

folgt dann die Behauptung; man hat lediglich (II.4.2) in der Form

$$(f - (f-s),t)_k = 0 \qquad \forall t \in \ker T$$

zu schreiben. ∎

Die Orthogonalitätsrelation (1.8) liefert den Satz des PYTHAGORAS in der Form

$$\|f\|_k^2 = \|s\|_k^2 + \|f-s\|_k^2 \tag{1.10}$$

für alle Lösungen s von $\mathbb{P}_S$ mit Ts = Tf; daraus folgt insbesondere

Korollar 1.1.

Die Lösung s von $\mathbb{P}_S$ (bzw. der Alternativen b) oder c) des Satzes 1.1) ist eindeutig festgelegt bis auf ein $h \in \mathscr{R}_{k-1}$, das die homogenen Interpolationsbedingungen Th = 0 erfüllt.

Beweis:

Ist v eine weitere Lösung von $\mathbb{P}_S$, so gilt h := v-s $\in$ ker T und für s und v gilt (1.9), dies kombiniert man zu $\|h\|_k^2 = 0$. Wegen Bemerkung 1.1 liegt h dann in $\mathscr{R}_{k-1}$. ∎

Korollar 1.2.

Ist T eine HERMITEsche Datenabbildung und $N \geq k-1$, so ist die Lösung von $\mathbb{P}_S$ eindeutig bestimmt.

In diesem Fall impliziert nämlich die Eindeutigkeit der HERMITE-Interpolierenden zu N+1 Daten, daß $h \in \mathscr{R}_{k-1} \subset \mathscr{R}_N$ mit Th=0 identisch verschwindet. ∎

Die in Satz 1.1 bewiesene Äquivalenz der Minimaleigenschaft mit der Orthogonalitätsrelation motiviert die

Definition 1.3.

Zu $k \in \mathbb{N}$ und gegebener surjektiver Datenabbildung T: $\mathbb{D}^k \to \mathbb{R}^{N+1}$ bezeichne

$$S(T,k) := S := \{s \mid s \in \mathbb{D}^k, (s,v)_k = 0 \ \forall v \in \ker T\} \tag{1.11}$$

die Menge der (verallgemeinerten) <u>natürlichen Spline-Funktionen</u>. ▲

Offensichtlich bilden die Spline-Funktionen einen linearen Teilraum von $\mathbb{D}^k$ und enthalten stets die Polynome $\mathscr{P}_{k-1}$. Aus Korollar 1.1 folgt

<u>Korollar 1.3.</u>

Für die Restriktion von T auf S bzw. $\mathscr{P}_{k-1}$ gilt

$$S \cap \ker T = \mathscr{P}_{k-1} \cap \ker T \; . \; \blacksquare$$

In den folgenden Paragraphen sollen die Elemente von S genauer untersucht und in expliziter, für numerische Zwecke geeigneter Form dargestellt werden.

Dieser Paragraph soll mit dem Nachweis einer weiteren bemerkenswerten Eigenschaft der interpolierenden Splinefunktion s* schließen. Man kann nämlich fragen, ob nicht ein anderer Spline $s \in S$ im Sinne der Seminorm $\|s-f\|_k$ besser zur Approximation von f geeignet wäre als s*. Die Antwort gibt

<u>Satz 1.2.</u>

Gegeben sei $f \in \mathbb{D}^k$. Ist s* interpolierender Spline von f, so gilt

$$\|s^*-f\|_k \leq \|s-f\|_k \qquad \forall s \in S \; .$$

<u>Beweis:</u>

Da s* interpolierender Spline ist, so gilt für $v := s^*-f$ die Gleichung $Tv = Ts^*-Tf = O$.

Sei $s \in S$. Dann ist auch $u = s-s^*$ ein Spline und aus (1.11) folgt

$$\|s-f\|_k^2 - \|s^*-f\|_k^2 = \|u+v\|_k^2 - \|v\|_k^2$$

$$= 2(u,v)_k + \|u\|_k^2$$

$$= \|u\|_k^2 \geq O \; . \; \blacksquare$$

<u>Bemerkung 1.2.</u>

Die Existenz interpolierender Splines kann mit funktionalanalytischen
Methoden aus (1.7) erschlossen werden. Dieser Weg wird im folgenden
nicht beschritten; stattdessen wird über die analytische Charakterisierung der Spline-Funktionen ein konstruktiver Existenzbeweis geführt (Satz 3.1) und es werden für die Praxis geeignete Basen des
Raums $S(T,k)$ angegeben (<u>B-Splines</u> in § 4). *

§ 2 Satz von PEANO und Charakterisierung von Spline-Funktionen

1. Der Satz von PEANO

<u>Beispiel 2.1.</u>

Zu festem $x \in (a,b] \subset I$ und $k \in \mathbb{N}$ wird die HERMITEsche Datenabbildung

$$Tv := (v(x),v(a),\ldots,v^{(k-1)}(a))' \tag{2.1}$$

betrachtet; gesucht ist eine explizite Darstellung der zu T gehörigen
natürlichen Spline-Funktionen. Geht man von (1.11) aus, so ist jedes
$s \in S(T,k)$ durch das Verschwinden des linearen Funktionals $(s,\cdot)_k$ auf
ker T charakterisiert. Da für beliebige $u,v \in \mathbb{D}^k$ also $(s,v)_k=(s,u)_k$
gilt, wenn $Tv = Tu$ ist, hängt $(s,v)_k$ nur von den Komponenten von Tv
ab, d.h. es gibt einen Vektor $r_s = r = (\rho,-r_0,\ldots,-r_{k-1})' \in \mathbb{R}^{k+1}$ mit

$$(s,v)_k = r'\, Tv \qquad\qquad (v \in \mathbb{D}^k), \tag{2.2}$$

d.h.

$$\int_a^b s^{(k)}(t)v^{(k)}(t)dt =$$

$$\qquad\qquad\qquad\qquad (v \in \mathbb{D}^k)\ . \tag{2.3}$$

$$= \rho v(x) - \sum_{j=0}^{k-1} r_j v^{(j)}(a)$$

Die Ähnlichkeit dieser Gleichung mit der TAYLORformel

$$v(x) = \sum_{j=0}^{k-1} v^{(j)}(a)\ \frac{(x-a)^j}{j!} + \int_a^x \frac{(x-t)^{k-1}}{(k-1)!}\ v^{(k)}(t)\,dt \qquad (2.4)$$

liegt auf der Hand; man bringt beide dadurch zur Deckung, daß man die variable Integrationsgrenze in (2.4) durch Einführen der <u>abge-</u> <u>schnittenen Potenzfunktion</u>

$$(x)_+^j := \begin{cases} x^j & \text{für } x > 0 \\[2mm] \frac{1}{2} & \text{für } x=0 \text{ und } j=0 \\[2mm] 0 & \text{sonst} \end{cases} \qquad (x \in \mathbb{R},\ j \geq 0) \qquad (2.5)$$

beseitigt und $\rho = 1$, $r_j = \dfrac{(x-a)^j}{j!}$ sowie

$$s^{(k)}(t) = \frac{(x-t)_+^{k-1}}{(k-1)!} \quad ,$$

d.h.

$$s(t) = (-1)^k \frac{(x-t)_+^{2k-1}}{(2k-1)!} =: K_k(x,t) \subset \mathbb{D}^{2k-1}(I) \qquad (2.6)$$

setzt. Durch (2.6) ist also eine Spline-Funktion aus $S(T,k)$ gegeben; die Polynome aus $\mathcal{P}_{k-1}$ liefern die restlichen Basisfunktionen, weil gemäß Korollar 1.1 die Spline-Interpolation eindeutig sein muß und durch $K_k(x,t)$ zusammen mit einer Basis von $\mathcal{P}_{k-1}$ auf [a,b] genau k+1 linear unabhängige Funktionen aus $S(T,k)$ vorliegen und k+1 Interpolationsdaten gegeben waren.

<u>Bemerkung 2.1.</u>

Die in (2.6) auftretende <u>Kernfunktion</u> $K_k(x,t)$ ist die einfachste nichttriviale (d.h. nicht polynomiale) Spline-Funktion; ihre große Bedeutung liegt darin, daß sie in der TAYLORformel (2.4) auftritt, wenn man die Bilinearform $(\ ,\ )_k$ einführt:

$$v(x) = \sum_{j=0}^{k-1} v^{(j)}(a) \frac{(x-a)^j}{j!} + (K_k(x,\cdot),v)_k$$

$$(v \in \mathbb{D}^k) \ . \quad (2.7)$$

$$=: \quad (\mathcal{P}_{k,a}v)(x) \quad + (K_k(x,\cdot),v)_k$$

Diese Formel bedeutet, daß der polynomiale Anteil $\mathcal{P}_{k,a}v =: \mathcal{P}_a v$ (der nur von $v(a),\ldots,v^{(k-1)}(a)$ abhängt) und $v^{(k)}$ die Funktion v zu <u>reproduzieren</u> gestatten. Daher ist die Wirkung einer allgemeinen Datenabbildung $T: \mathbb{D}^k \to \mathbb{R}^{N+1}$ auf ein $v \in \mathbb{D}^k$ durch

$$Tv = T(\mathcal{P}_{k,a}v) + T(K_k(x,\cdot),v)_k \qquad\qquad (2.8)$$

zu beschreiben, d.h. durch die Wirkung auf Polynome und durch die Wirkung bezüglich der Variablen x auf $(K_k(x,\cdot),v)_k$. Um nun analog zu (2.2) für ein $r \in \mathbb{R}^{N+1}$ das lineare Funktional

$$r'Tv = r'T(\mathcal{P}_{k,a}v) + r'T(K_k(x,\cdot),v)_k$$

mit $(s,v)_k$ vergleichen zu können, ist es wünschenswert, die Gleichung

$$r'T(K_k(x,\cdot),v)_k = (r'T\,K_k(x,\cdot),v)_k$$

zu haben. *

<u>Hilfssatz 2.1.</u>
Für jede Datenabbildung gemäß Definition 1.2 gilt komponentenweise die <u>Vertauschungsrelation</u>

$$T(K_k(x,\cdot),v)_k = (T_x\,K_k(x,\cdot),v)_k \qquad\qquad (v \in \mathbb{D}^k) \ , \qquad (2.9)$$

wobei der Index x bei T anzeigt, daß T bezüglich x auf K_k wirkt.

<u>Beweis:</u>
Da (2.9) in T linear ist und ohnehin komponentenweise zu verstehen ist, genügt es, die Fälle $T_i : \mathbb{D}^k \to \mathbb{R}$ mit $i = 1,2$ und

$$T_1 v = v^{(j)}(x) \qquad\qquad x \in I, \quad 0 \leq j < k$$

$$T_2 v = \int_{I_1} v^{(j)}(x) w(x) dx, \quad I_1 \subset I, \quad 0 \leq j < k, \quad w \in C(I_1)$$

zu behandeln. Im ersten Fall hat man zunächst

$$T_1(\mathcal{P}_{k,a} v) = \frac{d^j}{dx^j} \sum_{i=0}^{k-1} v^{(i)}(a) \frac{(x-a)^i}{i!}$$

$$= \sum_{i=0}^{k-j-1} v^{(j+i)}(a) \frac{(x-a)^i}{i!} = \mathcal{P}_{k-j,a}(v^{(j)})$$

und mit der TAYLORformel auch

$$T_1(K_k(x,\cdot),v)_k = T_1(v(x) - (\mathcal{P}_{k,a} v)(x))$$

$$= (v^{(j)} - \mathcal{P}_{k-j,a}(v^{(j)}))(x)$$

$$= (K_{k-j}(x,\cdot),v^{(j)})_{k-j}$$

$$= \int_I \frac{(x-t)_+^{k-j-1}}{(k-j-1)!} v^{(k)}(t) dt$$

$$= (T_1 K_k(x,\cdot),v)_k .$$

Im Fall $T = T_2$ folgt

$$T_2(K_k(x,\cdot),v)_k = \int_{I_1} T_{1,x}(K_k(x,\cdot),v)_k w(x)\,dx$$

$$= \int_{I_1} (T_{1,x} K_k(x,\cdot),v)_k w(x)\,dx$$

$$= \int_{I_1} \int_{I} \frac{(x-t)_+^{k-j-1}}{(k-j-1)!}\, v^{(k)}(t)\,dt\, w(x)\,dx$$

$$= \int_{I} \int_{I_1} \frac{(x-t)_+^{k-j-1}}{(k-j-1)!}\, w(x)\,dx\, v^{(k)}(t)\,dt$$

$$= (T_{2,x} K_k(x,\cdot),v)_k$$

durch Vertauschung der Integrationsreihenfolge. $\blacksquare$

Eine unmittelbare Konsequenz ist, als Nebenresultat, der

<u>Satz 2.1.</u> (PEANO)
Wird ein Funktional $R(v)$ auf $\mathbb{D}^k$ definiert durch

$$R(v) = \sum_{j=0}^{n} \sum_{i=0}^{m_j} c_{ji}\, v^{(i)}(x_j) + \sum_{i=0}^{k-1} \int_{I_i} v^{(i)}(t)\cdot w_i(t)\,dt\ , \qquad (2.10)$$

mit $x_j \in I$, $0 \le m_j < k$, $w_i \in C(I_i)$, $I_i \subset I$, so besitzt es die Darstellung

$$R(v) = \sum_{j=0}^{k-1} a_j\, v^{(j)}(a) + \int_{I} R_x(G_k(x,\cdot))\cdot v^{(k)}(t)\,dt \qquad (2.11)$$

mit

$$a_j = R\left(\frac{(x-a)^j}{j!}\right)$$

und

$$G_k(x,t) = \frac{(x-t)_+^{k-1}}{(k-1)!} = \frac{\partial^k}{\partial t^k} K_k(x,t) \ . \tag{2.12}$$

<u>Beweis:</u>

Man benutzt die Darstellung (2.7) von v durch die TAYLORsche Formel und beachtet, daß R ein Datenoperator ($\mathbb{D}^k \to \mathbb{R}^1$) im Sinne von Definition 1.2 ist.

Es gilt also

$$Rv = R(\mathcal{P}_{k,a}v) + R(K_k(x,\cdot),v)_k$$

$$= \sum v^j(a) \cdot R\left(\frac{(x-a)^j}{j!}\right) + (R_x K_k(x,\cdot),v)_k \ .$$

Daraus liest man die Formel für die Koeffizienten a_j ab. Schließlich kann man mit den Methoden von Teil 2 des vorigen Beweises noch sehen, daß gilt

$$(R_x K_k(x,\cdot),v)_k = \int_I \frac{\partial^k}{\partial t^k} R_x K_k(x,\cdot) \cdot v^{(k)}(t)dt$$

$$= \int_I R_x\left(\frac{\partial^k}{\partial t^k} K_k(x,\cdot)\right)v^{(k)}(t)dt \ . \ \blacksquare$$

Dieser Satz gibt eine Handhabe zur Darstellung der bei der <u>numerischen Differentiation</u> und <u>Integration</u> durch Diskretisierung auftretenden systematischen Fehler.

2. Anwendungen auf die numerische Differentiation

Beispiel 2.2.

Die Ableitung $f'(0)$ einer Funktion $f \in C^2[0,h]$ werde durch

$\Delta^1(h,0)f = \dfrac{f(h)-f(0)}{h}$ approximiert. Für den Fehler gilt nach dem Satz von PEANO

$$R(f) := f'(0) - \Delta^1(h,0)f = -\int_0^h \frac{h-t}{h} f''(t)\,dt \ ,$$

denn für lineare Funktionen p ist $R(p) = 0$, so daß a_0 und a_1 verschwinden, und man hat

$$R_x\left(\frac{(x-t)_+^1}{1!}\right) = 0 - \frac{(h-t)-0}{h} \qquad \text{für } 0 < t < h \ .$$

Also gilt die Fehlerabschätzung

$$|R(f)| \leq \frac{h}{2} \|f''\|_\infty \ ,$$

welche für $f(t) = t^2$ scharf ist.

Beispiel 2.3.

Eine bessere Näherung von $f'(0)$ liefert für $f \in C^3[-h,+h]$ der symmetrische Differenzenquotient $\Delta^1(-h,+h)f$, wie folgende Rechnung zeigt. Sei

$$R(f) := f'(0) - \frac{f(h)-f(-h)}{2h} \ .$$

Dann ist $R(p) = 0$ für $p \in \mathscr{R}_2$. Nimmt man $k = 3$, $a = -h$, $b = +h$, so folgt

$$R_x\left(\frac{(x-t)_+^2}{2!}\right) = (-t)_+^1 - \frac{(h-t)^2}{2\cdot 2h} = -\frac{h^2-2ht-4h(-t)_+ + t^2}{4h}$$

$$= -\frac{(h-|t|)^2}{4h}$$

für $a \leq t \leq b$. Der Satz von PEANO liefert

$$|R(f)| = \left| \int_{-h}^{+h} \frac{(h-|t|)^2}{4h} \; f'''(t)\,dt \right|$$

$$\leq \frac{h^2}{6} \cdot \| f''' \|_\infty \quad .$$

Diese Abschätzung ist für $f(t) = t^3$ scharf.

Man kann diese und weitere Näherungsformeln für Differentialquotienten finden, indem man zunächst ein Interpolationspolynom ermittelt und dessen Ableitung statt der Ableitung von f benutzt. Im zweiten Beispiel hätte man etwa in den Punkten -h,O,+h interpolieren können.

Zur Illustration der Schwierigkeiten bei der numerischen Differentiation zeigen die Abbildungen 2.1 und 2.2 den Verlauf der Fehler

$$R_1(f) = \frac{e^h - e^0}{h} - e^0 \; \Bigg\}$$

und $\quad\quad\quad\quad\quad\quad\quad\quad \Bigg\}\quad$ für $f(x) := e^x$

$$R_2(f) = \frac{e^h - e^{-h}}{2h} - e^0 \; \Bigg\}$$

in zweifach logarithmischer Darstellung:

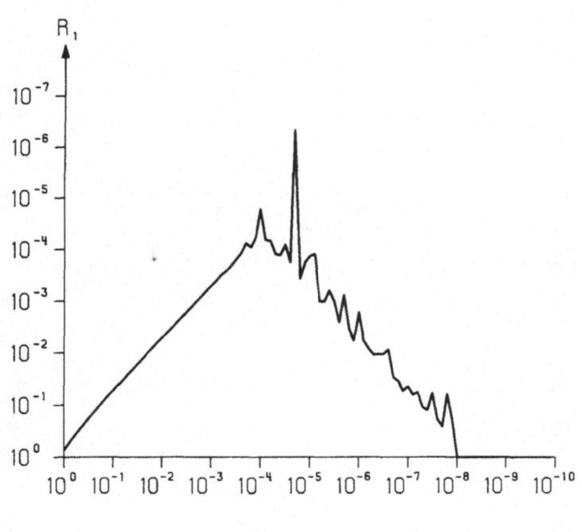

Abb. 2.1

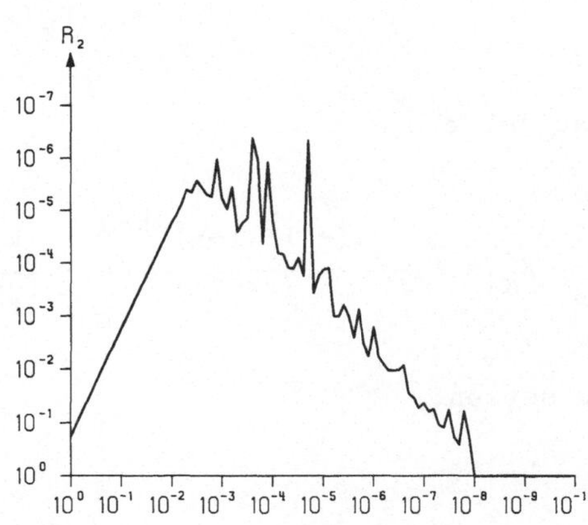

Abb. 2.2

Man erkennt die Instabilität infolge der Auslöschung tragender Ziffern, sobald Rundungsfehler in die Größenordnung des hier betrachteten systematischen oder Abbruchfehlers kommen. Ferner ist zu sehen, daß $R_2(h) = O(h^2)$ gegenüber $R_1(h) = O(h)$ gilt und daß man mit $R_2(h)$ eine höhere Genauigkeit erreichen kann, bevor die Rundungsfehler die Genauigkeit zu zerstören beginnen.

3. Erweiterung des PEANO-Satzes

Die vorliegende Formulierung des PEANOschen Satzes ist insofern speziell, als man voraussetzt, daß Funktionswert und Ableitungen von v im linken Intervallendpunkt a genommen werden. Man kann den Satz auch stattdessen für einen beliebigen Punkt $c \in I$ formulieren.

Zur Vorbereitung beachte man, daß die TAYLORformel (2.4) auch für b statt a gilt:

$$v(x) = (\mathcal{P}_b v)(x) + \int_b^x \frac{(x-t)^{k-1}}{(k-1)!} \, v^{(k)}(t)\,dt \ .$$

Wegen

$$\int_b^x \frac{(x-t)^{k-1}}{(k-1)!} \, v^{(k)}(t)\,dt = \int_a^b - \frac{(-1)^{k-1} \cdot (t-x)_+^{k-1}}{(k-1)!} \, v^{(k)}(t)\,dt =$$

$$=: \ (K_k^-(x,\cdot),v)_k$$

ist jetzt

$$K_k^-(x,t) = \frac{(-1)^k (t-x)_+^{2k-1}}{(2k-1)!} \quad ; \quad \frac{\partial^k}{\partial t^k} \, K_k^-(x,t) = \frac{(-1)^k (t-x)_+^{k-1}}{(k-1)!}$$

zu setzen.

Wie vorher gelten die Vertauschbarkeitsregeln.

Ist $c \in (a,b)$, so wende man das in (2.10) definierte Funktional R auf

$$v(x) = (\mathcal{P}_c v)x + \int_c^x \frac{(x-t)^{k-1}}{(k-1)!}\, v^{(k)}(t)\,dt$$

$$= (\mathcal{P}_c v)x + \int_a^b \frac{\partial^k}{\partial t^k}\Big(K_k(x,t)(t-c)_+^{\mathrm{o}} + K_k^-(x,t)(c-t)_+^{\mathrm{o}}\Big)\, v^{(k)}(t)\,dt$$

an. Man erhält

$$R(v) = R(\mathcal{P}_c v) + R_x\Big(K_k(x,t)(t-c)_+^{\mathrm{o}} + K_k^-(x,t)(c-t)_+^{\mathrm{o}},\; v(t)\Big)_k \; .$$

Der erste Summand der rechten Seite hat die gleiche Gestalt wie vorher mit c an Stelle von a.

Auf den zweiten Summanden wendet man die Vertauschungsregeln an, an deren Gültigkeit auch die Faktoren $(t-c)_+^{\mathrm{o}}$ und $(c-t)_+^{\mathrm{o}}$ nichts ändern.

Statt (2.11) bekommt man also die allgemeine PEANO-Formel

$$R(v) = \sum_{j=0}^{k-1} a_j v^{(j)}(c) + \int_a^b R_x(G_k(x,c,\cdot))v^{(k)}(t)\,dt \; , \qquad (2.13)$$

mit

$$a_j = R\left(\frac{(x-c)^j}{j!}\right) \; ,$$

$$\qquad (2.14)$$

$$G_k(x,c,t) = \frac{1}{(k-1)!}\left\{ (x-t)_+^{k-1}\cdot(t-c)_+^{\mathrm{o}} + (-1)^k (t-x)_+^{k-1}(c-t)_+^{\mathrm{o}}\right\} \; .$$

Im Beispiel 2.3 erhält man mit $c = 0$ unter Verwendung der übrigen dort eingeführten Bezeichnungen wie erwartet die gleiche Integraldarstellung

$$R_x(G_3(x,0,t) = \frac{1}{2!}\left[2(0-t)_+ \cdot (t)_+^1 + 2(-1)^3(-1)(t-0)_+^1(-t)_+^0 - \right.$$

$$\left. - \frac{(h-t)_+^2 \cdot (t)_+^0 - (-1)^3 \cdot (t+h)_+^2(-t)_+^0}{2h}\right] =$$

$$= \frac{1}{4h}\left\{\begin{array}{ll} -(h-t)^2 & \text{für } t > 0 \\[2em] -(h+t)^2 & \text{für } t < 0 \end{array}\right\} = -\frac{(h-|t|)^2}{4h}\quad.$$

4. Anwendungen auf die numerische Integration

<u>Beispiel 2.4.</u> (Trapezregel)
Ersetzt man das Funktional

$$I(f) := \int_{-h}^{+h} f(t)\,dt$$

näherungsweise durch den
Flächeninhalt des durch
$(-h,f(-h))$, $(+h,f(h))$ gegebenen Trapezes, so er-
hält man die Näherung

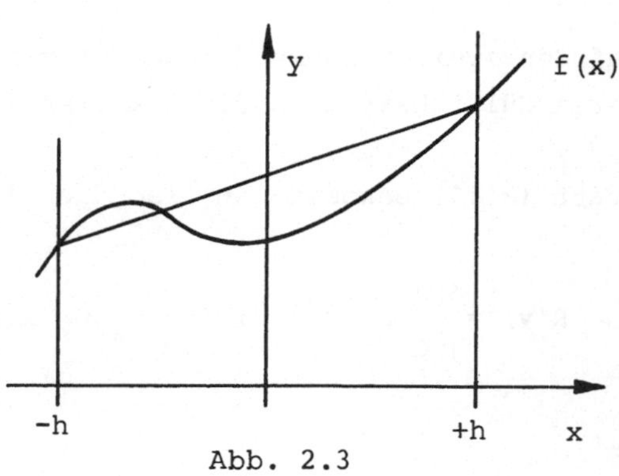

Abb. 2.3

$$\int_{-h}^{+h} f(t)\,dt = h \cdot \bigl(f(h) + f(-h)\bigr) + R(f)\ ,$$

welche offensichtlich exakt ist für alle $f \in \mathscr{X}_1$. Aus (2.13) ergibt
sich für $k = 2$ und $c = 0$ die Restglieddarstellung

$$R(f) = \int_{-h}^{h} \tilde{K}_2(0,t)\,f''(t)\,dt$$

mit

$$\tilde{K}_2(0,t) = R_x(G_2(x,0,t)) = R_x((x-t)_x^1)(t)_x^0 + R_x((t-x)_x^1)(-t)_x^0$$

und man erhält für $f \in C^2(-h,+h)$

$$\int\limits_{-h}^{h} f(t)\, dt - h[f(h)+f(-h)] = \frac{1}{2} \int\limits_{-h}^{+h} f''(t)\cdot(t^2-h^2)\, dt$$

$$= -\frac{2h^3}{3} f''(\xi) \quad \text{mit geeignetem } \xi \in [-h,+h].$$

Setzt man sogar $f \in C^{2m}(-h,+h)$ für $m \geq 1$ voraus, so folgt

$$R(f) = -\sum_{j=1}^{m-1} 4j\, \frac{h^{2j+1}}{(2j+1)!}\, f^{(2j)}(0) +$$

$$+ \frac{1}{(2m-1)!} \int\limits_{-h}^{+h} f^{(2m)}(t)\left[\frac{(h-|t|)^{2m}}{2m} - h(h-|t|)^{2m-1}\right]dt \ .$$

Beispiel 2.5. (<u>SIMPSON-Regel</u>)
Die Integrationsformel (vgl. § 6)

$$\int\limits_{-h}^{+h} f(t)\, dt = \frac{h}{3}\,[f(h) + 4f(0) + f(-h)] + R_s(f)$$

ist exakt für alle Polynome $P \in \mathcal{P}_3$. Für Funktionen $f \in C^{2m}(-h,+h)$ mit $m \geq 2$ findet man nach (2.13) mit $k = 4$ und $c = 0$ die Entwicklung

$$R(f) = -\frac{2}{3} \sum_{j=2}^{m-1} \frac{h^{2j+1}}{(2j+1)!}\,(2j-2)\, f^{(2j)}(0) +$$

$$+ \frac{1}{(2m-1)!} \int\limits_{-h}^{+h} f^{(2m)}(t)\left[\frac{(h-|t|)^{2m}}{2m} - \frac{h}{3}(h-|t|)^{2m-1}\right]dt \ ,$$

speziell $R_s(f) = -\frac{1}{90}\, h^5\cdot f^{(4)}(\xi)$.

5. Analytische Beschreibung natürlicher Spline-Funktionen

Nach diesen Vorbereitungen ist es nicht schwierig, die Elemente von $S(T,k)$ zu beschreiben.

Sei $s \in S$; dann gibt es wie im Beispiel 2.1 ein $r = r_s \in \mathbb{R}^{N+1}$, für welches

$$(s,v)_k := r' \, Tv \qquad (v \in \mathbf{D}^k) \tag{2.15}$$

gilt. Setzt man für v ein Element p von $\mathcal{R}_{k-1}$ ein, so verschwindet $(s,p)_k$ und man erhält

$$r' \, Tp = 0 \qquad \forall p \in \mathcal{R}_{k-1} \, , \tag{2.16}$$

d.h. der Vektor r liegt im orthogonalen Komplement $(T \, \mathcal{R}_{k-1})^{\perp}$ von $T \, \mathcal{R}_{k-1} \subset \mathbb{R}^{N+1}$. Aus (2.15) und (2.16) folgt mit der TAYLORformel (2.7) und der Vertauschungsrelation (2.9) die Beziehung

$$(s,v)_k = r' \, T(K_k(x,\cdot),v)_k + r' \, T(\mathcal{P}_a v)$$

$$= (r' \, T_x \, K_k(x,\cdot),v)_k \, . \tag{2.17}$$

Diese Gleichung impliziert, daß die Seminorm $\|v\|_k$ von

$$v := s - r' \, T_x K_k(x,\cdot)$$

verschwindet, v also nach Bemerkung 1.1 zu $\mathcal{R}_{k-1}$ gehört; daher gilt

$$s(t) = r' \cdot T_x \, K_k(x,t) + p(t) \tag{2.18}$$

mit $p \in \mathcal{R}_{k-1}$ und $r \in (T \, \mathcal{R}_{k-1})^{\perp}$.

Dies ist der erste Teil des Beweises von

Satz 2.2.

Zu gegebenem $k \in \mathbb{N}$ und gegebener Datenabbildung T hat der Raum der Spline-Funktionen die Gestalt

$$S(T,k) = \mathcal{R}_{k-1} + \{r'\, T_x K_k(x,\cdot) \mid r \in (T\,\mathcal{R}_{k-1})^{\perp}\} \ . \qquad (2.19)$$

Diese Summe ist direkt.

<u>Beweis:</u>
Durch Anwendung von r'T auf die TAYLORformel

$$u(x) = (\mathcal{P}_a u)(x) + (K_k(x,\cdot),u)_k \qquad \forall u \in \ker T$$

erhält man

$$0 = r'Tu = \underbrace{r'T(\mathcal{P}_a u)}_{=0} + (r'T_x K_k(x,\cdot),u)_k$$

$$= (p+r'T_x K_k(x,\cdot),u)_k \qquad \forall p \in \mathcal{R}_{k-1}, \ r \in (T\mathcal{R}_{k-1})^{\perp} \ ,$$

so daß jedes Element der Form (2.18) eine Spline-Funktion ist. Damit ist die Darstellung (2.19) bewiesen; es bleibt zu verifizieren, daß die Summe direkt ist. Dazu betrachtet man ein $s = r'T_x K_k(x,\cdot) \in \mathcal{R}_{k-1}$ mit $r \in (T\mathcal{R}_{k-1})^{\perp}$. Sei u beliebig aus $\mathbf{D}^k$. Da s polynomial ist, gilt

$$0 = (s,u)_k = (r'T_x K_k(x,\cdot),u)_k$$

$$= r'\, T(K_k(x,\cdot),u)_k$$

$$= r'Tu - r'T\mathcal{P}_a u = r'\, Tu$$

unter Benutzung der Vertauschungsrelation.

Da T surjektiv ist, muß r verschwinden. ∎

6. Spezielle Klassen von Spline-Funktionen

Beispiel 2.6. (Polygonzüge)

Mit $k = 1$ und beliebigem $N \geq 1$ sei in $I = [a,b]$ eine LAGRANGE-Daten-abbildung $Tu = (u(x_o),\ldots,u(x_N))'$ für Punkte $a \leq x_o < x_1 < \ldots < x_N \leq b$ gegeben.

Um $S(T,1)$ gemäß Satz 2.2 zu bestimmen, hat man die Vektoren $r = (r_o,\ldots,r_N)' \in (T\mathcal{R}_o)^{\perp}$ zu betrachten. Für jedes solche r gilt

$$r' \cdot T\,1 = r_o + r_1 + \ldots + r_N = 0 \ , \tag{2.20}$$

d.h. $r'\,T$ annulliert alle konstanten Funktionen. Wegen $\dim T(\mathcal{R}_o) = 1$ gibt es N linear unabhängige Lösungen r der homogenen Gleichung (2.20); eine Basis bilden beispielsweise die Differenzen $e_i - e_{i-1}$ aufeinanderfolgender Einheitsvektoren für $i = 1,\ldots,N$. Genausogut kann man die Basis

$$r_i := \frac{e_i - e_{i-1}}{x_i - x_{i-1}} \qquad (1 \leq i \leq N)$$

wählen, für die

$$r_i'\,Tv = \frac{v(x_i) - v(x_{i-1})}{x_i - x_{i-1}} = \Delta^1(x_{i-1},x_i)v \qquad (1 \leq i \leq N) \tag{2.21}$$

gilt. Man erhält so nach Satz 2.2 eine Basis des Raums $S(T,1)$ durch die Konstante 1 und die Funktionen

$$s_i(t) = r_i'\,T_x\,K_1(x,t) = -\,\Delta_x^1(x_{i-1},x_i)(x-t)_+^1$$

$$(1 \leq i \leq N)$$

$$= -\,\frac{(x_i-t)_+^1 - (x_{i-1}-t)_+^1}{x_i - x_{i-1}} \ .$$

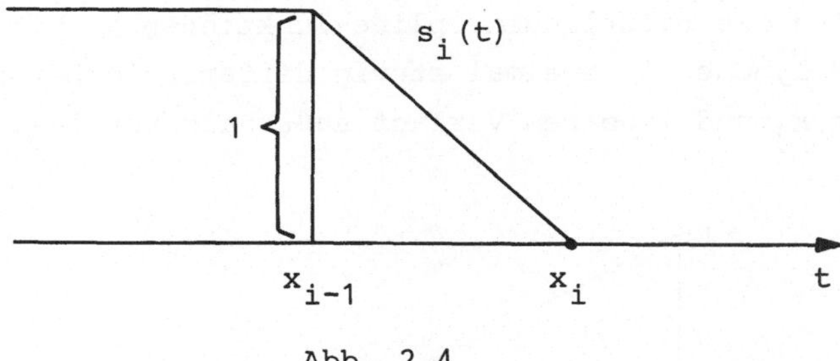

Abb. 2.4

Beispiel 2.7. (Kubische Splines)

Im Falle k = 2 haben alle Vektoren $r \in (T\mathcal{R}_1)^\perp$ die Eigenschaft, die
Daten von Polynomen 1. Grades zu annullieren; wegen dim $T(\mathcal{R}_1) = 2$
kommen die N-1 Basisvektoren r_i mit

$$r_i^! \; Tv = \Delta^2(x_{i-1}, x_i, x_{i+1})v \qquad (1 \leq i \leq N-1)$$

in Frage, wenn man (2.21) sinngemäß verallgemeinert. Aus der Formel
(I.2.2) für die Gewichte des Differenzenquotienten folgt dann

$$r_i = \frac{e_{i-1}}{h_i(h_{i+1}+h_i)} - \frac{e_i}{h_{i+1} \cdot h_i} + \frac{e_{i+1}}{h_{i+1}(h_{i+1}+h_i)} \qquad (1 \leq i \leq N-1)$$

mit $h_i := x_i - x_{i-1}$, $1 \leq i \leq N.$

Neben den Polynomen 1. Grades erhält man die Basisfunktionen

$$s_i(t) = r_i^! \; T_x(K_2(x,t))$$

$$= \Delta_x^2(x_{i-1}, x_i, x_{i+1}) \; \frac{(x-t)_+^3}{3!} , \qquad (1 \leq i \leq N-1) ,$$

die für $t \leq x_{i-1}$ linear sind, für $t \geq x_{i+1}$ verschwinden und in
$[x_{i-1}, x_{i+1}]$ aus kubischen Polynomen mit zweimal stetig differenzierbaren Übergängen an den Knoten bestehen (Abb. 2.5).

Deshalb sind die natürlichen Spline-Funktionen in S(T,2) stückweise
__kubische__ Polynome mit zweimal stetig differenzierbaren Übergängen an
den Knoten x_j und linearem Verlauf außerhalb von $[x_o, x_N]$.

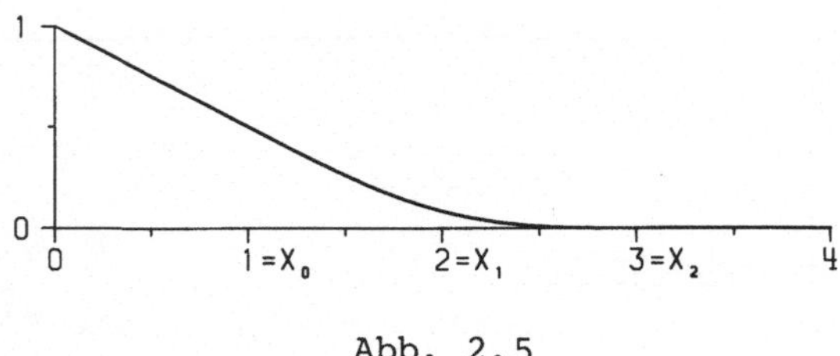

$$\text{Abb. 2.5}$$

Da die hier konstruierte Basis numerisch nicht vorteilhaft ist, wird
in den folgenden beiden Paragraphen genauer auf die praktische Handhabung von Spline-Funktionen eingegangen.

__Beispiel 2.8.__ (Histosplines)
Betrachtet man den Fall $k = 1$ und die Datenabbildung T: $\mathbb{D}^1 \to \mathbb{R}^{N+1}$
mit den Komponenten

$$e_i' \, Tv = \frac{1}{x_{i+1} - x_i} \int_{x_i}^{x_{i+1}} v(u)\,du = \Delta_x^1 (x_{i+1}, x_i) \int_a^x v(u)\,du \qquad (O \le i \le N)$$

für eine Zerlegung $a = x_o < x_1 < \dots < x_{N+1} = b$, so sind die Vektoren
$r \in \mathbb{R}^{N+1}$ mit

$$r' \, T \, 1 = r' \cdot \begin{pmatrix} 1 \\ \vdots \\ 1 \end{pmatrix} = O$$

zu erzeugen über

$$r_i := \frac{e_{i+1} - e_i}{x_{i+1} - x_{i-1}} \qquad (1 \le i \le N)$$

und man erhält eine Basis von S(T,1) durch die konstante Funktion 1
und

$$s_i(t) = r_i' \, T_x(K_1(x,t))$$

$$= \frac{1}{x_{i+1}-x_{i-1}} \, [\Delta_x^1(x_i,x_{i+1}) \int_a^x (u-t)_+ du - \Delta_x^1(x_{i-1},x_i) \int_a^x (u-t)_+ du]$$

$$= \Delta_x^2(x_{i-1},x_i,x_{i+1}) \, \frac{(x-t)_+^2}{2} \qquad (1 \le i \le N) \ .$$

Das "Interpolationsproblem" mit dem obigen Datenoperator liefert einen "Histospline", der ein gegebenes Histogramm

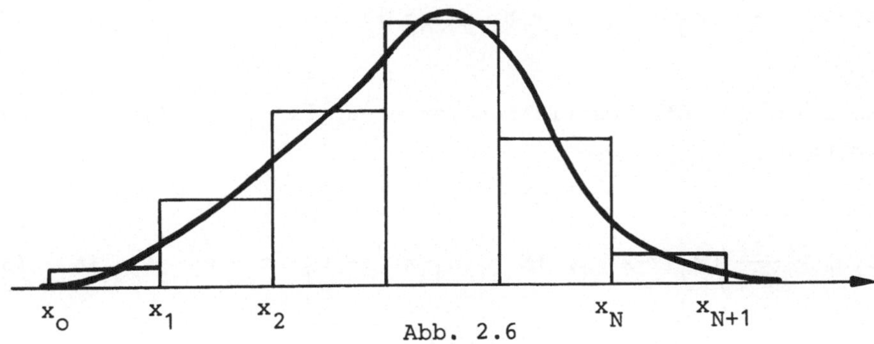

Abb. 2.6

durch eine Spline-Funktion $s \in C^1[x_o,x_{N+1}]$ ersetzt, die aus Parabel-stücken besteht und deren Teilintegrale den gegebenen Rechteckflächen des Histogrammes gleich sind.

§ 3 Interpolation mit Spline-Funktionen

1. Kubische Splines

Für die Praxis werden die kubischen Splines (Beispiel 2.7) am häu-figsten verwendet. Daher soll zunächst speziell für kubische Splines ein einfaches numerisches Konstruktionsverfahren für die Lösung des Interpolationsproblems im Falle von LAGRANGE-Vorgaben angegeben wer-den, d.h. zu festen Knoten

$$a = x_0 < x_1 < \ldots < x_N = b \qquad\qquad (3.1)$$

seien Interpolationsdaten $y_0, \ldots, y_N \in \mathbb{R}$ vorgegeben. Auf jedem Teil-intervall $I_j := [x_{j-1}, x_j]$ ist die zweite Ableitung einer Funktion $s \in S = S(T,2)$ linear, wie in Beispiel 2.7 gezeigt wurde. Mit den Abkürzungen

$$h_j := x_j - x_{j-1} \qquad\qquad (1 \le j \le N)$$

$$M_j := s''(x_j) \qquad\qquad (0 \le j \le N)$$

$$(3.2)$$

gilt also

$$s''(x) = \frac{1}{h_j} [M_j(x-x_{j-1}) + M_{j-1}(x_j-x)] \qquad (x \in I_j). \qquad (3.3)$$

Daraus folgt für die Restriktion von s auf $[x_{j-1}, x_j]$ durch zweimalige Integration

$$s(x) = \frac{1}{6h_j} [M_j(x-x_{j-1})^3 + M_{j-1}(x_j-x)^3] + b_j [x - \frac{x_j + x_{j-1}}{2}] + a_j \qquad (3.4)$$

mit gewissen Integrationskonstanten a_j, b_j.

Unter Benutzung der Interpolationsbedingungen soll daraus ein Glei-chungssystem für die Parameter M_j, a_j, b_j hergeleitet werden. Bedient man sich der Identität

$$(h_j + h_{j+1}) \, \Delta^2(x_{j-1}, x_j, x_{j+1}) u$$

$$= \Delta^1(x_j, x_{j+1}) u - \Delta^1(x_j, x_{j-1}) u$$

$$(3.5)$$

$$= [\Delta^1(x_j, x_{j+1}) u - \Delta^1(x_j, x_j) u] + [\Delta^1(x_j, x_j) u - \Delta^1(x_{j-1}, x_j) u]$$

$$= h_{j+1} \, \Delta^2(x_j, x_j, x_{j+1}) u + h_j \, \Delta^2(x_{j-1}, x_j, x_j) u$$

und berücksichtigt, daß bei der Bildung zweiter Differenzenquotienten
lineare Funktionen annulliert werden, so erhält man aufgrund der vorgegebenen Werte y_j einerseits und der Form (3.4) von $s(x)$ andererseits
die Gleichungen

$$(h_j + h_{j+1}) \; \Delta^2(x_{j-1}, x_j, x_{j+1})y = (h_j + h_{j+1}) \; \Delta^2(x_{j-1}, x_j, x_{j+1})s$$

$$(3.6)$$

$$= h_{j+1} \cdot \frac{1}{6h_{j+1}}[M_{j+1}h_{j+1} + 2M_j h_{j+1}] + h_j \cdot \frac{1}{6h_j}[2M_j h_j + M_{j-1}h_j] \; .$$

Durch Multiplikation mit $3 \cdot (h_j + h_{j+1})^{-1}$ erhält man schließlich das nur
noch die M_j enthaltende lineare Gleichungssystem

$$\mu_j M_{j-1} + M_j + \lambda_j M_{j+1} = 3 \cdot \Delta^2(x_{j-1}, x_j, x_{j+1})y \qquad (3.7)$$

für $j = 1, \ldots, N-1$ mit den Größen

$$\mu_j := \frac{h_j}{2(h_j + h_{j+1})} \quad , \quad \lambda_j := \frac{h_{j+1}}{2(h_j + h_{j+1})} \quad , \quad \lambda_j + \mu_j = \frac{1}{2} \; . \qquad (3.8)$$

In (3.7) sind die Randwerte noch <u>nicht</u> berücksichtigt.

Bezüglich der Randvorgaben kann man 3 Fälle unterscheiden, wenn man
formal das Spline-Konzept über den Bereich der natürlichen Splines
hinaus erweitert:

a) Es seien zusätzlich feste Werte für M_O und M_N vorgeschrieben. Dann
   ist durch (3.7) bereits ein System von N-1 Gleichungen mit N-1 Unbekannten gegeben. Man sieht aus Beispiel 2.7, daß $M_O = M_N = O$ für
   natürliche Splines $s \in S$ gilt.

b) Soll s periodisch sein, so identifiziert man

$$M_O = M_N \; , \quad M_{N+1} = M_1 \; , \quad Y_{N+1} = Y_1 \; , \quad h_{N+1} = h_1$$

   und bildet damit (3.7) für die Indizes $j = 1, \ldots, N$ mit den Unbekannten $M_1, \ldots, M_N$. Dies liefert N Gleichungen für N Unbekannte.

c) Sind zusätzlich reelle Zahlen u,v vorgegeben und wird

$$s'(x_O) = u \ , \quad s'(x_N) = v$$

gefordert, so folgen mit (3.4) die zusätzlichen Gleichungen

$$M_O + \frac{1}{2} M_1 = 3 \cdot \Delta^2 (x_O, x_O, x_1) y \ ,$$

$$\frac{1}{2} M_{N-1} + M_N = 3 \cdot \Delta^2 (x_{N-1}, x_N, x_N) y \ .$$

Definiert man

$$x_{-1} := x_O \ , \quad x_{N+1} := x_N \ , \quad h_O := h_{N+1} := 0 \ ,$$

so hat man in diesem Fall N+1 Gleichungen der Form (3.7) für $0 \leq j \leq N$ zur Bestimmung der N+1 Unbekannten $M_O, \ldots, M_N$.

Wegen

$$\lambda_j + \mu_j = \frac{1}{2} \quad \text{und} \quad \lambda_j \geq 0 \ , \quad \mu_j \geq 0$$

sind die Koeffizientenmatrizen der resultierenden linearen Gleichungssysteme <u>in allen Fällen</u> diagonaldominant und wegen des Satzes von GERSCHGORIN (vgl. Band I) nicht singulär.

In den Fällen a) und c) ist die Koeffizientenmatrix tridiagonal. Dann läßt sich die Lösung des Gleichungssystems nach dem GAUSSschen Eliminationsverfahren mit höchstens 3(n+1) Punktoperationen durchführen. Stabilitätsprobleme ergeben sich nicht, da die Matrix diagonaldominant ist.

2. Existenz allgemeiner interpolierender Splinefunktionen

Bei kubischen Splines konnte die Existenz einer Interpolierenden für eine Datenvorgabe vom LAGRANGEschen Typ konstruktiv bewiesen werden. Für den allgemeinen Fall wird der Existenzbeweis durch eine Dimensionsbetrachtung geführt. Im Prinzip ist dieser Beweis zwar auch praktisch nachvollziehbar, da man in endlich-dimensionalen Räumen

arbeitet, es sollen aber bessere Hilfsmittel im nächsten Paragraphen
entwickelt werden.

<u>Satz 3.1.</u>
Gegeben seien $k \in \mathbb{N}$ und eine Datenabbildung $T: \mathbb{D}^k \to \mathbb{R}^{N+1}$ gemäß
Definition 1.2. Dann gibt es für jeden Vektor $c \in \mathbb{R}^{N+1}$ ein $s \in S(T,k)$
mit $Ts = c$. Bis auf Elemente $p \in \mathscr{R}_{k-1} \cap \ker T$ ist die Lösung eindeutig festgelegt.

<u>Beweis:</u>
Die Aussage über die Eindeutigkeit wurde bereits in Korollar 1.1 bewiesen. Zum Nachweis der Existenz wird $\dim T(S) = N+1$ gezeigt. Zunächst ist zu sehen, daß die durch $r \to r'\, T_x K_k(x,\cdot)$ vermittelte Ab-
bildung $(T \mathscr{R}_{k-1})^{\perp} \to \mathbb{D}^k$ injektiv ist. Sei nämlich für ein $r \perp T \mathscr{R}_{k-1}$
die Funktion $r' T_x K_k(x,\cdot)$ gleich 0, also Element von $\mathscr{R}_{k-1}$. Wie im Beweis von Satz 2.2 folgt daraus $r = 0$. Also folgt

$$\dim \{ r'T_x K_k(x,\cdot) \mid r \in (T \mathscr{R}_{k-1})^{\perp} \} = \dim (T \mathscr{R}_{k-1})^{\perp}$$

$$= N+1 - \dim T \mathscr{R}_{k-1} \ .$$

Da die Summendarstellung (2.19) von S direkt ist, gilt also

$$\dim S = \dim (T \mathscr{R}_{k-1})^{\perp} + k$$

$$= N+1 - \dim T \mathscr{R}_{k-1} + k \ .$$

Mit Korollar 1.3 folgt

$$\dim T(S) = \dim S - \dim (\ker T \cap S)$$

$$= \dim S - \dim (\ker T \cap \mathscr{R}_{k-1})$$

$$= \dim S - (k - \dim T \mathscr{R}_{k-1}) = N+1 \ . \ \blacksquare$$

<u>Bemerkung 3.1.</u>
Zu gegebenem $c \in \mathbb{R}^{N+1}$ kann man eine Lösung $s = p + r'T_x K_k(x,\cdot)$ des
Spline-Interpolationsproblems $Ts = c$ aus den linearen Gleichungen

$$Tp + r'T_t T_x K_k(x,t) = c \qquad (3.9)$$

$$r'T(x^j) = 0 \qquad (0 \le j \le k-1) \qquad (3.10)$$

berechnen, indem man $r' \in (T\,\mathcal{R}_{k-1})^\perp \subset \mathbb{R}^{N+1}$ und $p \in \mathcal{R}_{k-1}$ als Unbekannte auffaßt. In § 4 wird aber für den Spezialfall der LAGRANGE-Daten durch eine andere Basis in $S(T,k)$ eine numerisch günstigere Konstruktionsmethode angegeben. *

3. Fehlerabschätzungen für Spline-Interpolation

Nach dem Satz des PYTHAGORAS gilt für die Spline-Interpolierende s zu $f \in \mathbb{D}^k$ stets

$$\|f-s\|_k^2 = \|f\|_k^2 - \|s\|_k^2 \le \|f\|_k^2 \,,$$

d.h. man kann die Seminorm der Fehlerfunktion <u>unabhängig</u> von der Datenabbildung durch die Seminorm von f abschätzen. Der folgende Hilfssatz wird benötigt, um die Fehlerfunktion f-s durch ihre Seminorm abzuschätzen:

<u>Hilfssatz 3.1.</u>
Es sei $g \in \mathbb{D}^k(I)$, $k \ge 1$. Ferner sei $\delta > 0$ eine Konstante mit der Eigenschaft, daß für jedes $x \in I$ im Intervall $[x-\delta, x+\delta]$ mindestens eine Nullstelle $x^*(x)$ von g liege. Dann gelten mit den Normen bzw. Seminormen

$$\|g\|_\infty := \max_{t \in I} |g(t)|$$

und

$$\|g\|_j := \left[\int_I (g^{(j)}(t))^2 \, dt \right]^{1/2} \qquad (0 \le j \le k)$$

die Abschätzungen

$$\|g\|_0 \leq \frac{\delta}{\sqrt{2}} \|g\|_1 \qquad\qquad (3.11)$$

$$\|g\|_\infty \leq \delta \|g'\|_\infty \qquad\qquad (3.12)$$

$$\|g\|_\infty \leq \delta^{1/2} \|g\|_1 \; . \qquad\qquad (3.13)$$

<u>Beweis:</u>

Für jedes $x \in I$ hat man wegen $g(x^*(x)) = 0$ die Identität

$$g(x) = \int_{x^*(x)}^{x} g'(\tau) \, d\tau \qquad (x \in I)$$

und (3.12) ergibt sich, wenn man den Integranden durch sein Maximum zwischen x und $x^*(x)$ ersetzt. Aus der CAUCHY-SCHWARZschen Ungleichung erhält man

$$|g(x)| \leq \left| \int_{x^*(x)}^{x} 1^2 \, d\tau \right|^{1/2} \cdot \left| \int_{x^*(x)}^{x} (g'(\tau))^2 \, d\tau \right|^{1/2} \qquad (x \in I)$$

$$\leq |x-x^*(x)|^{1/2} \cdot \left| \int_{x^*(x)}^{x} (g'(\tau))^2 \, d\tau \right|^{1/2} ,$$

woraus (3.13) folgt. Durch Quadrieren ergibt sich ferner

$$g^2(x) \leq |x-x^*(x)| \cdot \left| \int_{x^*(x)}^{x} (g'(\tau))^2 \, d\tau \right| \qquad (x \in I) ,$$

und daher gilt

$$g^2(t) \leq |t-x^*(x)| \cdot \left| \int_{x^*(x)}^{x} (g'(\tau))^2 \, d\tau \right|$$

für alle t zwischen $x^*(x)$ und x. Durch Integration folgt

$$\left| \int_{x^*(x)}^{x} g^2(t) \, dt \right| \leq \frac{1}{2} |x-x^*(x)|^2 \cdot \left| \int_{x^*(x)}^{x} (g'(\tau))^2 \, d\tau \right|$$

und da sich das Intervall I als Vereinigung endlich vieler Intervalle der Form [x*(x),x] bzw. [x,x*(x)] darstellen läßt, kann man die obigen Integrale zusammenfassen zu

$$\| g \|_o^2 \leq \frac{\delta^2}{2} \| g \|_1^2 \; .$$

Damit ist Hilfssatz 3.1 bewiesen. ∎

Mit diesem Hilfssatz folgt

Satz 3.2.
Gegeben sei eine Zerlegung $a = x_o < x_1 < \ldots < x_n = b$ von $I = [a,b]$ und es gelte $n > 2k - \ell$ und $k \geq \ell \geq 1$. Mit diesen Indizes werden Datenabbildungen $T: \mathbb{D}^k \to \mathbb{R}^{N+1}$ zugelassen, die jedem $v \in \mathbb{D}^k$ entweder

a) die Werte

$$v^{(j)}(x_i) \qquad\qquad (0 \leq i \leq n, \quad 0 \leq j \leq \ell-1) \qquad\qquad (3.14)$$

oder

b) zusätzlich zu (3.14) die Werte

$$v^{(j)}(x_i) \qquad\qquad (i = 0 \text{ und } n, \quad \ell \leq j \leq k-1)$$

oder

c) die Werte

$$v^{(j)}(x_i) \qquad\qquad (1 \leq i \leq n-1, \quad 0 \leq j \leq \ell-1)$$

mit den Periodizitätsbedingungen

$$v^{(j)}(b) - v^{(j)}(a) \qquad (0 \leq j \leq 2k-1)$$

zuordnen.

Dann genügt die Spline-Interpolierende $s \in S(T,k)$ zu $f \in \mathbb{D}^k$ den Fehlerabschätzungen

$$\| f-s \|_o \leq C(k,\ell) \cdot h^k \cdot | f-s |_k \leq C(k,\ell) \cdot h^k \cdot \| f \|_k \tag{3.15}$$

$$\| f-s \|_\infty \leq 2 \cdot C(k,\ell) \cdot h^{k-1/2} \cdot \| f-s \|_k \leq 2 \cdot C(k,\ell) \cdot h^{k-1/2} \cdot \| f \|_k \tag{3.16}$$

mit

$$h = \max_{1 \leq j \leq n} (x_j - x_{j-1}) \quad \text{und} \tag{3.17}$$

$$C(k,\ell) = \begin{cases} 2^{-k/2-\ell} & \text{für } \ell \leq k \leq 2\ell \\[2mm] 2^{-k/2-\ell} \cdot (k-2\ell+1)! & \text{für } 2\ell < k \text{ im Falle a)} \\[2mm] 2^{-k/2-\ell-(k-2\ell+1)} \cdot (k-2\ell+2)! & \text{für } 2\ell < k \text{ in den Fällen b) und c).} \end{cases}$$

<u>Beweis:</u>

Nach Konstruktion von h liegt für jedes $x \in I$ im Intervall $[x - \frac{h}{2},\ x + \frac{h}{2}]$ mindestens einer der Knoten x_j und nach der Vorgabe (3.14) somit mindestens eine Nullstelle von $g(x) := f(x)-s(x)$ und seinen ersten $\ell-1$ Ableitungen. Sei $h_1 := h/\sqrt{2}$. Nach (3.11) gilt dann

$$\| g^{(i)} \|_o \leq \frac{h_1}{2} \| g^{(i)} \|_1 = \frac{h_1}{2} \| g^{(i+1)} \|_o \quad \text{für } i=0,\dots,\ell-1 \tag{3.18}$$

und es folgt

$$\| g \|_o \leq h_1^\ell \cdot 2^{-\ell} \| g^{(\ell)} \|_o \ . \tag{3.19}$$

Wegen (3.14) besitzt g' im Inneren jedes Intervalls $[x_j,x_{j+1}]$ eine Nullstelle. Im Fall $\ell > 1$ verschwindet g' auch in x_j und x_{j+1}, d.h. g" hat mindestens zwei Nullstellen in (x_j,x_{j+1}). Durch Wiederholung dieser Argumentation ergibt sich, daß $g^{(\ell)}$ in jedem Teilintervall (x_j,x_{j+1}) mindestens ℓ Nullstellen hat. Somit besitzt $g^{(2\ell-1)}$ nach dem Satz von ROLLE noch mindestens eine Nullstelle in (x_j,x_{j+1}). Da für jedes feste $x \in I$ das Intervall $[x-h,x+h]$ mindestens ein Intervall $[x_j,x_{j+1}]$ enthält, hat man nach (3.11) die Abschätzungen

$$\|g^{(i)}\|_o \leq h_1 \|g^{(i)}\|_1 = h_1 \|g^{(i+1)}\|_o \qquad (3.20)$$

für $i = \ell, \ldots, 2\ell-1$.

Die höheren Ableitungen $g^{(2\ell-1+\nu)}$ für $\nu = 1, 2, \ldots, k-2\ell$ besitzen nach dem Satz von ROLLE in den Intervallen $[x_j, x_{j+1+\nu}]$ noch je eine Nullstelle. Zu jedem $x \in I$ kann man also ein $x^*(x)$ mit $|x-x^*(x)| < (1+\nu)h$ so finden, daß $g^{(2\ell-1+\nu)}(x^*(x)) = 0$ gilt.

(Im periodischen Fall kommt man jedoch sogar mit $\frac{2+\nu}{2}$ h aus, da jedes Intervall der Form $[x - h \frac{\nu+2}{2}, x + h \frac{\nu+2}{2}]$ ein Intervall der Form $[x_j, x_{j+\nu+1}]$ enthält. Die Abschätzung läßt sich also verbessern. Eine analoge Aussage gilt, wenn die Randwerte vorgegeben sind, so daß $g^{(\nu)}(a) = g^{(\nu)}(b) = 0$ für $\nu = 0, \ldots, k-1$ gilt.)

Also gelten nach (3.11) die Abschätzungen

$$\|g^{(2\ell-1+\nu)}\|_o \leq (1+\nu) \cdot h_1 \cdot \|g^{(2\ell-1+\nu)}\|_1 = (1+\nu) \cdot h_1 \cdot \|g^{(2\ell+\nu)}\|_o \quad (3.21)$$

für $\nu = 1, 2, \ldots, k-2\ell$. Durch Kombination von (3.19), (3.20) und (3.21) ergibt sich die behauptete Fehlerabschätzung (3.15).

Zum Nachweis von (3.16) benutze man zunächst (3.13), um g durch g' abzuschätzen:

$$\|g\|_\infty \leq (\tfrac{h}{2})^{1/2} \cdot \|g\|_1 .$$

Gegenüber (3.18) fehlt in dieser Ungleichung der Faktor $\frac{1}{2} h^{1/2}$. Zieht man zur Abschätzung von $\|g\|_1 = \|g'\|_o$ wieder (3.18), (3.20) und (3.21) heran, so erhält man eine Abschätzung von $\|g\|_\infty$ durch $C(k,\ell) \cdot h^k \cdot \|g\|_k$ bis auf den Faktor $\frac{1}{2} h^{1/2}$, d.h. es gilt (3.16). ∎

Dieses Ergebnis zeigt, wie gut Spline-Funktionen zur Interpolation geeignet sind. Es lassen sich sogar für stetige Funktionen f Aussagen über die Konvergenz von Spline-Interpolierenden gegen f machen; hier muß allerdings auf die Spezialliteratur über Spline-Funktionen verwiesen werden.

Setzt man voraus, daß die zu interpolierende Funktion f noch weitere Differenzierbarkeitseigenschaften aufweist, so läßt sich das Ergebnis von Satz 3.2 verschärfen:

<u>Satz 3.3.</u>
Die Spline-Interpolierende $s \in S(T,k)$ zu $f \in \mathbb{D}^{2k}$ genügt in den Fällen b) und c) des Satzes 3.2 den Fehlerabschätzungen

$$\|f-s\|_o \leq C^2(k,\ell) \cdot h^{2k} \cdot \|f\|_{2k}$$

bzw.

$$\|f-s\|_\infty \leq 2 \cdot C^2(k,\ell) \cdot h^{2k-1/2} \cdot \|f\|_{2k} \; .$$

<u>Beweis:</u>
Unter Ausnutzung der Orthogonalitätsrelation (1.8) folgt

$$\|f-s\|_k^2 = (f-s,f-s)_k = (f,f-s)_k + 0 = \int_I f^{(k)}(t) \; (f-s)^{(k)}(t) \; dt$$

und durch partielle Integration ergibt sich

$$\|f-s\|_k^2 = (-1)^k \int_I f^{(2k)}(t) \; (f-s)(t) \; dt +$$

$$+ \sum_{\nu=1}^{k} (-1)^{\nu-1} [f^{(k+\nu-1)}(b) \; (f-s)^{(k-\nu)}(b) - f^{(k+\nu-1)}(a) \; (f-s)^{(k-\nu)}(a)] .$$

In den Fällen b) und c) des Satzes 3.2 verschwindet die Summe über die Randterme und man erhält durch Anwendung der CAUCHY-SCHWARZschen Ungleichung

$$\|f-s\|_k^2 \leq \|f\|_{2k} \cdot \|f-s\|_o \; .$$

Jetzt läßt sich (3.15) einsetzen:

$$\|f-s\|_k^2 \leq C(k,\ell) \cdot h^k \cdot \|f\|_{2k} \cdot \|f-s\|_k \; .$$

Teilt man diese Abschätzung durch $\|f-s\|_k$ und setzt anschließend in (3.15) und (3.16) ein, so ergibt sich die Behauptung. ∎

<u>Bemerkung 3.2.</u>

Hat man eine Folge von Intervallzerlegungen (3.1) mit zusammenrücken-
den Punkten, d.h. gilt $h \to 0$ für den maximalen Knotenabstand (3.17),
so liefern die obigen Fehlerabschätzungen Aussagen über die Konvergenz der Spline-Interpolierenden gegen die gegebene Funktion $f \in C^k$
bzw. $f \in C^{2k}$. *

Es sei dem Leser überlassen, aus dem Beweis der Sätze 3.2 bzw. 3.3
entsprechende Fehlerabschätzungen für die Ableitungen
$(f-s)',\ldots,(f-s)^{(k-1)}$ bzw. $(f-s)',\ldots,(f-s)^{(2k-\ell)}$ herzuleiten. Dabei
stellt sich heraus, daß auch die angegebenen Ableitungen noch mit h
gegen Null streben; allerdings verringert sich **für** die Ableitungen der
Exponent von h für jede Differentiation um 1.

Da jede stetige Funktion f nach dem Satz von WEIERSTRASS beliebig genau durch ein Polynom und das Polynom nach den vorangegangenen Betrachtungen beliebig genau durch eine Spline-Interpolierende approxi-
mierbar ist, kann man schließen, daß auch jede stetige Funktion durch
Spline-Funktionen beliebig genau approximiert werden kann. Ist f periodisch, so läßt sich die periodische Spline-Interpolierende verwenden.

4. Konvergenzbetrachtung für kubische Splines

Für den Fall der TSCHEBYSCHEFF-Norm sind die Ergebnisse der obigen
Sätze nicht optimal. Daher wird für den Spezialfall der kubischen
Splines eine Verschärfung hergeleitet.

Betrachtet man das Interpolationsproblem

$$s(x_j) = f(x_j) \qquad (0 \le j \le N)$$

$$s''(x_j) = f''(x_j) \qquad (j = 0,N)$$

zur Zerlegung (3.1), mit $f \in C^4[a,b]$ und einem kubischen Spline, so
ergibt sich aus der Identität (3.5) mit

$$A_j := 6\lambda_j \Delta^2(x_j,x_j,x_{j+1})f + 6\mu_j \Delta^2(x_{j-1},x_j,x_j)f$$

$$- \lambda_j(f''(x_{j+1}) + 2f''(x_j)) - \mu_j(2f''(x_j) + f''(x_{j-1}))$$

die Gleichung

$$3\Delta^2(x_{j-1}, x_j, x_{j+1})f - A_j = \mu_j f''(x_{j-1}) + f''(x_j) + \lambda_j f''(x_{j+1})$$

und durch Subtraktion von (3.7) folgt, daß die Werte
$\varepsilon_j'' := s''(x_j) - f''(x_j)$ das System

$$\mu_j \varepsilon_{j-1}'' + \varepsilon_j'' + \lambda_j \varepsilon_{j+1}'' = A_j \qquad (3.22)$$

erfüllen.

Nach dem Satz von PEANO mit $k = 4$, $a = 0$, $b = h$ findet man für die in den A_j auftretenden Funktionale der Form

$$R(f) = 6\Delta^2(0,0,h)f - f''(h) - 2f''(0)$$

die Darstellung

$$R(f) = -\int_0^h (h-t)\left(1 - \frac{(h-t)^2}{h^2}\right) f^{(4)}(t)\ dt = -\frac{h^2}{4} f^{(4)}(\xi) \qquad (\xi \in [a,b])$$

weil $R(p)$ auf $\mathcal{P}_3$ verschwindet, und

$$R\left(\frac{(x-t)_+^3}{6}\right) = \frac{6}{h}\left[\frac{(h-t)^3}{6h}\right] - (h-t)$$

$$= -(h-t)\left(1 - \frac{(h-t)^2}{h^2}\right)$$

gilt. Daraus folgt auch

$$|A_j| \le \frac{1}{8} h^2 \|f^{(4)}\|_\infty$$

mit $h = \max\limits_j (x_{j+1} - x_j)$. Da gleichmäßig in h das Gleichungssystem (3.22) eine diagonaldominante Matrix besitzt von der Form $E + B$ mit $\|B\|_\infty = \frac{1}{2}$, ist die Lösung durch die rechte Seite gleichmäßig abschätzbar, denn es gilt

$$\| (E+B)^{-1} \|_\infty = \| \sum_{j=0}^\infty (-1)^j B^j \|_\infty \leq \sum_{j=0}^\infty \| B \|_\infty^j = \frac{1}{1-\frac{1}{2}} = 2 \ .$$

Man erhält

$$\max_{0 \leq j \leq N} | s''(x_j) - f''(x_j) | \ \leq \ \frac{1}{4} h^2 \| f^{(4)} \|_\infty \ . \qquad (3.23)$$

Ist $u(x)$ ein Polygonzug durch die Werte $(x_j, f''(x_j))$, so folgt für $x \in [x_{j-1}, x_j]$ nach Kap. I die Fehlerabschätzung

$$| f''(x)-u(x) | \ \leq \ |x-x_{j-1}| \ |x-x_j| \ | \Delta^2 (x_{j-1}, x_j, x) f'' |$$

$$\leq \ h \cdot \frac{h}{2} \cdot \frac{\| f^{(4)} \|_\infty}{2!} = \frac{h^2}{4} \| f^{(4)} \|_\infty \ .$$

Für den Fehler $s'' - f''$ folgt wegen $u_j = f''_j$

$$\| s''-f'' \|_\infty \leq \| s''-u \|_\infty + \| u-f'' \|_\infty \leq \max_j | s''(x_j)-u(x_j) | + \frac{h^2}{4} \cdot \| f^{(4)} \|_\infty$$

$$\leq \frac{1}{2} h^2 \| f^{(4)} \|_\infty \ .$$

Wegen der Interpolationseigenschaft hat

$$s(x) - f(x)$$

in jedem Knoten eine Nullstelle, dies impliziert nach dem Satz von ROLLE, daß auch

$$s'(x) - f'(x)$$

in jedem Intervall I_j eine Nullstelle besitzt.

Damit erhält man

<u>Satz 3.4.</u>

Die kubische Spline-Interpolierende $s \in C^2[a,b]$ der LAGRANGE-Daten einer Funktion $f \in C^4[a,b]$ in den Punkten

$$a = x_0 < x_1 < \ldots < x_{N(h)} = b$$

mit den Randbedingungen

$$s''(a) = f''(a), \quad s''(b) = f''(b)$$

genügt mit $h := \max_j |x_j - x_{j-1}|$ den Abschätzungen

$$\| s^{(j)} - f^{(j)} \|_\infty \le \frac{1}{2} h^{4-j} \| f^{(4)} \|_\infty \,, \qquad j = 0,1,2 \,.$$

Der noch offene Beweis der Fälle $j = 0$ und 1 ergibt sich durch einfache Anwendung des Hilfssatzes 3.1 . ∎

§ 4   B-Splines

Bei der praktischen Rechnung mit Spline-Funktionen kommt es darauf
an, für die beiden direkten Summanden in (2.19) möglichst einfach
handzuhabende Basen zu finden. Dabei wird für diesen Abschnitt zunächst von LAGRANGE-Daten $Tv = (v(x_o),\dots,v(x_N))'$ ausgegangen; da
die Behandlung des polynomialen Anteils in $S(T,k)$ mit den bisher
schon entwickelten Methoden geschehen kann, soll hier vor allem der
Anteil

$$S_1(T,k) := \{ r' T_x K_k(x,\cdot) \mid r \in (T\mathscr{R}_{k-1})^\perp \} \tag{4.1}$$

näher untersucht werden.

Schon in den Beispielen 2.6 und 2.7 wurde die Nebenbedingung
$r \in (T\mathscr{R}_{k-1})^\perp$ dadurch erfüllt, daß eine Basis $r_o,\dots,r_{m-1}$ von
$(T\mathscr{R}_{k-1})^\perp$ mit $m = N+1 - \dim T(\mathscr{R}_{k-1}) = N+1-k$ über die Differenzenquotienten

$$r_j' Tv = \Delta^k(x_j,\dots,x_{j+k})v \qquad (0 \le j \le N-k) \tag{4.2}$$

konstruiert wurde. Benutzt man also die Basis $1,t,\dots,t^{k-1}$,
$v_o(t),\dots,v_{N-k}(t)$ von $S(T,k)$ mit $v_j(t) = r_j' T_x K_k(x,t)$, so hat man
für das Interpolationsproblem

$$c = Ts$$

$$= T\left(\sum_{j=0}^{k-1} a_j t^j + \sum_{i=0}^{N-k} b_i v_i(t) \right)$$

die linearen Gleichungssysteme

$$r_j' c = \Delta^k(x_j, \ldots, x_{j+k})\, s$$

$$= \sum_{i=0}^{N-k} b_i\, \Delta_t^k(x_j, \ldots, x_{j+k}) v_i(t) \tag{4.3}$$

und

$$c - T\left(\sum_{i=0}^{N-k} b_i v_i(t) \right) = T\left(\sum_{j=0}^{k-1} a_j t^j \right) \tag{4.4}$$

nacheinander aufzulösen. Wenn (4.3) gelöst ist, hat man in (4.4) nur noch eine Polynominterpolation durchzuführen.

Die Koeffizientenmatrix in (4.3) enthält nur je k-1 von Null verschiedene Nebendiagonalen oberhalb bzw. unterhalb der Diagonale, da

$$a_{ji} := \Delta_t^k(x_j, \ldots, x_{j+k}) \Delta_x^k(x_i, \ldots, x_{i+k}) (x-t)_+^{2k-1} = 0$$

gelten muß, sobald $x_{j+k} \leq x_i$ oder $x_{i+k} \leq x_j$ ist, d.h. für $|j-i| \geq k$.

Durch zweimalige Differentiation der Darstellung

$$s(t) = \sum_{j=0}^{k-1} a_j t^j + \sum_{i=0}^{N-k} b_i v_i(t) \tag{4.5}$$

weist man leicht nach, daß im kubischen Fall (k=2) die Systeme (4.3) und (3.7) bis auf die Skalierung der Unbekannten identisch sind.

Will man den Raum $S(T,k)$ der Spline-Funktionen zu anderen Zwecken als der Interpolation der durch T gegebenen Daten verwenden oder die numerisch problematische Bildung von Differenzenquotienten vermeiden,

so ist die durch (4.5) gegebene Basis nicht zu empfehlen, da die
Funktionen $v_j(t)$ zwar für $x \geq x_{j+k}$ verschwinden, für $x \leq x_j$ aber noch
Polynome vom Grad k-1 sind (vgl. Abb. 2.5 und Satz 4.1). Den polynomialen Anteil für $x \leq x_j$ kann man aber durch weitere Differenzenbildung schrittweise eliminieren; die Funktion

$$\frac{v_{j+1}(t) - v_j(t)}{x_{j+k+1} - x_j} = \frac{\Delta_x^k(x_{j+1}, \ldots, x_{j+k+1}) - \Delta_x^k(x_j, \ldots, x_k)}{x_{j+k+1} - x_j} K_k(x,t)$$

$$= \Delta_x^{k+1}(x_j, \ldots, x_{j+k+1})(-1)^k \frac{(x-t)_+^{2k-1}}{(2k-1)!} =: B_j^{k+1, 2k-1}(t)$$

hat für $t \leq x_j$ nur noch den Grad 2k-1-(k+1) = k-2. Führt man diese
Reduktion weiter durch, so gelangt man nach k Schritten zu

$$B_j^{2k, 2k-1}(t) := \Delta_x^{2k}(x_j, \ldots, x_{j+2k})(-1)^k \frac{(x-t)_+^{2k-1}}{(2k-1)!} , \tag{4.6}$$

und diese Funktion verschwindet sowohl für $t \geq x_{j+2k}$ als auch für
$t \leq x_j$. Um sie bilden zu können, benötigt man $N \geq 2k$ Punkte; sie
liegt als Linearkombination der ursprünglichen Basisfunktionen trivialerweise in S(T,k).

Um diese Splines allgemeiner untersuchen zu können, wird der obige
Rahmen etwas erweitert:

<u>Definition 4.1.</u>
Zu allen $i \in \mathbb{Z}$ seien paarweise verschiedene Punkte $x_i \in \mathbb{R}$ vorgegeben,
$-\infty < \ldots < x_{-1} < x_0 < x_1 < \ldots < \infty$.

Dann heißen die Funktionen

$$B_j^{r,s}(t) := \Delta_x^r(x_j, \ldots, x_{j+r})(x-t)_+^s \tag{4.7}$$

(für $j \in \mathbb{Z}$, $r,s \geq 0$) <u>allgemeine B-Splines</u>. Die eigentlichen B-Splines
liegen für r > s vor. ▲

<u>Beispiel 4.1.</u>

Man erhält für s = 0 zunächst

$$B_j^{0,0}(t) := (x_j - t)_+^0 = \begin{cases} 0 & \text{für } x_j < t \\ 1 & \text{für } t < x_j \end{cases} \tag{4.8}$$

$$B_j^{1,0}(t) := \frac{(x_{j+1}-t)_+^0 - (x_j-t)_+^0}{x_{j+1} - x_j} = \begin{cases} 0 & , \ x_{j+1} < t \\ (x_{j+1}-x_j)^{-1} & , \ x_j < t < x_{j+1} \\ 0 & , \ t < x_j \end{cases} \tag{4.9}$$

Diese Funktionen bilden natürliche Basen für Räume von Treppenfunktionen. (In den Sprungstellen wird definitionsgemäß der Mittelwert des rechts- und linksseitigen Grenzwertes genommen.)

Im Falle s = 1 ergeben sich die Funktionen

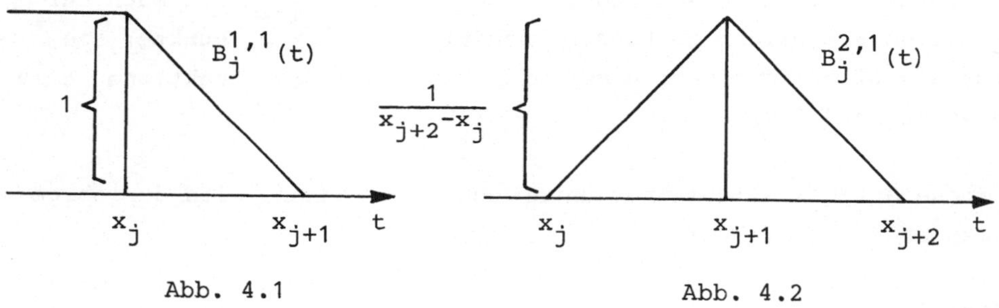

Abb. 4.1   Abb. 4.2

Dies sind die natürlichen Basen für Polygonzüge. Um die am Rande konstanten Polygon-Splines aus dem Beispiel 2.6 zu erhalten, muß man noch die Asymmetrie der obigen Definition ausgleichen durch

<u>Definition 4.2.</u>

Analog zu Definition 4.1 setzt man

$$B_{j,*}^{r,s}(t) := (-1)^s \Delta_x^r (x_j, \dots, x_{j+r})_+^s \qquad (j \in \mathbb{Z}, r, s \geq 0). \tag{4.10}$$

Dann hat man im obigen Beispiel noch

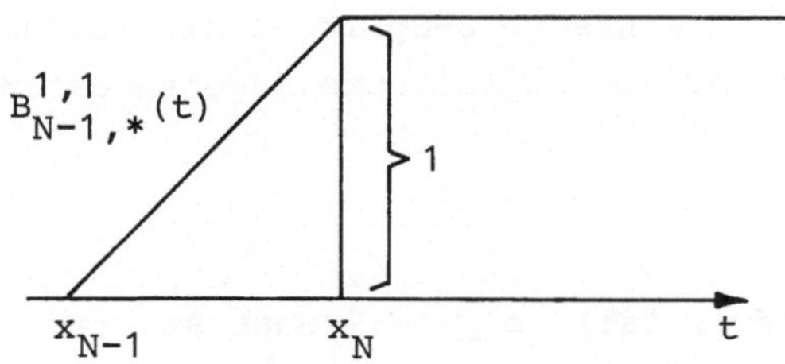

Abb. 4.3

zu bilden, um der Terminologie des Beispiels 2.6 eine Funktion
$f \in C[x_o, x_N]$ durch die Spline-Funktion

$$f(x_o) \cdot B^{1,1}_o(t) + \sum_{j=0}^{N-2} \frac{f(x_{j+1}) B^{2,1}_j(t)}{x_{j+2} - x_j} \; f(x_N) B^{1,1}_{N-1,*}(t)$$

zu interpolieren.

Ganz analog verfährt man auch im kubischen Fall; man nimmt den
B-Spline

$$B^{4,3}_j(t) = \Delta^4_x (x_j, x_{j+1}, x_{j+2}, x_{j+3}) (x-t)^3_+ \quad ,$$

der zweimal stetig differenzierbar ist und die in Abb. 4.4 gezeigte
Form hat:

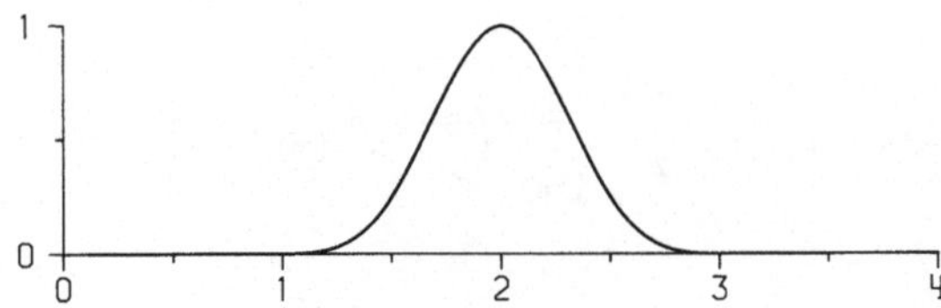

Abb. 4.4

204

Um eine entsprechende einfache B-Spline-Basis für allgemeine Spline-
Räume zu konstruieren, werden folgende Eigenschaften von B-Splines
benötigt:

<u>Satz 4.1.</u>

1) $B_j^{r,s} \in C^{s-1}(\mathbb{R})$, falls $s \geq 1$ (sonst stückweise stetig)

2) $B_j^{r,s} \in \mathcal{P}_s$ in (x_{j+i}, x_{j+i+1}) $(0 \leq i \leq r-1)$

3) $B_j^{r,s} = 0$ in $[x_{j+r}, \infty)$

$$(4.11)$$

4) $B_j^{r,s}(t) \begin{cases} \in \mathcal{P}_{s-r} & \text{in } (-\infty, x_j) \quad \text{für } s \geq r \\ = 0 & \text{in } (-\infty, x_j) \quad \text{für } s < r \end{cases}$

5) $B_j^{r,s}(t) = (x_{j+r}-t) B_j^{r,s-1}(t) + B_j^{r-1,s-1}(t)$, $\quad r,s \geq 1$ $\qquad (4.12)$

6) $B_j^{r,s}(t) = \dfrac{x_{j+r}-t}{x_{j+r}-x_j} B_{j+1}^{r-1,s-1}(t) + \dfrac{t-x_j}{x_{j+r}-x_j} B_j^{r-1,s-1}(t)$ $\qquad (4.13)$

$$r,s \geq 1$$

7) $B_j^{s,s-1}(t) > 0$ für $t \in (x_j, x_{j+s})$, $s \geq 1$ (4.14)

<u>Beweis:</u>

1), 2) und 3) sind trivial. Für $t \in (-\infty, x_j)$ folgt

$$B_j^{r,s}(t) = \Delta_x^r(x_j, \ldots, x_{j+r})(x-t)^s$$

$$= \Delta_x^r(x_j, \ldots, x_{j+r}) \sum_{i=0}^{s} \binom{s}{i} x^i (-t)^{s-i} \ .$$

Für $i = 0, \ldots, r-1$ verschwinden die Summanden der rechten Seite. Für
$r > s$ sind dies alle Summanden; für $r \leq s$ bleiben Terme mit den t-Po-
tenzen $t^0, \ldots, t^{s-r}$ übrig. Damit ist 4) bewiesen. Zum Beweis von 5)
wird die Faktorisierung der Differenzenquotienten benutzt. Dann folgt
(4.12) aus (I. 2.13) und

$$B_j^{r,s}(t) = \Delta_x^r(x_j,\ldots,x_{j+r})\left[(x-t)_+^{s-1}(x_{j+r}-t+x-x_{j+r})\right]$$

$$= \Delta_x^r(x_j,\ldots,x_{j+r})\,(x-t)_+^{s-1}\cdot(x_{j+r}-t)$$

$$+\ \Delta_x^{r-1}(x_j,\ldots,x_{j+r-1})\Delta_z^1(x,x_{j+r})[(z-x_{j+r})\cdot(z-t)_+^{s-1}]$$

$$= B_j^{r,s-1}(t)\cdot(x_{j+r}-t) + B_j^{r-1,s-1}(t)\ ,$$

da

$$\Delta_z^1(x,x_{j+r})[(z-t)_+^{s-1}\cdot(z-x_{j+r})] = \frac{(x-t)_+^{s-1}\cdot(x-x_{j+r})-(x_{j+r}-t)_+^{s-1}\cdot 0}{x-x_{j+r}} =$$

$$= (x-t)_+^{s-1}\ .$$

Zum Beweis von 6) muß $B_j^{r,s-1}$ als r-ter Differenzenquotient noch in zwei $(r-1)$-te Differenzenquotienten zerlegt werden:

$$B_j^{r,s-1}(t) = \frac{1}{x_{j+r}-x_j}\left(B_{j+1}^{r-1,s-1}(t) - B_j^{r-1,s-1}(t)\right)\ .$$

Einsetzen in (4.12) liefert

$$B_j^{r,s}(t) = \frac{x_{j+r}-t}{x_{j+r}-x_j}\,B_{j+1}^{r-1,s-1}(t) + B_j^{r-1,s-1}(t)\left(1 - \frac{x_{j+r}-t}{x_{j+r}-x_j}\right)$$

und daher gilt (4.13).. Jetzt ist 7) leicht induktiv nachzuweisen; als Induktionsanfang nimmt man (4.9). Gilt 7) für $B_i^{s,s-1}$ und alle $i \in \mathbb{Z}$, so hat $B_j^{s+1,s}$ für alle $t \in (x_j,x_{j+s+1})$ in der Darstellung (4.13) als Linearkombination positive Gewichte und es ist mindestens ein Summand positiv. Damit ist der Satz bewiesen. ∎

Jetzt soll, wie oben schon angedeutet, für den Fall der gewöhnlichen Interpolation in Punkten $x_o < x_1 < \ldots < x_N$ durch Splines vom Grad $2k-1$ eine numerisch besonders brauchbare Basis angegeben werden. Dazu sei $T : \mathbb{D}^k \to \mathbb{R}^{N+1}$ definiert durch die LAGRANGE-Datenabbildung

$$Tu := (u(x_o),\ldots,u(x_N))' \qquad (u \in \mathbb{D}^k) \ . \tag{4.15}$$

Analog zum Vorgehen im oben angeführten Beispiel werden im Innern des Intervalls die B-Splines

$$B_i(t) := B_i^{2k,2k-1}(t) \qquad (O \leq i \leq N-2k) \tag{4.16}$$

verwendet, wozu allerdings $N \geq 2k$ vorausgesetzt werden muß. Wie oben schon bemerkt, liegen die B-Splines in $S = S(T,k)$.

Da noch 2k Funktionen fehlen, werden

$$A_i(t) := B_o^{k+i-1,2k-1}(t), \qquad (1 \leq i \leq k) \tag{4.17}$$

$$C_i(t) := B_{N-2k+i,*}^{2k-i,2k-1}(t) \ , \qquad (1 \leq i \leq k) \tag{4.18}$$

hinzugefügt. Offensichtlich liegen die A_i in S, für die C_i benötigt man eine Zusatzüberlegung. Wegen

$$(x-t)_+^{2k-1} - (t-x)_+^{2k-1} = (x-t)^{2k-1}$$

folgt

$$C_i(t) = -\Delta_x^{2k-i}(x_{N-2k+i},\ldots,x_N)(t-x)_+^{2k-1}$$

$$= -B_{N-2k+i}^{2k-i,2k-1}(t) + \Delta_x^{2k-i}(x_{N-2k+i},\ldots,x_N)(x-t)^{2k-1}$$

und da $B_{N-2k+i}^{2k-i,2k-1}(t)$ in S liegt und der rechte Differenzenquotient in $\mathcal{P}_{i-1}$ liegt, muß C_i in S liegen. Daher gilt:

<u>Satz 4.2.</u>
Der Raum $S(T,k)$ der Spline-Funktionen zum Index k und zur LAGRANGE-Datenabbildung (4.15) hat die B-Spline-Basis $A_i(t)$, $1 \leq i \leq k$, $B_i(t)$, $O \leq i \leq N-2k$ und $C_i(t)$, $1 \leq i \leq k$.

<u>Beweis:</u>

Es bleibt die lineare Unabhängigkeit zu zeigen. Sei mit $a_i, b_j, c_i \in \mathbb{R}$ der für $t \in [x_o, x_N]$ verschwindende Spline

$$s(t) := \sum_{i=1}^{k} (a_i A_i(t) + c_i C_i(t)) + \sum_{j=0}^{N-2k} b_j B_j(t) = 0 \qquad (4.19)$$

vorgegeben.

Wegen $s \in C^{2k-2}(\mathbb{R}) \subset C^{k-1}(\mathbb{R})$ verschwinden auch die ersten $k-1$ Ableitungen von s in x_o. Außerdem ist s ein Polynom aus $\mathcal{P}_{k-1}$ in $(-\infty, x_o)$. Also verschwindet s auf $\mathbb{R}$ (am anderen Intervallende wird analog argumentiert). In $(-\infty, x_o)$ gilt dann

$$\sum_{i=1}^{k} a_i A_i(t) = 0 \qquad (t \in (-\infty, x_o)) \ ,$$

und da $A_i(t)$ dort genau den Grad $k-i$ hat, müssen alle a_i verschwinden. Analog schließt man auf $c_i = 0$ für $i = 1, \ldots, k$. Die Linearkombination (4.19) enthält dann nur noch die B_j; betrachtet man (4.19) nacheinander für $t \in (x_j, x_{j+1})$, $0 \leq j \leq N-2k$, so folgt nacheinander $b_o = 0 = b_1 = b_2 = \ldots = b_{N-2k}$. $\blacksquare$

Nun soll auf die numerische Behandlung dieser B-Spline-Basen eingegangen werden. Bei Interpolation von Werten $u(x_o), \ldots, u(x_N)$ hat man das Gleichungssystem

$$\sum_{i=o}^{k} a_i A_i(x_j) + \sum_{i=0}^{N-2k} b_i B_i(x_j) + \sum_{i=0}^{k} c_i C_i(x_j) = u(x_j) \qquad (0 \leq j \leq N) \qquad (4.20)$$

zu lösen. Wegen

$$A_i(x_j) = 0 \qquad \text{für} \qquad j \geq i+k-1$$

$$B_i(x_j) = 0 \qquad \text{für} \qquad j \leq i \quad \text{und} \quad j \geq i+2k$$

$$C_i(x_j) = 0 \qquad \text{für} \qquad j \leq N-2k+i$$

hat die Matrix des Systems (4.20) Bandform mit $k-1$ oberen und unteren Nebendiagonalen.

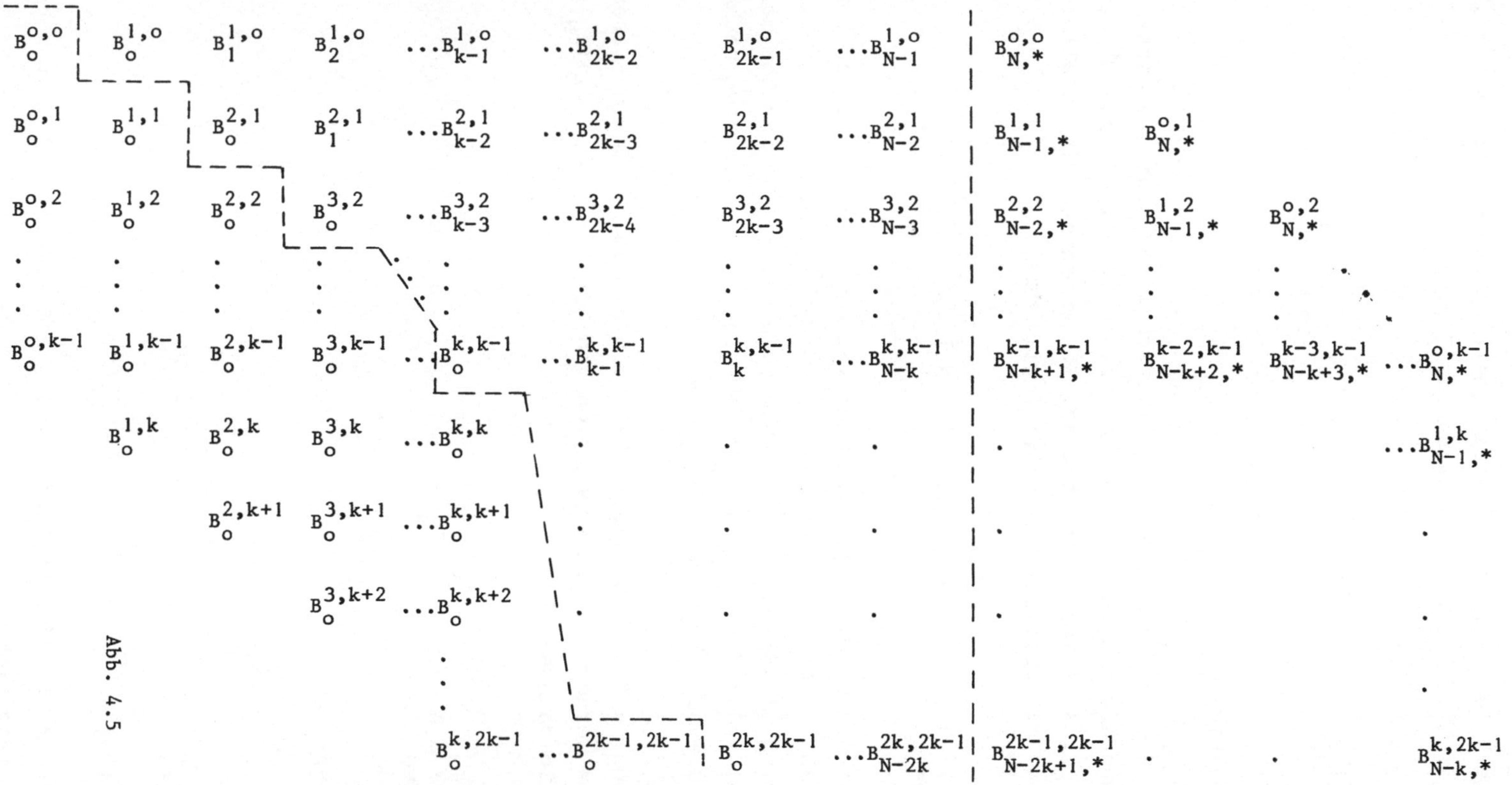

$B_o^{o,o}$ | $B_o^{1,o}$ $B_1^{1,o}$ $B_2^{1,o}$ $...B_{k-1}^{1,o}$ $...B_{2k-2}^{1,o}$ $B_{2k-1}^{1,o}$ $...B_{N-1}^{1,o}$ | $B_{N,*}^{o,o}$

$B_o^{o,1}$ | $B_o^{1,1}$ $B_o^{2,1}$ $B_1^{2,1}$ $...B_{k-2}^{2,1}$ $...B_{2k-3}^{2,1}$ $B_{2k-2}^{2,1}$ $...B_{N-2}^{2,1}$ | $B_{N-1,*}^{1,1}$ $B_{N,*}^{o,1}$

$B_o^{o,2}$ $B_o^{1,2}$ $B_o^{2,2}$ | $B_o^{3,2}$ $...B_{k-3}^{3,2}$ $...B_{2k-4}^{3,2}$ $B_{2k-3}^{3,2}$ $...B_{N-3}^{3,2}$ | $B_{N-2,*}^{2,2}$ $B_{N-1,*}^{1,2}$ $B_{N,*}^{o,2}$

$\vdots$

$B_o^{o,k-1}$ $B_o^{1,k-1}$ $B_o^{2,k-1}$ $B_o^{3,k-1}$ $...B_o^{k,k-1}$ $...B_{k-1}^{k,k-1}$ $B_k^{k,k-1}$ $...B_{N-k}^{k,k-1}$ | $B_{N-k+1,*}^{k-1,k-1}$ $B_{N-k+2,*}^{k-2,k-1}$ $B_{N-k+3,*}^{k-3,k-1}$ $...B_{N,*}^{o,k-1}$

$B_o^{1,k}$ $B_o^{2,k}$ $B_o^{3,k}$ $...B_o^{k,k}$ | $...B_{N-1,*}^{1,k}$

$B_o^{2,k+1}$ $B_o^{3,k+1}$ $...B_o^{k,k+1}$

$B_o^{3,k+2}$ $...B_o^{k,k+2}$

$\vdots$

$B_o^{k,2k-1}$ $...B_o^{2k-1,2k-1}$ | $B_o^{2k,2k-1}$ $...B_{N-2k}^{2k,2k-1}$ | $B_{N-2k+1,*}^{2k-1,2k-1}$ $B_{N-k,*}^{k,2k-1}$

Abb. 4.5

Der Hauptvorteil des Systems (4.20) gegenüber (4.3) bzw. (3.9) liegt
in der numerisch gutartigen Berechnungsmöglichkeit der Matrixkoeffi-
zienten über die Rekursionsformeln (4.12) und (4.13). Dazu bildet man
für jeden der Punkte $x_o, \ldots, x_N$ (und natürlich auch bei Auswertung der
Interpolierenden an Zwischenstellen t) das in Abb. 4.5 gezeigte Schema
von B-Spline-Werten.

Darin werden die Elemente der ersten Spalte, der ersten Zeile und
der äußersten rechten Nebendiagonale initialisiert nach den Formeln
(4.8) und (4.9) sowie

$$B_{N,*}^{o,j}(t) = (t-x_N)_+^j (-1)^j \qquad (0 \leq j \leq k-1).$$

Die Elemente, die nicht oberhalb der Diagonale liegen, berechnen sich
dann nach (4.12) für j = 0. Zwischen den gestrichelten Linien benutzt
man (4.13). Rechts außen verfährt man wegen der aus

$$(x-t)_+^k + (-1)^k (t-x)_+^k = (x-t)^k$$

folgenden Gleichung

$$B_{j,*}^{k+1,k}(t) = -B_j^{k+1,k}(t)$$

unter Einbeziehung der links von der gestrichelten Linie stehenden
Spalte gemäß der zu (4.12) analogen Formel

$$B_{j,*}^{r,s}(t) = (x_j - t)B_{j,*}^{r,s-1}(t) + B_{j+1,*}^{r-1,s-1}(t) , \qquad (4.21)$$

die man auch analog beweist.

Für alle Argumente aus $[x_o, x_N]$ sind die Formeln (4.12), (4.13) und
(4.21) nicht-negative Linearkombinationen nicht-negativer Größen.
Somit können keinerlei Auslöschungen wie bei der Differenzenbildung
auftreten. Je nach Lage des Arguments t sind natürlich große Teile
des Schemas überflüssig:

a) die ersten $j-1$ Spalten sind für $t \geq x_{j-1}$ immer Null.

b) Man hat von der nach a) ersten von Null verschiedenen Spalte an insgesamt nur höchstens $2k-1$ Spalten zu berechnen.

c) Man braucht davon nur eine dreieckige Teilmatrix zu berechnen.

Beispiel 4.2.

Für kubische Splines mit äquidistanter Knotenverteilung sei $x_i = i \cdot h$ mit festem $h > 0$. Für $k = 2$ erhält man dann in Abb. 4.5 folgende Werte:

a) an der Stelle $t = x_0$

$$\begin{array}{cccc} \frac{1}{2} & \frac{1}{2h} & 0 & 0 \\ 0 & 1 & 0 & 0 \\ & h & 1 & 0 \\ & & 3h & 1 \end{array}$$

b) an der Stelle $t = x_1$

$$\begin{array}{ccccc} 0 & \frac{1}{2h} & \frac{1}{2h} & 0 & 0 \\ 0 & 0 & \frac{1}{2h} & 0 & 0 \\ & 0 & \frac{1}{2} & \frac{1}{6h} & 0 \\ & & \frac{h}{2} & \frac{5}{6} & \frac{1}{24h} \end{array}$$

c) an der Stelle $t = x_2$ unter Fortlassung der ersten zwei Spalten

$$\begin{array}{cccc} \frac{1}{2h} & \frac{1}{2h} & 0 & 0 \\ 0 & \frac{1}{2h} & 0 & 0 \\ 0 & \frac{1}{2} & \frac{1}{6h} & 0 \\ 0 & \frac{1}{6} & \frac{1}{6h} & \frac{1}{24h} \end{array}$$

d) an Stellen $t = x_3, \ldots, x_{N-3}$ unter Fortlassung der Nullen

$$\begin{array}{cccc} \frac{1}{2h} & \frac{1}{2h} & 0 & 0 \\ 0 & \frac{1}{2h} & 0 & 0 \\ 0 & \frac{1}{2} & \frac{1}{6h} & 0 \\ 0 & \frac{1}{24h} & \frac{1}{6h} & \frac{1}{24h} \end{array}$$

Damit läßt sich leicht das System (4.20) aufstellen.

Schlußbemerkungen:

1) Diese Basiskonstruktion ist auch für HERMITE-Daten durchführbar.

2) Die hier ausschließlich betrachteten sogenannten natürlichen Splines lassen Verallgemeinerungen bezüglich des Randverhaltens zu, etwa im Sinne von Satz 3.2.

Dann verwendet man ganz analog konstruierte B-Spline-Basen. Besonders häufig ist folgendes Vorgehen:

Man ergänzt das eigentlich interessierende Knotenintervall $[x_0, x_N]$ durch irgendwelche Knoten $x_{-2k+1} < \ldots < x_{-1} < x_0 < x_N < x_{N+1} < \ldots < x_{N+2k-1}$ und betrachtet die B-Splines $B_j^{2k,2k-1}(t)$ für $j = -2k+1, \ldots, N-1$ über dem Intervall $[x_0, x_N]$. Dann stellt man die Interpolationsaufgabe für die Daten

$$u^{(k-1)}(x_0), \ldots, u(x_0), u(x_1), \ldots, u(x_{N-1}), u(x_N), \ldots, u^{(k-1)}(x_N)$$

oder

$$u^{(2k-2)}(x_0), \ldots, u^{(k)}(x_0), u(x_0), u(x_1),$$

$$\ldots, u(x_N), u^{(k)}(x_N), \ldots, u^{(2k-2)}(x_N) \ .$$

3) Auch für andere Datenabbildungen kann man B-Splines verwenden; die Histosplines des Beispiels 2.8 haben eine Basis aus $B_j^{3,2}(t)$, $0 \le j \le N-2$ sowie $B_0^{2,2}(t)$ und $B_{N-1,*}^{2,2}(t)$.

§ 5 Beste Approximationen linearer Funktionale

Zu einem gegebenen linearen Funktional $F(f)$ und einem Operator P, welcher jeder stetigen Funktion f eine Interpolierende $P(f)$ zuordnet, kann man durch

$$L(f) := F(P(f)) \tag{5.1}$$

eine naheliegende Approximation des Funktionals F bilden. Da Interpolationsoperatoren P die charakteristische Eigenschaft

$$P^2 = P \qquad \text{(Idempotenz)}$$

haben, folgt aus (5.1) sofort

$$L(P(f)) = F(P(P(f))) = F(P(f)) \tag{5.2}$$

d.h. das Funktional L ist auf allen Interpolierenden <u>exakt</u>.

Umgekehrt gilt

<u>Satz 5.1.</u>
Es sei $\mathbb{P}$ ein linearer Teilraum von $C(I)$ mit dim $\mathbb{P}$ = N+1. Zu gegebener Datenabbildung T gebe es Funktionen $\omega_j(x) \in \mathbb{P}$ mit $T\omega_i = e_i$, $0 \le i \le N$, so daß die Interpolation von T in $\mathbb{P}$ möglich ist. (Dabei seien Vektoren $c \in \mathbb{R}^{N+1}$ in der Form $c = (c_0, \ldots, c_N)'$ indiziert.)

Ferner sei F ein lineares Funktional auf $C(I)$. Dann hat jedes lineare Funktional L auf $C(I)$ mit der Darstellung

$$L(f) = c' \cdot Tf , \qquad c \in \mathbb{R}^{N+1} \tag{5.3}$$

welches auf $\mathbb{P}$ mit F übereinstimmt, notwendig die Gestalt (5.1). Die Koeffizienten c_j in (5.3) ergeben sich aus

$$L(\omega_j) = F(\omega_j) = c_j \qquad (0 \le j \le N) . \tag{5.4}$$

<u>Beweis:</u>
Nach Voraussetzung gilt $L(f) = F(f)$ für alle $f \in \mathbb{P}$. Dann gilt selbstverständlich (5.4) und es folgt die Behauptung:

$$L(f) = \sum_{j=0}^{N} f(x_j) F(\omega_j) = F(\sum_{j=0}^{N} f(x_j) \omega_j(x)) = F(P(f)) . \blacksquare$$

<u>Bemerkung 5.1.</u>
Der obige Satz liefert eine Vielzahl von Näherungsformeln für lineare Funktionale auf dem Umweg über Interpolationsprozesse. Durch lineare Interpolation erhält man beispielsweise die Approximation von $f'(0)$ durch Differenzenquotienten (Beispiele 2.2 und 2.3) und die Trapezregel zur Integration (Beispiel 2.4). Die SIMPSON-Regel (Beispiel 2.5) ergibt sich entsprechend über die Interpolation im Raum $\mathcal{P}_2$ und anschließende Integration. *

Es ist einleuchtend, daß Satz 5.1 auch in entsprechender Verallgemeinerung für Vorgaben vom HERMITE-Typus usw. gilt.

Um die Vielzahl möglicher Approximationen eines Funktionals F durch
Funktionale L der Form (5.3) auf sinnvolle Weise einzuschränken, wird
man Optimalitätskriterien formulieren und "_optimale_" _Formeln_ auswäh-
len.

Dazu geht man aus von einer festen Datenabbildung T und betrachtet
für ein festes $k \leq N$ die Menge der Funktionale L der Form (5.3), die
mit dem gegebenen Funktional F der Form (2.10) auf $\mathcal{P}_{k-1}$ übereinstimmen. Für jedes solche Funktional L hat nach dem Satz von PEANO das
Fehlerfunktional R := F-L eine Darstellung

$$R(f) = \int_a^b f^{(k)}(t) R_x(G_k(x,t))dt \ , \tag{5.5}$$

so daß mit der Seminorm (1.4) stets eine Abschätzung der Form

$$|R(f)| \leq \text{const.} \ \|f\|_k$$

gilt, und man möchte das Funktional L so wählen, daß die analog zur
Operatornorm gebildete _Fehlerschranke_

$$\|R\|_k := \sup_{\|f\|_k \leq 1} |R(f)| \tag{5.6}$$

minimal ist.

Die Verwendung der Seminorm $\|f\|_k$, die auf SARD zurückgeht, ist vor
allem durch die leichtere Zugänglichkeit der Theorie nahegelegt. In
der Praxis würde man oft gern bezüglich der Betragsnorm der Funktion
$f^{(k)}$ optimieren, aber es treten dabei prinzipielle Schwierigkeiten
auf. Immerhin führen Schranken für die Betragsnorm von $f^{(k)}$ bei end-
lichen Intervallen auch auf Schranken für die Seminorm $\|f\|_k$, so daß
man mit den so erhaltenen Formeln zufrieden sein kann. Es gilt

Satz 5.2.
Es sei ein lineares Funktional F der Form (2.10) auf $\mathbb{D}^k(I)$ gegeben.
Dann minimiert das gemäß (5.1) mit dem Interpolationsoperator

$$P: \mathbf{D}^k(I) \to S \subset \mathbf{D}^k(I) \ ,$$

$$T(Pf) = Tf \tag{5.7}$$

der natürlichen Spline-Funktionen gebildete Funktional $L^*(f) := F(P(f))$ die Fehlerschranke (5.6) unter allen linearen Funktionalen, die die Form (5.3) haben.

<u>Beweis:</u>

Es sei L ein lineares Funktional auf $\mathbf{D}^k(I)$ der Form (5.3), d.h. $L(f)$ hängt nur von Tf ab. Ferner sei

$$R^* := F-L^* \quad \text{und} \quad R := F-L$$

gesetzt. Wegen (5.7) und (5.3) gilt für jedes $f \in \mathbf{D}^k(I)$

$$L(f) = c'Tf = c'TPf = L(P(f)) \ ,$$

also folgt

$$R^*(f) = F(f)-L^*(f) = F(f)-L(f)+L(P(f))-F(P(f))$$
$$= (F-L)(f-P(f)) = R(f-P(f)) = R(h) \tag{5.8}$$

mit $h := f-P(f)$. Aus der Minimaleigenschaft (1.7) folgt die Beziehung

$$\|f\|_k^2 = \|h\|_k^2 + \|P(f)\|_k^2 \geq \|h\|_k^2 \ .$$

Zu jedem $f \in \mathbf{D}^k(I)$ mit $0 \leq \|f\|_k \leq 1$ gibt es also ein $h \in \mathbf{D}^k$ mit $\|h\|_k \leq \|f\|_k \leq 1$ und $R^*(f) = R(h)$.

Also kann die Fehlerschranke (5.6) von R nicht kleiner sein als die von R^*. ∎

Mit Satz 5.2 ergibt sich die erwähnte "Optimalität" der auf dem Umweg über die natürliche Spline-Interpolation gewonnenen Näherungsformeln für lineare Funktionale. Die zugehörigen Koeffizienten des Funktionals $L^* = F \cdot P$ lassen sich beispielsweise aus (5.4) gewinnen.

<u>Beispiel 5.1.</u>

Als Beispiel einer optimalen Formel soll eine Integrationsformel für
3 äquidistante Stützstellen angegeben werden, die bezüglich des Qua-
dratintegrals der zweiten Ableitung optimal ist, d.h. bezüglich

$$\|f\|_2 := \int_{x_o}^{x_2} (f''(t))^2 dt.$$ In der obigen Terminologie ist also $k = 2$ und

$2k-1 = 3$ zu setzen, und man hat die gegebene Funktion f mit Hilfe
eines natürlichen kubischen Splines zu interpolieren und die Interpolierende zu integrieren.

Sind $x_o = 0$, $x_1 = 0,5$, $x_2 = 1$ die Stützstellen, so folgt aus der Forderung $s''(0) = s''(1) = 0$ für natürliche Splines, daß der allgemeine
natürliche kubische Spline nach Satz 2.2 die Form

$$s(x) = a + bx + c[x^3 - 2(x-0,5)_+^3] \qquad \text{für } x \in [0,1]$$

hat. Die durch $s_i(x_j) = \delta_{ij}$ definierten Splines haben die Form

$$s_1(x) = 1 - 2,5x + 2[x^3 - 2(x-0,5)_+^3]$$

$$s_2(x) = \qquad 3x - 4[x^3 - 2(x-0,5)_+^3]$$

$$s_3(x) = \qquad -0,5x + 2[x^3 - 2(x-0,5)_+^3] \ .$$

Die Interpolation wird geleistet durch

$$s(x) = \sum_{\nu=0}^{2} f(x_\nu) \cdot s_\nu(x)$$

und es gilt

$$\int_0^1 s(t)dt = \sum_{\nu=0}^{2} f(x_\nu) \cdot \int_0^1 s_\nu(t)dt \ .$$

Setzt man $c_\nu := \int_0^1 s_\nu(t)dt$, so erhält man im vorliegenden Fall

$$c_0 = c_2 = \frac{3}{16}, \quad c_1 = \frac{10}{16}.$$

Der Fehler wird abgeschätzt durch

$$R^2[f] \leq 0,1 \cdot 2^{-9} \cdot \|f\|_2^2.$$

Der Zahlenfaktor ergibt sich als $\|K(t)\|^2 = \int_0^1 K^2(t)\,dt$ des zum Fehler-funktional $R[f]$ gehörenden PEANO-Kerns

$$K(t) := R_x[(x-t)_+^1] = \int_0^1 (x-t)_+\,dx - \frac{1}{16}[3(0-t)_+ + 10(0,5-t)_+ + 3(1-t)_+]$$

$$= 0,5(1-t)^2 - \frac{10}{16}(0,5-t)_+ + \frac{3}{16}(1-t),$$

wie man nach leichter Rechnung verifiziert.

SARD hat - ohne die in diesem Paragraphen bewiesenen Tatsachen über Spline-Funktionen direkt auszunutzen - Tabellen solcher "besten Integrationsformeln" hergeleitet. Beispielsweise gilt

$$\int_0^1 f(t)\,dt = \frac{1}{2}[f(0)+f(1)] + R[f] \quad \text{mit} \quad R^2[f] \leq \frac{1}{120} \cdot \|f\|_2^2,$$

$$\int_0^1 f(t)\,dt = \frac{1}{30}[4f(0)+11f(\tfrac{1}{3}) + 11f(\tfrac{2}{3}) + 4f(1)] + R[f]$$

$$\text{mit } R^2[f] \leq \frac{1}{3^5 \cdot 120} \cdot \|f\|_2^2.$$

§ 6 Numerische Integration

1. Allgemeine Diskussion der Integrationsmethoden

Zur Berechnung des bestimmten Integrals

$$\int_a^b f(t)\,dt$$

einer Funktion $f \in C(I)$, $I := [a,b]$, kann man <u>graphische</u> oder <u>nume-</u>
<u>rische</u> Verfahren verwenden; eine graphische Methode empfiehlt sich,
wenn $f(x)$ in I durch eine (Meß-)Kurve gegeben ist und keine allzu
hohe Genauigkeit verlangt wird. Dagegen wird man zur Erzielung höherer Genauigkeit und bei Vorliegen der Funktion f in Form von Funktionswerten $f(x_o),\ldots,f(x_m)$ eine <u>numerische</u> Methode verwenden.

a) <u>Graphische Methoden</u> (Analog-Verfahren):
Da ein bestimmtes Integral als Flächeninhalt gedeutet werden kann,
ist es möglich, das Integral über eine Meßkurve durch Flächeninhalts-
bestimmungen durchzuführen:

1) durch <u>Auswiegen</u>:
   Man schneidet das Blatt mit der Meßkurve längs des Graphen von f
   auf; durch Wägung beider Stücke kann man leicht das Integral

$$\int_a^b f(t)\,dt$$

ermitteln, wenn nur geringe Genauigkeit verlangt wird.

2) durch das <u>Planimeter</u>:
   Ein Planimeter ist ein Gerät, welches es erlaubt, Flächeninhalte
   durch Umfahren der Fläche mit einem Stift zu messen. Durch Umfahren einer bekannten Fläche (etwa des Einheitsquadrates) und Ver-
   gleich der erhaltenen Werte ergibt sich dann der gesuchte Flächeninhalt. Durch mehrfaches Umfahren und anschließendes Dividieren
   durch die Zahl der Umläufe kann man die Genauigkeit steigern;
   allerdings ist diese durch die Ablesegenauigkeit und durch die
   Nachführgenauigkeit beschränkt.

b) <u>Numerische (digitale) Methoden</u>:
Man versucht bei den numerischen Methoden zur Quadratur im allgemeinen, das Integral

$$\int_a^b f(t)\,dt$$

durch einen Ausdruck der Form

$$\int_a^b f(t)\,dt = \sum_{j=0}^m \sum_{i=0}^{\mu_j} c_j^i\, f^{(i)}(x_j) + R(f) \tag{6.1}$$

wiederzugeben; dabei stellt $R(f)$ das Fehlerfunktional dar. Oft erhält man für äquidistante Punkte $x_o,\ldots,x_m \in I$ mit der Schrittweite h eine Entwicklung des Fehlerfunktionals $R(f)$ nach Potenzen von h und kann dann RICHARDSON-Extrapolation anwenden (s. §8). Formeln der Gestalt (6.1) können unter verschiedenen Gesichtspunkten betrachtet werden:

1.) Optimalität für eine spezielle Klasse von Funktionen $f \in C(I)$
(z.B. Polynome oder Splines, vgl. §5) bezüglich irgendeines Gütemaßes;

2) einfache Handhabung;

3) Stabilität der Formeln gegenüber Ungenauigkeiten in den Eingabedaten und gegenüber Rundungsfehlern.

Üblicherweise sucht man solche Integrationsformeln (Interpolationsquadraturen), bei denen die frei verfügbaren Parameter so gewählt werden, daß Polynome möglichst hohen Grades in I exakt integriert werden. Besonders wichtig sind dabei die GAUSS-Quadraturen und die NEWTON-COTES-Formeln; bei den letzteren beschränkt man sich auf äquidistante Stützstellen, während bei den GAUSS-Quadraturen auch die Punkte x_j in gewisser Weise optimal zu wählen sind. Dabei heißt eine Integrationsformel abgeschlossen, wenn die Endpunkte des Intervalls unter den Stützstellen x_j vorkommen, andernfalls spricht man von offenen Integrationsformeln. Durch wiederholte Anwendung einfacher NEWTON-COTES-Formeln (Trapezregel, SIMPSONsche Regel), und Durchführung einer RICHARDSON-Extrapolation erhält man ferner noch das ROMBERG-Verfahren (§8).

2. Interpolationsquadraturen

Bildet man eine Integrationsformel (6.1) gemäß § 5 durch HERMITE-Interpolation in festen Punkten x_j und festen Werten $m_o,\ldots,m_m$ mit $m_j := \mu_j - 1$ und

$$N+1 := \sum_{j=0}^{m} m_j$$

Parametern, so ist nach Satz 5.1 Exaktheit der Integration bezüglich des $(N+1)$-dimensionalen linearen Teilraums $\mathcal{P}_N$ erreichbar. Nach dem Satz von PEANO hat das Fehlerfunktional $R(f)$ eine Darstellung

$$R(f) = \sum_{j=0}^{N} a_j \, f^{(j)}(z) + \int_a^b K_{N+1}(z,t) \, f^{(N+1)}(t) \, dt \, , \quad z \in I$$

und die Koeffizienten a_j verschwinden, wenn Integrationsformel (6.1) exakt ist für alle Polynome N-ten Grades. Daher gestattet $R(f)$ eine Abschätzung der Form

$$R(f) \leq K \cdot \| f^{(N+1)} \| \, .$$

Die Koeffizienten c_j^k von (6.1) erhält man für Interpolationsquadraturen aus Satz 5.1 durch Integration der in Kap. I, Bemerkung 1.2 angegebenen Basisdarstellung der HERMITE-Interpolierenden.

3. Abgeschlossene NEWTON-COTES-Formeln

Das Intervall I werde durch Stützstellen $x_0, \ldots, x_m$ der Vielfachheit $m_0, \ldots, m_m$ in m gleich große Teile geteilt:

$$x_0 := a \, , \quad x_j := a+j \cdot h \, , \quad h := \frac{b-a}{m} \, , \quad m \in \mathbb{N}, \; N+1 := \sum_{j=0}^{m} m_j \, .$$

Als abgeschlossene NEWTON-COTES-Formeln werden dann diejenigen Formeln der Gestalt (6.1) bezeichnet, die auf $\mathcal{P}_N$ exakt sind; dabei haben N und die übrigen im folgenden auftretenden Größen die gleiche Bedeutung wie in Abschnitt 2.

Besonders wichtig sind die Fälle $m = 1$ und $m = 2$:

1) Im Falle $m = 1$, $m_0 = m_1 = 1$, $N = 1$ erhält man aus (6.1) die Trapezregel (vgl. Beispiel 2.4).

2) Es gelte $m = 2$, $m_o = m_2 = 1$, $m_1 = 2$, $N = 3$. Durch die Substitution $t = x - x_1$ erhält man die in Kap. I, Bemerkung 1.2 definierten Polynome ω_o^o, ω_1^1, ω_1^o und ω_2^o der HERMITE-Interpolation in $t = -h$, $t = 0$, $t = +h$ bis auf die Normierung in der Form

$$P_1^1(t) = (t-h)\cdot(t+h)\cdot t \; , \qquad P_o^o(t) = (t-h)\,t^2 \; ,$$

$$P_1^o(t) = (t-h)\cdot(t+h) \; , \qquad P_2^o(t) = (t+h)\,t^2 \; .$$

Nach Satz 5.1 erhält man daraus die Koeffizienten c_i^ℓ:

$$\text{const. } c_1^1 = \int_{-h}^{+h} \underbrace{(t-h)\cdot(t+h)\cdot t}_{\text{ungerade Fkt.}} \, dt = 0 \; ,$$

$$c_o^o\cdot P_o^o(-h) = -2h^3 c_o^o = \int_{-h}^{+h} (t-h)\,t^2 \, dt = -\frac{2}{3}\,h^4$$

$$c_2^o\cdot P_2^o(h) = 2h^3\, c_2^o = \int_{-h}^{+h} (t+h)\,t^2 \, dt = \frac{2}{3}\,h^4$$

$$c_1^o\cdot P_1^o(0) = -h^2\, c_1^o = \int_{-h}^{+h} (t-h)(t+h) \, dt = -\frac{4}{3}\,h^3$$

und es ergibt sich mit $h = \dfrac{b-a}{2}$ die <u>SIMPSONsche Regel</u> (Beispiel 2.5):

$$\int_a^b f(t)\, dt = \frac{b-a}{6}\left[f(a) + 4f\left(\frac{a+b}{2}\right) + f(b)\right] - \frac{1}{90}\,h^5\cdot f^{(4)}(\xi) \; . \qquad (6.2)$$

<u>Bemerkung 6.1.</u>

a) In der Formel (6.2) tritt trotz anderslautender Aufgabenstellung der Wert $f'\left(\frac{a+b}{2}\right)$ nicht auf. Das liegt daran, daß der Koeffizient c_1^1 verschwindet. Trotzdem verhält sich die Formel (6.2) erwartungsgemäß: es werden Polynome vom Grade $N = m_o + m_1 + m_2 - 1 = 3$ exakt integriert.

b) Die NEWTON-COTES-Formel für $m = N = 3$ lautet:

$$\int_a^b f(t)\, dt = \frac{3}{8}h[f(x_o) + 3f(x_1) + 3f(x_2) + f(x_3)] - \frac{3}{80}\,h^5 f^{(4)}(\xi)$$

mit einem $\xi \in [a,b]$ für äquidistante einfache Stützstellen x_o, x_1, x_2, x_3.

c) Für $N = m = 8$ erhält man

$$\int_a^b f(t)\,dt = \frac{4}{14175}\, h\ [989f(x_o) + 5888f(x_1) - 928f(x_2) +$$

$$+ 10496f(x_3) - 4540f(x_4) + 10496f(x_5) \pm \ldots] + R(f)\ . \tag{6.3}$$

Hier treten betragsmäßig sehr stark schwankende Koeffizienten und negative Vorzeichen auf; dies "widerspricht" intuitiv dem Integralbegriff als Grenzwert einer Summe von Funktionswerten. Ferner werden die Formeln anfällig gegen Rundungsfehler, denn man muß im schlimmsten Fall damit rechnen, daß sich die Rundungsfehler gerade mit den Beträgen der Koeffizienten multipliziert akkumulieren. *

4. Offene NEWTON-COTES-Formeln

Ordnet man die Punkte $x_1,\ldots,x_m$ <u>innerhalb</u> des Intervalls $[a,b]$ äquidistant an (d.h. $x_j = a+j \cdot \frac{b-a}{m+1}$), so erhält man die Integrationsformeln

$$\int_a^b f(t)\,dt = 2hf(x_1) + \frac{h^3}{3}\, f''(\xi) \quad \text{(\underline{mid point rule})}\ \text{ für } m=1\ , \tag{6.4}$$

$$\int_a^b f(t)\,dt = \frac{3}{2}h\ [f(x_1)+f(x_2)] + \frac{h^3}{4}\, f''(\xi) \qquad \text{für } m=2$$

und

$$\int_a^b f(t)\,dt = \frac{4}{3}h\ [2f(x_1)-f(x_2)+2f(x_3)] + \frac{28}{90}\, h^5 f^{(4)}(\xi)\ \text{ für } m=3. \tag{6.5}$$

Bemerkung 6.2.

a) Auch die obigen Formeln sind gemäß Abschnitt 2 und Satz 5.1 konstruiert, für ungerades m ist dabei der Intervallmittelpunkt als zweifacher Knoten zu nehmen.

b) Wie bei den abgeschlossenen NEWTON-COTES-Formeln treten für große
   m negative Koeffizienten bei den Funktionswerten auf (vgl. (6.3)
   und (6.5)). Im folgenden Paragraphen wird dieses Phänomen allgemein untersucht. *

5. Integrationsformeln vom GAUSSschen Typ

In diesem Abschnitt werden Interpolationsquadraturen der Gestalt

$$\int_a^b f(t)w(t)\,dt = \sum_{j=1}^n c_j f(x_j) + R(f) \tag{6.6}$$

mit einer in (a,b) positiven stetigen Gewichtsfunktion w, __frei wähl-
baren__ Stützstellen $x_j \in I$ und frei wählbaren Koeffizienten c_j gesucht.

Zur praktischen Benutzung dieser Formeln ist es allerdings nötig, daß
die Funktion f in Form einer Rechenvorschrift vorliegt, d.h. an jeder
beliebigen Stelle $x \in I$ berechnet werden kann. Da man $2n$ freie Parameter in (6.6) hat, kann man versuchen, die c_j und x_j so zu wählen,
daß die Formel (6.6) alle Polynome vom Grade $\leq 2n-1$ exakt integriert.
Dies ist in der Tat möglich:

Zerlegt man ein gegebenes Polynom $P \in \mathcal{P}_{2n-1}$ nach dem euklidischen
Algorithmus in

$$P(x) = r(x)\,\Omega(x) + s(x)$$

mit

$$\Omega(x) = \prod_{j=1}^n (x-x_j) \ , \qquad \partial r \leq n-1 \ , \qquad \partial s \leq n-1 \ ,$$

wobei $x_1,\ldots,x_n$ die noch unbekannten Knoten sind, so hat man

$$\int_a^b P(t)w(t)\,dt = \int_a^b r(t)\Omega(t)w(t)\,dt + \int_a^b s(t)w(t)\,dt$$

$$= \sum_{j=1}^n c_j r(x_j)\Omega(x_j) + \sum_{j=1}^n c_j s(x_j) + R(P) \qquad (6.7)$$

$$= \sum_{j=1}^n c_j s(x_j) + R(P)\ .$$

Soll die Formel (6.6) für alle $P \in \mathcal{P}_{2n-1}$ exakt sein, so ist auf Grund der obigen Gleichung

$$\int_a^b r(t)\Omega(t)w(t)\,dt = O$$

für alle $r \in \mathcal{P}_{n-1}$ zu fordern, d.h. Ω muß w-orthogonal zu $\mathcal{P}_{n-1}$ sein und ist in der obigen Form eindeutig bestimmt. Damit sind auch die Stützstellen x_j als Nullstellen von Ω eindeutig festgelegt.

Für $w = 1$ ergeben sich die gesuchten Stützstellen also als Nullstellen der <u>LEGENDRE-Polynome</u> (vgl. § 5 des Kapitels II). Das Ergebnis wird als klassische <u>GAUSS-Quadratur</u> bezeichnet.

Die Koeffizienten c_j bestimmt man nach (6.7) so, daß die Formel (6.6) für die bereits bestimmten x_j exakt ist für Polynome $\in \mathcal{P}_{n-1}$. Aus Satz 5.1 folgt dann, daß mit den Basisfunktionen $\omega_1,\dots,\omega_n$ zur LA-GRANGE-Interpolation in $x_1,\dots,x_n$ die c_j aus

$$c_j := \int_a^b \omega_j(t)w(t)\,dt \qquad (1 \le j \le n)$$

mit

$$\omega_j(x) = \prod_{\substack{k=1\\k\neq j}}^n \left(\frac{x-x_k}{x_j-x_k}\right)$$

zu berechnen sind. Durch Integration von $\omega_j^2 \in \mathcal{P}_{2n-2}$ folgt auch

$$0 < \int_a^b \omega_j^2(t)\,w(t)\,dt = \sum_{j=1}^n c_j \omega_j^2(x_j) + 0 = c_j \ , \qquad\qquad (6.8)$$

da (6.6) für Polynome aus $\mathcal{P}_{2n-1}$ exakt ist.

Aus (6.8) ist zu ersehen, daß im Gegensatz zu den NEWTON-COTES-Formeln nur <u>positive</u> Koeffizienten auftreten können.

<u>Satz 6.1.</u>
Für die klassische GAUSS-Quadratur in n Punkten gilt im Intervall [-1,+1] die Fehlerabschätzung

$$\left| R(f) \right| = \frac{2^{2n+1}(n!)^4}{((2n)!)^3(2n+1)} \left| f^{(2n)}(\xi) \right| \ , \qquad \xi \in [-1,+1] \ , \qquad (6.9)$$

für $f \in C^{2n}[-1,+1]$.

<u>Beweis:</u>
Da das LEGENDRE-Polynom P_n vom Grade n (vgl. Kap. II, § 5) mit der Normierung $P_n(x) = x^n + \dots$ gerade die Rolle von Ω in den obigen Überlegungen spielt und nach (I. 3.2) der Interpolationsfehler bei HERMITE-Interpolation der Funktionswerte und 1. Ableitungen in den Nullstellen von P_n die Form

$$f(x) - p(x) = P_n^2(x)\,\Delta_t^{2n}(x_1,x_1,\dots,x_n,x_n,x)\,f(t)$$

mit dem Interpolationspolynom p vom Grade $\leq$ 2n-1 hat, folgt

$$\int_{-1}^{+1} f(x)\,dx - \int_{-1}^{+1} p(x)\,dx = 0 + R(f)$$

$$(6.10)$$

$$= \int_{-1}^{+1} P_n^2(x)\,\Delta_t^{2n}(x_1,x_1,\dots,x_n,x_n,x)\,f(t)\,dx$$

und mit

$$\Delta_t^{2n}(x_1,x_1,\dots,x_n,x_n,x)\,f(t) = \frac{f^{(2n)}(\xi)}{(2n)!} \ , \qquad \xi \in [-1,+1]$$

sowie (II. 5.22) folgt die Behauptung. ∎

Im übrigen ist es nicht schwierig, für ein beliebiges Intervall [a,b] aus (6.9) die Formel

$$\left| R(f) \right| = (b-a)^{2n+1} \frac{(n!)^4}{((2n)!)^3 (2n+1)} \left| f^{(2n)}(\xi) \right| \ , \quad \xi \in [a,b] \qquad (6.11)$$

herzuleiten; der Faktor $(b-a)^{2n}$ entsteht durch Streckung von P_n^2, während die Transformation der Integrationsvariablen einen zusätzlichen Faktor b-a bringt.

Beispiel 6.1.
Als numerisches Beispiel diene die Berechnung von

$$\int_0^1 e^x \, dx = e-1 = 1,71828 \ .$$

a) Bei klassischer GAUSS-Quadratur in 2 Punkten erhält man als Stützstellen

$$x_{1/2} = \tfrac{1}{2}(1\underset{-}{\pm}\tfrac{1}{3}\sqrt{3}) \ , \quad x_1 = 0,211325 \quad \text{und} \quad x_2 = 0,788675 \ ,$$

die Funktionswerte sind $e^{x_1} = 1,2353$ und $e^{x_2} = 2,2005$. Damit ergibt sich durch GAUSS-Quadratur nach (6.9) der Wert

$$\tfrac{1}{2} \cdot (1,2353 + 2,2005) = 1,7179 \ .$$

Die Fehlerabschätzung (6.11) liefert

$$R(f) \leq \frac{2^4}{5 \cdot 2^3 \cdot 3^3 \cdot 2^6} \cdot e = \frac{e}{2^5 \cdot 3^3 \cdot 5} \leq 6,3 \cdot 10^{-4} \ .$$

b) Die Trapezregel ergibt

$$\frac{1+e}{2} = 1,85914 \ .$$

c) Durch die SIMPSONsche Regel erhält man

$$\frac{1}{6} \, (1 + 6,5948 + e) = 1,71885 \; .$$

Der Fehler ergibt sich hier als

$$R(f) \; \leq \; \frac{(e^x)^{(4)} \cdot (\frac{1}{2})^5}{90} \; = \; \frac{e}{32 \cdot 90} \; \leq \; 9,5 \, \cdot \, 10^{-4} \; .$$

Bemerkung 6.3.
Bei den Integrationsformeln dieses Paragraphen werden die N+1 frei-
verfügbaren Parameter dazu verwendet, Exaktheit für Polynome möglichst
hohen Grades zu erzielen. Dadurch waren die Funktionale L(f) eindeutig festgelegt, und nach dem Satz von PEANO konnte man das Fehler-
funktional durch die Seminorm $\|f\|_{N+1}$ abschätzen. Eine Optimierung im
Sinne von Paragraph 5 erübrigte sich deshalb. Sucht man nach Inte-
grationsformeln, die bezüglich einer Seminorm $\|f\|_k$ optimal sind, so
hat man $k \leq N$ zu wählen. Es stehen dann ganze Scharen von Formeln
zur Verfügung und man kann die in der Theorie der Spline-Funktionen
entwickelten Hilfsmittel (§ 5 insbesondere) zur Auswahl einer optimalen Formel heranziehen. Man findet solche Formeln in dem Buch von
SARD. *

§ 7 Konvergenzfragen bei der numerischen Quadratur

Betrachtet wird eine Folge von Quadraturformeln

$$S_n(f) \; := \; \sum_{j=0}^{n} \, a_j^n \, f(x_j^n) \qquad (n \in \mathbb{N}_o) \tag{7.1}$$

mit für jedes feste n paarweise verschiedenen Stützstellen
$x_o^n < \ldots < x_n^n$ eines Intervalls I. Es wird <u>nicht</u> vorausgesetzt, daß
die Stützstellen äquidistant sind oder $S_n(f)$ eine Interpolationsquadraturformel ist. Die Koeffizienten a_j^n und die Stützstellen x_j^n lassen
sich in Form zweier (unendlicher) Dreiecksmatrizen darstellen:

$$
\begin{array}{llll}
x_0^0 & & & \\
x_0^1 & x_1^1 & & \\
x_0^2 & x_1^2 & x_2^2 & \\
x_0^3 & x_1^3 & x_2^3 & x_3^3 \\
\cdot & \cdot & \cdot & \cdot \quad \cdot \cdot \\
\cdot & \cdot & \cdot & \cdot \quad \cdot \\
\cdot & \cdot & \cdot & \cdot \qquad \cdot
\end{array}
\qquad\qquad
\begin{array}{llll}
a_0^0 & & & \\
a_0^1 & a_1^1 & & \\
a_0^2 & a_1^2 & a_2^2 & \\
a_0^3 & a_1^3 & a_2^3 & a_3^3 \\
\cdot & \cdot & \cdot & \cdot \quad \cdot \cdot \\
\cdot & \cdot & \cdot & \cdot \quad \cdot \\
\cdot & \cdot & \cdot & \cdot \qquad \cdot
\end{array}
\qquad (7.2)
$$

$$\underline{\text{(Knotenmatrix)}} \qquad\qquad \underline{\text{(Koeffizientenmatrix)}} \quad .$$

Unter welchen Voraussetzungen über $S_n(f)$ gilt dann

$$\lim_{n \to \infty} S_n(f) = \int_a^b f(t)\, dt \qquad\qquad (7.3)$$

für alle $f \in C(I)$?

Diese Frage beantwortet

<u>Satz 7.1.</u>

Die Matrizen (7.2) liefern genau dann für jede Funktion $f \in C(I)$ die
Konvergenz in (7.3), wenn

1) die Konvergenz für jedes Element einer bezüglich der TSCHEBYSCHEFF-
Norm dichten Teilmenge T von $C(I)$ eintritt,

2) die der TSCHEBYSCHEFF-Norm zugeordneten Operatornormen der Funktionale S_n gleichmäßig beschränkt sind, d.h. ein $K \in \mathbb{R}_+$ existiert,
so daß

$$\sum_{j=0}^{n} |a_j^n| \leq K$$

für jedes $n \in \mathbb{N}_0$ gilt.

<u>Beweis:</u>

I) Es gelte 1) und 2) und es sei eine Funktion $f \in C(I)$ und eine reelle Zahl $\varepsilon > 0$ gegeben. Dann gibt es eine Funktion $P \in T$ mit

228

$$\max_{x \in I} \; |P(x) - f(x)| \; \leq \; \frac{\varepsilon}{2(K+b-a)} \; \cdot$$

Außerdem kann man zu diesem P ein $N(\varepsilon)$ so finden, daß

$$|S_n(P) - \int_a^b P(t)dt| \leq \frac{\varepsilon}{2}$$

für jedes $n > N(\varepsilon)$ gilt.

Daraus folgt

$$|S_n(f) - \int_a^b f(t)dt|$$

$$\leq \; |S_n(f) - S_n(P)| \; + \; |S_n(P) - \int_a^b P(t)dt| \; + \; |\int_a^b P(t)dt - \int_a^b f(t)dt|$$

$$\leq \; |S_n(f-P)| \; + \; |S_n(P) - \int_a^b P(t)dt| \; + \; \int_a^b |P(t) - f(t)|dt$$

$$\leq \; \sum_{j=0}^{n} |a_j^n| \; \cdot \; |f(x_j^n) - P(x_j^n)| \; + \; \frac{(b-a)\varepsilon}{2(K+b-a)} \; + \; \frac{\varepsilon}{2} \; \leq \; \frac{(K+b-a)\varepsilon}{2(K+b-a)} \; + \; \frac{\varepsilon}{2} \; \leq \; \varepsilon$$

und dies impliziert

$$|S_n(f) - \int_a^b f(t)dt| \to 0 \qquad \text{für } n \to \infty \; .$$

II) Die Notwendigkeit von 1) ist trivial; zum Beweis von 2) schließt
man aus der Annahme

$$\overline{\lim_{n \to \infty}} \; |S_n| \; = \; \overline{\lim_{n \to \infty}} \; \sum_j \; |a_j^n| \; = \; \infty$$

mit dem Satz von BANACH-STEINHAUS (vgl. Kap. II, § 7) auf die
Existenz einer Funktion $f \in C(I)$ mit $\overline{\lim} \; |S_n(f)| = \infty$. Dies ist
ein Widerspruch zu

$$\left| \lim_{n \to \infty} S_n(f) \right| = \left| \int_a^b f(t)\,dt \right| < \infty$$

und es folgt 2). ∎

Für die Anwendungen eignet sich folgende Spezialisierung von Satz 7.1:

Satz 7.2.

Die Konvergenz in (7.3) tritt ein, wenn in (7.1) alle Koeffizienten nicht negativ sind und die Konvergenz in (7.3) für Polynome eintritt.

Beweis:

Der Satz von WEIERSTRASS zeigt, daß 1) erfüllt ist. Da (7.3) für $f = 1$ konvergiert, gilt

$$\sum_{j=0}^{n} a_j^n \to b-a \qquad \text{für } n \to \infty .$$

Wegen der Nichtnegativität der a_j^n hat man

$$\sum_{j=0}^{n} |a_j^n| \le b-a+1 \quad \text{für fast alle } n$$

und nach Satz 7.1 ergibt sich die Behauptung. ∎

Zur Anwendung des Satzes 7.2 bieten sich für die Knotenmatrix äquidistante Unterteilungen an. Interpolationsquadraturen mit äquidistanten Stützstellen, in denen nur die Funktionswerte selbst vorkommen, darf man jedoch nicht verwenden, denn es gilt

Satz 7.3. (KUSMIN)

Ist $I := [a,b]$ ein abgeschlossenes Intervall der reellen Zahlen und ist

$$\sum_{j=0}^{n} a_j^n \, f(x_j^n) \tag{7.4}$$

für jedes n eine Interpolationsquadratur für äquidistante Punkte

230

$$x_j^n = a + j \cdot h \ , \qquad h = \frac{b-a}{n} \ , \qquad 0 \le j \le m$$

so strebt die Summe

$$\sum_{j=0}^{n} |a_j^n|$$

gegen Unendlich für $n \to \infty$.

Der Beweis soll hier allerdings übergangen werden.

<u>Bemerkung 7.1.</u>

a) Numerisch hat das Anwachsen der $|a_j^n|$ den unerwünschten Effekt, daß kleine Fehler in den Eingangswerten $f(x_j)$, wie etwa Rundungsfehler, außerordentlich verstärkt werden. Die Formeln sind numerisch nicht stabil.

b) Da die Koeffizienten der GAUSS-Quadraturformeln positiv sind (vgl. § 6), hat man Konvergenz für die durch die Nullstellen der LEGENDRE-Polynome als Knotenmatrix gegebenen Interpolationsquadraturen. Jedoch eignen sich diese Formeln für variables n nicht sehr für die Arbeit in einer Rechenanlage, da kein einfacher Algorithmus zur Erzeugung der Knotenmatrix vorliegt. Als Kompromiß bietet sich höchstens die Speicherung einiger Zeilen dieser Matrix an.

c) Auch für die gemäß Satz 5.1 durch Integration von Spline-Inter-polierenden $s \in S(T,k)$ erhaltenen Integrationsformeln hat man Konvergenz. Dabei ist zu beachten, daß die Zahl der Stützstellen wächst, aber der Grad 2k-1 der interpolierenden Splines konstant bleibt. *

Der folgende Paragraph liefert konvergente Integrationsmethoden, bei denen mit äquidistanten Knoten gearbeitet wird und die numerisch stabil sind.

§ 8 Extrapolationsverfahren nach RICHARDSON mit Anwendungen auf die numerische Differentiation und Integration

1. RICHARDSON-Extrapolation

In Paragraph 2 dieses Kapitels ist ein Funktional $R(f)$ der Gestalt (2.10) durch eine Art "TAYLOR-Entwicklung" in der Form (2.11) darge-stellt worden. Oft hängt ein solches Funktional von einer gewissen Schrittweite h ab und, falls das Funktional einen Fehler wiedergibt, wird es für $h \to O$ gegen Null streben. Im allgemeinen kann man den Wert von h nicht beliebig verkleinern, weil dabei ein erhebliches Aufschaukeln der Rundungsfehler zu befürchten ist. Unter gewissen Umständen (wenn $R(f)$ eine Entwicklung nach h-Potenzen besitzt) kann man allerdings aus dem Verhalten von $R(f)$ für einige Werte von h eine "bessere" Schätzung für den gesuchten Wert ermitteln (Extrapolation für $h \to O$ nach RICHARDSON).

Als Modellfall gilt die folgende Situation:

Ein Funktional L werde durch ein von einem Parameter h (etwa einer Schrittweite) abhängiges Verfahren berechnet, dessen Resultat mit $L(h)$ bezeichnet werde. Besitzt dann die Fehlerfunktion $L - L(h)$ eine Potenzreihenentwicklung in h, so hat man die Möglichkeit, aus $L(h)$ für größere Werte von h eine Extrapolation "in Richtung $L(O)$" vorzu-nehmen und dadurch die Konvergenz bezüglich h zu beschleunigen. Die Grundidee dieses Verfahrens besteht einfach aus der Interpolation der Werte $L(h_o)$, $L(h_1)$,... durch eine Funktion $P(h)$ und Auswertung der Interpolierenden an der Stelle $h = O$ (vgl. Abb. 8.1).

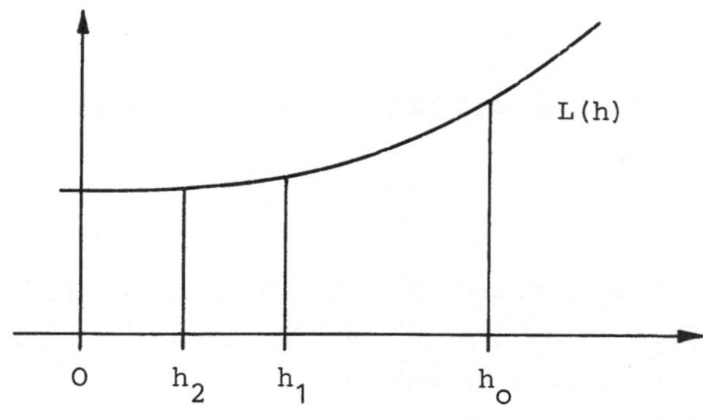

Abb. 8.1

Verwendet man das Verfahren von NEVILLE und AITKEN (Kap. I, § 1), so ist der Wert $b_{j,k} := P_{j-k,\ldots,j}(0)$ des in $h_{j-k},\ldots,h_j$ interpolierenden Polynoms k-ten Grades nach (I. 1.23) rekursiv berechenbar durch

$$b_{j,k} = P_{j-k,\ldots,j}(0)$$

$$= \frac{h_{j-k}\, b_{j,k-1} - h_j\, b_{j-1,k-1}}{h_{j-k} - h_j} \tag{8.1}$$

$$= b_{j,k-1} + \frac{1}{\mu_{j,k}}\,(b_{j,k-1} - b_{j-1,k-1}) \quad \text{mit } \mu_{j,k} = \frac{h_{j-k}}{h_j} - 1 \; .$$

In dieser Form ist der zweite Term lediglich eine kleine Korrektur des ersten Terms, was bezüglich des Rundungsfehlerverhaltens günstig ist.

Ordnet man die Werte als Tabelle an, so erhält man das folgende mit (8.1) spalten- oder zeilenweise zu berechnende Schema:

$$
\begin{array}{lllll}
L(h_0) = b_{0,0} & & & & \\
L(h_1) = b_{1,0} \longrightarrow b_{1,1} & & & \\
L(h_2) = b_{2,0} \longrightarrow b_{2,1} \longrightarrow b_{2,2} & & \\
L(h_3) = b_{3,0} \longrightarrow b_{3,1} \longrightarrow b_{3,2} \longrightarrow b_{3,3} & & \\
\end{array}
\tag{8.2}
$$

Bei Benutzung einer Rechenanlage braucht man nur jeweils eine Zeile oder Spalte zu speichern.

<u>Bemerkung 8.1.</u>
Ganz analog zu oben beschriebener RICHARDSON-Extrapolation kann man auch rationale Funktionen an Stelle von Polynomen zur Extrapolation verwenden. Das NEVILLE-AITKEN-Verfahren ist dann zu ersetzen durch das WYNN-STOER-Verfahren zur rationalen Interpolation und man hat statt (8.1) die Formel (I. 5.43) in der für $x^* = 0$ spezialisierten Form

$$b_{j,k} = b_{j,k-1} + \frac{1}{\gamma_{j,k}} \, (b_{j,k-1} - b_{j-1,k-1}) \, , \tag{8.3}$$

wobei der Faktor $\gamma_{j,k}^{-1}$ der Korrektur allerdings mit

$$\gamma_{j,k} = \frac{h_{j-k}}{h_j} \left(1 - \frac{b_{j,k-1} - b_{j-1,k-1}}{b_{j,k-1} - b_{j-1,k-2}} \right) - 1$$

zu bilden ist. In dem zu (8.2) analogen Schema hat man $b_{j,-1} = 0$ zu setzen und je drei Werte zu verknüpfen.

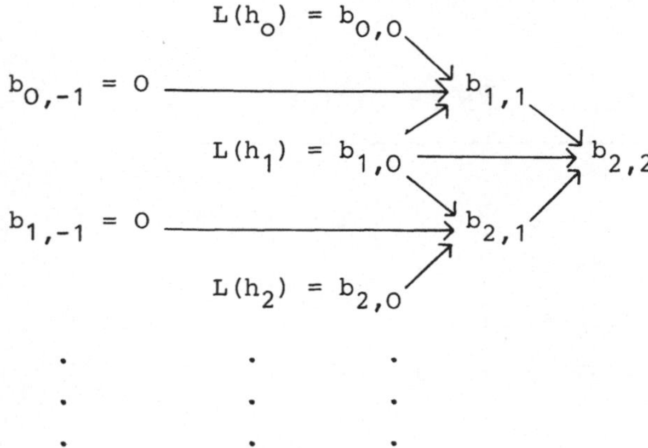

In vielen Fällen beobachtet man bei der rationalen Extrapolation bessere Ergebnisse als bei der RICHARDSON-Extrapolation. *

<u>Beispiel 8.1.</u> (Numerische Differentiation)
Nach Beispiel 2.3 und aufgrund der TAYLORreihe hat das Fehlerfunktional $R_h(f)$ für die Berechnung von $f'(0)$ durch

$$L(h) := \frac{1}{2h} \, (f(h) - f(-h)) \tag{8.4}$$

eine Entwicklung

$$R_h(f) = - \frac{h^2}{3!} \, f'''(0) - \frac{h^4}{5!} \, f^{(5)}(0) - \dots \tag{8.5}$$

mit geraden Potenzen von h.

Bei einer RICHARDSON-Extrapolation für die Resultate $L(h_o)$, $L(h_1)$, $L(h_2)$,... kann man daher die Größe h^2 als Parameter einführen, d.h. man kann statt (8.1) die Formel

$$b_{j,k} = b_{j,k-1} + \frac{1}{\nu_{j,k}}\,(b_{j,k-1} - b_{j-1,k-1}), \quad \nu_{j,k} = \frac{h_{j-k}^2}{h_j^2} - 1 \qquad (8.6)$$

verwenden. Je $n+1$ Werte $L(h_j)$ werden so durch ein Polynom vom Grade n in h^2, d.h. vom Grade $2n$ in h interpoliert.

Die Differentiation von $f(x) = \tan \frac{\pi}{2} x$ in $x = 0$ durch die RICHARDSON-Extrapolationsformel (8.1) liefert das Schema

i	h_i	$L(h_i)$	$b_{i,1}$	$b_{i,2}$	$b_{i,3}$
0	0.5	2.00000			
1	0.25	1.65685	1.54247		
2	0.125	1.59130	1.56945	1.57125	
3	0.0625	1.57586	1.57072	1.57080	1.57079

während die rationale Extrapolation mit (8.3) zu

i	h_i	$L(h_i)$	$b_{i,1}$	$b_{i,2}$	$b_{i,3}$
0	0.5	2.00000			
1	0.25	1.65685	1.56722		
2	0.125	1.59130	1.57059	1.57080	
3	0.0625	1.57586	1.57078	1.57080	1.57080

führt. Dabei wurde die Schrittweitenfolge

$$h,\ \frac{h}{2},\ \frac{h}{4},\ \ldots,\ 2^{-n}h \qquad \text{(ROMBERGfolge)}$$

verwendet.

Als Modell für einen Konvergenzsatz zur RICHARDSON-Extrapolation hat
man

Satz 8.1.
Gestattet das Funktional $L(h)$ eine für $|h| \leq 1$ absolut konvergente
Reihenentwicklung

$$L(h)f = \sum_{j=0}^{\infty} a_j h^j \quad \text{mit } K_n := \sum_{j=n}^{\infty} |a_j| \to 0$$

und bildet man für $0 < q < 1$ die Funktionen

$$\varphi_i(h) := a_0 + \sum_{j=i+1}^{\infty} a_j h^j \prod_{k=1}^{i} \frac{q^j - q^k}{1 - q^k} \qquad (0 \leq i < \infty) , \qquad (8.7)$$

so besteht das Schema (8.2) im Falle $h_j = q^j h$ aus

$$b_{j,k} := \varphi_k(q^{j-k}h) \qquad\qquad (0 \leq k \leq j < \infty) \qquad (8.8)$$

und es folgt die Fehlerabschätzung

$$|b_{j,k} - L(0)f| \leq (q^{j-k}h)^{k+1} \frac{q}{1-q} \cdots \frac{q^k}{1-q^k} \cdot K_{k+1} \qquad (8.9)$$

$$(1 \leq k \leq j < \infty)$$

für den gesuchten Wert $a_0 = L(0)f$.

In der k-ten Spalte von (8.2) hat man mindestens lineare Konvergenz
mit einem Konvergenzfaktor $\leq q^{k+1}$; für festes j und k strebt
$b_{j,k} = b_{j,k}(h)$ gegen $L(0)f$ wie $O(h^{k+1})$ und längs der Diagonale von
(8.2) hat man superlineare Konvergenz.

Beweis:
Die Gleichung (8.8) ist für $k = 0$ und alle j trivial. Durch Kombina-
tion von $L(qh)f$ und $L(h)f$ mit den Faktoren $\frac{1}{1-q}$ und $\frac{q}{1-q}$ wird gemäß
(8.7) die Funktion $\varphi_1(h)$ gebildet, bei der $a_1 \cdot h$ eliminiert ist.
Analog verfährt man für $k > 1$, die einfache Induktion über k sei dem
Leser überlassen. Setzt man (8.7) in (8.8) ein, so folgt (8.9) aus

$$\left| b_{j,k} - L(0)f \right| = \left| \sum_{m=k+1}^{\infty} a_m q^{m(j-k)} h^m \prod_{n=1}^{k} \frac{q^m-q^n}{1-q^n} \right|$$

$$\leq \sum_{m=k+1}^{\infty} |a_m| q^{m(j-k)} h^m \frac{q-q^m}{1-q} \cdots \frac{q^k-q^m}{1-q^k}$$

$$\leq \frac{q}{1-q} \cdots \frac{q^k}{1-q^k} \cdot (q^{j-k} \cdot h)^{k+1} \cdot \sum_{m=k+1}^{\infty} |a_m| \cdot$$

Hält man den Spaltenindex k fest, so ergibt sich

$$\left| b_{j,k} - L(0)f \right| \leq \text{const.} \ (q^{k+1})^{j} \to 0 \qquad \text{für } j \to \infty \ .$$

während in der Diagonale (für j=k) der Fehler durch die Folge

$$\alpha_k = h^{k+1} K_{k+1} \prod_{j=1}^{k} \frac{q^j}{1-q^j} \qquad\qquad (k \geq 1)$$

beschränkt ist, die wegen

$$\frac{\alpha_{k+1}}{\alpha_k} = h \cdot \frac{K_{k+1}}{K_k} \frac{q^{k+1}}{1-q^{k+1}} \leq h \cdot \frac{q^{k+1}}{1-q^{k+1}} \to 0$$

superlinear konvergiert. ∎

2. Die iterierte Trapezregel

Nach den Untersuchungen in §7 könnte man annehmen, daß bei äquidistanten Punkten in der Knotenmatrix (7.2) keine Integrationsformel existiert, die bei Verfeinerung der Punkteinteilungen _jede_ stetige Funktion beliebig gut integriert. Dies trifft jedoch nur für Polynom-Interpolationsquadraturen zu. Dagegen gibt es einfache Beispiele von Integrationsformeln für äquidistante Stützstellen, die für jede stetige Funktion eine beliebig vorgegebene Genauigkeit bei entsprechend großer Stützstellenanzahl erzielen.

Teilt man das Intervall $I := [a,b]$ durch die Punkte $x_j^n := a+j\cdot h$, $0 \le j \le n$ in n Teile der Länge $h = \frac{b-a}{n}$ und wendet in $[x_{j-1}^n, x_j^n]$ die Trapezregel an, so erhält man für jede Funktion $f \in C(I)$

$$\int_a^b f(t)\,dt = \sum_{j=1}^n \int_{x_{j-1}^n}^{x_j^n} f(t)\,dt$$

$$= \underbrace{\frac{h}{2} \sum_{j=1}^n [f(x_j^n)+f(x_{j-1}^n)]}_{=:\ T_h(f)} + R_h\ (f)$$

$$= \frac{h}{2}[f(x_0^n)+2f(x_1^n)+\ldots+2f(x_{n-1}^n)+f(x_n^n)] + R_h\ (f)\ .$$

So folgt die Konvergenz von $T_h(f)$ gegen das Integral für stetige Funktionen f einfach aus der Interpretation von

$$T_h(f) = \sum_{j=1}^n h\cdot f(x_j^n) - \underbrace{\frac{h}{2}(f(a)+f(b))}_{\to\ 0}$$

als RIEMANNsche Summe.

Die iterierte Trapezregel integriert also <u>jede</u> stetige Funktion für genügend kleine h mit gewünschter Genauigkeit.

Jetzt soll die Entwicklung des Fehlerfunktionals $R_h(f)$ der iterierten Trapezregel nach Potenzen von h berechnet werden. Dabei wird zur Vereinfachung $a = 0$ und $b = 1$ gesetzt. Ausgehend vom exakten Integral findet man durch Zerlegen und partielle Integration

$$\int_0^1 f(t)\,dt = \sum_{j=1}^n \int_{x_{j-1}}^{x_j} f(t)\cdot 1\,dt$$

$$= \sum_{j=1}^n (t-c_j)f(t)\Big|_{x_{j-1}}^{x_j} - \sum_{j=1}^n \int_{x_{j-1}}^{x_j} f'(t)(t-c_j)\,dt\ ,$$

wobei die oberen Indizes n weggelassen wurden und die noch freien
reellen Parameter c_j durch $c_j = \dfrac{x_j + x_{j-1}}{2}$ so fixierbar sind, daß die
Trapezsumme entsteht:

$$\int_0^1 f(t)\,dt = \frac{h}{2} \sum_{j=1}^n (f(x_{j-1}) + f(x_j)) + R_h(f) \; .$$

Mit der "Sägezahnfunktion" $g_1(t)$ nach Abb. 8.2

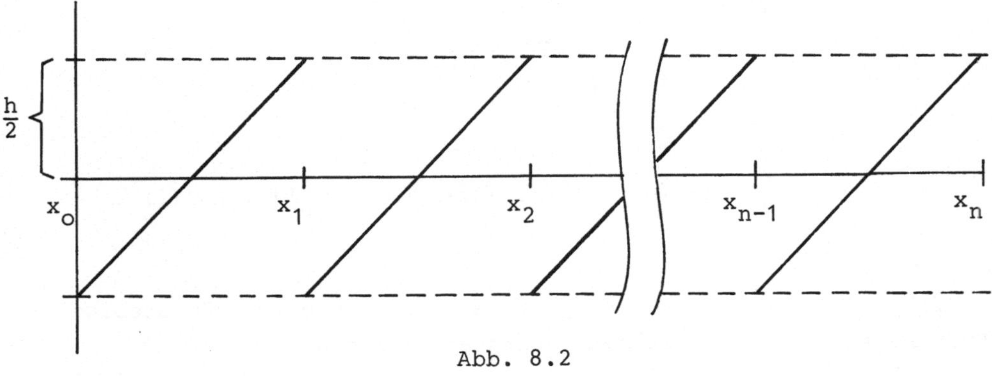

Abb. 8.2

folgt also

$$R_h(f) = - \int_0^1 f'(t) g_1(t)\,dt$$

und wenn man durch die Rekursion

$$g_j(x) = \int_0^x g_{j-1}(t)\,dt + \text{const.} \qquad (j \geq 2) \tag{8.10}$$

neue stetige Funktionen definiert, wobei die additive Konstante zunächst offen bleibt, kann man das obige Vorgehen für $f \in C^{n+1}$ wiederholen und erhält

$$R_h(f) = -f'(t) g_2(t) \Big|_0^1 + \int_0^1 f''(t) g_2(t)\,dt \tag{8.11}$$

$$= \sum_{j=1}^n (-1)^j f^{(j)}(t) g_{j+1}(t) \Big|_0^1 + (-1)^{n+1} \int_0^1 f^{(n+1)}(t) g_{n+1}(t)\,dt$$

für $f \in C^{n+1}[a,b]$. Jetzt sind die g_j noch genauer festzulegen; aus Abb. 8.2 folgt, daß g_2 aus nach oben geöffneten Parabelstücken besteht und man wird für g_2 die additive Konstante so wählen, daß g_2 die in Abb. 8.3 gezeigte Form hat, d.h. es muß $\int_O^h g_2(t)\,dt = O$ gelten.

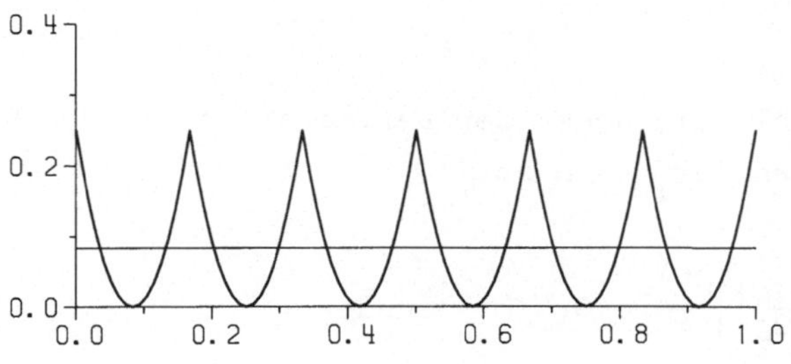

Abb. 8.3

Dadurch hat g_2 die Periode h auf ganz $\mathbb{R}$ und alle Integrale

$$\int_x^{x+h} g_2(t)\,dt = \int_x^{x+h} g_3'(t)\,dt = g_3(x+h) - g_3(x)$$

verschwinden. Somit hat auch g_3 die Periode h, wenn g_3 durch (8.10) für j = 3 mit verschwindender Integrationskonstante gebildet wird. Setzt man für allgemeines ungerades $j \geq 3$ die Integrationskonstante in (8.10) gleich Null und normiert für gerades j durch

$$\int_O^h g_j(t)\,dt = O \ ,$$

so folgt induktiv mit den obigen Schlüssen, daß alle g_j die Periode h haben und die Integrale zwischen Punkten des Abstandes h verschwinden. Damit geht (8.11) über in

$$R_h(f) = - \sum_{j=1}^m f^{(2j-1)}(t) g_{2j}(t) \Big|_O^1 + \int_O^1 f^{(2m)}(t) g_{2m}(t)\,dt$$

für gerade Werte von n+1 = 2m. Es bleibt die Abhängigkeit der $g_{2j}(O) = g_{2j}(1)$ von h zu untersuchen. Eine allgemeine Rekursionsformel für die $g_{2j}(O)$ folgt direkt aus (8.10) und der TAYLORformel

$$g_{2j+1}(x) = \sum_{m=0}^{2j} \frac{g_{2j+1}^{(m)}(0)}{m!}\, x^m + \int_0^x g_{2j+1}^{(2j+1)}(t)\, \frac{(x-t)^{2j}}{(2j)!}\, dt$$

$$= \sum_{m=0}^{2j} \frac{g_{2j+1-m}(0)}{m!}\, x^m + \frac{x^{2j+1}}{(2j+1)!}$$

im Intervall $[0,h]$, die wegen der Periodizität und der Wahl der Integrationskonstanten für $x = h$ zu

$$\frac{g_{2j+1}(h)}{h^{2j+1}} = \frac{g_{2j+1}(0)}{h^{2j+1}} = 0 \qquad \text{und}$$

$$= \sum_{m=0}^{2j} \frac{g_{2j+1-m}(0)}{h^{2j+1-m}} \cdot \frac{1}{m!} + \frac{1}{(2j+1)!}$$

führt; die Größen

$$b_k := \frac{g_k(0)}{h^k} \qquad\qquad (k \geq 1, \quad b_0 := 1)$$

genügen somit den Rekursionsformeln

$$0 = \sum_{m=0}^{2j+1} \frac{b_{2j+1-m}}{m!} = \sum_{\ell=0}^{2j+1} \frac{b_\ell}{(2j+1-\ell)!} \qquad (j \geq 0, \quad b_0 = 1)$$

$$\tag{8.12}$$

$$= \sum_{\ell=0}^{2j} \frac{b_\ell}{(2j+1-\ell)!} \qquad (j \geq 1,\ b_0 = 1,\ b_1 = -\tfrac{1}{2},\ b_{2k+1} = 0,\ k \geq 1)$$

und sind unabhängig von h.

Damit erhält man die Restgliedformel

$$R_h(f) = + \sum_{j=1}^{m} h^{2j} b_{2j} (f^{(2j-1)}(0) - f^{(2j-1)}(1))$$

$$\tag{8.13}$$

$$+ h^{2m} \int_0^1 f^{(2m)} r_{2m}(t)\, dt$$

mit der periodischen Funktion $r_{2m}(t) = h^{-2m} g_{2m}(t)$, die mit Hilfe der TAYLORformel in $[0,h]$ für g_{2m} durch eine von h unabhängige Konstante beschränkbar ist. Es gilt nämlich

$$r_{2m}(t) = \sum_{\ell=0}^{2m-1} \frac{g_{2m-\ell}(0)}{\ell! h^{2m-\ell}} \left(\frac{t}{h}\right)^{\ell} + \left(\frac{t}{h}\right)^{2m} \frac{1}{(2m)!}$$

$$= \sum_{\ell=0}^{2m} \frac{b_{2m-\ell}}{\ell!} \left(\frac{t}{h}\right)^{\ell} \qquad (t \in [0,h]) \; ,$$

d.h.

$$|r_{2m}(t)| \leq \sum_{\ell=0}^{2m} \frac{|b_{2m-\ell}|}{\ell!} \qquad (t \in [0,h]) \; ,$$

was sich wegen der Periode h auf das ganze Intervall überträgt. Damit hat man insgesamt

<u>Satz 8.2.</u>

Der Fehler $R_h(f)$ der iterierten Trapezregel besitzt für $f \in C^{2m}[0,1]$ die Entwicklung (8.13) nach geraden Potenzen von h. Die im letzten Term auftretende Funktion r_{2m} ist unabhängig von h beschränkt; die Entwicklungskoeffizienten b_j genügen den Rekursionsformeln (8.12) und hängen über

$$b_j = \frac{B_j}{j!} \qquad\qquad (j \geq 0) \qquad\qquad\qquad (8.14)$$

mit den BERNOULLIschen Zahlen B_j zusammen.

<u>Beweis:</u>

Der verbleibende letzte Teil der Behauptung ergibt sich aus (8.12) durch Multiplikation mit $(k+1)!$ und mit (8.14) aus der Rekursionsformel

$$0 = \sum_{\ell=0}^{k} B_\ell \binom{k+1}{\ell} \qquad\qquad (k \geq 1)$$

der BERNOULLIschen Zahlen mit dem Anfangswert $B_0 = b_0 = 1$. $\blacksquare$

3. Das ROMBERG-Verfahren

Aufgrund der Entwicklung (8.13) kann man RICHARDSON-Extrapolation auf die Werte $T_h(f)$ der iterierten Trapezregel anwenden. Nach ROMBERG wählt man dazu

$$q = \frac{1}{2} \ , \quad h_o := b-a \ , \quad h_j := \frac{1}{2} h_{j-1} = 2^{-j} h_o \ .$$

Da $T_h(f)$ eine Reihenentwicklung nach Potenzen von h^2 hat, kann man ausgehend von den Werten $T_{k,o} := T_{h_k}(f)$ durch die aus (8.6) abgeleitete Formel

$$T_{j,k} := T_{j,k-1} + \frac{T_{j,k-1} - T_{j-1,k-1}}{4^k - 1} \qquad (1 \leq k < j) \qquad (8.15)$$

das folgende Schema aufstellen (vgl. Formel (8.1) und Schema (8.2)):

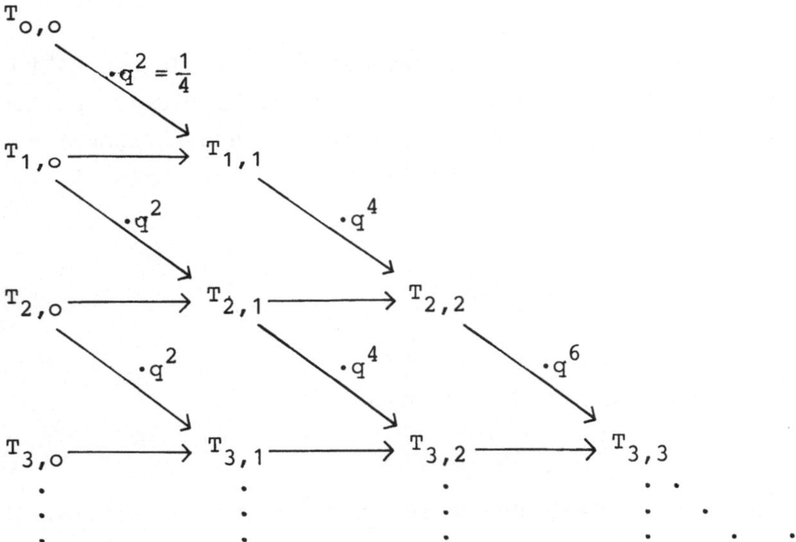

Auch die Berechnung der Startwerte $T_{k,o}$ kann man noch vereinfachen. Es gilt:

$$T_{k,o} = \frac{h_k}{2} \left[f(a) + 2f(a+h_k) + \ldots + 2f(b-h_k) + f(b) \right]$$

$$= \frac{1}{2} \frac{h_{k-1}}{2} \left[f(a) + 2f(a+2h_k) + \ldots + 2f(b-2h_k) + f(b) \right]$$

$$\text{(8.16)}$$

$$+ h_k \cdot \left[f(a+h_k) + f(a+3h_k) + \ldots + f(b-h_k) \right]$$

$$= \frac{1}{2} T_{k-1,o} + h_k \sum_{j=1}^{2^{k-1}} f(a+(2j-1) \cdot h_k) \ .$$

Dadurch wird verhindert, daß Funktionswerte doppelt berechnet werden.
Das folgende FORTRAN-Unterprogramm zeigt die einfache Programmierbar-
keit des ROMBERG-Verfahrens:

```
      REAL FUNCTION ROMINT (A,B,N,T,FUNCT)
      DIMENSION T(1)
      H       = B - A
      L       = O
      T(1)    = (FUNCT(A) + FUNCT(B))*H/2.
      DO 2   I = 2,N
      HH      = H
      H       = H/2.
      L       = 2*L + 1
      X       = A
      T(I)    = O.
      DO 1   J = 1,L,2
      T(I)    = T(I) + FUNCT(X)
      X       = X + HH
    1 CONTINUE
      T(I)    = T(I-1)/2. + H*T(I)
    2 CONTINUE
      H       = 1.
      L       = N
      DO 3   I = 2,N
      H       = H*4.
      HH      = H - 1.
      L       = L - 1
      DO 3   J = 1,L
      T(J)    = T(J+1) + (T(J+1) - T(J))/HH
    3 CONTINUE
      RETURN
      END
```

Bemerkung 8.2.

1) Bei der ROMBERG-Integration analytischer Funktionen liegt die Situation des Satzes 8.1 vor; gleiches gilt für die RICHARDSON-Extrapolation mit der ROMBERG-Schrittweitenfolge bei der numerischen Differentiation gemäß Beispiel 8.1. *

2) Um das schnelle Abfallen der Schrittweite bei der ROMBERG-Folge zu vermeiden, kann man stattdessen die BULIRSCH-Folge $h, \frac{h}{2}, \frac{h}{3}, \frac{h}{4}, \frac{h}{6}, \ldots$ verwenden, bei der die Formel (8.16) beim Übergang von h_i zu

$$h_{i+2} = \frac{h_i}{2}$$ für $i > 1$ nutzbar bleibt. Man hat dann lediglich statt (8.15) die allgemeine Formel (8.6) zu verwenden. *

Beispiel 8.2.

Mit dem angegebenen Programm wurden die Integrale der Funktionen $f(x) = e^x$ und $f(x) = \frac{4}{1+x^2}$ im Intervall $[0,1]$ berechnet. Man erhält die folgenden Ergebnisse (vgl. Formel 8.15 und Beispiel 6.1):

1.85914			
1.75393	1.71886		
1.72722	1.71832	1.71828	
1.72052	1.71828	1.71828	1.71828

3.00000			
3.09999	3.13333		
3.13118	3.14157	3.14211	
3.13899	3.14159	3.14159	3.14159

Bei Verwendung des WYNN-STOER-Verfahrens ergibt sich für das zweite Beispiel

3.00000			
3.10000	3.13483		
3.13118	3.14171	3.14226	
3.13899	3.14160	3.14159	3.14160

Kapitel IV. Numerische Methoden für Anfangswertprobleme bei gewöhnlichen Differentialgleichungen

Einleitende Bemerkungen

Dieses Kapitel kann man als eine Anwendung der bisher entwickelten allgemeinen Methoden zur Darstellung von Funktionalen ansehen; es behandelt nämlich die Ermittlung von Näherungswerten zu Funktionen, die als Lösung von Anfangswertproblemen gewöhnlicher Differentialgleichungen definiert werden.

Nach einer kurzen Herleitung der Existenzaussagen für diese Probleme werden praktische Möglichkeiten zur Lösung untersucht. Man kann dabei zwischen kontinuierlichen und diskreten Methoden unterscheiden.

Den kontinuierlichen Methoden sind die Paragraphen 3 und 4 gewidmet. Es wird gezeigt, wie man mit Hilfe der Stetigkeits- und Differenzierbarkeitssätze für parameterabhängige Anfangswertprobleme in gewissen Fällen zu Aussagen über die Lösungen von Anfangswertproblemen kommen kann. Der Leser kann diese beiden Paragraphen übergehen, wenn er nur an den diskreten Methoden interessiert ist.

Den Übergang zu diesen Methoden bildet ein Abschnitt über lineare Differential- und Differenzengleichungen, da sie die Grundlage für die später zu behandelnden Konsistenz- und Stabilitätsfragen bei den diskreten Methoden bilden.

Zunächst werden die klassischen Einschrittverfahren (RUNGE-KUTTA-Verfahren) und Mehrschrittverfahren (ADAMS-Verfahren) dargestellt. Ausgehend von einem Axiomensystem werden für allgemeinere Verfahren Untersuchungen über die Konvergenz durchgeführt. Dabei zeigt es sich, daß zwei grundlegende Eigenschaften (Konsistenz und Stabilität) für die Konvergenz notwendig und hinreichend sind. Ausführlich wird auch auf die Anwendung der RICHARDSON-Extrapolation und auf die dafür not-

wendigen asymptotischen Entwicklungen bei Anfangswertproblemen gewöhnlicher Differentialgleichungen eingegangen, da sich die RICHARD-
SON-Extrapolation in der Praxis als außerordentlich genau erwiesen
.hat.

§ 1 Definitionen und Aufgabenstellungen

Es sollen zunächst die bei den Differentialgleichungen üblichen Begriffsbildungen erläutert werden.

Definition 1.1

Es sei $F : G \to \mathbb{R}$ eine Abbildung mit $G \subset \mathbb{R}^{n+2}$, G ein Gebiet. Eine Funktion $y \in C^n[a,b]$ heißt <u>Lösung</u> der durch

$$F(x,y,y',\ldots,y^{(n)}) = 0 \qquad\qquad (1.1)$$

gegebenen <u>impliziten gewöhnlichen Differentialgleichung</u> in $I := [a,b]$, wenn $(x,y(x),\ldots,y^{(n)}(x))$ zum Definitionsgebiet G von F gehört und

$$F(x,y(x),y'(x),\ldots,y^{(n)}(x)) = 0$$

für jedes $x \in I$ gilt.

Im Unterschied zu <u>partiellen</u> Differentialgleichungen, deren Lösungen von mehreren Variablen abhängen, beschreibt die <u>gewöhnliche</u> Differentialgleichung (1.1) eine Funktion y von nur <u>einer</u> Variablen.

Die Differentialgleichung (1.1) hat die <u>Ordnung</u> n, wenn F von $y^{(n)}$ und keiner höheren Ableitung von y abhängt. Eine gewöhnliche Differentialgleichung n-ter Ordnung heißt <u>explizit</u>, falls sich (1.1) in der Form

$$y^{(n)}(x) = f(x,y(x),y'(x),\ldots,y^{(n-1)}(x)) \qquad\qquad (1.2)$$

mit einer Funktion f von n+1 Variablen darstellen läßt. Für numerische Untersuchungen kann man sich auf explizite Differentialgleichungen beschränken.

Eine in einem Gebiet $G \subset \mathbb{R}^2$ gegebene Differentialgleichung erster Ordnung

$$y'(x) = f(x,y(x))$$

gestattet eine anschauliche Deutung. Man überdecke G mit einem

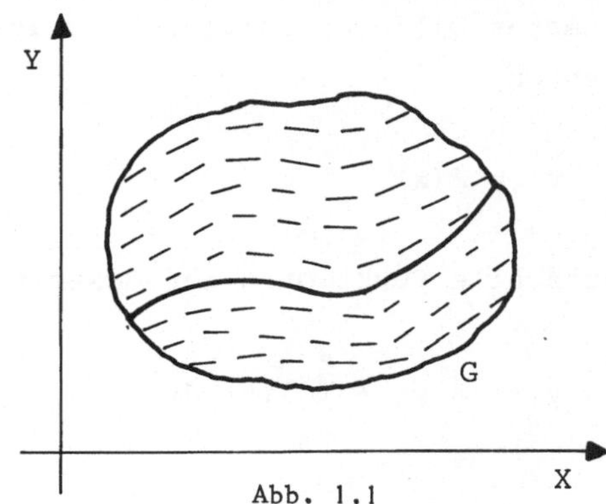

Abb. 1.1

Raster und deute durch einen kleinen Strich die Richtung φ an, welche durch tg φ = f(x,y) gegeben wird. Das auf diese Weise entstehende "Richtungsfeld" gibt den Verlauf der Lösungen in groben Zügen wieder.

Es wird unten gezeigt, daß bei Vorgabe eines Punktes aus G unter geeigneten Voraussetzungen über f eine und nur eine Lösung der Differentialgleichung durch diesen Punkt verläuft. Ferner wird sich herausstellen, daß man die Lösung durch G hindurch bis zum Rand von G verfolgen kann, wie es die Zeichnung vermuten läßt.

Definition 1.2

Eine Differentialgleichung n-ter Ordnung der Gestalt (1.1) heißt linear, falls F eine in der zweiten bis (n+2)-ten Komponente lineare Funktion ist, d.h. die Gestalt

$$a_n(x)y^{(n)}(x) +...+ a_o(x)y(x) - b(x) = 0 \qquad (1.3)$$

besitzt. Die lineare Differentialgleichung (1.3) heißt homogen, wenn b(x) = 0 für alle x $\in$ [a,b] gilt; andernfalls nennt man (1.3) inhomogen. Wenn $a_o(x),...,a_n(x)$ konstant sind und $a_n \neq 0$ gilt, bezeichnet man (1.3) als lineare gewöhnliche Differentialgleichung n-ter Ordnung mit konstanten Koeffizienten. ▲

Die linearen Differentialgleichungen zeigen eine starke Analogie zu den linearen Gleichungssystemen. Die Lösungen einer homogenen Differentialgleichung bilden einen linearen Raum. Addiert man zu einer Lösung einer inhomogenen Differentialgleichung eine Lösung der homogenen Gleichung, so erhält man wieder eine Lösung der inhomogenen Gleichung.

Beispiel 1.1.

Es sei f $\in$ C($\mathbb{R}$) . Dann sind die Lösungen der expliziten gewöhnlichen linearen Differentialgleichung erster Ordnung mit konstanten Koeffizienten

$$y' = f(x) \qquad (1.4)$$

durch alle Funktionen der Gestalt

$$y(x) = y_o + \int_{x_o}^{x} f(t) \, dt$$

gegeben. Es existieren also beliebig viele Lösungen, die sich durch eine additive Konstante unterscheiden. Durch den Punkt (x_o, y_o) des $\mathbb{R}^2$ geht genau eine Lösung.

Beispiel 1.2.
Gegeben sei die implizite gewöhnliche Differentialgleichung erster Ordnung

$$y'^2 - 4|y| = 0 \ .$$

Sie hat die Lösungen

$$y(x) = 0 \qquad\qquad (x \in \mathbb{R})$$

und

$$y(x) = \pm(x-x_o)^2 \qquad (x \in \mathbb{R})$$

mit beliebigem $x_o \in \mathbb{R}$. Durch $(x_o, 0)$ laufen also mehrere verschiedene Lösungen.

Beispiel 1.3.
Die implizite gewöhnliche Differentialgleichung erster Ordnung

$$(y'(x))^2 + 1 = 0$$

hat natürlich keine reelle Lösung.

Bemerkung 1.1.
Aus den vorangegangenen Beispielen läßt sich folgendes ersehen:

a) Bei impliziten Differentialgleichungen sind Existenzaussagen über die Lösung nicht ohne weiteres möglich.

b) Schon die einfachsten Beispiele zeigen, daß es unendlich viele Lösungen geben kann, die sich bei einer Differentialgleichung erster Ordnung durch ihren Wert $y(x_o)$ an einer Stelle x_o unterscheiden. Da die Differentialgleichung

$$y^{(n)}(x) = 0$$

durch alle Polynome vom Grade $\leq$ n-1 gelöst wird, kann man weiter
vermuten, daß die Zahl der freien Parameter in der Lösungsmenge
mit der <u>Ordnung</u> der Differentialgleichung zusammenhängt.

c) Definiert man die Funktion $\sqrt{} \in C(\mathbb{R})$ durch

$$\sqrt{x} := \text{sgn}(x) \cdot \sqrt{|x|}$$

für alle $x \in \mathbb{R}$, so läßt sich die Differentialgleichung des Beispiels 1.2 als <u>explizite</u> Differentialgleichung

$$y' = 2\sqrt{y} \quad \text{bzw.} \quad y' = -2\sqrt{y}$$

schreiben. Da jede dieser Differentialgleichungen <u>zwei</u> Lösungen y
mit $y(0) = 0$ hat und man durch Zusammensetzen sogar unendlich
viele Lösungen im Großen konstruieren kann, sind für <u>explizite</u>
Differentialgleichungen erster Ordnung

$$y' = f(x,y)$$

mit <u>stetiger</u> Funktion f die Lösungen auch dann nicht notwendig
eindeutig bestimmt, wenn man $y(x_o) = y^o$ als Zusatzforderung stellt.*

<u>Definition 1.3.</u>
Es seien $f_1,\ldots,f_m$ Funktionen von $m \cdot n + 1$ Variablen. Ein System von
Funktionen $y_1,\ldots,y_m \in C^n(I)$ heißt <u>Lösung</u> des durch

$$y_i^{(n)} = f_i(x,y_1,\ldots,y_m,y_1',\ldots,y_m',\ldots,y_1^{(n-1)},\ldots,y_m^{(n-1)})$$

$$(1.5)$$

$$(1 \leq i \leq m)$$

gegebenen <u>Systems n-ter Ordnung (expliziter) gewöhnlicher Differen-</u>
<u>tialgleichungen</u>, wenn für jedes $x \in I$ die Gleichungen

$$y_i^{(n)}(x) = f_i(x,y_1(x),\ldots,y_m(x),y_1'(x),\ldots,y_m^{(n-1)}(x)) \quad (1 \leq i \leq m)$$

gelten.
Sind die Funktionen f_i linear in den Argumenten $y_1,\ldots,y_m$ und deren
Ableitungen, so nennt man das System <u>linear</u>. ▲

<u>Bemerkung 1.2.</u>

Jede gewöhnliche Differentialgleichung (1.2) der Ordnung n läßt sich
in ein System von n gewöhnlichen Differentialgleichungen <u>erster</u> Ordnung umformen. Zu diesem Zweck setzt man

$$y_1 := y$$
$$y_2 := y' = y_1'$$
$$\vdots$$
$$y_n := y^{(n-1)} = y_{n-1}'$$

und erhält das System

$$y_1' = y_2$$
$$\cdots$$
$$y_{n-1}' = y_n$$
$$y_n' = f(x,y,\ldots,y^{(n-1)}) = f(x,y_1,\ldots,y_n) \ .$$

Offenbar löst genau dann $y(x) = y_1(x)$ die Differentialgleichung (1.2),
wenn $(y_1(x),\ldots,y_n(x))$ dieses System löst.
Analog kann man ein System von Differentialgleichungen höherer Ordnung in ein äquivalentes System erster Ordnung überführen; lineare
Systeme gehen dabei in lineare Systeme über.

Dadurch wird die Theorie der gewöhnlichen Differentialgleichungen
n-ter Ordnung auf die Theorie der Systeme von gewöhnlichen Differentialgleichungen <u>erster</u> Ordnung zurückgeführt. Auch bei der Herleitung
numerischer Verfahren kann man sich also auf Systeme von Differentialgleichungen erster Ordnung beschränken, wenn man von den Spezialfällen
absieht, in denen die Differentialgleichung höherer Ordnung eine besondere Gestalt hat, die Besonderheit aber bei der Umschreibung ver-
loren geht.
Man unterscheidet die folgenden Aufgabenstellungen (vgl. Bemerkung
1.1):

a) Bestimmung der (i.a. unendlichen, aber endlichdimensionalen) Gesamtheit der Lösungen einer Differentialgleichung oder eines Dif-

ferentialgleichungssystems;

b) Bestimmung einer Lösung einer Differentialgleichung (oder eines
Systems), die gewissen Zusatzbedingungen genügt:

1) <u>Anfangswertprobleme</u>:
Man schreibt (bei einer Differentialgleichung n-ter Ordnung) die
Werte $y(x_o), y'(x_o), \ldots, y^{(n-1)}(x_o)$ an einer Stelle x_o des Lösungs-
intervalles vor.

2) <u>Randwertprobleme</u>:
Hier sucht man Lösungen in einem abgeschlossenen Intervall [a,b]
und schreibt nicht n Werte an <u>einer</u> Stelle in [a,b] vor, sondern
insgesamt n Werte in den <u>Randpunkten</u> a und b.

3) <u>Eigenwertprobleme</u>:
Gesucht wird eine Funktion y und eine Zahl λ derart, daß eine
Gleichung

$$F(x,y',\ldots,y^{(n)}) = \lambda y$$

besteht; dabei hat y noch gewisse Randbedingungen zu erfüllen.

Von diesen drei Fragestellungen wird im folgenden nur das <u>Anfangs-</u>
<u>wertproblem</u> untersucht.

§ 2 Existenzsätze für die Lösung des Anfangswertproblems

Im vorigen Paragraphen wurde gezeigt, daß sich eine explizite gewöhnliche Differentialgleichung n-ter Ordnung in ein explizites System
von n Differentialgleichungen erster Ordnung umformen läßt. Daher
kann man sich bei Existenzbeweisen auf das folgende <u>Anfangswert-</u>
<u>problem</u> beschränken:

$\mathfrak{A}$: Gegeben sei ein Gebiet $G \subset \mathbb{R}^{n+1}$ und eine vektorwertige Funktion

$$f : G \to \mathbb{R}^n .$$

Die Punkte in G sollen als (x,y) bzw. (x_i,y_i) mit

$$y_i = (y_{i1},\ldots,y_{in})$$

geschrieben werden. Für einen gegebenen Punkt $(x_o,y^o) \in G$ ist dann
ein hinreichend kleines Intervall $I := [x_o,x_o+\delta] \subset \mathbb{R}$ und eine in I
komponentenweise differenzierbare vektorwertige Funktion

$$y : I \to \mathbb{R}^n$$

zu finden mit

$$y'(x) = f(x,y(x)) \qquad (x \in I)$$

$$y(x_o) = y^o \; .$$

(2.1)

<u>Bezeichnungen:</u>
Zur Abkürzung wird die Klasse der auf $I \subset \mathbb{R}$ mindestens j-mal stetig
differenzierbaren Funktionen mit Werten im $\mathbb{R}^n$ mit

$$C_n^j(I) \quad , \quad n \in \mathbb{N} \; , \quad j \in \mathbb{N}_o \; ,$$

$$C_n(I) := C_n^o(I)$$

bezeichnet.

Im folgenden wird stets angenommen, daß $(x_o,y^o) \in G$ ein fester Punkt
ist und deshalb wird x_o nicht als Parameter mitgeführt. Man kann dann

$$I(\delta) := \left\{ x \;\middle|\; x_o \leq x \leq x_o + \delta \right\}$$

setzen und δ als einen von Fall zu Fall zu bestimmenden Parameter verwenden. Häufig wird auch δ zur Vereinfachung der Schreibweise unter-
drückt.

Um Ausnahmefälle wie im Beispiel 1.2 auszuschließen, wird von $f(x,y)$
als Funktion von y mehr als Stetigkeit verlangt:

<u>Definition 2.1.</u>

Es sei $G \subset \mathbb{R}^{n+1}$ ein Gebiet und $f \in C_n^O(\overline{G})$. Die Funktion $f(x,y)$ heißt bezüglich y <u>LIPSCHITZ-stetig,</u> wenn eine Konstante L existiert, so daß für alle $(x,y),(x,z) \in G$ die Abschätzung

$$|f(x,y) - f(x,z)| \leq L|y-z| \tag{2.2}$$

bezüglich irgendeiner fest gewählten Norm $|.|$ im $\mathbb{R}^n$ gilt. Die Klasse dieser Funktionen f wird im folgenden mit $\mathrm{Lip}_n(G)$ bezeichnet. ▲

<u>Satz 2.1.</u> (<u>Existenzsatz von PICARD-LINDELÖF</u>)

Es sei $I := [x_O, x_O + \delta] \subset \mathbb{R}$, $J := \{y \mid |y-y^O| \leq b\} \subset \mathbb{R}^n$ und $\overline{G} := I \times J \subset \mathbb{R}^{n+1}$. Ferner sei $f \in \mathrm{Lip}_n(G)$ und auf $\overline{G}$ sei $|f|$ durch eine Konstante M beschränkt. Ferner gelte $\delta \cdot M \leq b$, d.h. I sei genügend klein. Dann gibt es <u>genau</u> eine stetig differenzierbare Funktion $y : I \to \mathbb{R}^n$, die das Anfangswertproblem $\mathfrak{A}$ löst.

<u>Beweis:</u>

Wie man einerseits durch Differentiation und andererseits durch Einsetzen von $x = x_O$ sieht, erfüllt jede Lösung der <u>VOLTERRAschen Integralgleichung</u>

$$y(x) = y^O + \int_{x_O}^{x} f(t,y(t))\, dt \tag{2.3}$$

sowohl die Differentialgleichung als auch die Anfangsbedingung des vorgegebenen Anfangswertproblems. Dabei ist das Integral komponentenweise zu nehmen. Definiert man einen Operator $T : C_n(I) \to C_n^1(I)$ durch

$$(Ty)(x) := y^O + \int_{x_O}^{x} f(t,y(t))\, dt \qquad (y \in C_n(I)),$$

so ist ein <u>Fixpunkt</u> von T zu bestimmen, d.h. eine Funktion $y \in C_n(I)$ mit

$$Ty = y \ .$$

(Vgl. Band I, Kap. II, § 1.)

Ist $w(x)$ eine in I positive stetige Funktion, so ist der Raum $C_n(I)$ unter der Norm

$$\|y\| := \sup_{x \in I} w(x) \, |y(x)| \qquad (2.4)$$

ein <u>BANACH</u>-Raum. Dabei sei $|.|$ die bei der LIPSCHITZ-Stetigkeit von f gemäß (2.2) verwendete Norm im $\mathbb{R}^n$. Die Vollständigkeit von $C_n(I)$ beweist man genau wie die von $C[-1,+1]$ (vgl. Kap. II, Korollar 7.5). Die Menge

$$\mathbb{D} := \left\{ y \; \middle| \; y \in C_n(I); \; |y(x) - y^o| \leq b \text{ für alle } x \in I \right\}$$

ist eine abgeschlossene Teilmenge von $C_n(I)$. Daher ist $\mathbb{D}$ mit der Metrik

$$\rho(y,z) := \|y - z\| \qquad (2.5)$$

ein <u>vollständiger metrischer Raum.</u>

Aus der Abschätzung

$$|(Ty)(x) - y^o| \leq \int_{x_o}^{x} |f(t,y(t))| \, dt \leq M \int_{x_o}^{x} dt \leq \delta \cdot M \leq b$$

folgt die Inklusion

$$T(\mathbb{D}) \subset \mathbb{D} \, .$$

Der Operator T bildet also $\mathbb{D}$ in sich ab.

Für jede Wahl von $w(x)$ gilt

$$\rho(Ty,Tz) = \|Ty - Tz\|$$

$$= \left\| \int_{x_o}^{x} [f(t,y(t)) - f(t,z(t))] \, dt \right\|$$

$$\leq \sup_{x \in I} w(x) \int_{x_o}^{x} |f(t,y(t)) - f(t,z(t))| \, dt$$

$$\leq \sup_{x \in I} w(x) \int_{x_o}^{x} L \, |y(t) - z(t)| \, w(t) \, \frac{dt}{w(t)}$$

$$\leq \|y - z\| \underbrace{\sup_{x \in I} w(x) \int_{x_o}^{x} L \, \frac{dt}{w(t)}}_{=: \, K(w)} \; .$$

Es bleibt zu zeigen, daß man durch geeignete Wahl von $w(x)$ die Bedingung

$$|K(w)| < 1$$

erfüllen kann. Denn dann liefert der Kontraktionssatz (Band I, Kap. II, Satz 1.1) die Existenz und Eindeutigkeit eines Fixpunktes y von T. Setzt man

$$w(x) = e^{-L(x-x_o)} \, ,$$

so gilt

$$K(w) = \sup_{x \in I} e^{-L(x-x_o)} \cdot L \int_{x_o}^{x} e^{L(t-x_o)} \, dt$$

$$= \sup_{x \in I} e^{-L(x-x_o)} \, (e^{L(x-x_o)} - 1)$$

$$= \sup_{x \in I} (1 - e^{-L(x-x_o)})$$

$$= 1 - e^{-L\delta} < 1 \; .$$

Damit ist der Existenzsatz von PICARD-LINDELÖF bewiesen. ∎

<u>Bemerkung 2.1.</u>

Zur Fehlerabschätzung kann man die Schranken für den Fehler bei kontrahierenden Abbildungen vollständiger metrischer Räume in sich verwerten (Band I, Kap. II, § 1). *

Es ist klar, daß man entsprechende Aussagen für die Lösung y von $\mathfrak{A}$ in dem Intervall $[x_o-\delta,x_o]$ und somit auch für $[x_o-\delta,x_o+\delta]$ erhalten kann. Man kann sich aber, insbesondere bei den numerischen Methoden, immer auf ein Intervall $I(\delta)$ beschränken.

Nachdem die Existenz von Lösungen "im Kleinen" bewiesen ist, soll gezeigt werden, daß der Graph jeder Lösung einer Differentialgleichung in einem Gebiet G von Rand zu Rand verläuft; es kann also keinen inneren Punkt von G geben, über den hinaus die Lösung nicht fortsetzbar ist.

Definition 2.2.

Es sei $y(x)$ im Intervall $I := [a,b]$ eine Lösung des Anfangswertproblems (2.1). Dann nennt man eine in einem Intervall $I^* := [\alpha,\beta] \supset I$ stetig differenzierbare Funktion $z(x)$ eine Fortsetzung der Lösung $y(x)$ von (2.1), wenn in I^* die Aussagen

$$1) \quad (x,z(x)) \in G$$

$$2) \quad z'(x) = f(x,z(x))$$

und in I $\quad 3) \quad z(x) = y(x)$

gelten. ▲

Obwohl eine indirekte Beweisführung einfacher wäre, wird der Beweis des folgenden Satzes konstruktiv geführt:

Satz 2.2.

Jede Lösung $y(x)$ in $I(\delta)$ von $\mathfrak{A}$ läßt sich zu einer Funktion $z(x)$ fortsetzen, für die $(x,z(x))$ für fallendes und wachsendes x gegen den Rand von G strebt.

Beweis

Die Teilmenge

$$G_\varepsilon := \left\{ (x,y) \;\middle|\; \begin{array}{l} (x,y) \in G, \; |(x,y)| < \frac{1}{\varepsilon}, \; \text{der Abstand von} \\ (x,y) \text{ zum Rand von G ist größer als } \varepsilon \end{array} \right\}, \quad \varepsilon > 0, \quad (2.6)$$

von G ist ein beschränktes Gebiet.

Da das Gebiet G durch G_ε ausgeschöpft wird, wenn ε eine Nullfolge
durchläuft, genügt es zu zeigen, daß der Graph jeder Lösung von (2.1),
die in G_ε verläuft, über den Rand von G_ε fortsetzbar ist.
Zu festem ε kann man nach Defini-
tion von G_ε ein beschränktes Gebiet G* finden mit

$$\overline{G}_\varepsilon \subset G^* \subset \overline{G}^* \subset G \ .$$

Der Rand von $\overline{G}_\varepsilon$ und der Rand von
$\overline{G}^*$ bilden zwei beschränkte, abgeschlossene, punktfremde Mengen.
Definiert man mit

$$M := \max_{(x,y)\in\overline{G^*}} |f(x,y(x))|$$

eine neue Metrik im $\mathbb{R}^{n+1}$ durch

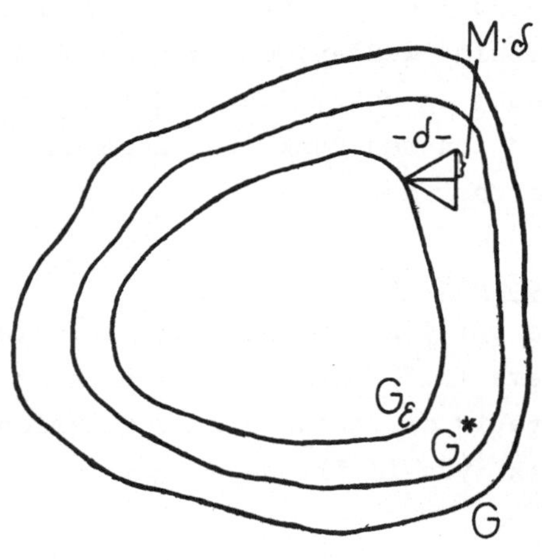

Abb. 2.1

$$\rho(P_1,P_2) := \max(|x_1-x_2|, \tfrac{1}{M}|y_1-y_2|) \ ,$$

für $P_i = (x_i,y_i) \in \mathbb{R}^{n+1}$, $i = 1,2$, so existiert wegen der Beschränktheit von G* und G_ε eine positive Zahl δ mit

$$\delta := \inf \left\{ \rho(P_1,P_2) \ \Big| \ P_1 \in \overline{G}^*-G^*, \ P_2 \in \overline{G}_\varepsilon \right\} \ .$$

Nach Definition von δ ist dann für <u>jeden</u> Punkt $P_o = (x_o,y^o) \in G_\varepsilon$ das
Anfangswertproblem (2.1) durch eine Funktion $y \in C_n^1([x_o-\delta,x_o+\delta])$ lösbar und die Größe δ, die angibt, wie weit man y nach rechts und links
in G fortsetzen kann, ist von der Wahl von P_o <u>unabhängig</u>.
Hat man dann eine in G_ε verlaufende Lösung y der Differentialgleichung
$y' = f(x,y)$, die auf irgendeinem Intervall [a,b] definiert ist, so
kann man y mit Hilfe der Lösungen u und z der Anfangswertprobleme

$$u'(x) = f(x,u(x)) \quad z'(x) = f(x,z(x)) \quad (x \in [a,b])$$

$$u(a) = y(a) \qquad z(b) = y(b)$$

auf das Intervall $[a-\delta, b+\delta]$ fortsetzen:

$$y^*(x) := \begin{cases} u(x) , & \text{falls} \quad x \in [a-\delta,a] \\ y(x) , & \text{falls} \quad x \in [a,b] \\ z(x) , & \text{falls} \quad x \in [b,b+\delta] \end{cases}$$

und der Graph von y liegt in $\overline{G^*} \subset G$.

Wegen der Beschränktheit von G_ε kann man bei Wiederholung dieses Verfahrens nur endlich oft eine Lösung erhalten, deren Graph in G_ε enthalten ist, da sich der Definitionsbereich der Lösung bei jedem Schritt um 2δ verbreitert. Also wird nach endlich vielen Schritten der Rand von G_ε überschritten. ∎

Beispiel 2.1.

Die Differentialgleichung

$$y'(x) = y^2(x)$$

hat im Gebiet $G := (-1,+1) \times \mathbb{R}$ die Lösungen

$$y(x) = \frac{1}{c-x} , \quad c \in \mathbb{R} .$$

Obwohl der Definitionsbereich der Lösung im Falle $c \in (-1,+1)$ nicht das gesamte Intervall $(-1,+1)$ sein kann, strebt die Lösung gegen den Rand von G; sie strebt nämlich gegen Unendlich, und dies ist zum Rand von G zu rechnen. Da die Singularität von $y(x)$ in $x = c$ in der Differentialgleichung nicht erkennbar ist und über $c = \frac{1}{y(0)}$ nichtlinear vom Anfangswert abhängt, spricht man von einer beweglichen Singularität.

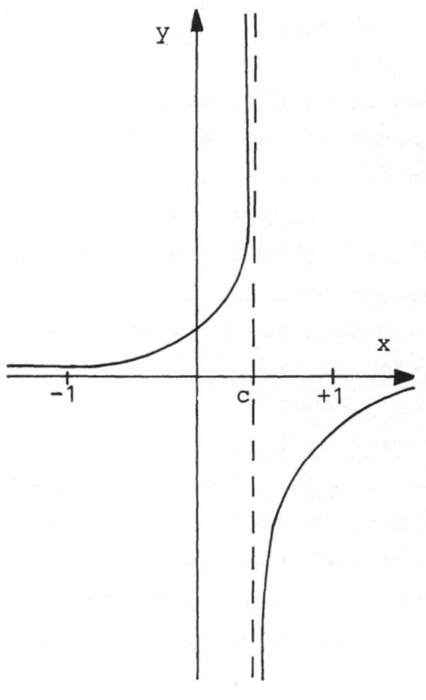

Abb. 2.2

260

<u>Beispiel 2.2.</u>
Gegeben sei die Differentialgleichung

$$y' = - \frac{x}{y} \, ,$$

die sich durch Umformung in Diffe-
rentiale lösen läßt:

$$0 = y \, dy + x \, dx$$
$$= \frac{1}{2} \, d(x^2 + y^2) \ .$$

Als Lösungen ergeben sich also die
Kreise um den Nullpunkt:

$$x^2 + y^2 = r^2 = \text{const.}$$

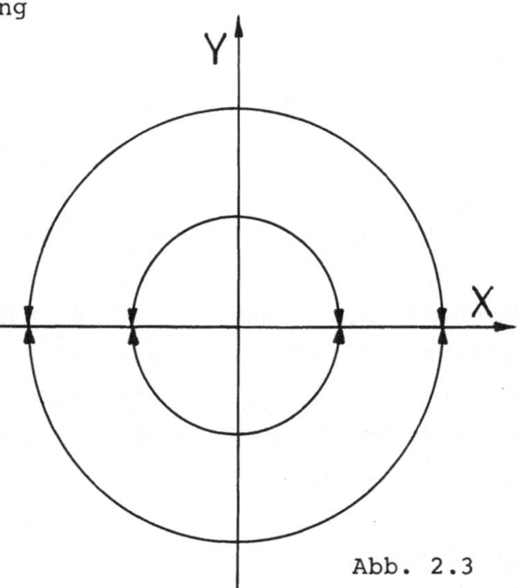

Abb. 2.3

Man ist versucht, die Differentialgleichung im Gebiet $G = \mathbb{R}^2$ zu betrachten. Dann erhält man scheinbar einen Widerspruch zu Satz 2.2,
da Lösungen existieren, die den Rand des Gebietes nicht erreichen.
Die Funktion $f(x,y) = - \frac{x}{y}$ ist aber auf der gesamten x-Achse undefi-
niert. Daher hat man sich auf Gebiete zu beschränken, die in der
oberen oder der unteren Halbebene liegen. Dann trifft Satz 2.2 zu,
denn jede Lösung $y(x)$ strebt für wachsende und fallende x gegen die
x-Achse.

<u>Bemerkung 2.2.</u>
Bei <u>linearen</u> Differentialgleichungen wird in Satz 3.3 dieses Kapitels
gezeigt werden, daß die Lösungen keine Singularitäten besitzen, sondern soweit entlang der x-Achse fortgesetzt werden können, wie die
Koeffizienten und die "rechte Seite" b der linearen Differentialgleichung $y' = Ay + b$ stetig sind. *

<u>Bemerkung 2.3.</u>
Der Satz von PICARD-LINDELÖF lieferte <u>gleichzeitig</u> die Existenz und
die Eindeutigkeit einer Lösung des Anfangswertproblems. Durch Beispiel 1.2 wird aber nahegelegt, daß die Forderung nach Eindeutigkeit
der Lösung stärker ist als die nach der Existenz. Man kann zeigen,
daß die Stetigkeit von f zum Nachweis der Existenz einer Lösung genügt (<u>Existenzsatz von PEANO</u>). *

Unter dieser Voraussetzung ist (vgl. Beispiel 1.2) keine Eindeutigkeit der Lösung des Anfangswertproblems gewährleistet. Dementsprechend liefert der Satz von PEANO keine Fehlerabschätzung.

Bei der numerischen Lösung eines Anfangswertproblems kann man nach
Näherungslösungen suchen, die zumindest in einem kleinen Intervall in
geschlossener Form vorliegen, und man hat dann die Differenz zwischen
dieser Näherung und der unbekannten exakten Lösung abzuschätzen. Einige Hilfsmittel dafür bieten die beiden folgenden Paragraphen.
Man kann das Problem aber auch diskretisieren und Näherungswerte in
einem diskreten Raster (Gitter) von x-Werten berechnen. Dann hat man
die Differenz zwischen den Näherungen und den exakten Funktionswerten
in den Gitterpunkten abzuschätzen und gegebenenfalls Näherungswerte
in Zwischenpunkten durch Interpolation zu ermitteln. Man wird darauf
bedacht sein, die in den diskreten Punkten erhaltene Güte der Näherung auch bei der anschließenden Interpolation zu erhalten. Solchen
Überlegungen sind die Paragraphen 6 bis 11 dieses Kapitels vorbehalten.

§ 3 Stetigkeitsbetrachtungen für Anfangswertprobleme

Bei der Untersuchung der stetigen Abhängigkeit der Lösungen eines
Anfangswertproblems von der Differentialgleichung und den Anfangswerten werden folgende Aufgabenstellungen diskutiert:

a) "benachbarte" Anfangswertprobleme:
   Liegen zwei Differentialgleichungen in gewissem Sinne "nahe" beieinander und unterscheiden sich auch die jeweils zugehörigen Anfangswerte nur wenig voneinander, so kann man fragen, ob auch die
   beiden Lösungen "nahe" beieinander liegen.

b) Stetigkeitsverhalten:
   Wenn die Differentialgleichungen und die Anfangswerte stetig von
   einer Menge von Parametern abhängen, so ergibt sich die Frage, ob
   auch die Lösungen der Anfangswertaufgabe stetig von diesen Parametern abhängen.

Das Beispiel 3.1 wird zeigen, wie man durch derartige Überlegungen
auch zu quantitativen Aussagen über die Lösung eines Anfangswertproblems kommen kann. Es wird sich zeigen, daß für alle quantitativen

Aussagen über das Anwachsen von Fehlern ein exponentielles Wachsen eine Rolle spielt. Deshalb wird definiert

$$E_1(\varepsilon_1,\varepsilon_2,L,x) := \varepsilon_1 \cdot e^{L|x|} + \varepsilon_2 \cdot \int_0^{|x|} e^{Lt} dt \quad \text{und}$$

$$E(\varepsilon_1,\varepsilon_2,L,x) := (\varepsilon_1 + |x| \cdot \varepsilon_2) \cdot e^{L|x|} .$$

Offenbar gilt

$$E_1(\varepsilon_1,\varepsilon_2,L,x) \leq E(\varepsilon_1,\varepsilon_2,L,x)$$

für nichtnegative $\varepsilon_1,\varepsilon_2,L$ und beliebige reelle x.

Grundlegend für die Untersuchungen dieses Paragraphen ist der

Hilfssatz 3.1.

Es sei $G \subset \mathbb{R}^{n+1}$ ein Gebiet und $f \in \text{Lip}_n(G)$. Ferner sei (x_o,y^o) ein Punkt von G und es sei z(x) eine in $I(\delta^*)$, $\delta^* > 0$, stetige und stückweise stetig differenzierbare Funktion mit

$$z(x_o) = z^o$$

und $(x,z(x)) \in G$ für alle $x \in I(\delta^*)$. Ferner mögen die Abschätzungen

$$|f(x,z(x)) - z'(x)| \leq \varepsilon_2 \quad (x \in I(\delta^*)) \text{ , soweit } z'(x) \text{ existiert,}$$

$$|y^o - z^o| \leq \varepsilon_1$$

gelten. Eine Konstante δ zwischen 0 und δ^* sei so gewählt, daß für das Intervall $I := I(\delta)$ die Menge

$$D^* := \{ (x,y) \mid x \in I, |y-z(x)| \leq E_1(\varepsilon_1,\varepsilon_2,L,x-x_o)\} \quad (3.1)$$

im Gebiet G liegt (siehe Skizze).

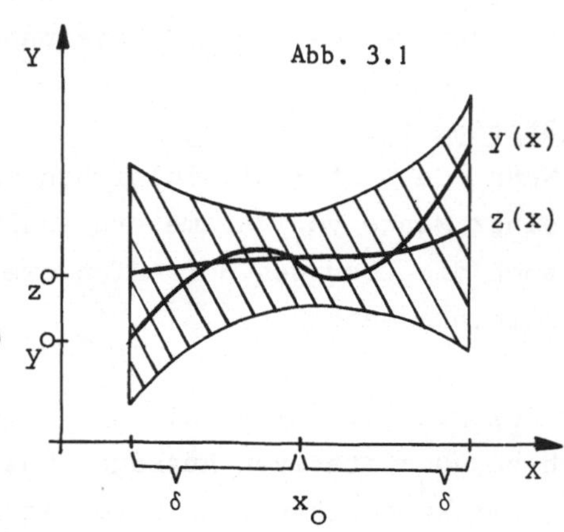

Unter diesen Voraussetzungen existiert die Lösung y des Anfangswertproblems $\mathfrak{U}$ in $I(\delta)$ und genügt der Abschätzung

$$|y(x) - z(x)| \leq E_1(\varepsilon_1,\varepsilon_2,L,x-x_o) \qquad (x \in I) \ .$$

Eine analoge Aussage gilt in $[x_o-\delta,x_o]$ (siehe Skizze).

Beweis:

1) Die Menge

$$D := \{y \mid y \in C_n(I), \ (x,y(x)) \in D^* \quad \text{für jedes } x \in I\}$$

ist mit dem in (2.5) definierten Abstandsbegriff ein vollständiger metrischer Raum, wobei $w(x)$ später geeignet gewählt wird.

2) Der durch

$$(Ty)(x) := y^o + \int_{x_o}^{x} f(t,y(t)) \, dt \qquad (x \in I)$$

definierte Operator bildet D in sich ab. Ist nämlich $y \in D$, so liegt $(t,y(t))$ im Definitionsbereich von f und Ty ist stetig. Zu zeigen bleibt, daß für alle $x \in I$ der Punkt $(x,(Ty)(x))$ in D^* liegt. Dazu kann man folgendermaßen abschätzen:

$$|(Ty)(x)-z(x)| = \left|y^o-z^o+ \int_{x_o}^{x} (f(t,y(t))-z'(t))dt\right|$$

$$\leq |y^o-z^o|+\int_{x_o}^{x} |f(t,y(t))-z'(t)|dt$$

$$\leq \varepsilon_1+ \int_{x_o}^{x}|f(t,y(t))-f(t,z(t))|dt+ \int_{x_o}^{x}|f(t,z(t))-z'(t)|dt$$

$$\leq \varepsilon_1+ \int_{x_o}^{x}L[\varepsilon_1 \cdot e^{L|t-x_o|} +\varepsilon_2 \int_{0}^{|t-x_o|} e^{L\tau}d\tau]dt + \varepsilon_2|x-x_o|$$

$$\leq \varepsilon_1+\varepsilon_1 e^{L|t-x_o|}\Big|_{x_o}^{x} + \varepsilon_2\int_{x_o}^{x} e^{L\tau}\Big|_{0}^{|t-x_o|} dt+\varepsilon_2|x-x_o|$$

$$\leq E_1(\varepsilon_1,\varepsilon_2,L,x-x_o) \ .$$

Das Resultat besagt gerade, daß Ty in D liegt.

3) Wie beim Beweis des Satzes von PICARD-LINDELÖF beweist man durch Angabe einer Gewichtsfunktion, daß der Operator T kontrahierend ist.

4) Nach dem Satz über kontrahierende Abbildungen folgt die Existenz eines Fixpunktes y von T, der das Anfangswertproblem löst und in D liegt.

Damit ist der Hilfssatz 3.1 bewiesen. ∎

Beispiel 3.1.
Gegeben sei die nicht elementar lösbare RICCATIsche Differential-gleichung

$$y'(x) = x^2 + y^2(x)$$

mit den Anfangswerten $x_0 = 0$, $y^0 = 0$.
Eine LIPSCHITZ-Konstante L von $f(x,y) = x^2 + y^2$ bezüglich y erhält man durch das Maximum der partiellen Ableitung

$$\left|\frac{\partial f}{\partial y}\right| = |2y| \ .$$

Man muß also das Gebiet bezüglich y beschränken; da die Lösung wegen $y' \geq 0$ <u>oberhalb</u> der x-Achse verlaufen muß, wird man als Definitions-bereich eine Menge der Form

$$R := [0,\delta] \times [0,M\delta] \subset \mathbb{R}^2$$

mit geeigneten Größen δ,M wählen. Es soll

$$|y'| = |x^2 + y^2| \leq \delta^2 + M^2\delta^2 \leq M$$

gelten; setzt man M = 1, so hat man $\delta = \dfrac{1}{\sqrt{2}}$ zu wählen.

Im Quadrat

$$R := [0, \frac{1}{\sqrt{2}}]^2 \subset \mathbb{R}^2$$

gilt also

$$|y'| \leq 1$$

und daher verläuft die Lösung im
nebenstehenden Dreieck.
Als LIPSCHITZ-Konstante L kann
somit

$$L = 2y_{max} \approx 1,42$$

gewählt werden.

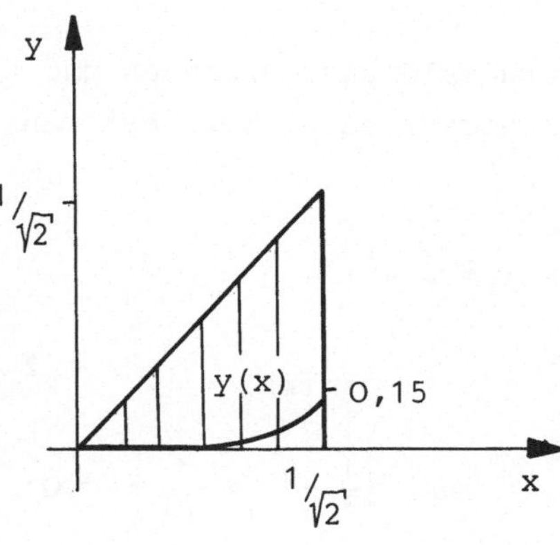

Abb. 3.2

Im folgenden soll eine Näherungslösung z(x) für das obige Anfangswertproblem gefunden werden.

Aus dem Potenzreihenansatz

$$y(x) = y(x_o) + y'(x_o)(x-x_o) + \frac{1}{2}y''(x_o)(x-x_o)^2 + \frac{1}{3!}y'''(x_o)(x-x_o)^3 + \ldots$$

folgt durch Einsetzen von

$$x_o = 0$$

$$y(x_o) = 0$$

$$y'(x_o) = x_o^2 + y^2(x_o) = 0$$

$$y''(x_o) = \frac{d}{dx}(x^2 + y^2)\Big|_{x=x_o} = 2x_o + 2y(x_o)\, y'(x_o) = 0$$

$$y'''(x_o) = 2 + 2y(x_o)\, y''(x_o) + 2y'^2(x_o) = 2$$

das asymptotische Verhalten

$$y(x) = \frac{1}{3}x^3 + 0(x^4) \quad \text{für } x \to 0 .$$

Man kann also

$$z(x) = \frac{1}{3} x^3$$

als Näherungslösung verwenden und zur Fehlerabschätzung den Hilfssatz 3.1 heranziehen. Dazu hat man noch die Konstanten ε_1 und ε_2 zu ermitteln:

$$\varepsilon_1 = |y^o - z^o| = 0$$

$$|f(x,z(x)) - z'(x)| = |x^2 + z^2 - z'| = |x^2 + \frac{1}{9} x^6 - x^2|$$

$$\varepsilon_2 := \max_{x^2 \leq \frac{1}{2}} |\frac{1}{9} x^6| = \frac{1}{72} \approx 0{,}015 \ .$$

Es folgt die Fehlerabschätzung

$$|y(x) - z(x)| \leq 0{,}015x \ e^{x\sqrt{2}} \leq \frac{0{,}015}{\sqrt{2}} \ e \leq 0{,}03$$

durch direkte Anwendung von Hilfssatz 3.1 mit $E(\varepsilon_1,\varepsilon_2,L,x)$. Daraus ergibt sich, daß die Lösung $y(x)$ im Gebiet $[0;\frac{1}{\sqrt{2}}] \times [0;0{,}15]$ verläuft und man kann mit der für dieses Gebiet gültigen, kleineren LIPSCHITZ-Konstanten $L = 2y_{max} = 0{,}3$ die Abschätzung verschärfen:

$$|y(x) - \frac{1}{3} x^3| \leq 0{,}015x \ e^{0{,}3x} \leq 0{,}0132 \ .$$

Zuweilen ist es möglich, eine vorgelegte Anfangswertaufgabe durch "kleine" Änderungen der Daten und der Funktion $f(x,y)$ so zu verändern, daß man eine elementar zugängliche Aufgabe bekommt. Zur Fehlerabschätzung stützt man sich auf

<u>Satz 3.1.</u>
In einem Gebiet $G \subset \mathbb{R}^{n+1}$ seien Anfangswertprobleme

$$y' = f(x,y) \ , \qquad y(x_o) = y^o \ , \qquad (x_o,y^o) \in G \qquad\qquad (3.2)$$

$$z' = g(x,z) \ , \qquad z(x_o) = z^o \ , \qquad (x_o,z^o) \in G \qquad\qquad (3.3)$$

gegeben mit $f,g \in \text{Lip}_n(G)$ und einer gemeinsamen LIPSCHITZ-Konstanten L bezüglich der Variablen y bzw. z. Das Gebiet G_1 sei ein beschränktes Teilgebiet von G; es enthalte die Punkte (x_o,y^o) und (x_o,z^o) und es gelte

$$|y^o - z^o| < \varepsilon_1$$

und

$$|f(x,y) - g(x,y)| \leq \varepsilon_2$$

für alle Punkte $(x,y) \in \overline{G}_1$. Ferner sei der Abstand zwischen (x_o,z^o) und dem Rand von G_1 größer als ε_1. Die Konstanten M und δ seien so gewählt, daß

$$|g(x,y)| \leq M \quad \text{für alle } (x,y) \in \overline{G}_1 \tag{3.4}$$

gilt und die Menge

$$D^* := \left\{ (x,y) \,\middle|\, x \in I(\delta), \; |y-z^o| \leq M|x-x_o| + E_1(\varepsilon_1,\varepsilon_2,L,x-x_o) \right\} \tag{3.5}$$

in G_1 liegt.

Unter diesen Voraussetzungen existieren die Lösungen y und z der Anfangswertprobleme (3.2) und (3.3) im Intervall $I := I(\delta)$; für ihren Abstand gilt

$$|y(x) - z(x)| \leq E_1(\varepsilon_1,\varepsilon_2,L,x-x_o) \quad (x \in I) . \tag{3.6}$$

Beweis:
Nach Definition von D^* liegt die Menge

$$D := \left\{ (x,y) \,\middle|\, x \in I, \; |y-z_o| \leq M|x-x_o| \right\}$$

in D^* und aus dem Beweis des Satzes von PICARD-LINDELÖF folgt die Existenz der Lösung $z(x)$ von (3.3) in I mit $(x,z(x)) \in D \subset D^*$ für alle $x \in I$.

Jetzt wird Hilfssatz 3.1 für diese Funktion $z(x)$ benutzt; man hat dazu nur noch die Größe $|f(x,z(x)) - z'(x)|$ abzuschätzen:

$$|f(x,z(x)) - z'(x)| = |f(x,z(x)) - g(x,z(x))| \leq \varepsilon_2$$

und nachzuweisen, daß die durch (3.1) definierte Menge in G liegt. Dazu muß man zeigen, daß jeder Punkt (x,y) mit $x \in I$ und

$$|y - z(x)| \leq E_1(\varepsilon_1,\varepsilon_2,L,x-x_o)$$

in G liegt; es gilt aber für solche Punkte

$$|y - z^o| \leq |y - z(x)| + |z(x) - z^o| \leq E_1(\varepsilon_1,\varepsilon_2,L,x-x_o) + M|x-x_o|$$

und daraus folgt nach (3.5) die Aussage

$$(x,y) \in D^* \subset G .$$

Durch Anwendung von Hilfssatz 3.1 ergibt sich dann die Behauptung von Satz 3.1. ∎

Um nicht immer dieselbe Konstruktion eines beschränkten Gebietes $G_1 \subset G$ durchführen zu müssen, wird im Rest dieses Kapitels zwecks Vereinfachung der Beweisführung angenommen, daß G selbst beschränkt ist und f auf einem Gebiet G_o mit $G_o \supset \overline{G} \supset G$ definiert ist.

Der folgende Satz zeigt die stetige Abhängigkeit der Lösung eines Anfangswertproblems von Parametern:

Satz 3.2.

Sei J ein reelles, gegebenenfalls mehrdimensionales Intervall, welches den Nullpunkt enthält; auf $\overline{G} \times J$ sei eine stetige, bezüglich der Variablen y mit der Konstanten L LIPSCHITZ-stetige Funktion $f(x,y,\alpha)$ gegeben. Dabei variiere (x,y) in $\overline{G}$ und α in J. Die Konstante M sei eine Schranke für $|f(x,y,0)|$ in $\overline{G}$. Es sei $y^o(\alpha)$ eine in J stetige Funktion mit $(x_o,y^o(\alpha)) \in G$. Dann kann man für jedes $\alpha \in J$ versuchen, das Anfangswertproblem $\mathfrak{A}(\alpha)$ zu stellen:

$$y'(x,\alpha) = f(x,y(x,\alpha),\alpha)$$

$$y(x_o,\alpha) = y^o(\alpha) \ .$$

(3.7)

Unter diesen Voraussetzungen gibt es zu jedem $\varepsilon > 0$ Konstanten $\delta, \delta_1 > 0$, so daß für alle $\alpha \in J(\delta_1) := \{\alpha \in J \mid \ |\alpha| < \delta_1\}$ eine Lösung $y(x,\alpha)$ von $\mathfrak{U}(\alpha)$ in $I(\delta)$ existiert und

$$|y(x,0) - y(x,\alpha)| \leq \varepsilon$$

(3.8)

für alle $x \in I(\delta)$ und alle $\alpha \in J(\delta_1)$ gilt. Dabei hängt die Wahl von δ nur von ε, x_o und M ab.

Beweis:

Man wähle ε kleiner als den Abstand von $(x_o,y^o(0))$ vom Rand von G. Dann bestimme man ein positives δ, so daß die Menge

$$D := \{(x,y) \mid x \in I(\delta), \ |y-y^o(0)| \leq \varepsilon + M|x-x_o|\}$$

in G liegt.

Es gibt dann positive Zahlen $\varepsilon_1, \varepsilon_2$ mit

$$E(\varepsilon_1,\varepsilon_2,L,\delta) = (\varepsilon_1+\varepsilon_2\delta) \ e^{L\delta} \leq \varepsilon \ .$$

(3.9)

Jetzt kann man δ_1 so klein wählen, daß für alle $\alpha \in J(\delta_1)$

$$|y^o(\alpha) - y^o(0)| \leq \varepsilon_1$$

und

$$|f(x,y,\alpha) - f(x,y,0)| \leq \varepsilon_2$$

für alle $(x,y) \in \overline{G}$ gilt. Dies ist möglich, da $y^o(\alpha)$ und die Funktion

$$g(\alpha) := \sup_{(x,y)\in\overline{G}} |f(x,y,\alpha) - f(x,y,0)|$$

stetig in α sind.

Jetzt ist für jedes $\alpha \in J(\delta_1)$ auf die Anfangswertprobleme $\mathfrak{A}(0)$ und $\mathfrak{A}(\alpha)$ der Satz 3.1 anwendbar und die Behauptung folgt direkt aus (3.6) und (3.9). ∎

Die durch Satz 3.2 gemachte Aussage gilt zunächst nur "im Kleinen", nämlich im Intervall $I(\delta)$. Man kann aber den Sachverhalt leicht auf größere Intervalle ausdehnen.

Korollar 3.1.
Es mögen die Voraussetzungen von Satz 3.2 gelten. Die Lösung $y(x,0)$ lasse sich zu einer Lösung des Anfangswertproblems in $[a,b]$ fortsetzen, und die abgeschlossene Menge

$$\left\{ (x,y(x,0)) \,\middle|\, x \in [a,b] \right\}$$

liege in G. Dann kann man ein $\delta_1 > 0$ derart bestimmen, daß

a) jede Lösung von (3.7) mit $\alpha \in J(\delta_1)$ auf das Intervall $[a,b]$ fortgesetzt werden kann,

b) gleichmäßig auf diesem Intervall die Abschätzung

$$|y(x,\alpha) - y(x,0)| \leq \varepsilon$$

gilt.

Beweis:
Indem man das gegebene ε nötigenfalls verkleinert, kann man erreichen, daß die Punktmenge

$$D_\varepsilon := \left\{ (x,y) \,\middle|\, x \in [a,b], \; |y-y(x,0)| \leq \varepsilon \right\}$$

in G enthalten ist. Man wähle nun $\varepsilon_1 = \varepsilon_2$ so, daß

$$E(\varepsilon_1,\varepsilon_2,L,b-a) \leq \varepsilon$$

gilt und schränke nun $\delta_1 > 0$ so ein, daß $\alpha \in J(\delta_1)$ die Abschätzungen

$$|y^O(\alpha) - y^O(O)| \leq \epsilon_1$$

und

$$|f(x,y,\alpha) - f(x,y,O)| \leq \epsilon_2$$

impliziert.

Identifiziert man $y(x,O)$ mit $z(x)$ und $f(x,y,\alpha)$ mit $f(x,y)$, so liefert Hilfssatz 3.1 die Behauptung. ∎

Man kann den Hilfssatz 3.1 auch zum Beweis der Fortsetzbarkeit der Lösungen linearer Differentialgleichungssysteme verwenden:

<u>Satz 3.3.</u>
Es sei y Lösung des Anfangswertproblems

$$y' = A(x)y \quad , \quad y(x_O) = y^O \quad , \quad (x_O,y^O) \in I \times \mathbb{R}^n$$

mit einer $n{\times}n$-Matrix $A(x) = (a_{jk}(x))$ in $I := [x_-,x_+] \subset \mathbb{R}$ stetiger Funktionen. Dann gilt im Definitionsbereich von y die Abschätzung

$$|y(x)| \leq |y^O| \; e^{\|A\| \cdot |x-x_O|} \quad , \tag{3.10}$$

und daher existiert y im ganzen Intervall I. Hierbei bezeichne $\|\cdot\|$ die zur Vektornorm $|\cdot|$ zugeordnete Matrixnorm und $\|A\|$ sei das Supremum aller $\|A(x)\|$ genommen über $[x_-,x_+]$.

<u>Beweis:</u>
Man definiere zunächst $A(x)$ für $x < x_-$ und $x > x_+$ durch

$$A(x) = A(x_-) \quad \text{für } x < x_-$$

$$ = A(x_+) \quad \text{für } x > x_+ \; .$$

Dann wende man zum Beweis von (3.10) den Hilfssatz 3.1 auf die Funktionen

272

$$f(x,y) := A(x)\, y \qquad ((x,y) \in \mathbb{R}^{n+1})$$

$$z(x) := 0 \qquad\qquad (x \in \mathbb{R})$$

und die Konstanten

$$\varepsilon_1 := |y^0|$$

$$\varepsilon_2 := 0$$

$$\delta := \max (x_+ - x_0 ,\ x_0 - x_-)$$

an. Aus

$$|f(x,y) - f(x,z)| \ \leq\ \|\!\|A(x)\|\!\| \ \cdot\ |y-z|$$

folgt, daß $\|\!\|A\|\!\|$ als LIPSCHITZ-Konstante verwendet werden kann. Das Gebiet $G = \mathbb{R}^{n+1}$ enthält trivialerweise die Punktmenge

$$D = \left\{ (x,y) \ \middle|\ |x-x_0| \leq \delta,\ |y-0| \leq E_1(|y^0|,0,\|\!\|A\|\!\|,\delta) \right\} \ .$$

Nach Hilfssatz 3.1 verläuft $y(x)$ in D. Dies besagt zum einen die Fortsetzbarkeit in das Intervall $[x_-,x_+]$ und zum anderen die behauptete Abschätzung. ∎

Weitere und oft sehr scharfe Einschließungen für die Lösungen von Anfangswertproblemen kann man zuweilen bekommen, wenn in (3.2) und (3.3) im Falle skalarer Funktionen

$$f(x,y) \geq g(x,y) \qquad \text{in } G$$

und

$$y^0 \geq z^0$$

gilt. Man kann unter diesen Voraussetzungen auf Monotoniesätze zurückgreifen; für Einzelheiten sei auf COLLATZ verwiesen.

§ 4 Die differenzierbare Abhängigkeit der Lösungen eines
Anfangswertproblems von Parametern

Hängen bei einem Anfangswertproblem die rechte Seite der Differentialgleichung und die Anfangswerte stetig differenzierbar von Parametern
ab, so hängt auch die Lösung des Anfangswertproblems von den Parametern differenzierbar ab, wie sich in diesem Paragraphen zeigen wird.

Diesen Sachverhalt kann man für praktische Zwecke ausnutzen, indem
man versucht, ein vorgelegtes Anfangswertproblem so in eine Schar von
einem Parameter abhängiger Anfangswertprobleme einzubetten, daß für
einen bestimmten Parameterwert ein elementar zu behandelndes Problem
entsteht. Man kann dann dessen Lösung als Näherung zur Lösung der gestellten Aufgabe verwenden. Die differenzierbare Abhängigkeit von den
Parametern gestattet dann eine genauere Fehlerabschätzung mit Hilfe
einer Reihenentwicklung nach dem Parameter.

Beispiel 4.1.
Gegeben sei das Anfangswertproblem

$$\frac{\partial}{\partial x} y(x,s) = x^2 + sy^2(x,s) \qquad y(0,s) = 0 \ , \tag{4.1}$$

welches aus Beispiel 3.1 durch Einführung eines Parameters s hervorgeht. Führt man

$$v(x,s) := \frac{\partial}{\partial s} y(x,s)$$

und

$$w(x,s) := \frac{\partial}{\partial s} v(x,s) = \frac{\partial^2}{\partial s^2} y(x,s)$$

ein, so folgt durch formale Differentiation der Differentialgleichung
(4.1) nach s und Vertauschen der Differentiationsreihenfolge die Differentialgleichung

$$\frac{\partial}{\partial x} v(x,s) = y^2(x,s) + 2sy(x,s) \cdot v(x,s) \ .$$

Für $s = 0$ hat (4.1) die Lösung $y(x,0) = \frac{1}{3} x^3$. Setzt man sie in die vorangehende Gleichung ein, so erhält man für $v(x,0)$ das Anfangswertproblem

$$v'(x,0) = \frac{1}{9} x^6 \quad,$$

$$v(0,0) = \frac{\partial}{\partial s} y(0,s) \Big|_{s=0} = 0$$

mit der Lösung $v(x,0) = \frac{1}{63} x^7$. Analog ergibt sich für

$$w(x,s) = \frac{\partial^2}{\partial s^2} y(x,s) \quad \text{durch nochmalige Differentiation}$$

$$\frac{d}{dx} w(x,s) = 4y(x,s)v(x,s) + 2s[v^2(x,s)+y(x,s)w(x,s)], \quad w(0,0) = 0;$$

für $s = 0$ erhält man also die Differentialgleichung

$$w'(x,0) = 4 \cdot \frac{1}{3} x^3 \cdot \frac{1}{63} x^7 = \frac{4}{189} x^{10} \quad,$$

mit der Lösung

$$w(x,0) = \frac{4}{11 \cdot 189} x^{11} \quad.$$

Nimmt man an, daß $y(x,s)$ eine Entwicklung

$$y(x,s) = y(x,0) + sv(x,0) + \frac{1}{2} s^2 w(x,0) + O(s^3)$$

nach s besitzt, so folgt

$$y(x,s) = \frac{1}{3} x^3 + s \frac{1}{63} x^7 + s^2 \frac{2}{11 \cdot 189} x^{11} + O(s^3) \quad.$$

Setzt man $s = 1$ ein, so erhält man eine verbesserte Schätzung für die Lösung des Anfangswertproblems in Beispiel 3.1.

Durch dieses Beispiel wird deutlich, wie man die differenzierbare Abhängigkeit der Lösung eines Anfangswertproblems von Parametern praktisch ausnutzen kann. Dieses heuristische Vorgehen muß natürlich noch gerechtfertigt werden.

Die vorliegende konkrete Fragestellung läßt sich einer allgemeineren Aussage über (abstrakte) Operatorgleichungen und ihre Lösungen unterordnen. Zur Verdeutlichung wird hier jeweils am konkreten Problem motiviert, welche Bedeutung den abstrakten Forderungen zukommt.

Wie in § 3 werden folgende Bezeichnungen verwendet:

Für $x_o \in \mathbb{R}$ und $s_o \in \mathbb{R}^m$ setze man

$$I(\delta) := \left\{ x \mid x \in \mathbb{R} , \quad x_o \leq x \leq x_o + \delta \right\} ,$$

$$J(\delta_1) := \left\{ s \mid s \in \mathbb{R}^m, \quad |s - s_o| \leq \delta_1 \right\} .$$

Ähnlich wie beim Existenzbeweis in § 2 muß man sich beim Beweis auf einen geeigneten Teilbereich des Definitionsgebietes der rechten Seite beschränken und Schranken für ihren Betrag festlegen. Um die Untersuchungen etwas abzukürzen, wird angenommen, diese Überlegungen seien bereits durchgeführt. Es sollen deshalb unmittelbar folgende <u>Voraussetzungen</u> gemacht werden:

Die Funktion $y^o(s)$ sei stetig differenzierbar in $J(\delta_1)$ und habe Werte im n-dimensionalen Intervall $\left\{ y \mid y \in \mathbb{R}^n, |y - y^o| \leq \varepsilon_o \right\}$ mit $\varepsilon_o > 0$; d.h. $y^o(s)$ beschreibt die Parameterabhängigkeit der Anfangswerte. Die Funktion $f(x,y,s)$ für die rechte Seite der Differentialgleichung sei definiert in

$$\overline{G} := \left\{ (x,y,s) \,\middle|\, x \in I(\delta), \; |y - y^o| \leq \varepsilon_o + M|x - x_o|, \; s \in J(\delta_1) \right\} \subset \mathbb{R}^{m+n+1}$$

und dort stetig nach den Komponenten von y und s differenzierbar sowie der Norm nach durch die positive Zahl M beschränkt.

Wie beim Beweis des Satzes von PICARD-LINDELÖF kann man das Anfangswertproblem in eine VOLTERRAsche Integralgleichung transformieren, und diese Gleichung mit Hilfe des Fixpunktsatzes behandeln.

Abstrakt formuliert betrachtet man einen Operator auf einem vollständigen metrischen Raum ϑ, dessen Elemente mit u bezeichnet werden. Im
konkreten Fall werden die diesen Elementen entsprechenden stetigen
Funktionen mit y(x) bezeichnet. In manchen Fällen hängen die auftretenden Elemente des metrischen Raumes von einem Parameter s ab, der
in einem BANACH-Raum S variiert. Zur Unterscheidung sollen die Argumente eines Elements eines metrischen Raumes in eckige Klammern gesetzt werden. Dann entspricht u[s] also einer Funktion y(x,s).

Im vorliegenden konkreten Falle definiert man für jeden Parameterwert
$s \in J(\delta_1)$ und auf der Menge

$$\vartheta := \left\{ y(x) \;\middle|\; y(x) \in C_n(I(\delta)), \; |y(x)-y^o| \leq \varepsilon_o + M|x-x_o| \right\}$$

von auf $I(\delta)$ stetigen Funktionen einen Operator $T(y,s)$ durch

$$T(y,s)(x) := y^o(s) + \int_{x_o}^{x} f(t,y(t),s) \, dt \qquad (x \in I(\delta)) \; . \qquad (4.2)$$

Es gilt $T(\vartheta,s) \subset \vartheta$ für jedes $s \in J(\delta_1)$ und T ist kontrahierend.
Man vergleiche dazu § 2.

Zu jedem $s \in J(\delta_1)$ werde der Fixpunkt von $T(y,s)$ in ϑ mit $y^*(x,s)$ bezeichnet, d.h. es gilt

$$y^*(x,s) = T(y^*(x,s),s) \; . \qquad (4.3)$$

Zunächst ist aus der Stetigkeit von $T(y,s)$ in y und s auf die Stetigkeit des Fixpunktes $y^*(x,s)$ in s zu schließen. Man hat also einen
speziellen Fall eines auf einem Raume ϑ definierten, von einem Parameter s stetig abhängenden Operators $T[u,s]$ vor sich, der ϑ in sich
abbildet. Da die Schranke M für $|f(x,y,s)|$ und die LIPSCHITZ-Konstante

$$L = \max_{\substack{x \in I(\delta) \\ s \in J(\delta_1) \\ |y-y^o| \leq \varepsilon_o + M|x-x_o|}} \left\| \left(\frac{\partial f_k}{\partial y_j}(x,y,s) \right) \right\| \qquad (4.4)$$

nicht von s abhängen, kann man durch eine geeignete Gewichtsfunktion
für die Norm wie beim Beweis des Satzes von PICARD-LINDELÖF erreichen,
daß der Operator T[u,s] gleichmäßig bezüglich s in der Variablen u
kontrahierend ist mit einer Kontraktionskonstanten K < 1, die nicht
von s abhängt. Nach dem Kontraktionssatz und Satz 2.2 von Band I,
Kap. II hängt dann auch der Fixpunkt u*[s] stetig von s ab.

Mit der Definition (4.2) kann man aus (4.3) entnehmen, daß $y^*(x,s)$
das Anfangswertproblem

$$\frac{\partial}{\partial x}\, y(x,s) = f(x,y(x,s),s) \qquad (x \in I(\delta), \quad s \in J(\delta_1))$$

$$y(x_0,s) = y^0(s) \qquad (s \in J(\delta_1)) \tag{4.5}$$

löst und in der TSCHEBYSCHEFF-Norm stetig von s abhängt.

Somit bleibt zu untersuchen, was sich über die partiellen Ableitungen

$$v_j(x,s) := \frac{\partial}{\partial s_j}\, y^*(x,s) \qquad (1 \le j \le m)$$

der Lösung $y^*(x,s)$ des Anfangswertproblems (4.4) nach den Parameter-
komponenten s_j aussagen läßt.

Dazu kann man (zunächst formal) die Fixpunktgleichung (4.3) nach s_j
differenzieren; es folgt

$$v_j(x,s) = \frac{\partial T(y^*(x,s),s)}{\partial s_j} = \frac{\partial y^0(s)}{\partial s_j} + \int_{x_0}^{x} \frac{\partial f(t,y^*(t,s),s)}{\partial s_j}\, dt$$

$$\tag{4.6}$$

$$+ \int_{x_0}^{x} \sum_{i=1}^{n} \frac{\partial f(t,y^*(t,s),s)}{\partial y_i}\, \frac{\partial y_i^*(t,s)}{\partial s_j}\, dt \quad ,$$

Definiert man Operatoren $D_s(y,s)t$ und $D_y(y,s)z$ für $y \in \vartheta$, $s \in S$
von ϑ bzw. S in $C_n(I(\delta))$ durch

278

$$D_y(y,s)z := \int_{x_o}^{x} \sum_{i=1}^{n} \frac{\partial f}{\partial y_i} (t,y(t),s)\, z_i(t)\, dt$$

und

$$D_s(y,s)t := \sum_{k=1}^{m} \frac{\partial y^o}{\partial s_k} (s)t_k + \int_{x_o}^{x} \sum_{k=1}^{m} \frac{\partial f}{\partial s_k} (\tau,y(\tau),s)t_k d\tau$$

mit $z \in \mathcal{R} := C_n(I(\delta))$ und $t \in \mathcal{T} := \mathbb{R}^m$, so kann man (4.6) in der Form

$$v_j(x,s) = D_s(y^*(x,s),s)e_j + D_y(y^*(x,s),s)v_j(x,s) \qquad (1 \le j \le m) \qquad (4.7)$$

schreiben.

Bildet man ferner die n×m-Matrix von Funktionen

$$v := \text{grad}_s y(x,s) := (v_1(x,s),\ldots,v_m(x,s))\ ,$$

so kann man (4.7) als Spezialfall der abstrakten Operatorgleichung

$$v = D_s[u[s],s] + D_u[u[s],s]v \qquad (s \in S) \qquad\qquad (4.8)$$

ansehen, welche als Verallgemeinerung einer Integralgleichung mit abstrakten Operatoren D_u und D_s aufzufassen ist.

Man beachte die Analogie zur Situation bei einer Funktion zweier reeller Veränderlichen, bei der (unter entsprechenden Differenzierbarkeitsbedingungen) aus

$$u(s) = f(u(s),s) \qquad \text{auf}$$

$$u'(s) = f_u(u(s),s)\cdot u'(s) + f_s(u(s),s) \qquad \text{mit}\quad u'(s) = \frac{du(s)}{ds}$$

geschlossen werden kann.

Somit ist die Untersuchung der differenzierbaren Abhängigkeit der Lösung $y(x,s)$ des Anfangswertproblems (4.5) von dem Parameter s zurückgeführt auf die Gleichungen (4.3) und (4.8), welche sich einfach und übersichtlich durch die folgenden abstrakten Überlegungen lösen lassen.

Die Werte der Operatoren $D_u[u,s]z$ und $D_s[u,s]t$ liegen im BANACH-Raum $\mathfrak{R}$, die Linearität und Beschränktheit der Operatoren in den Variablen z bzw. t ist trivial; ebenso die gleichmäßige Stetigkeit dieser Operatoren in s und u.

Nach Definition von $D_y(y,s)z$ gilt außerdem mit den Bezeichnungen des Satzes von PICARD-LINDELÖF und der LIPSCHITZ-Konstanten (4.4) die Abschätzung

$$\|D_y(y,s)z\| = \max_{x \in I(\delta)} \left| w(x) \int_{x_o}^{x} \sum_{j=1}^{n} \frac{\partial f}{\partial y_j}(t,y(t),s) z_j(t)\,dt \right|$$

$$\leq \max_{x \in I(\delta)} w(x) \int_{x_o}^{x} L\,|z(t)|\,dt$$

$$= \max_{x \in I(\delta)} w(x) \int_{x_o}^{x} \frac{L}{w(t)} [w(t)\,|z(t)|]\,dt$$

$$\leq \|z\| \max_{x \in I(\delta)} w(x) \int_{x_o}^{x} \frac{L}{w(t)}\,dt \quad ,$$

und die Gewichtsfunktion $w(x) = e^{-L|x-x_o|}$ des Satzes von PICARD-LINDELÖF sorgt dafür, daß die Größe

$$K = \max_{x \in I(\delta)} w(x) \int_{x_o}^{x} \frac{L}{w(t)}\,dt \tag{4.9}$$

kleiner als 1 ausfällt (die Kontraktionszahlen von $T(y,s)$ und $D_y(y,s)z$ sind gleich!).

Zunächst läßt sich eine Aussage über die Lösbarkeit der Gleichung (4.8) machen:

<u>Hilfssatz 4.1.</u>

Es seien S und ϑ vollständige metrische Räume, $\mathfrak{R}$ ein BANACH-Raum und $D_u[u,s]$ für jedes $u \in \vartheta$, $s \in S$ ein in u und s stetiger linearer Operator $\mathfrak{R} \to \mathfrak{R}$ mit einer Operatornorm $\|D_u[u,s]\| \leq K < 1$, vgl. Band I, Seite 94. Dann wird für jedes $s \in S$, $u \in \vartheta$, $w \in \mathfrak{R}$ die Operatorgleichung

$$v - D_u[u,s]v = w \tag{4.10}$$

durch einen linearen Operator $S[u,s]$: $\mathfrak{R} \to \mathfrak{R}$ mit

$$S[u,s]w := v \tag{4.11}$$

und der Norm

$$\|S[u,s]\| \leq \frac{1}{1-K} \tag{4.12}$$

nach v aufgelöst.

Der Operator $S[u,s]$ hängt ferner stetig von $s \in S$ und $u \in \vartheta$ ab.

<u>Beweis:</u>

Zu festen $s \in S$, $u \in \vartheta$, $w \in \mathfrak{R}$ definiere man den Operator

$$F[u,s,w]v := w + D_u[u,s]v \tag{4.13}$$

auf $\mathfrak{R}$ mit Werten in $\mathfrak{R}$. Nach der über $D_u[u,s]$ gemachten Voraussetzung ist $F[u,s,w]$ gleichmäßig in u, s und w kontrahierend mit der Kontraktionszahl K. Folglich gibt es für jede Wahl von s, u und w eine Lösung v von (4.10). Durch (4.11) ist dann ein linearer Operator $S[u,s]$: $\mathfrak{R} \to \mathfrak{R}$ definiert, und die Abschätzung

$$\|v\| \leq \|w\| + \|D_u[u,s]v\| \leq \|w\| + K \cdot \|v\|$$

liefert

$$\|S[u,s]w\| = \|v\| \leq \frac{1}{1-K} \|w\| \quad .$$

Da der in (4.13) auftretende Operator $F[u,s,w]$ stetig von u, s und w
abhängt, muß nach Satz 2.2 von Band I, Kap. II auch der Fixpunkt
$v[u,s,w]$ von $F[u,s,w]$ stetig von u, s und w abhängen.

Aus

$$F[u,s,w]\ v[u,s,w] = v[u,s,w]$$

folgt aber

$$S[u,s]w = v[u,s,w]$$

und somit ist der Operator $S[u,s]$ stetig in u und s. ∎

Der obige Hilfssatz garantiert also die Lösbarkeit der Operatorglei-
chung (4.8). Zu zeigen bleibt, daß deren Lösung gerade gleich der
FRECHET-Ableitung des Fixpunktes $u[s]$ von $T[u,s]$ nach s ist. Es ist
zu überlegen, mit welchen Voraussetzungen man zu diesem Ergebnis ge-
langen kann. Will man den konkreten Fall einordnen, so hat man natürlich zu berücksichtigen, daß die Operatoren $D_y(y,s)$ und $D_s(y,s)$ durch
(formale) Differentiation von $T(y,s)$ nach y und s gewonnen worden
sind. Der folgende Hilfssatz zeigt, daß man aus D_y und D_s die FRECHET-
Ableitung von T zusammensetzen kann.

Hilfssatz 4.2.

Für die oben definierten Operatoren $T(y,s)$, $D_y(y,s)$ und $D_s(y,s)$ gilt

$$\left\| T(\tilde{y},\tilde{s}) - (T(y,s) + D_y(y,s)z + D_s(y,s)t) \right\| = o(\|z\| + |t|)\ ,\quad (4.14)$$

mit $z = \tilde{y} - y = \tilde{y}(\tau) - y(\tau) \in C_n(I)$ und $t = \tilde{s} - s \in \mathbb{R}^m$ <u>gleichmäßig</u>
bezüglich $y \in \mathcal{N}$ und $s \in J(\delta_1)$.

Beweis:

Man hat den Ausdruck

$$T(\tilde{y},\tilde{s}) - T(y,s) - D_y(y,s)z - D_s(y,s)t$$

$$= y^o(\tilde{s}) - y^o(s) - \operatorname{grad} y^o(s)t + \int_{x_o}^{x} [f(\tau,\tilde{y}(\tau),\tilde{s}) - f(\tau,y(\tau),s) - \tag{4.15}$$

$$- \operatorname{grad}_y f(\tau,y(\tau),s)z(\tau) - \operatorname{grad}_s f(\tau,y(\tau),s)t]\, d\tau$$

für $z := \tilde{y} - y$ und $t := \tilde{s} - s$ abzuschätzen. Dabei sei

$$\operatorname{grad} y^o(s) := \left(\frac{\partial y^o(s)}{\partial s_1}, \ldots, \frac{\partial y^o(s)}{\partial s_m}\right), \quad \text{usw.} \ .$$

Nach dem Mittelwertsatz für reellwertige Funktionen mehrerer Veränderlicher gibt es ein $s_j^* \in J(\delta_1)$ zwischen $\tilde{s}$ und s mit

$$y_j^o(\tilde{s}) = y_j^o(s) + \operatorname{grad} y_j^o(s_j^*)(\tilde{s} - s) \qquad (1 \leq j \leq n).$$

Der Ausdruck

$$y^o(\tilde{s}) - y^o(s) - \operatorname{grad} y^o(s)\, t$$

hat also die Komponenten

$$(\operatorname{grad} y_j^o(s_j^*) - \operatorname{grad} y_j^o(s))\, t$$

und wegen der stetigen Differenzierbarkeit von $y^o(s)$ und $|s_j^* - s| \leq |t|$ strebt die Matrix mit den Zeilen

$$\operatorname{grad} y_j^o(s_j^*) - \operatorname{grad} y_j^o(s)$$

gegen die Nullmatrix für $t \to 0$. Also hat man

$$|y^o(\tilde{s}) - y^o(s) - \operatorname{grad} y^o(s)\, t| = o(|t|)$$

für $|t| \to 0$ und wegen der Abgeschlossenheit von $J(\delta_1)$ ist dieses Verhalten in s gleichmäßig.

Jetzt ist noch der Integrand in (4.15) abzuschätzen.

Nach dem Mittelwertsatz für reellwertige Funktionen mehrerer Veränderlicher gilt wie vorher

$$f_j(\tau,\tilde{y}(\tau),\tilde{s}) = f_j(\tau,y(\tau),s)+\text{grad}_y\, f_j(\tau,y_j^*,s_j^*)\,z(\tau)+\text{grad}_s\, f_j(\tau,y_j^*,s_j^*)\,t$$

für Vektoren y_j^* zwischen $\tilde{y}(\tau)$ und $y(\tau)$ und s_j^* zwischen $\tilde{s}$ und s. Also geht der Integrand in (4.15) komponentenweise über in

$$(\text{grad}_y\, f_j(\tau,y_j^*,s_j^*) - \text{grad}_y\, f_j(\tau,y(\tau),s))\, z(\tau) +$$

$$+ (\text{grad}_s\, f_j(\tau,y_j^*,s_j^*) - \text{grad}_s\, f_j(\tau,y(\tau),s))\, t \quad .$$

Da die Gradienten von f als stetige (matrixwertige) Funktionen in $\overline{G}$ gleichmäßig stetig sind und

$$|y_j^* - y(\tau)| \leq |\tilde{y}(\tau) - y(\tau)| \leq \frac{\|z\|}{w(\tau)}$$

sowie $|s_j^* - s| \leq |t|$ gilt, streben die obigen Differenzen von Gradienten gleichmäßig in u und s gegen Null, wenn $|t|$ und $\|z\|$ gegen Null gehen. Daher hat der gesamte Integrand das Verhalten $o(|t|) + o(\|z\|)$ und damit ist der Hilfssatz 4.2 bewiesen. ∎

Jetzt kann das Hauptresultat dieses Paragraphen in abstrakter Form hergeleitet werden:

<u>Satz 4.1.</u>
Seien ϑ und S abgeschlossene Teilmengen zweier BANACH-Räume $\mathcal{Y}$, $\mathcal{X}$ mit den Normen $\|.\|$ und $\|.\|_1$. Gegeben sei ein Operator $T[u,s]\colon \vartheta \times S \to \vartheta$.

a) T sei stetig in s und kontrahierend in u mit $K < 1$, d.h. es gelte
$\|T[u,s] - T[\tilde{u},s]\| \leq K\|u - \tilde{u}\|$ für jedes Tripel $(u,\tilde{u},s)$ aus $\vartheta \times \vartheta \times S$.

b) T sei FRECHET-differenzierbar, d.h. es gebe in u, s stetige, in $z \in \mathcal{Y}$ bzw. $t \in \mathcal{X}$ beschränkte lineare Operatoren

284

$$D_u[u,s] \cdot z : \mathcal{N} \times S \times \mathcal{L} \to \mathcal{L}, \quad \text{kontrahierend in } z \text{ mit } K$$

$$D_s[u,s] \cdot t : \mathcal{N} \times S \times \mathcal{I} \to \mathcal{L}, \quad \text{so daß gilt}$$

$$\| T[\tilde{u},\tilde{s}] - T[u,s] - D_u[u,s]\,(\tilde{u}-u) - D_s[u,s](\tilde{s}-s) \| = o(\|\tilde{u}-u\| + \|\tilde{s}-s\|_1).$$

Dann hängt der Fixpunkt u[s] von T[u,s] stetig von s ab und ist FRE-CHET-differenzierbar. Diese FRECHET-Ableitung $v[s] : S \to [\mathcal{I},\mathcal{L}]$ ist eine Abbildung in dem Raum $[\mathcal{I},\mathcal{L}]$ der beschränkten linearen Operatoren von $\mathcal{I}$ nach $\mathcal{L}$ und kann aus der Gleichung

$$v[s] = D_u[u,s] \cdot v[s] + D_s[u,s] \tag{4.16}$$

mit Hilfe des Kontraktionssatzes ermittelt werden.

Die Kontraktionseigenschaft von $D_u[u,s]$ kann übrigens bei geeigneter Wahl von $\mathcal{N}$ aus der Kontraktionseigenschaft von T gefolgert werden.

<u>Beweis:</u>
Nimmt man (4.16) zur Definition von v[s], so ist die Gleichung

$$\| u[s^*] - u[s] - v[s](s^*-s) \| = o(\| s^*-s \|_1) \tag{4.17}$$

zu verifizieren. Da $\|\|D_u[u,s]\|\| \leq K < 1$ vorausgesetzt ist, kann man (4.16) nach v[s] auflösen. Die Auflösung wird nach Hilfssatz 4.1 durch einen linearen, in u und s stetigen Operator S[u,s] geleistet.

Setzt man $z := u[s^*] - u[s]$, $t := s^*-s$, so hat man

$$\| u[s^*] - u[s] - v[s](s^*-s) \| = \| z - S[u[s],s]\,D_s[u[s],s]t \| \tag{4.18}$$

abzuschätzen. Aus (4.14), den Voraussetzungen a) und b) ergibt sich

$$\| z \| = \| T[u[s^*],s^*] - T[u[s],s] \|$$

$$\leq \| T[u[s^*],s^*] - T[u[s^*],s] \| + \| T[u[s^*],s] - T[u[s],s] \|$$

$$\leq O(\|t\|_1) + K \cdot \|z\| \, ,$$

d.h. es gilt

$$\|z\| = O(\|t\|_1) \tag{4.19}$$

und man hat eine Möglichkeit, z zu eliminieren. Benutzt man die Voraussetzung b) in der Form

$$\|w\| = o(\|z\| + \|t\|_1) \tag{4.20}$$

für

$$w := T[u[s^*],s^*] - T[u[s],s] - D_u[u[s],s]z - D_s[u[s],s]t \quad ,$$

so erhält man zunächst

$$w = z - D_u[u[s],s]z - D_s[u[s],s]t \quad ,$$

und man kann gemäß Hilfssatz 4.1 die Lösung z der Gleichung

$$z = w + D_s[u[s],s]t + D_u[u[s],s]z$$

in der Form

$$z = S[u[s],s]w + S[u[s],s] \, D_s[u[s],s]t$$

schreiben.

Jetzt geht (4.18) über in

$$\|z - S[u[s],s] \, D_s[u[s],s]t\| = \|S[u[s],s]w\| \leq \frac{1}{1-K} \|w\|$$

unter Benutzung von (4.12); schließlich ergibt sich mit (4.18) bis (4.20) die Abschätzung (4.17). $\blacksquare$

Zum Schluß wird der abstrakte Sachverhalt wieder konkretisiert durch

Satz 4.2.
Gegeben seien $x_0 \in \mathbb{R}$, $y^0 \in \mathbb{R}^n$, $s^0 \in \mathbb{R}^m$ und positive Zahlen δ, δ_1, ε_0 und M.

1) Ferner sei $y^o(s)$ eine stetig differenzierbare Funktion auf dem Intervall

$$J(\delta_1) := \{s \mid s \in \mathbb{R}^m, |s-s^o| \leq \delta_1\} \subset \mathbb{R}^m$$

und es gelte

$$|y^o(s) - y^o| \leq \varepsilon_o$$

für $s \in J(\delta_1)$.

2) Im Bereich

$$\overset{\circ}{D} := \{(x,y,s) \mid x \in I(\delta) := [x_o, x_o+\delta], |y-y^o| \leq \varepsilon_o + |x-x_o| M, s \in J(\delta_1)\}$$

sei die Funktion $f(x,y,s)$ stetig und stetig differenzierbar nach den Komponenten von y und s; ferner gelte gleichmäßig in $\overset{\circ}{D}$

$$|f(x,y,s)| \leq M .$$

Dann besitzt das Anfangswertproblem $\mathfrak{U}(s)$:

$$\frac{\partial}{\partial x} y(x,s) = f(x,y(x,s),s) , \qquad y(x_o,s) = y^o(s)$$

eine Lösung $y(x,s) \in C^1_n(I(\delta) \times J(\delta_1))$ und die partiellen Ableitungen

$$v_j(x,s) := \frac{\partial}{\partial s_j} y(x,s) \qquad (1 \leq j \leq n)$$

erfüllen die lineare Differentialgleichung

$$\frac{\partial v_j}{\partial x}(x,s) = \sum_{i=1}^{n} \frac{\partial f}{\partial y_i}(x,y(x,s),s)\,(v_j(x,s))_i +$$

$$\tag{4.21}$$

$$+ \frac{\partial f}{\partial s_j}(x,y(x,s),s)$$

und haben die Anfangswerte

$$v_j(x_o,s) = \frac{\partial}{\partial s_j}\, y^o(s)\ . \tag{4.22}$$

<u>Beweis:</u>

Die Voraussetzungen von Hilfssatz 4.2 sind offenbar erfüllt. Die Anwendung des Satzes 4.1 liefert also die Existenz einer matrixwertigen stetigen Funktion $v(x,s)$ für $x \in I(\delta)$, $s \in J(\delta_1)$ mit

$$\|y(x,\tilde{s}) - y(x,s) - v(x,s)(\tilde{s}-s)\| = o(|\tilde{s}-s|)\ , \tag{4.23}$$

welche sich aus der der Gleichung (4.16) entsprechenden Beziehung

$$v(x,s) = \operatorname{grad} y^o(s) + \int_{x_o}^{x} (\operatorname{grad}_y f(\tau,y(\tau,s),s)\, v(\tau,s) +$$

$$\tag{4.24}$$

$$+ \operatorname{grad}_s f(\tau,y(\tau,s),s))\ d\tau$$

bestimmt (vgl. die obigen Definitionen der Operatoren D_y und D_s).

Aus dieser Darstellung folgt, daß $v(x,s)$ stetig in s und x, sowie stetig differenzierbar nach x ist, da der Integrand eine stetige Funktion von τ ist. Durch Differentiation von (4.24) nach x folgt (4.21), wenn man noch für festes $j \in \{1,\ldots,n\}$ die durch (4.24) beschriebene matrixwertige Funktion von rechts mit dem Einheitsvektor e_j multipliziert.

Die Gleichung (4.24) geht für $x = x_o$ über in

$$v(x_o,s) = \operatorname{grad} y^o(s)\ .$$

Daraus folgt speziell (4.22). Setzt man mit $\sigma \in \mathbb{R}$ in (4.23) die Beziehung $\tilde{s} - s = \sigma\, e_j$ ein und betrachtet den Grenzübergang $\sigma \to 0$, so folgt

$$v(x,s)\, e_j = \frac{\partial}{\partial s_j}\, y(x,s) \qquad (1 \le j \le n)\ .\ \blacksquare$$

Bemerkung 4.1.

1) Nach § 3 lassen sich die Lösungen der linearen Differentialgleichung (4.21) auf den gesamten Definitionsbereich der Funktionen
$f_y(x,y(x,s),s)$ und $f_s(x,y(x,s),s)$ fortsetzen. Daher ist die Ableitung $\frac{\partial}{\partial s_j} y(x,s)$ für genügend kleine Intervalle für s ebenso weit
bezüglich x fortsetzbar wie die Funktion $y(x,s)$.

2) Besitzen die Funktion $f(x,y,s)$ stetige partielle Ableitungen k-ten
Grades nach den Komponenten von y und s und die Anfangswerte $y^o(s)$
k-fache partielle Ableitungen nach s, so ist die Lösung $y(x,s)$
k-mal stetig nach den Komponenten von s differenzierbar und jede
dieser Ableitungen erfüllt eine lineare Differentialgleichung.

Diese Aussage beweist man rekursiv, indem man die Differentialgleichung (4.21) als vorgegeben betrachtet, Satz 4.2 darauf anwendet und dieses Verfahren iteriert.

3) Sind $y^o(s)$ und $f(x,y,s)$ in gleichmäßig konvergente Potenzreihen
bezüglich aller ihrer Argumente entwickelbar, so ist $y(x,s)$ in
eine gleichmäßig konvergente Potenzreihe in x und s entwickelbar.
Beginnt man nämlich für jedes $s \in J(\delta_1)$ die Iteration mit $T(y,s)$
mit der bezüglich x konstanten Funktion $\tilde{y}(x,s) = y^o(s)$, so sind
alle Iterierten in Potenzreihen bezüglich x und s entwickelbar
und da die Konvergenz gleichmäßig ist, ist auch die Grenzfunktion
$y^*(x,s)$ in x und s in eine gleichmäßig konvergente Potenzreihe
entwickelbar. Dies rechtfertigt den Ansatz im Beispiel 4.1. *

§ 5 Lineare Differentialgleichungen und Differenzengleichungen
n-ter Ordnung mit konstanten Koeffizienten

Man kann sich durch eine Folge einfacher Schlüsse einen vollständigen
Einblick in die Struktur der Lösungen der linearen Differentialgleichungen mit konstanten Koeffizienten verschaffen, ohne hierfür auf
die in § 2 entwickelte Theorie Bezug nehmen zu müssen.

Eine lineare homogene Differentialgleichung n-ter Ordnung mit konstanten Koeffizienten hat nach § 1 die Gestalt

$$a_n y^{(n)}(x) + a_{n-1} y^{(n-1)}(x) + \ldots + a_o y(x) = 0 \ , \quad a_n \neq 0 \ , \qquad (5.1)$$

$$x \in I := [a,b].$$

Die reellen (oder komplexen) Koeffizienten $a_o, \ldots, a_n$ hängen dabei nicht von x ab. Man führt nun durch

$$D^1 := D := \frac{d}{dx} \ , \quad D^m := D(D^{m-1}) \ : \ C^m(I) \to C(I) \quad \text{mit} \quad m \in \mathbb{N}$$

einen Differentialoperator ein und bezeichnet mit D^o zusätzlich den neutralen Operator. Die Gleichung (5.1) läßt sich dann auch in der Form

$$(a_n D^n + a_{n-1} D^{n-1} + \ldots + a_o D^o)y = 0 \qquad (5.2)$$

schreiben. Offenbar ist D mit jeder reellen oder komplexen Konstanten vertauschbar. Zur Differentialgleichung (5.2) gehört das <u>charakteristische Polynom</u>

$$\Psi(t) = a_n t^n + a_{n-1} t^{n-1} + \ldots + a_o \ ,$$

mit dem sich (5.2) zu

$$\Psi(D)y = 0 \qquad (5.3)$$

vereinfacht. Nach dem Fundamentalsatz der Algebra zerfällt $\Psi(t)$ über $\mathbb{C}$ in Linearfaktoren. Sind $t_1, \ldots, t_n$ die Wurzeln des charakteristischen Polynoms, so ist also

$$\Psi(t) = a_n(t-t_1) \ \ldots \ (t-t_n) \ .$$

Für das Operatorpolynom gilt dann

$$\Psi(D) = a_n(D-t_1) \ \ldots \ (D-t_n) \ . \qquad (5.4)$$

Man rechnet leicht nach, daß in (5.4) die einzelnen Faktoren vertauschbar sind.

In den folgenden Überlegungen genügt es, $a_n=1$ zu betrachten. Eine bemerkenswerte Formel liefert

<u>Hilfssatz 5.1.</u>
Es gilt

$$(D-t)^m y(x) = e^{tx} D^m (e^{-tx} y(x))$$

für $m \in \mathbb{N}_0$, $x \in I$, $t \in \mathbb{C}$, $y \in C^m(I)$.

<u>Beweis:</u>
Für $m = 0$ ist die Aussage trivial. Im Falle $m \geq 1$ gilt

$$(D-t)[e^{tx} D^{m-1} (e^{-tx} y(x))] = e^{tx} D^m (e^{-tx} y(x)) \; ,$$

woraus sich rekursiv die behauptete Formel ergibt. ∎

Mit Hilfssatz 5.1 erhält man auf einfache Weise die Lösung der Differentialgleichung

$$(D-t)^m y(x) = 0 \; .$$

Es gilt nämlich

$$(D-t)^m y(x) = e^{tx} D^m (e^{-tx} y(x)) = 0 \; ,$$

demnach ist $e^{-tx} y(x)$ gleich einem Polynom $P(x) \in \mathcal{P}_{m-1}$, d.h. es gilt

$$y(x) = P(x) e^{tx} \; .$$

Eine unmittelbare Folgerung ist

<u>Satz 5.1.</u>
Besitzt $\Psi(t)$ die Faktorisierung

$$\Psi(t) = \prod_{j=1}^{k} (t-t_j)^{m_j} \ , \qquad n = \sum_{j=1}^{k} m_j \ , \tag{5.5}$$

so erhält man Lösungen von (5.3) in der Form

$$y(x) = P_1(x) \, e^{t_1 x} + \ldots + P_k(x) \, e^{t_k x} \ . \tag{5.6}$$

Dabei sei für $j = 1,2,\ldots,k$ der Faktor P_j ein beliebiges Polynom in x vom Grade $< m_j$.

Bemerkung 5.1.
Da die t_j komplex sein können, kann y eine komplexwertige Funktion einer reellen Veränderlichen sein. Man kann dann auch Realteil und Imaginärteil von y als Lösung verwenden. *

Beweis von Satz 5.1:
Da man die Faktoren von $\Psi(D)$ in beliebiger Reihenfolge anordnen kann, gilt

$$\Psi(D)y = \Psi(D) \, P_1(x) \, e^{t_1 x} + \ldots + \Psi(D) \, P_k(x) \, e^{t_k x}$$

$$= \prod_{j=2}^{k} (D-t_j)^{m_j} \cdot [\underbrace{(D-t_1)^{m_1} \cdot P_1(x) \, e^{t_1 x}}_{=\ 0}] + \ldots$$

$$+ \prod_{j=1}^{k-1} (D-t_j)^{m_j} [\underbrace{(D-t_k)^{m_k} \cdot P_k(x) \, e^{t_k x}}_{=\ 0}] \ ,$$

d.h. Funktionen der Gestalt (5.6) sind Lösungen von (5.3). ∎

Mit Hilfe der allgemeinen Theorie des § 2 könnte man nun noch nachzuweisen versuchen, daß jede Lösung von (5.3) die Gestalt (5.6) besitzt. Man zeigt in der Regel, daß jedes Anfangswertproblem der Differentialgleichung (5.1) sich in dieser Form durch geeignete Wahl der Polynome $P_j(x)$ lösen läßt. Hier soll ein einfacherer Weg beschritten werden.

292

<u>Hilfssatz 5.2.</u>

Das Polynom $\Psi(t)$ habe die Gestalt (5.5) und es sei P ein Polynom vom
Grade $\leq$ m. Dann besitzt die inhomogene lineare Differentialgleichung

$$\Psi(D)y = P(x) \cdot e^{\tau x} \tag{5.7}$$

eine spezielle Lösung der Form

$$y = Q(x) \cdot e^{\tau x} , \tag{5.8}$$

wobei Q(x) ein geeignetes Polynom aus $\mathcal{P}_{m+p}$ ist und p die Vielfachheit der Nullstelle von $\Psi(t)$ im Punkt τ angibt; dabei ist p = O zugelassen.

<u>Beweis:</u>

Induktion nach dem Grad von $\Psi(t)$:

a) Sei $\Psi(t) = t-t_1$.
   Der Ansatz (5.8) führt auf

$$\Psi(D) \ Q(x) \ e^{\tau x} = [(\tau-t_1) \cdot Q+Q'] \cdot e^{\tau x} = P(x) \ e^{\tau x}$$

und man kann offenbar $Q \in \mathcal{P}_m$ aus der Gleichung

$$(\tau-t_1) \cdot Q+Q' = P$$

durch Koeffizientenvergleich bestimmen.

Gilt $\tau \neq t_1$, so kann man $\partial Q = \partial P$ erzielen; andernfalls bilde man

$$Q(x) = \int_{x_0}^{x} P(t) \ dt \quad \text{mit} \quad \partial Q = \partial P + 1 .$$

b) Ist der Beweis für Polynome $\Psi_1(t)$ vom Grade < n bereits geführt,
   so sei $\Psi(t)$ in der Form $\Psi_1(t) \cdot (t-t_1)$ faktorisiert und

$$w(x) := (D-t_1)y(x) \tag{5.9}$$

gesetzt.

Löst $y(x)$ die Differentialgleichung (5.7), so löst $w(x)$ die Differentialgleichung

$$\Psi_1(D)w = P(x)\,e^{\tau x}\ .$$

Es gibt hierzu nach der Induktionsvoraussetzung eine Lösung $w(x) = Q_1(x)\,e^{\tau x}$ mit $Q_1 \in \mathcal{P}_{m+q}$, wobei q die Vielfachheit von τ als Nullstelle von $\Psi_1(t)$ ist.

Setzt man $w(x)$ in (5.9) ein, so gibt es nach Teil a) dieses Beweises eine Lösung $y(x) = Q(x)\,e^{\tau x}$, wobei ∂Q den Grad ∂Q_1 um die Vielfachheit der "Nullstelle" τ von $t-t_1$ übertrifft. Der Grad ∂Q übertrifft den Grad ∂P also um die Vielfachheit der Nullstelle τ von Ψ. ∎

Damit folgt nun

<u>Satz 5.2.</u>
Jede Lösung der Differentialgleichung (5.3) hat die Form (5.6).

<u>Beweis:</u>
Der Fall $\partial \Psi = 1$ ist schon bewiesen. Die Behauptung gelte für alle Ψ mit $\partial \Psi < n$.

Sei $\Psi(t) = (t-t_1)\cdot\Psi_1(t)$ und mit einer Funktion $y \in C^n(I)$, $n = \partial \Psi$, gelte

$$\Psi(D)y = (D-t_1)\cdot[\Psi_1(D)y(x)] = O\ .$$

Also hat $w = \Psi_1(D)y$ als Lösung von $(D-t_1)w = O$ die Form $w = c_1\cdot e^{t_1 x}$. Nach Hilfssatz 5.2 gibt es eine Lösung $z = Q(x)\cdot e^{t_1 x}$ von

$$\Psi_1(D)z = c_1\cdot e^{t_1 x}$$

mit $Q \in \mathcal{P}_q$, wobei q die Vielfachheit der Nullstelle t_1 von Ψ_1, also nach (5.5) gleich $m_1 - 1$ ist.

Weiterhin erfüllt die Differenz $y - z$ die Differentialgleichung

294

$$\Psi_1(D)(y-z) = \Psi_1(D)y - \Psi_1(D)z = c_1 e^{t_1 x} - c_1 e^{t_1 x} = 0 \quad,$$

also hat man nach Induktionsvoraussetzung

$$y-z = y - Q(x) \cdot e^{t_1 x} = P_1^*(x) e^{t_1 x} + P_2(x) e^{t_2 x} + \ldots + P_k(x) e^{t_k x} \quad,$$

wobei $\partial P_1^* < m_1 - 1$

und $\partial P_j < m_j$ für $j = 2, \ldots, k$ gilt.

Auflösen nach y liefert die Behauptung von Satz 5.2. ∎

Bemerkung 5.2.

Durch die Sätze 5.1 und 5.2 ist die Lösung der Differentialgleichung
(5.1) auf die Wurzelbestimmung des charakteristischen Polynoms $\Psi(t)$
zurückgeführt worden. Als Beispiel für die Möglichkeit, sehr verschieden erscheinende Funktionen mit Hilfe von Differentialgleichungen einheitlich zu behandeln, werde das folgende charakteristische
Resultat bewiesen. *

Satz 5.3.

Jede Exponentialsumme der Form (5.6) mit $k \leq n$ und $m_1 + \ldots + m_k = n$ hat
höchstens $n-1$ Nullstellen (unter Berücksichtigung der Vielfachheit)
oder verschwindet identisch.

Beweis:

Für $n = 1$ wird (5.6) zu $y = c \cdot e^{tx}$, und die Behauptung ist richtig.
Sie gelte nun für $n - 1$.

Ist y eine Exponentialsumme der Form (5.6) und $\Psi(t)$ das zugehörige
charakteristische Polynom mit $\Psi(D)y = 0$, so genügt $z := (D-t_n)y$ wegen

$$\Psi(D)y = \left(\prod_{j=1}^{n-1} (D - t_j) \right) \cdot (D - t_n)y = 0$$

einer linearen homogenen Differentialgleichung mit konstanten Koeffizienten $(n-1)$-ter Ordnung. Ist N die Anzahl der Nullstellen von y, also auch die der Nullstellen von $e^{-t_n x} \cdot y$, so besitzt nach dem Satz von ROLLE $e^{t_n x} \cdot D(e^{-t_n x} \cdot y) = (D - t_n)y = z$ wenigstens $N-1$ Nullstellen. Nach Induktionsvoraussetzung ist $N-1 \leq n-2$, also $N \leq n-1$, wie behauptet. ∎

Die Resultate für lineare Differentialgleichungen finden ihr Analogon in den diskretisierten Formen linearer Differentialgleichungen, nämlich den linearen <u>Differenzengleichungen</u>

$$y_{m+n} + a_{n-1,m}\, y_{m+n-1} + \cdots + a_{o,m}\, y_m = f_m \tag{5.10}$$

für alle $m \in \mathbb{N}_o$ und gegebene Zahlenfolgen $a_{j,m},\, f_m$.

<u>Definition 5.1.</u>
Die Gleichung (5.10) nennt man <u>lineare Differenzengleichung n-ter Ordnung</u>. Falls alle f_m verschwinden, heißt (5.10) <u>homogen</u>, sonst <u>inhomogen</u>. ▲

Wenn die Größen $a_{j,m}$ nicht von m abhängen, spricht man von einer Differenzengleichung mit <u>konstanten Koeffizienten</u>. Die Zahl m ist also bei der Differenzengleichung an die Stelle der unabhängigen Variablen x der Differentialgleichung getreten.

Eine Differenzengleichung der Form (5.10) kann man bei vorgegebenen Werten $y_o, \ldots, y_{n-1}$ als Rekursionsformel für $y_n, y_{n+1}, \ldots$ verwenden, indem man für $m = 0$ zunächst y_n berechnet, dann für $m = 1$ die Größe y_{n+1} bestimmt und so fortfährt. In Analogie zu den linearen Differentialgleichungen gilt der

<u>Hilfssatz 5.3.</u>
1) Die Differenzengleichung (5.10) ist <u>eindeutig lösbar</u>.

2) Die Summe einer Lösung der inhomogenen Differenzengleichung und einer beliebigen Lösung der homogenen Differenzengleichung löst die inhomogene Differenzengleichung.

3) Die Lösungen der homogenen Differenzengleichung bilden einen n-dimensionalen linearen Teilraum des Raumes aller reellen Zahlenfolgen.

4) Eine Basis dieses Teilraumes bilden die n Lösungsfolgen

$$\{y_j^{(o)}\}_{j \in \mathbb{N}_o}, \dots, \{y_j^{(n-1)}\}_{j \in \mathbb{N}_o}$$

mit den Anfangswerten $y_j^{(k)} = \delta_{jk} \quad (0 \le j,k \le n-1)$.

5) Gilt $a_{o,m} \neq 0$ für alle m, so sind auch die Folgen

$$\{y_{j+m}^{(o)}\}_{j \in \mathbb{N}_o}, \dots, \{y_{j+m}^{(n-1)}\}_{j \in \mathbb{N}_o}$$

linear unabhängig, denn die Determinante

$$\det (y_{j+m}^{(k)}) \quad 0 \le j,k \le n-1$$

verschwindet nicht.

<u>Beweis:</u>
Lediglich die Aussage 5) ist nicht trivial. Für $k = 0, \dots, n-1$ gilt

$$y_{m+n}^{(k)} = -a_{n-1,m}\, y_{m+n-1}^{(k)} - \dots - a_{o,m}\, y_m^{(k)}$$

$$= - a_{o,m}\, y_m^{(k)} - a_{n-1,m}\, y_{m+n-1}^{(k)} - \dots - a_{1,m}\, y_{m+1}^{(k)}$$

und daraus folgt nach bekannten Sätzen über Determinanten die Identität

$$\det \begin{pmatrix} y_{m+1}^{(o)} & \cdots & y_{m+n}^{(o)} \\ \vdots & & \vdots \\ y_{m+1}^{(n-1)} & \cdots & y_{m+n}^{(n-1)} \end{pmatrix} = a_{o,m}(-1)^n \det \begin{pmatrix} y_m^{(o)} & \cdots & y_{m+n-1}^{(o)} \\ \vdots & & \vdots \\ y_m^{(n-1)} & \cdots & y_{m+n-1}^{(n-1)} \end{pmatrix},$$

$$(5.11)$$

da sich die Spalte $(y_{m+n}^{(o)},\ldots,y_{m+n}^{(n-1)})'$ nach der obigen Gleichung aus
den Spalten der rechts stehenden Matrix linear kombinieren läßt. Da
die Matrix $(y_j^{(k)})_{0 \le j,\, k \le n-1}$ die Einheitsmatrix ist, folgt die Behauptung aus (5.11) und 4) durch vollständige Induktion. $\blacksquare$

Wie bei linearen Differentialgleichungen kann man bei linearen Differenzengleichungen im Falle konstanter Koeffizienten die Lösungen der
homogenen Gleichung durch Wurzeln eines charakteristischen Polynoms
ausdrücken. Dazu definiert man analog zum Differentialoperator D den
<u>Verschiebungsoperator</u> E durch

$$E\, f_j \;:=\; f_{j+1}$$

bzw.

$$E_h\, f(x) \;:=\; f(x+h)\;.$$

Bei konstanten Koeffizienten geht (5.10) über in

$$\psi(E)(y_m) \;:=\; (E^n + a_{n-1}E^{n-1} + \ldots + a_o 1)y_m \;=\; (E-t_1)\ldots(E-t_n)y_m = f_m', \quad (5.12)$$

wenn $t_1,\ldots,t_n$ die Wurzeln des <u>charakteristischen Polynoms</u>

$$\Psi(t) \;:=\; t^n + a_{n-1}t^{n-1} + \ldots + a_1 t + a_o \qquad (5.13)$$

sind. Die Faktorisierung (5.12) ist möglich, weil die Konstanten a_j
nicht vom Laufindex m in (5.10) abhängen und sich daher mit E vertauschen lassen. Analog zu linearen Differentialgleichungen folgt

<u>Satz 5.4.</u>
Ist t eine k-fache Wurzel des charakteristischen Polynoms (5.13), so
ist für jedes Polynom P vom Grade $\le$ k-1 die Folge

$$\{P(m)\, t^m\}_{m \in \mathbb{N}_o}$$

eine Lösung von (5.12) im homogenen Fall.

Ist $t = r \cdot \exp(i\varphi)$ eine Wurzel von Ψ und damit auch $\bar{t} = r \cdot \exp(-i\varphi)$, so sind auch die Folgen

$$\left\{ P(m) \cdot r^m \cdot \cos(m\varphi) \right\}_{m \in \mathbb{N}_o} \quad \text{und} \quad \left\{ P(m) \cdot r^m \cdot \sin(m\varphi) \right\}_{m \in \mathbb{N}_o}$$

homogene Lösungen, wenn P ein Polynom mit reellen Koeffizienten ist.

<u>Beweis:</u>
Für $k = 1$ gilt

$$(E-t) \, t^m = t^{m+1} - t^{m+1} = 0 \ .$$

Definiert man rekursiv die Polynome

$$Q_o(m) := 1 \ ,$$

$$Q_{k+1}(m) := Q_k(m)(m-k) = m \, (m-1) \, \ldots \, (m-k) \quad \text{für } k \geq 1 \ ,$$

und nimmt man an, daß $(E-t)^k Q_{k-1}(m) t^m = 0$ gilt für ein $k \geq 1$, so folgt für eine $(k+1)$-fache Wurzel t von (5.13) die Identität

$$(E-t)^{k+1} Q_k(m) t^m = (E-t)^k (E-t) Q_k(m) t^m$$

$$= (E-t)^k \left[Q_k(m+1) - Q_k(m) \right] t^{m+1}$$

$$= (E-t)^k \left[(m+1-(m-k+1)) \, m \, (m-1) \ldots (m-k+2) \right] t^{m+1}$$

$$= (E-t)^k \, k \, Q_{k-1}(m) \, t^{m+1}$$

$$= t \, k \, (E-t)^k \, Q_{k-1}(m) \, t^m = 0 \ ,$$

denn man kann $t(k+1)$ als Konstante betrachten.

Also ist für jedes $\ell < k$ ein spezielles Polynom vom exakten Grade ℓ eine Lösung von (5.12) und, da die Lösungen nach Hilfssatz 5.3 einen linearen Raum bilden, folgt die erste Behauptung für jedes Polynom $P \in \mathcal{P}_{k-1}$.

Ist nun t eine komplexe Wurzel und haben P und Ψ reelle Koeffizienten, so gilt wegen $t^m = (r[\cos \varphi + i \sin \varphi])^m = r^m \cdot \cos m\varphi + i\ r^m \cdot \sin m\varphi$ die Identität

$$O = \Psi(E) \cdot P(m) \cdot t^m = \Psi(E) \cdot P(m) \cdot r^m \cdot \cos m\varphi + i\ \Psi(E) \cdot P(m) \cdot r^m \cdot \sin m\varphi \quad.$$

Da Realteil und Imaginärteil verschwinden müssen, folgt auch die zweite Behauptung. ∎

Die Gesamtheit der Lösungen einer linearen homogenen Differenzengleichung hat nun formal die gleiche Gestalt wie die Lösungsgesamtheit einer linearen homogenen Differentialgleichung. Offenbar kann man jede Lösung einer homogenen linearen Differenzengleichung n-ter Ordnung als Linearkombination der in Hilfssatz 5.3 eingeführten n Lösungen $\{y_j^{(k)}\}$ darstellen, die Dimension des Lösungsraumes ist also höchstens n. Diese Tatsache liefert zusammen mit Satz 5.4 den

Satz 5.5.
Besitzt das charakteristische Polynom (5.13) eine Faktorisierung der Form (5.5), so ist die Gesamtheit der Lösungen der homogenen Differenzengleichung

$$\Psi(E)y_m = O \tag{5.14}$$

gegeben durch die Folgen

$$y_m = P_1(m)\ t_1^m + \ldots + P_k(m)\ t_k^m \qquad (m = O,1,\ldots)$$

mit beliebigen Polynomen $P_j \in \mathcal{K}_{m_j-1}$.

Treten komplexe Wurzeln t_j auf, so ist der Term $P_j(m) \cdot t_j^m$ zu ersetzen durch $[P_j(m) \cdot \cos m\varphi + Q_j(m) \cdot \sin m\varphi] \cdot |t_j|^m$, wobei φ das Argument der komplexen Wurzel t_j ist, und für die Grade der Polynome gilt $\partial P_j < m_j$, $\partial Q_j < m_j$. ∎

Für spätere Anwendungen benötigt man das

Korollar 5.1.

Die Lösungen y_m einer homogenen Differentialgleichung sind genau dann beschränkt für $m \to \infty$, wenn für das charakteristische Polynom die Wurzelbedingung gilt, d.h. keine Wurzel ist betragsmäßig größer als Eins und Wurzeln mit Betrag Eins sind einfach. Statt Beschränktheit kann man auch $\dfrac{y_m}{m} = \sigma(1)$ für $m \to \infty$ fordern.

Beweis:

Es genügt, die Lösungskomponente $P(m)t^m$ zu einer Wurzel t der Vielfachheit $k = 1 + \partial P$ zu betrachten. Im Falle $k = 1$ ist t^m offensichtlich genau dann beschränkt, wenn $|t| \leq 1$ gilt; für $k > 1$ verhält sich $P(m)t^m$ für $m \to \infty$ wie $m^k t^m$ und für Beschränktheit ist $|t| < 1$ notwendig und hinreichend. Der Zusatz ergibt sich analog durch Betrachtung von $\frac{1}{m} P(m)t^m$ statt $P(m)t^m$. ∎

Es ist auch nicht schwierig, inhomogene Lösungen anzugeben.

Satz 5.6.

Ist eine inhomogene lineare Differenzengleichung

$$\Psi(E)y_m = f_m \ , \qquad m = 0,1,\ldots \tag{5.15}$$

gegeben, so kann man die Komponenten der inhomogenen Lösung mit den Anfangswerten $y_0 = \ldots = y_{n-1} = 0$ ermitteln als

$$y_m = \sum_{j=0}^{m-n} f_j \cdot y_{m-1-j}^{(n-1)} \ ; \tag{5.16}$$

dabei sei $\{y_m^{(n-1)}\}$ die homogene Lösung mit $y_j^{(n-1)} = \delta_{j,n-1}$ für $j < n$.

Beweis:

Benutzt man diese Konvention, um $y_j^{(n-1)}$ auch für negative ganze Zahlen zu definieren, so gilt

$$\Psi(E)y_m^{(n-1)} = \begin{cases} 0 & \text{für ganzzahliges } m \neq -1, \\[2ex] 1 & \text{für } m = -1. \end{cases}$$

Ferner kann man formal

$$Y_m = \sum_{j=0}^{\infty} f_j \, Y_{m-1-j}^{(n-1)}$$

setzen, wodurch die Summengrenze von dem Index m unabhängig ist, und man erhält aufgrund der Linearität

$$\Psi(E)Y_m = \sum_{j=0}^{\infty} f_j \, \Psi(E)Y_{m-1-j}^{(n-1)} = f_m \, \Psi(E)Y_{m-1-j}^{(n-1)} = f_m \, . \, \blacksquare$$

Bemerkung 5.3.

Die Formel (5.16) ist das diskrete Analogon der Darstellung einer in-homogenen Lösung der linearen Differentialgleichung mit Hilfe der GREENschen Funktion des Anfangswertproblems. $*$

§ 6 Allgemeine Theorie der Einschrittverfahren

1. Das EULERsche Polygonverfahren

Gegeben sei ein Anfangswertproblem $\mathcal{U}$ der Form

$$y'(x) = f(x,y(x))$$

$$y(0) = y^0$$

mit einer Funktion $f \in \text{Lip}(G)$, $G \subset \mathbb{R} \times \mathbb{B}$ mit einem BANACH-Raum $\mathbb{B}$ und $(0,y^0) \in G$. Zur Vereinfachung der Schreibweise werde der Anfangspunkt x_0 in den Nullpunkt verlegt. Nach dem Satz von PICARD-LINDELÖF (vgl. § 2; der dortige Beweis ist auch für $G \subset \mathbb{R} \times \mathbb{B}$ mit einem allgemeinen BANACH-Raum richtig, obwohl nur $\mathbb{B} := \mathbb{R}^n$ betrachtet wird) existiert dann eine stetig differenzierbare Lösung $y(x)$ von $\mathcal{U}$ mit Werten in $\mathbb{B}$; ihr Definitionsbereich sei (mindestens) das Intervall $I(\delta) := I := [0,\delta]$ für ein $\delta > 0$, d.h. die abgeschlossene Punktmenge $\{(x,y) \mid x \in I, \, y = y(x)\}$ liege in G. In den folgenden Überlegungen wird stets ein festes derartiges Intervall I zugrunde gelegt. Außerdem soll die Lösung stets rechts vom Nullpunkt untersucht werden; die gleichen Überlegungen gelten für $y(x)$ in $[-\delta,0]$.

Um Verwechslungen zu vermeiden, wird hier und in allen folgenden Überlegungen die Bezeichnung $y(x)$ nur für die (exakte) Lösung des Anfangswertproblems benutzt. Wie in § 3, Satz 3.1 sei G beschränkt und f
auf eine offene Menge G_o mit $G_o \supset \overline{G} \supset G$ fortsetzbar; die jeweils über
f gemachten Voraussetzungen mögen auch in G_o gelten. Die Norm in $\mathbb{B}$
wird wie in § 2 mit $|.|$ bezeichnet.

Zu der in der Regel a priori nicht bekannten (exakten) Lösung wird
eine numerische Näherung gesucht. Diese soll zunächst nicht als Funktion auf dem gesamten Intervall I, sondern nur als Wertetabelle in
diskret verteilten Punkten von I bestimmt werden. In der hier entwickelten Theorie wird angenommen, daß die Punkte <u>äquidistant</u> ver-
teilt sind. Dazu fixiert man eine <u>Schrittweite</u> $h \in (0,\delta)$ und definiert die Punkte

$$x_j(h) := x_j := j \cdot h \qquad\qquad (0 \le j \le N(h)) \qquad\qquad (6.1)$$

mit der von h abhängigen natürlichen Zahl

$$N(h) := \left[\frac{\delta}{h}\right] \ ,$$

d.h. es gelte $x_{N(h)} \in I$, $x_{N(h)}+h \notin I$. Gesucht sind dann Vektoren
$u_o,\dots,u_{N(h)} \in \mathbb{B}$, die als Näherungen der durch die exakte Lösung
$y(x)$ definierten Vektoren $y(x_o),\dots,y(x_{N(h)})$ anzusehen sind. Trivialerweise wird man

$$u_o = y(0) = y^o \qquad\qquad\qquad (6.2)$$

setzen, um den in $\mathfrak{A}$ auftretenden Anfangswert y^o zu berücksichtigen,
sofern nicht Rundungsfehler (etwa bei Eingabe in eine Rechenanlage)
bereits zu einem Wert $u_o = y^o+\sigma$ mit einem "kleinen" Fehler σ führen.

Will man nun rekursiv fortschreitend zuerst u_1 aus u_o, dann u_2 aus u_1
usw. berechnen, so hat man die Differentialgleichung $y' = f(x,y)$ in
$\mathfrak{A}$ durch ein diskretes Analogon zu ersetzen. Dies kann am einfachsten
durch die Gleichung

$$\frac{u_{j+1} - u_j}{h} = f(x_j,u_j) \qquad\qquad (0 \le j \le N(h) - 1) \qquad\qquad (6.3)$$

geschehen, indem man die Ableitung durch den ersten Differenzenquotienten ersetzt und f an der Stelle (x_j,u_j) auswertet. Die Gleichung (6.3) liefert dann die schon auf EULER zurückgehende Rekursionsformel

$$u_{j+1} = u_j + h \cdot f(x_j,u_j) \qquad (0 \leq j < N(h)) \ , \qquad (6.4)$$

die auch für einen Existenzbeweis verwendet werden kann.

Das Vorgehen beim Verfahren (6.4) illustriert das in Abb. 6.1 gezeigte Richtungsfeld. Es wird im Punkte $(j \cdot h, u_j)$ jeweils eine Strecke mit der Steigung $f(j \cdot h, u_j)$ angeheftet. Somit ergibt sich ein Polygonzug als Näherungslösung.

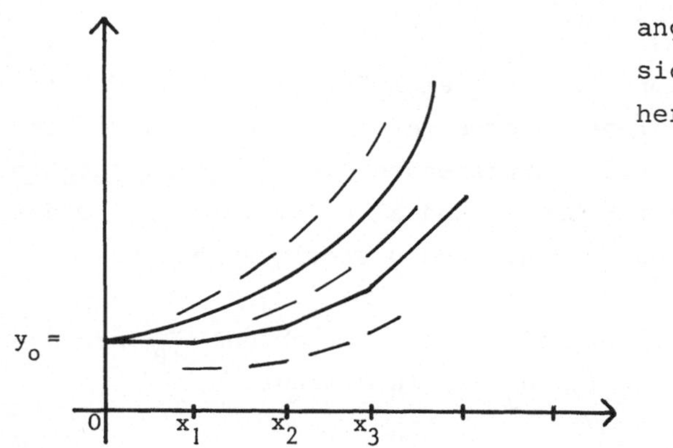

Abb. 6.1

Im folgenden dient dieses "EULERsche Polygonverfahren" als Modell für eine allgemeine Darstellung der Theorie von Verfahren zur Lösung von Anfangswertaufgaben; es wird untersucht, unter welchen Bedingungen und in welchem Sinne Verfahren allgemeiner Form konvergieren. Eine Vielzahl möglicher anderer Verfahren enthalten dann die Paragraphen 7 bis 9; deren Konvergenzbeweise ordnen sich der hier entwickelten Theorie unter. Die Axiomatik wird dabei so formuliert, daß eine Übertragung auf Anfangswertaufgaben bei partiellen Differentialgleichungen keine großen Probleme aufwirft (vgl. Bemerkung 6.4).

2. Allgemeine Theorie der Einschrittverfahren

Durch Verallgemeinerung der Beziehung (6.4) zu Gleichungen der Gestalt

$$\mathcal{E}_H : u_{j+1}(h) = C(f,h,j \cdot h) u_j(h) \qquad (0 \leq j < N(h)) \qquad (6.5)$$
$$h \in H := (0,h_0]$$

erhält man sogenannte <u>Einschrittverfahren</u>, welche im Gegensatz zu den
später zu behandelnden <u>Mehrschrittverfahren</u> formal nur den zuletzt
berechneten Vektor $u_j(h)$ zur Berechnung von $u_{j+1}(h)$ heranziehen; durch
Übergang zu Systemen (vgl. § 9) lassen sich allerdings die Mehrschrittverfahren auf Einschrittverfahren des Typs $\mathcal{L}_H$ reduzieren. Um diesen
Übergang möglichst einfach vollziehen zu können, wird schon hier beim
Anfangswertproblem eine Abhängigkeit der Funktion f von h angenommen:

$$\mathcal{A}_H: \quad y_h'(x) = f(h,x,y_h(x)) \qquad (x \in I, \ h \in (0,h_o] =: H)$$

$$(6.6)$$

$$y_h(0) = y^o(h) \in \mathbb{B} \qquad (h \in H) \ .$$

Ferner habe f die LIPSCHITZkonstante L <u>gleichmäßig</u> für $(h,x) \in H \times I$
und f sei stetig auf einer offenen Obermenge von $H \times G$. Entsprechendes verlangt man von dem in (6.5) auftretenden "<u>Verschiebungsoperator</u>"
$C(f,h,x)$; es sollte für alle $f \in \text{Lip}(G)$ und alle $(h,x,u) \in H \times G$ der
Wert $C(f,h,x)u$ in $\mathbb{B}$ liegen und von h,x und u stetig abhängen.

Die Durchführbarkeit des in (6.5) definierten Verfahrens $\mathcal{L}_H$ ist dann
so weit gesichert, wie der Wert $(jh,u_j(h))$ in G liegt.

Im folgenden wird häufig $y(x)$ statt $y_h(x)$ und $f(x,y(x))$ statt
$f(h,x,y_h(x))$ geschrieben, wo die Abhängigkeit von h nicht entscheidend ist.

Bevor weitere Eigenschaften von Einschrittverfahren bzw. des Verschiebungsoperators abgeleitet bzw. postuliert werden, soll überlegt
werden, in welchem Sinne der Begriff "Konvergenz" zu verstehen ist
und welche Bedingungen zur Erzielung von Konvergenz erfüllt sein müssen.

Zunächst sollte der <u>Startwert</u> $u_o = u_o(h)$ etwas mit dem Anfangswert
$y_h(0)$ der Differentialgleichung zu tun haben:

<u>Definition 6.1.</u>
Die Startwerte $u_o = u_o(h)$ des Einschrittverfahrens $\mathcal{L}_H$ heißen <u>kon-</u>
<u>sistent</u> zum Anfangswert $y_h(0)$ des Anfangswertproblems $\mathcal{A}_H$, wenn

$$\kappa_o(h) := |u_o(h) - y_h(0)| \to 0 \qquad \text{für } h \to 0 \qquad (6.7)$$

gilt; im Falle $\kappa_o(h) = O(h^p)$ spricht man von <u>Konsistenz der Ordnung p</u>. ▲

Für den Fall der Einschrittverfahren ist in der Regel $u_o=y(O)=y_h(O)$ zu setzen; falls aber Eingangsrundungen bei Rechenanlagen die Startwerte verfälschen, ist (6.7) auch hier eine sinnvolle Forderung, da sich die Genauigkeit der Startwerte mit sinkender Schrittweite erhöhen sollte.

Bei der Festlegung des <u>Konvergenzbegriffs</u> ist Vorsicht geboten. Wenn man nämlich die Lösung y an einer festen Stelle $x \in I = [O,\delta]$ durch einen Wert $u_N(h)$ annähern möchte, muß man $h = \frac{x}{N}$ setzen; bei Variation von h ändert sich dann aber auch $N = \tilde{N}(h) = \frac{x}{h}$ und im Grenzfall sind für das Einschrittverfahren "unendlich viele" Schritte mit "unendlich kleiner" Schrittweite auszuführen, d.h. es liegt gewissermaßen ein einfacher, aber gekoppelter Grenzprozeß $h \to O$, $\tilde{N}(h) \to \infty$ mit $h \cdot \tilde{N}(h) = x = $ const. vor. Auch wenn im folgenden häufig N statt $\tilde{N}(h)$ geschrieben wird, hat man sich dies stets vor Augen zu halten.

Bei der Konvergenzdefinition wird man also $x = h \cdot N$ fixieren und den Näherungswert

$$u_N(h) = C(f,h,(N-1) \cdot h) \ldots C(f,h,h) C(f,h,O)\, u_o(h)$$

(6.8)

$$=: \ell_o^N(f,h) u_o(h)$$

mit dem Wert $y_h(Nh)$ der durch $y_h(O)$ festgelegten Lösung der Differentialgleichung vergleichen. Dabei wird $\ell_o^N = \ell_o^N(f,h)$ als <u>iterierter Verschiebungsoperator</u> bezeichnet; die Abhängigkeit von f und h wird im folgenden der Übersichtlichkeit halber nicht immer explizit angegeben.

<u>Definition 6.2.</u>
Das Einschrittverfahren ℓ_H heißt <u>konvergent</u> gegen die Lösung y_h des Anfangswertproblems α_H, wenn der <u>maximale (globale) Diskretisierungsfehler</u>

$$\varepsilon(h) := \max_{O \leq Nh \leq \delta} | \ell_o^N(f,h) u_o(h) - y_h(Nh) | \tag{6.9}$$

für h → O gegen Null konvergiert. Analog definiert man Konvergenz der Ordnung p durch $\varepsilon(h) = O(h^p)$ für h → O. Sollte für ein Wertepaar (h,N) mit $O \leq Nh \leq \delta$ der Wert $\ell_o^N(f,h)u_o(h)$ nicht existieren, so wird $\varepsilon(h) = \infty$ gesetzt. ▲

Wenn das Einschrittverfahren (6.5) in I konvergent sein soll, müßte es in jedem Punkt des Intervalls bei hinreichend kleiner Schrittweite näherungsweise der Wirkung der Differentialgleichung entsprechen. Die Verschiebung y(x) → y(x+h) eines Wertes y(x) der exakten Lösung in x ∈ I längs der durch diesen Punkt gehenden Lösung der Differentialgleichung bis zum Punkt x+h muß einem Schritt des Verfahrens (6.5), d.h. der Anwendung des Verschiebungs- operators C(f,h,x) vergleich- bar sein.

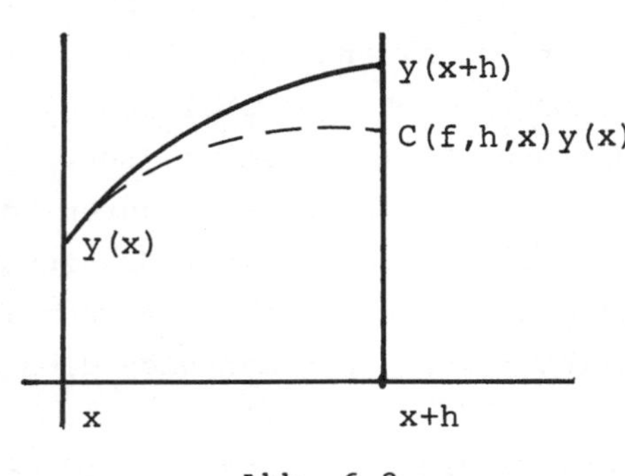

Abb. 6.2

Dies führt zu

<u>Definition 6.3.</u>
Die Funktion

$$r[f,h](x,y_h(x)) := \frac{1}{h}(C(f,h,x)y_h(x) - y_h(x+h)) \qquad (x \in I) \qquad (6.10)$$

heißt <u>lokaler Verfahrensfehler</u> des Einschrittverfahrens ℓ_H bezüglich des Anfangswertproblems α_H. Strebt die Funktion

$$\kappa(h) := \max_{x \in I} |r[f,h](x,y_h(x))| \qquad (h \in H) \qquad (6.11)$$

für h → O gegen Null, so heißt ℓ_H <u>konsistent</u> mit α_H, hat $\kappa(h)$ das Verhalten $O(h^p)$ für h → O, so hat ℓ_H bezüglich α_H die <u>Konsistenz-ordnung</u> p. ▲

<u>Bemerkung 6.1.</u>
Verwendet man das EULERsche Polygonverfahren (6.4) mit der dortigen Funktion f zur Lösung von $v'(x) = g(x,v(x))$, so würde bei fehlendem Faktor $\frac{1}{h}$ in (6.10) trotz $f \neq g$ die Konsistenz zu dem neuen Anfangs-wertproblem folgen, da

$$C(f,h,x)v(x) - v(x+h) =$$

$$= v(x) + hf(x,v(x)) - v(x) - hv'(x) + O(h^2)$$

$$= hf(x,v(x)) - hg(x,v(x)) + O(h^2) \tag{6.12}$$

$$= O(h)$$

gilt. Bei Berücksichtigung des Faktors $\frac{1}{h}$ ist aber $f(t,w) = g(t,w)$ für die Konsistenz notwendig. Aus (6.12) folgt sofort die Konsistenzordnung 1 für das EULERsche Polygonzugverfahren, wenn f in $G \subset \bar{G} \subset G_o$ einmal stetig differenzierbar ist. *

Aus der Konsistenzdefinition ist ersichtlich, daß sich ein zu α_H konsistentes Einschrittverfahren $\mathcal{C}_H$ für kleine h beim Start in $y_h(x)$ nicht zu weit von der exakten Lösung $y_h(x+h)$ entfernt. Es bleibt allerdings offen, ob diese lokale Beobachtung auch global zutrifft, d.h. ob die Akkumulation des lokalen Verfahrensfehlers von Schritt zu Schritt nicht nach vielen Schritten aus G herausführt. Dies bedeutet, daß ein zu Beginn gemachter kleiner Fehler nicht durch Anwendung des iterierten Verschiebungsoperators unkontrolliert vervielfacht werden darf. Vielmehr sollte ein Fehler $u_m(h) - v_m(h)$ nach dem m-ten Schritt nicht wesentlich vergrößert werden, etwa höchstens gemäß

$$|u_N(h) - v_N(h)|$$

$$= |\mathcal{C}_m^N(f,h)u_m(h) - \mathcal{C}_m^N(f,h)v_m(h)|$$

$$\leq L_\mathcal{C} \cdot |u_m(h) - v_m(h)| \, .$$

Dies motiviert die

Definition 6.4.

Das Einschrittverfahren $\mathcal{C}_H$ heißt __stabil__, wenn der iterierte Verschiebungsoperator (6.8) gleichmäßig LIPSCHITZstetig ist. Dies besagt, daß ein $L_\mathcal{C} > 0$ existiert, so daß für alle $h \in (0,h_o]$ und alle m,n mit $0 \leq mh \leq nh \leq \delta$ die iterierten Verschiebungsoperatoren die LIPSCHITZkonstante $L_\mathcal{C}$ haben, d.h. daß

$$| \mathcal{C}_m^n(f,h)v - \mathcal{C}_m^n(f,h)w | \leq L_{\mathcal{C}} |v-w| \qquad (6.13)$$

für alle (mh,v) und $(mh,w) \in G$ gilt. ▲

Diese Definitionen reichen für einen Konvergenzbeweis aus:

<u>Satz 6.1.</u>
Es seien ein Anfangswertproblem $\mathcal{O}_H$ und ein Einschrittverfahren $\mathcal{C}_H$ gegeben. <u>Dann folgt Konvergenz aus Stabilität und Konsistenz</u>, d.h.

a) ist $\mathcal{C}_H$ stabil und konsistent mit $\mathcal{O}_H$ und sind die Anfangswerte konsistent, so konvergiert $\mathcal{C}_H$;

b) ist $\mathcal{C}_H$ stabil und hat man Konsistenz der Ordnung p für $\mathcal{C}_H$ und die Anfangswerte, so hat $\mathcal{C}_H$ die Konvergenzordnung p.

<u>Beweis:</u>
Zunächst setzt man $x_j := jh$, $y_j := y(x_j)$ und nimmt an, das Verfahren $\mathcal{C}_H$ sei bis zum Index N ausführbar. Unter Fortlassung überflüssiger Argumente läßt sich dann der Diskretisierungsfehler abschätzen durch

$$|\varepsilon_1| = |u_1-y_1| = |u_1-C(x_o)y_o+C(x_o)y_o-y_1|$$

$$\leq |C(x_o)u_o-C(x_o)y_o| + |C(x_o)y_o-y_1|$$

$$\leq L_{\mathcal{C}} \cdot |u_o-y_o| + h \cdot |r(x_o,y_o)|$$

$$\leq L_{\mathcal{C}} (\kappa_o(h)+h\cdot\kappa(h)) \ , \ \text{wenn } L_{\mathcal{C}} \geq 1 \text{ vorausgesetzt wird.}$$

Für den Fehler in $x_2 = 2h$ erhält man durch Einschub von $C(x_1)y_1$ und $C(x_1) C(x_o)y_o$ und Anwenden der Dreiecksungleichung entsprechend

$$|\varepsilon_2| = |u_2 - y_2|$$

$$= |u_2 - C(x_1)C(x_0)y_0 + C(x_1)C(x_0)y_0 - C(x_1)y_1 + C(x_1)y_1 - y_2|$$

$$\leq |\mathfrak{C}_0^2 u_0 - \mathfrak{C}_0^2 y_0| + |C(x_1)C(x_0)y_0 - C(x_1)y_1| + |C(x_1)y_1 - y_2|$$

$$(6.14)$$

$$\leq L_\ell \cdot \kappa_0(h) + \quad L_\ell \cdot h \, |r(x_0,y_0)| \quad + h \cdot |r(x_1,y_1)|$$

$$\leq L_\ell (\kappa_0(h) + 2 \cdot h \cdot \kappa(h)) \ .$$

Das weitere Vorgehen ist jetzt klar. Man hat die Terme
$\mathfrak{C}_j^N y_j = \mathfrak{C}_{j+1}^N \mathfrak{C}_j^{j+1} y_j$ für $j = 0,\ldots,N-1$ einzuschieben, um $|\varepsilon_N|$ abzuschätzen:

$$|\varepsilon_N| \leq |u_N - \mathfrak{C}_0^N y_0| + |\mathfrak{C}_1^N \mathfrak{C}_0^1 y_0 - \mathfrak{C}_1^N y_1| + \ldots + |\mathfrak{C}_{N-1}^N y_{N-1} - y_N|$$

$$\leq L_\ell \cdot \kappa_0(h) + N \cdot L_\ell \cdot h \cdot \kappa(h) \tag{6.15}$$

$$\leq L_\ell (\kappa_0(h) + \delta \cdot \kappa(h))$$

da $N \cdot h \leq \delta$ gelten muß.

Diese Abschätzung gilt gleichmäßig für alle N, soweit das Verfahren
überhaupt ausführbar ist; da bei Konsistenz der Anfangswerte und des
Verfahrens die Funktionen $\kappa_0(h)$ und $\kappa(h)$ gegen Null streben (im Fall
b wie $O(h^p)$), wird der Diskretisierungsfehler mit h beliebig klein.
Da dann mit Sicherheit $(Nh,u_N(h))$ in G liegt und somit $u_{N+1}(h)$ definiert ist, kann das Verfahren nur für $Nh > \delta$ abbrechen.

Also ist für hinreichend kleine h das Verfahren ℓ_H in I ausführbar
und es gilt

$$\varepsilon(h) \leq L_\ell (\kappa_0(h) + \delta \, \kappa(h)) \ , \tag{6.16}$$

woraus die Behauptungen des Satzes folgen. ∎

310

<u>Bemerkung 6.2.</u>
Die hier gegebenen Definitionen für Konsistenz, Stabilität und Konvergenz lassen sich variieren, ohne die Beweistechnik des Konvergenzsatzes wesentlich zu ändern. Beispielsweise brauchte man statt <u>gleich-</u>
<u>mäßiger</u> Konvergenz der Verfahrensfunktionen gegen Null in der Kon-
sistenzdefinition nur die Konvergenz gegen Null in der L_1-Norm auf
$[0,\delta]$ zu verlangen. *

3. Ein allgemeines Stabilitätskriterium

Für das EULERsche Polygonverfahren (6.4) gilt

$$C(f,h,x)u = u + hf(x,u) \qquad (x,u \in G) \; ,$$

d.h. C ist eine Störung der Identität durch eine mit h multiplizierte
LIPSCHITZstetige Abbildung. Da diese Struktur typisch ist für Einschrittverfahren, soll ein entsprechendes Stabilitätskriterium angegeben werden:

<u>Satz 6.2.</u>
Es seien $D(h)$, $\phi(h,x)$ bzw. $\psi(h,x)$ stetige Abbildungen, die für jedes
$(h,x) \in H \times I$ definiert sind und bei festem (h,x) die $u \in \mathbb{B}$ mit
$(x,u) \in G$ in $\mathbb{B}$ abbilden mit den LIPSCHITZkonstanten L_D, L_ϕ bzw. L_ψ
bezüglich der Variablen u. Ferner sei eine Abbildung $C(h,x)$ mit

$$C(h,x) = D(h) + h\phi(h,x) + h\psi(h,x)C(h,x) \tag{6.17}$$

und demselben Definitionsbereich wie oben gegeben. Ist schließlich
das Verfahren

$$u_{j+1}(h) = D(h)u_j(h)$$

stabil, so ist für $h \in (0,h_1]$ mit geeignet gewähltem $h_1 \leq h_0$ das
durch $C(h,x)$ gegebene Einschrittverfahren $\mathscr{C}_H$ stabil.

<u>Bemerkung 6.3.</u>
Unter geeigneten Zusatzvoraussetzungen läßt sich die Existenz von
$C(h,x)$ mit (6.17) für kleine h erschließen. *

<u>Beweis:</u>

Zunächst verifiziert man formal per Induktion, daß

$$\mathcal{C}_m^{\,n}(h) = D^{n-m}(h) +$$

$$+ h \sum_{j=m}^{n-1} D^{n-1-j}(h)[\phi(h,jh) + \psi(h,jh)C(h,jh)]\,\mathcal{C}_m^{\,j}(h) \tag{6.18}$$

für $n > m$ gilt. Die LIPSCHITZkonstante $L_{m,n}$ dieser Abbildung ergibt sich ebenfalls induktiv, denn aus (6.17) folgt zunächst

$$L_{m,m+1} \leq L_D + h\,L_\phi + h\,L_\psi L_{m,m+1} \; ,$$

d.h.

$$L_{m,m+1} \leq \frac{L_D + h\,L_\phi}{1 - h\,L_\psi} =: L_C(h) \leq 2L_D + 1$$

für $0 < h \leq h_1$ mit $h_1 := \min(h_o,\, \frac{1}{2L\phi},\, \frac{1}{2L\psi})$ und mit den LIPSCHITZkonstanten von D^k (wegen der Stabilität gleichmäßig in k), ϕ und ψ. Aus (6.18) folgt dann

$$L_{m,n} \leq L_D + h \sum_{j=m}^{n-1} L_D(L_\psi L_C(h) + L_\phi)L_{m,j}$$

und mit $L_\psi L_C(h) + L_\phi \leq L_\psi(2L_D+1) + L_\phi =: L$ sowie der Induktionsannahme

$$L_{m,j} \leq L_\mathcal{C}\;,\quad L_C(h) \leq L_\mathcal{C}\;,\quad 2L_D \leq L_\mathcal{C} \qquad (m+1 \leq j \leq n-1)$$

ergibt sich

$$L_{m,n} \leq L_D + h(n-m)L_D\,L\,L_\mathcal{C}$$

$$\leq L_D + \delta L_D\,L\,L_\mathcal{C} \leq L_\mathcal{C}\;,\qquad \text{sofern } \delta \leq \frac{1}{2L_D\,L}$$

gewählt wird. Damit ist die Behauptung für hinreichend kleine Intervalle $I = [0,\delta_o]$ bewiesen. Im allgemeinen Fall zerlege man $I = [0,\delta]$

in K Intervalle einer Länge $< \delta_0$; da die obigen LIPSCHITZkonstanten
<u>gleichmäßig</u> in Intervallen der Länge δ_0 gelten, ist $L_{\mathcal{C}}^{K}$ eine in
$I = [0,\delta]$ gültige LIPSCHITZkonstante für die iterierten Differenzenoperatoren $\mathcal{C}_m^n(h)$. ∎

4. Einfluß von Rundungsfehlern

Nach Band I, Kap. I ist bei allen arithmetischen Gleitkommaoperatio-
nen ein zur Maschinengenauigkeit proportionaler relativer Fehler $\rho(h)$
zu erwarten. Statt des Verfahrens (6.5) läuft also ein Verfahren

$$\tilde{u}_{j+1}(h) = \tilde{\mathcal{C}}(h,jh)\tilde{u}_j(h) \qquad (j \geq 0)$$

mit

$$|\tilde{\mathcal{C}}(h,x)u - C(h,x)u| \leq \rho(h)\,|C(h,x)u| \tag{6.19}$$

ab.

Den rundungsfehlerbehafteten globalen Diskretisierungsfehler

$$\tilde{\varepsilon}(h) := \max_{0 \leq N \cdot h \leq \delta} |\tilde{u}_N(h) - y_h(h \cdot N)| \tag{6.20}$$

kann man dann abschätzen durch

$$|\tilde{u}_N(h) - y_h(h \cdot N)|$$

$$\leq |\tilde{u}_N - \sum_{j=0}^{N-1} \mathcal{C}_j^N \tilde{u}_j + \sum_{j=0}^{N-1} \mathcal{C}_j^N \tilde{u}_j - y_N|$$

$$\leq \sum_{j=0}^{N-1} |\mathcal{C}_{j+1}^N \tilde{\mathcal{C}}\, \tilde{u}_j - \mathcal{C}_{j+1}^N C\, \tilde{u}_j| \tag{6.21}$$

$$+ |\mathcal{C}_0^N \tilde{u}_0 - \mathcal{C}_0^N u_0| + |\mathcal{C}_0^N u_0 - y_N|$$

$$\leq \rho(h) \cdot L_{\mathcal{C}} \cdot \sum_{j=1}^{N} |\tilde{u}_j| + L_{\mathcal{C}} |\tilde{u}_0 - u_0| + \varepsilon(h)$$

unter Fortlassung überflüssiger Argumente und Indizes; es folgt
schließlich im Falle $\rho(h) = O(h)$ die Abschätzung

$$\tilde{\varepsilon}(h)(1-\rho(h))L\frac{\delta}{h} \le L_\ell\,|\tilde{u}_O(h)-u_O(h)| + \varepsilon(h) +$$

$$\tag{6.22}$$

$$+\,\rho(h)L_\ell \cdot \frac{\delta}{h}\max_{O \le x \le \delta}|y(x)|\,,$$

indem man $|\tilde{u}_j| \le |\tilde{u}_j - y_j| + |y_j|$ in (6.21) einsetzt und zum Maximum
übergeht. Aus (6.22) ist abzulesen, daß die Konsistenz der gestörten
Anfangswerte $\tilde{u}_O(h)$ und die Steigerung der Rechengenauigkeit gemäß
$\rho(h) = O(h)$ für Konvergenz hinreichend sind; will man Konvergenz der
Ordnung p erzielen, so muß neben der Konvergenz $\varepsilon(h) = O(h^p)$ für das
exakt ablaufende Verfahren auch

$$\rho(h) = O(h^{p+1}) \tag{6.23}$$

und

$$|\tilde{u}_O(h) - y_O(h)| = O(h^p)$$

für $h \to O$ verlangt werden, d.h. man muß die Maschinengenauigkeit mit
der Ordnung p+1 steigern. Da in der Praxis stets mit fester Maschinengenauigkeit gerechnet wird, bedeutet (6.22), daß allzu kleine Schritt-
weiten zu falschen Ergebnissen führen. Wegen $\tilde{\varepsilon}(h) = O(\frac{\rho(h)}{h})$ für kleine
h tritt dieser Effekt bei Verfahren beliebiger Ordnung auf; da man
aber bei hoher Ordnung eine vorgegebene Genauigkeit bereits bei <u>großer</u>
Schrittweite erzielen kann, ist häufig der Rundungsfehleranteil
$O(\frac{\rho(h)}{h})$ noch klein gegenüber dem Diskretisierungsfehler $\varepsilon(h) = O(h^p)$.

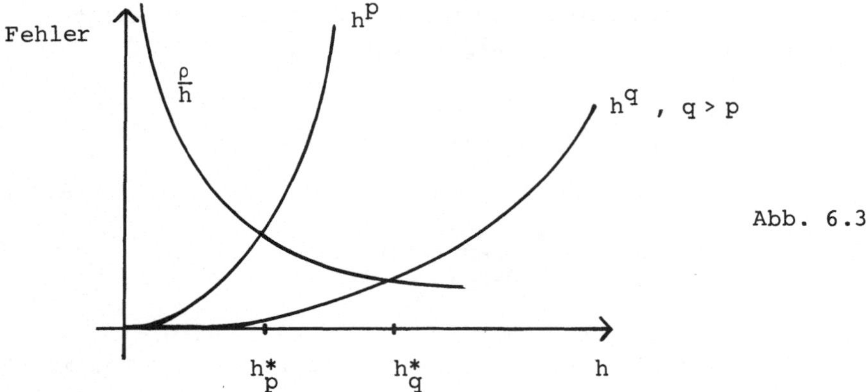

In Abb. 6.3 sind die numerisch optimalen Schrittweiten h^*_p bzw. h^*_q für Verfahren der Ordnung p bzw. q dargestellt; sie sind dadurch festgelegt, daß der Rundungsfehler gerade gleich dem globalen Diskretisierungsfehler ist.

<u>Bemerkung 6.4.</u>

Die in diesem Abschnitt dargestellten Grundlagen der Einschrittverfahren sind so allgemein gehalten, daß sie zur Lösung von Anfangswertaufgaben für Funktionaldifferentialgleichungen und von Anfangswert- und Anfangsrandwertaufgaben für lineare partielle Differentialgleichungen anwendbar sind. Im letzteren Falle hat man durch FOURIER-transformation zu einem parameterabhängigen Anfangswertproblem der hier betrachteten Form überzugehen; die dazu nötigen Hilfsmittel sind im wesentlichen in Kapitel II schon bereitgestellt worden. Eine ausführliche Darstellung dieser Anwendungsmöglichkeiten würde allerdings den Rahmen dieses Buches sprengen; es muß auf die zugehörige Spezialliteratur verwiesen werden. *

§ 7 Klassische Einschrittverfahren

In Verallgemeinerung des EULERschen Polygonverfahrens haben die klassischen Einschrittverfahren die Form

$$u_{j+1}(h) = u_j(h) + h \, \varphi[f,h](jh,u_j(h)) \qquad (j \geq 0) \qquad (7.1)$$

mit einer bezüglich $h \in (O, h_o] =: H$ gleichmäßig in G LIPSCHITZstetigen <u>Verfahrensfunktion</u> $\varphi[f,h] : G \to \mathbb{B}$. Somit liegt in der Bezeich-
nungsweise des Satzes 6.2 der Fall $D = E$, $\phi(f,h,x) := \varphi[f,h](x,\cdot)$
vor und es folgt

<u>Satz 7.1.</u>

Klassische Einschrittverfahren sind stabil. ∎

Der lokale Verfahrensfehler (6.10) hat für klassische Einschrittverfahren die einfache Gestalt

$$\frac{1}{h}(C(f,h,x)y(x) - y(x+h)) =$$

$$= \frac{1}{h}(y(x) + h\, \varphi[f,h](x,y(x)) - y(x+h))$$

$$= \varphi[f,h](x,y(x)) - \frac{y(x+h) - y(x)}{h} \tag{7.2}$$

$$= \varphi[f,h](x,y(x)) - \frac{1}{h} \int_{x}^{x+h} f(t,y(t))dt$$

$$= r[f,h](x,y(x))$$

und man kann die Konsistenzordnung durch Entwickeln der beiden Anteile
um $(x,y(x))$ und Koeffizientenvergleich bestimmen.

Verwendet man die Notation

$$D^k f := \frac{d^k}{dx^k} f(x,y(x)) \qquad (k \geq O) , \tag{7.3}$$

so gilt beispielsweise

$$\frac{1}{h} \int_{x}^{x+h} f(t,y(t))dt = D^O f + \frac{h}{2} D^1 f + \frac{h^2}{6} D^2 f + \mathcal{O}(h^2) \tag{7.4}$$

im Falle $f \in C^2(G)$. Diese Entwicklung braucht nur noch mit der der
Verfahrensfunktion verglichen zu werden. Im übrigen ist bei der obigen Schreibweise wieder die Abhängigkeit der Funktion f von h fallen-

gelassen worden, da sie hier überflüssig ist.

Beispiel 7.1.

Das EULERsche Polygonverfahren hat für $f \in C^1(G)$ die Konsistenzordnung 1, da durch $\varphi[f,h](x,y(x)) = f(x,y(x)) = D^0 f$ gerade der erste Term in (7.4) kompensiert wird. Bei Anfangswerten $u_0(h) = y(0) + O(h)$ hat man also nach Satz 6.1 <u>Konvergenz erster Ordnung</u>.

Beispiel 7.2.

Das <u>verbesserte EULERsche Polygonverfahren</u> hat die Form

$$u_{j+1}(h) = u_j(h) + hf(jh + \frac{h}{2},\ u_j(h) + \frac{h}{2} f(jh,u_j(h)));\qquad (7.5)$$

die Verfahrensfunktion

$$\varphi[f,h](x,u) = f(x + \frac{h}{2},\ u + \frac{h}{2} f(x,u))$$

ist gleichmäßig in $h \in (0,h_0]$ in $u \in G$ LIPSCHITZstetig, denn man hat

$$\|\varphi[f,h](x,u) - \varphi[f,h](x,v)\|$$

$$= \|f(x + \frac{h}{2},\ u + \frac{h}{2} f(x,u)) - f(x + \frac{h}{2},\ v + \frac{h}{2} f(x,v))\|$$

$$\leq L \cdot \|u + \frac{h}{2} f(x,u) - (v + \frac{h}{2} f(x,v))\|$$

$$\leq L(1 + \frac{h}{2} L)\ \|u-v\|$$

$$\leq L(1 + \frac{\delta}{2} L)\ \|u-v\|$$

für $u,v \in G$. Daher ist das Verfahren stabil. Die Konsistenzordnung ergibt sich für $f \in C^2(G)$ über (7.2)-(7.4) aus der Entwicklung

$$\varphi[f,h](x,y(x)) = f(x + \frac{h}{2}, \; y(x) + \frac{h}{2} f(x,y(x)))$$

$$= f + \frac{h}{2}(f_x + f_y f) + \frac{h^2}{8}(f_{xx} + 2f_{xy}f + f_{yy}f^2) + O(h^3)$$

$$= f + \frac{h}{2} Df + \frac{h^2}{8}(D^2 f - f_y \, Df) + O(h^3)$$

um $(x,y(x))$ als 2.

<u>Bemerkung 7.1.</u>

Ein konsistentes klassisches Einschrittverfahren hat wegen (7.2) stets die Eigenschaft

$$\lim_{h \to 0} \varphi[f,h](t,y(t)) = f(t,y(t)); \tag{7.6}$$

deshalb hat die LIPSCHITZkonstante von $\varphi[f,h](x,u)$ in der Variablen u meistens die Größenordnung $L + O(h)$, wenn L die LIPSCHITZkonstante von $f(t,y)$ in y ist. Dies ist beim obigen Beispiel deutlich zu sehen.*

Zur Konstruktion von Verfahren höherer Ordnung verallgemeinert man die in den Beispielen angegebenen Rekursionsformeln; mit gewissen reellen Zahlen μ_i, α_k, v_i^k bildet man sukzessive die ineinandergeschachtelten Größen

$$v_1 := hf(x_j, u_j)$$

$$v_2 := hf(x_j + \mu_2 h, \; u_j + v_2^1 v_1)$$

$$\vdots$$

$$v_i := hf(x_j + \mu_i h, \; u_j + \sum_{k=1}^{i-1} v_i^k v_k) \tag{7.7}$$

$$u_{j+1} := u_j + h\varphi[f,h](x_j, u_j) := u_j + \sum_{k=1}^{i} \alpha_k v_k$$

anstelle der Rekursionsformel (7.1). Die Gewichte μ_i, α_k, v_i^k kann man in einem Schema anordnen:

318

$$
\begin{array}{c|cccc}
\mu_2 & \nu_2^1 \\[4pt]
\mu_3 & \nu_3^1 & \nu_3^2 \\[4pt]
\vdots & \vdots & \vdots \\[4pt]
\mu_i & \nu_i^1 & \nu_i^2 & \cdots & \nu_i^{i-1} \\[4pt]
\hline
 & \alpha_1 & \alpha_2 & \cdots & \alpha_{i-1} & \alpha_i
\end{array}\quad .
\tag{7.8}
$$

Für die in den Beispielen 7.1 und 7.2 angegebenen Verfahren erhält
man die folgenden speziellen Schemata (vgl. auch GRIGORIEFF):

1) <u>EULERsches Polygonverfahren (p = 1)</u>

   Es gilt $i = 1$ und $\alpha_1 = 1$.

2) <u>Verbessertes EULERsches Polygonverfahren (p = 2)</u>

$$
\begin{array}{c|cc}
\tfrac{1}{2} & \tfrac{1}{2} \\[4pt]
\hline
 & 0 & 1
\end{array}\quad .
$$

Die Reihe läßt sich fortsetzen:

3) <u>EULER-CAUCHY-Verfahren (p = 2)</u>

$$
\begin{array}{c|cc}
1 & 1 \\[4pt]
\hline
 & \tfrac{1}{2} & \tfrac{1}{2}
\end{array}\quad .
$$

4) <u>Verfahren von HEUN (p = 3)</u>

$$
\begin{array}{c|ccc}
\tfrac{1}{3} & \tfrac{1}{3} \\[4pt]
\tfrac{2}{3} & 0 & \tfrac{2}{3} \\[4pt]
\hline
 & \tfrac{1}{4} & 0 & \tfrac{3}{4}
\end{array}\quad .
$$

5) <u>Verfahren von KUTTA (p = 3)</u>

$$
\begin{array}{c|ccc}
\frac{1}{2} & \frac{1}{2} & & \\[2mm]
1 & -1 & +2 & \\[2mm]
\hline
& \frac{1}{6} & \frac{4}{6} & \frac{1}{6}
\end{array}\;.
$$

6) <u>Klassisches Verfahren von RUNGE-KUTTA (p = 4)</u>

$$
\begin{array}{c|cccc}
\frac{1}{2} & \frac{1}{2} & & & \\[2mm]
\frac{1}{2} & 0 & \frac{1}{2} & & \\[2mm]
1 & 0 & 0 & 1 & \\[2mm]
\hline
& \frac{1}{6} & \frac{1}{3} & \frac{1}{3} & \frac{1}{6}
\end{array}\;.
\tag{7.9}
$$

7) <u>3/8-Formel (p = 4)</u>

$$
\begin{array}{c|cccc}
\frac{1}{3} & \frac{1}{3} & & & \\[2mm]
\frac{2}{3} & -\frac{1}{3} & 1 & & \\[2mm]
1 & 1 & -1 & 1 & \\[2mm]
\hline
& \frac{1}{8} & \frac{3}{8} & \frac{3}{8} & \frac{1}{8}
\end{array}\;.
$$

Die oben im Spezialfall des verallgemeinerten EULERschen Polygonverfahrens durchgeführten Entwicklungen des Verfahrensfehlers (7.2) sind
für die Formeln 4) bis 7) sehr aufwendig. Deshalb soll hier auf die
Literatur über numerische Behandlung von Anfangswertaufgaben verwiesen werden (GRIGORIEFF, van der HOUWEN, LAMBERT, STETTER).

Nach den vorangegangenen Formeln 1) bis 7) sieht es so aus, als könne
man durch weitere Erhöhung der Anzahl der Funktionsauswertungen die
Ordnung des Verfahrensfehlers im gleichen Maße in die Höhe treiben.

Diese Vermutung ist nach einer Arbeit von J.C. BUTCHER (Math. Comp. 19, 1965) falsch.

Die folgende Tabelle gibt Einschrittverfahren an, die mit i Funktionswerten arbeiten und die Ordnung $p^*(i)$ besitzen:

i	$p^*(i)$	Verfahren angegeben von
1	1	EULER
2	2	EULER (verbessert)
2	2	EULER-CAUCHY
3	3	HEUN
3	3	KUTTA
4	4	RUNGE-KUTTA
5	4	
6	5	LAWSON
7	6	BUTCHER, LAWSON, SHANKS
8	6	BUTCHER, HUTA
9	7	BUTCHER, SHANKS
$i \geq 10$	$\leq i-2$	Resultat von BUTCHER

Bemerkenswert ist auch die Tatsache, daß die hier explizit aufgeführten Verfahren bis zur Ordnung 4 für Einzeldifferentialgleichungen und Systeme von Differentialgleichungen gleichermaßen anwendbar sind. Dagegen kann es bei höheren Ordnungen sein, daß eine Formel nur für Einzeldifferentialgleichungen brauchbar ist. FEHLBERG (ZAMM 38-46, 1958-1966) und FILIPPI (IFIP Congr. 1965, EDV 1966) haben versucht, Verfahren vom RUNGE-KUTTA-Typ zu entwickeln, mit denen man die Ordnung beliebig hoch treiben kann. Nach diesen Untersuchungen kann man z.B. statt der direkten Anwendung einer Formel vom RUNGE-KUTTA-Typ auf das Anfangswertproblem $\mathcal{U}$ zunächst die Lösung $y(x)$ um den Anfangspunkt y^O herum entwickeln und die Formel auf das <u>Restglied</u> anwenden. Die Koeffizienten der Entwicklung

$$y(x) = y^O + \sum_{\nu=1}^{m} \frac{1}{\nu!} y^{(\nu)}(x_O)(x-x_O)^\nu + R_m(x) =: \bar{y}(x) + R_m(x)$$

ergeben sich gemäß $y'(x_O)=f(x_O,y^O)$, $y''(x_O)=f_x(x_O,y^O)+f_y(x_O,y^O)y'(x_O),\ldots$ aus der Differentialgleichung (2.1) und man erhält die neue Differentialgleichung

$$R_m'(x) = f(x,\overline{y}(x) + R_m(x)) - \overline{y}'(x) =: \tilde{f}(x,R_m(x)) \;,$$

da $\overline{y}$ bekannt ist. Dieses Prinzip liefert, schrittweise angewandt, einen Fehler der Ordnung m+4 bei Kombination mit dem RUNGE-KUTTA-Verfahren.

In der Praxis wird man wegen des Konvergenzsatzes 6.1 mit Formeln hoher Konsistenzordnung rechnen. Da aber der relative Fehlerzuwachs pro Schritt nach Bemerkung 7.1 die Größenordnung $h \cdot L \approx h \, \dfrac{\partial f(x,y)}{\partial y} =: h f_y$ hat, wird man bei allzu starkem Anwachsen von f_y die Schrittweite h verkleinern. Als praktische <u>Faustregel</u> hat sich für die <u>Schrittkenn-zahl</u>

$$S := |h \cdot f_y|$$

beim RUNGE-KUTTA-Verfahren ein Wert um O.1 bewährt. Es gilt nach (7.7), (7.8) und (7.9) näherungsweise

$$v_2 - v_3 = h[f(x_j + \tfrac{h}{2},\, u_j + \tfrac{1}{2} v_1) - f(x_j + \tfrac{h}{2},\, u_j + \tfrac{1}{2} v_2)]$$

$$\approx \tfrac{h}{2} f_y(x_j + \tfrac{h}{2}, u_j)(v_1 - v_2)$$

und man kann während der Rechnung die klassische Schrittkennzahl

$$S = |h f_y| \approx 2 \left| \frac{v_2 - v_3}{v_1 - v_2} \right|$$

kontrollieren und eventuell h variieren.

Ganz analoge Techniken sind für andere Formeln höherer Ordnung entwickelt worden; häufig werden auch durch zusätzliche Funktionsauswertungen spezielle Schrittweitensteuerungsformeln verwendet. Eine Zusammenstellung der neueren Ergebnisse und der Literatur findet man bei GRIGORIEFF.

§ 8 Spezielle Mehrschrittverfahren, Prädiktor-Korrektor-Methoden

Die Berechnung der Funktionswerte $f(x,y)$ bei der Lösung eines Anfangswertproblems $\mathfrak{U}$ erfordert in vielen Fällen einen erheblichen Rechenaufwand. Daher ist man an Verfahren interessiert, die möglichst viel
von der in den bereits berechneten Funktionswerten steckenden Infor-
mation verwerten. Gegenüber den in § 7 beschriebenen klassischen Einschrittverfahren, bei denen in der Regel für jeden Schritt mehrere
Funktionswerte von $f(x,y)$ neu zu berechnen sind, greift man bei den
sogenannten <u>Mehrschrittverfahren</u> im Laufe mehrerer aufeinanderfolgender Schritte auf <u>dieselben</u>, einmal berechneten Funktionswerte $f(x_j,u_j)$
zurück. Zur Berechnung von u_{j+1} zieht man also u_j, u_{j-1}, $\ldots$ und
$f(x_j,u_j)$, $f(x_{j-1},u_{j-1})$, $\ldots$ heran.

Zu einem allgemeinen Ansatz für Mehrschrittverfahren gelangt man durch
Übergang von $\mathfrak{U}$ zur VOLTERRA-Integralgleichung

$$y(x_{j+k}) = y(x_{j+k-q}) + \int_{x_{j+k-q}}^{x_{j+k}} f(t,y(t))\, dt \,,$$

$$(8.1)$$

$$(q \le k \le j+k \le N(h) = [\tfrac{\delta}{h}])$$

mit festen Zahlen $k \ge q > 0$, wobei als "Anfangswerte" die Vektoren
$y(x_0) = y^0$, $y(x_1),\ldots,y(x_{k-1})$ zusätzlich benötigt werden. Sie müssen
durch ein besonderes Startverfahren, z.B. mit Hilfe eines Einschrittverfahrens oder durch die Potenzreihenmethode ermittelt werden.

Ersetzt man das Integral durch eine Integrationsformel mit den $m+1$
äquidistanten Stützstellen $x_{j+m},\ldots,x_j$, so geht (8.1) in die Rekursionsformel

$$u_{j+k} = u_{j+k-q} + h \sum_{i=0}^{m} b_i\, f(x_{j+i},u_{j+i})$$

$$(8.2)$$

$$(q \le k \le j+k \le N(h) \,, \quad 0 \le m \le k)$$

über. Die Zurückführung dieser Formeln auf allgemeine Einschrittverfahren $\mathfrak{E}_H$ erfolgt im nächsten Paragraphen.

In der obigen Formel tritt der Wert u_{j+k} im Falle $m = k$ auf beiden Seiten der Gleichung auf. Dann hat man (8.2) durch Iteration zu lösen. Praktisch führt man aber bei Vorliegen einer Näherung u^*_{j+k} nur wenige Iterationsschritte mit (8.2) zur "Korrektur" von u^*_{j+k} aus. Daher wird (8.2) mit $m = k$ als <u>Korrektorformel</u> bezeichnet.

Gilt dagegen $m < k$, so kann man u_{j+k} aus (8.2) direkt berechnen; man spricht von einer <u>Prädiktorformel</u>. Häufig kombiniert man eine Prädiktor- und eine Korrektorformel, indem man ausgehend von $u_{j+k-1}, u_{j+k-2}, \ldots$ zunächst eine Näherung u^*_{j+k} für u_{j+k} durch die Prädiktorformel berechnet und anschließend mit den Werten $u^*_{j+k}, u_{j+k-1}, \ldots$ einige Iterationen mit der Korrektorformel ausführt. Solche Verfahren werden als <u>Prädiktor-Korrektor-Methoden</u> bezeichnet.

Als Vorteil der Mehrschrittverfahren ist hauptsächlich deren mit geringem Rechenaufwand erreichbare hohe Genauigkeit zu nennen; die Nachteile liegen darin, daß man

1) eine Anzahl von Anfangswerten für den Start des Verfahrens bereitstellen muß,

2) nicht so leicht wie bei Einschrittverfahren die Schrittweite variieren kann,

3) durch geschickte Auswahl der Formeln Instabilitäten vermeiden muß.

Klassische Verfahren der Form (8.2) sind die Formeln von

$$
\begin{array}{llll}
\text{ADAMS-BASHFORTH} & \text{(Prädiktor)} & \text{für } \ell=k-m=1,\ q = 1, & \\
\text{ADAMS-MOULTON} & \text{(Korrektor)} & \text{für } \ell=k-m=0,\ q = 1, & \\
\text{NYSTRÖM} & \text{(Prädiktor)} & \text{für } \ell=k-m=1,\ q = 2, & (8.3) \\
\text{MILNE-SIMPSON} & \text{(Korrektor)} & \text{für } \ell=k-m=0,\ q = 2, &
\end{array}
$$

wobei man häufig Formeln der ersten beiden oder der letzten beiden Arten zu Prädiktor-Korrektor-Methoden zusammenfaßt. Dabei kann man den Parameter k in jeder der verwendeten Formeln benutzen, um die Konvergenzordnung hochzutreiben.

Zur Herleitung der obigen Formeln ersetzt man das in (8.1) auftretende Integral durch eine Interpolationsquadraturformel. Da es bei der

Bestimmung der b_i in (8.2) auf den Index j nicht ankommt und die
Schrittweite h nur als Faktor vor der Summe auftritt, kann man $j = -m$
und $h = 1$, also $x_{j-i} = -i-m$ annehmen. Interpoliert man die Werte
$f^*(-i) := f(x_{-i}, u_{-i})$ für $i = 0, \ldots, -m$ durch ein Polynom $P \in \mathcal{P}_m$, so
gilt nach der NEWTONschen Interpolationsformel (Kap. I, § 3) die
Gleichung

$$P(t) = f_0 + (t-x_0)\Delta^1(x_0, x_1)f + \ldots + (t-x_0)\ldots(t-x_{1-m})\Delta^m(x_0, \ldots, x_{-m})f$$

$$= \sum_{i=0}^{m} \frac{t(t+1)\ldots(t+i-1)}{i!} (\nabla^i f^*)(0) \tag{8.4}$$

$$= \sum_{i=0}^{m} \binom{t+i-1}{i} (\nabla^i f^*)(0) \, ,$$

wenn man die "absteigenden" Differenzen

$$(\nabla^0 f^*)(0) = f^*(0) \, , \quad (\nabla f^*)(0) = f^*(0) - f^*(-1) \, ,$$

$$(\nabla^{i+1} f^*)(0) := (\nabla(\nabla^i f^*))(0)$$

verwendet. Mit $\ell = k-m$ folgt

$$\int_{x_{\ell-q}}^{x_\ell} f(t,y(t))dt \approx \int_{x_{\ell-q}}^{x_\ell} P(t)dt = \sum_{i=0}^{m} (\nabla^i f^*)(0) \int_{x_{\ell-q}}^{x_\ell} \binom{t+i-1}{i} dt \tag{8.5}$$

und man hat nur noch für verschiedene Werte von ℓ und q die Integrale

$$c_i(\ell,q) := c_i := \int_{\ell-q}^{\ell} \binom{t+i-1}{i} dt \qquad (0 \leq i \leq m)$$

zu berechnen. Dies geschieht mit

Hilfssatz 8.1.

Für alle $\ell, q \geq 0$ und alle $v \in \mathbf{C}$ mit $|v| < 1$ gilt

$$g(v) := g(v;\ell,q) := - \frac{1}{\log(1-v)}(1-v)^{-t}\Big|_{t=\ell-q}^{t=\ell} = \sum_{i=0}^{\infty} c_i(\ell,q)v^i, \quad (8.6)$$

d.h. die Zahlen $c_i(\ell,q)$ lassen sich durch Potenzreihenentwicklung von $g(v)$ berechnen.

<u>Beweis:</u>

Für alle $t \in \mathbb{R}$ ist

$$e^{-t\,\log(1-v)} = (1-v)^{-t} = \sum_{i=0}^{\infty} \binom{-t}{i}(-1)^i v^i = \sum_{i=0}^{\infty}\binom{t+i-1}{i}v^i \quad (8.7)$$

eine im Innern des Einheitskreises holomorphe Funktion von $v \in \mathbb{C}$, und deshalb ist bei festem t die obige Reihe gleichmäßig konvergent für alle v mit $|v| \leq R < 1$. Andererseits gilt zu festem $T > 0$ für jedes $t \in [-T,+T]$ und jedes v mit $|v| \leq R^* := \frac{1}{2(T+1)} < \frac{1}{2}$ die Abschätzung

$$\left|\frac{t+i-1}{i} \cdot v\right| \leq \frac{T+i-1}{2i(T+1)} \leq \frac{T+i}{2(T+i)} \leq \frac{1}{2} \quad (i \in \mathbb{N}),$$

und man kann damit den Term

$$\left|\binom{t+i-1}{i}v^i\right|$$

durch 2^{-i} abschätzen. Somit hat die Reihe (8.7) eine für alle $t \in [-T,+T]$ und alle v mit $|v| \leq R^*$ gleichmäßig konvergente Majorante; die gliedweise Integration bezüglich t ist daher erlaubt und es folgt die Behauptung. ∎

Zur Anwendung des Hilfssatzes hat man die in der Tabelle (8.3) angegebenen Werte für ℓ und q in (8.6) einzusetzen. Dadurch ergeben sich die folgenden Fälle für die Funktion $g(v)$:

$$\text{ADAMS-BASHFORTH} \qquad g(v;1,1) = \frac{-1}{\log(1-v)} \left(\frac{1}{1-v} - 1\right) = \frac{-v}{\log(1-v)} \cdot \frac{1}{1-v} \;,$$

$$\text{ADAMS-MOULTON} \qquad g(v;0,1) = \frac{-1}{\log(1-v)} \left(1-(1-v)\right) = \frac{-v}{\log(1-v)} \;,$$

$$\text{NYSTR\"OM} \qquad g(v;1,2) = \frac{-1}{\log(1-v)} \left(\frac{1}{1-v} - (1-v)\right) = \frac{-v}{\log(1-v)} \cdot \frac{2-v}{1-v} \;,$$

$$\text{MILNE-SIMPSON} \qquad g(v;0,2) = \frac{-1}{\log(1-v)} \left(1-(1-v)^2\right) = \frac{-v}{\log(1-v)} \cdot (2-v) \;.$$

Eine einfache Herleitung der Potenzreihenentwicklungen dieser Funktionen erhält man, indem man zuerst durch Integration der geometrischen Reihe zu

$$\frac{\log(1-v)}{-v} = \sum_{i=0}^{\infty} \frac{v^i}{i+1} = 1 + \frac{v}{2} + \frac{v^2}{3} + \frac{v^3}{4} + \dots$$

gelangt und dann die Koeffizienten $c_i := c_i^{AM} := c_i(0,1)$ der Potenzreihe

$$\sum_{i=0}^{\infty} c_i \, v^i = \frac{-v}{\log(1-v)} = g(v;0,1)$$

der Formeln vom ADAMS-MOULTON-Typ aus der Gleichung

$$1 = \left(\sum_{i=0}^{\infty} c_i \, v^i\right)\left(1 + \frac{v}{2} + \frac{v^2}{3} + \frac{v^3}{4} + \dots\right)$$

$$= c_0 + \left(c_1 + \frac{c_0}{2}\right)v + \left(c_2 + \frac{c_1}{2} + \frac{c_0}{3}\right)v^2 + \dots \tag{8.8}$$

durch Koeffizientenvergleich bestimmt. Es folgt daraus die Rekursionsformel

$$c_0 = 1 \;,$$

$$c_k = -\sum_{i=0}^{k-1} \frac{c_i}{k+1-i} \qquad (k \in \mathbb{N}) \;. \tag{8.9}$$

Man erhält für die ersten Werte folgende Tabelle:

i	0	1	2	3	4
c_i^{AM}	1	$-\dfrac{1}{2}$	$-\dfrac{1}{12}$	$-\dfrac{1}{24}$	$-\dfrac{19}{720}$

$$\text{(8.10)}$$

Wegen

$$g(v;0,2) = (2-v)\cdot g(v;0,1) = 2\cdot \sum_{i=0}^{\infty} c_i^{AM}\, v^i - \sum_{i=1}^{\infty} c_{i-1}^{AM}\, v^i$$

ergeben sich die Koeffizienten der MILNE-SIMPSON-Formel zu

$$c_i^{MS} := c_i(0,2) = 2c_i^{AM} - c_{i-1}^{AM} \qquad (c_{-1}^{AM} := 0) \ .$$

Da ferner

$$g(v;1,1)\cdot(1-v) = g(v;0,1)$$

gilt, erhält man für die Koeffizienten der ADAMS-BASHFORTH-Formeln $c_i^{AB} = c_i(1,1)$ durch Koeffizientenvergleich aus

$$\sum_{i=0}^{\infty} c_i^{AB}\, v^i - \sum_{i=1}^{\infty} c_{i-1}^{AB}\, v^i = \sum_{i=0}^{\infty} c_i^{AM}\, v^i$$

mit

$$c_0^{AB} = c_0^{AM} = 1$$

die Relation

$$c_i^{AB} = c_i^{AM} + c_{i-1}^{AB} \ .$$

Schließlich gilt

$$g(v;1,2) = g(v;0,1) + g(v;1,1) \quad ,$$

so daß sich die Koeffizienten $c_i^N := c_i(1,2)$ der NYSTRÖM-Formeln gemäß

$$c_i^N = c_i^{AM} + c_i^{AB}$$

berechnen lassen.

In einer Tabelle zusammengefaßt ergibt sich

i	0	1	2	3	4
ADAMS-BASHFORTH	1	$\frac{1}{2}$	$\frac{5}{12}$	$\frac{9}{24}$	$\frac{251}{720}$
ADAMS-MOULTON	1	$-\frac{1}{2}$	$-\frac{1}{12}$	$-\frac{1}{24}$	$-\frac{19}{720}$
NYSTRÖM	2	0	$\frac{1}{3}$	$\frac{1}{3}$	$\frac{29}{90}$
MILNE-SIMPSON	2	-2	$\frac{1}{3}$	0	$-\frac{1}{90}$

$$(8.11)$$

Die Verfahren schreiben sich gemäß (8.5) als

$$u_{j+k} = u_{j+k-q} + h \sum_{i=0}^{m} c_i(k-m,q)(\nabla^i f^*)(j+m) \ , \qquad (8.12)$$

wenn man wieder den Index j einführt. Bei jeder der Formeln hat man also zunächst eine Reihe von Differenzenquotienten zu bilden und anschließend mit den jeweiligen Gewichten zu versehen.

Wegen

$$\Delta^i(x_{j+m}, \ldots, x_{j+m-i}) \ f(t) = \frac{1}{i!h^i} \ (\nabla^i f^*)(j+m)$$

hat man durch $(\nabla^i f^*)(j+m)$ eine Näherung für den Ausdruck

$$h^i y^{(i+1)}(x_j) = h^i \left. \frac{d^i f(x,y(x))}{dx^i} \right|_{x=x_j} \approx h^i i! \Delta^i(x_{j+m}, \ldots, x_{j+m-i}) f(t,y(t))$$

und man kann die höheren Ableitungen der Lösung y näherungsweise kontrollieren.

Zur Vereinfachung der Schreibweise wird im folgenden die Gleichung
(8.12) in der Form

$$u_{j+k} = u_{j+k-q} + h\varphi[f,h](u_{j+m},\ldots,u_j) \tag{8.13}$$

geschrieben. Die Abhängigkeit von den Punkten $x_j,\ldots,x_{j+m}$ wird nicht
explizit deutlich gemacht.

Bei Vorliegen einer <u>Korrektorformel</u> gilt $m = k$ und man verwendet
(8.13) zur Iteration gemäß

$$u_{j+k}^{(\nu+1)} = u_{j+k-q} + h\varphi[f,h](u_{j+k}^{(\nu)}, u_{j+k-1},\ldots,u_j) \ , \quad \nu=0,1,\ldots . \tag{8.14}$$

Setzt man wie bei den klassischen Einschrittverfahren die LIPSCHITZ-
Stetigkeit von $\varphi[f,h]$ in den Argumenten $u_{j+k},\ldots,u_j$ für jedes
$f \in \text{Lip}(G)$ mit einer von den Argumenten $h, x_{j+k},\ldots,x_j$ unabhängigen
LIPSCHITZ-Konstanten L voraus, so folgt

$$\left| u_{j+k}^{(\nu+1)} - u_{j+k}^{(\nu)} \right|$$

$$= \left| h\left[\varphi[f,h](u_{j+k}^{(\nu)}, u_{j+k-1},\ldots,u_j) - \varphi[f,h](u_{j+k}^{(\nu-1)}, u_{j+k-1},\ldots,u_j) \right] \right|$$

$$\leq h \cdot L \cdot \left| u_{j+k}^{(\nu)} - u_{j+k}^{(\nu-1)} \right|$$

für alle $\nu \geq 1$. Wählt man h so klein, daß

$$h \cdot L < 1$$

gilt, so ist die Iteration gemäß (8.14) konvergent, solange die auftretenden Punkte in G liegen. Damit ist allerdings nichts über die
Güte der Näherung $u_{j+k}^{(\nu+1)}$ für $y(x_{j+k})$ gesagt; diese ist wie beim Einschrittverfahren durch den <u>Diskretisierungsfehler</u> $\varepsilon_j := u_j - y(x_j)$ gegeben, der seinerseits vom noch zu definierenden (lokalen) Verfahrensfehler abhängt. Im nächsten Paragraphen wird dann vom Verfahrensfehler

auf die Konsistenzordnung geschlossen; deshalb wird hier nur der Verfahrensfehler untersucht.

<u>Definition 8.1.</u>

In Anlehnung an (7.2) werde für ein Verfahren (8.13) durch

$$r[f,h](x,y(x)) := \varphi[f,h](y(x+mh),\ldots,y(x)) -$$

$$- \frac{y(x+kh)-y(x+(k-q)h)}{h} \tag{8.15}$$

der (lokale) <u>Verfahrensfehler</u> gegeben. Der Verfahrensfehler habe ferner die <u>Ordnung</u> $p \in \mathbb{N}$ bezüglich einer Funktionenklasse $\mathcal{F} \subset \mathrm{Lip}\ (G)$, wenn

$$r[f,h](x,y(x)) = O(h^p) \qquad \text{für } h \to 0$$

für jedes $f \in \mathcal{F}$ und gleichmäßig bezüglich $x \in I$ gilt. ▲

<u>Satz 8.1.</u>

Die durch Polynominterpolation der Werte $f(x_j,u_j),\ldots,f(x_{j+m},u_{j+m})$ gemäß (8.5) gewonnenen Verfahren der Form (8.12) haben einen Verfahrensfehler der Ordnung $m + 1$ für alle Funktionen $f \in C^{m+1}\ (\overline{G})$.

<u>Beweis:</u>

Bei festem $(x,y(x))$ sei $P_x \in \mathcal{R}_m$ das Interpolationspolynom zu den mit den Werten $y(x),\ldots,y(x+mh)$ der exakten Lösung der Differentialgleichung $y' = f(x,y)$ gebildeten Funktionswerten $f(x,y(x)),\ldots,f(x+hm,y(x+hm))$. Dann gilt

$$f(t,y(t)) = y'(t) = P_x(t) + R_x(t) \tag{8.16}$$

mit einem Restglied der Form

$$R_x(t) = \prod_{i=0}^{m} (t-x-ih)\,\Delta_s^{m+1}(x,\ldots,x+mh,t)\,f(s,y(s))$$

$$= \prod_{i=0}^{m} (t-x-ih)\cdot\frac{f^{(m+1)}(\xi,y(\xi))}{(m+1)!}\ , \qquad \xi \in [x,x+mh]\ , \tag{8.17}$$

(vgl. Satz I. 1.3) und für alle $f \in C_n^{m+1}(\bar{G})$ hat man

$$|R_x(t)| = O(h^{m+1})$$

gleichmäßig für alle $t \in [x,x+mh]$. Mit (8.15) und (8.16) folgt schließlich

$$|r[f,h](x,y(x))| = \left| \frac{y(x+kh)-y(x+(k-q)h)}{h} - \frac{1}{h} \int_x^{x+(k-q)h} P_x(t)\,dt \right|$$

$$= \left| \frac{1}{h} \int_x^{x+(k-q)h} R_x(t)\,dt \right| = O(h^{m+1}) \ .$$

Gemäß (8.17) kann man sogar

$$|r[f,h](x,y(x))| \leq c \cdot h^{m+1} \cdot |y^{(m+2)}(\xi)|$$

mit einem Punkt $\xi \in [x,x+mh]$ schreiben, wobei die Konstante c von f und h unabhängig wählbar ist. ∎

Nach der Berechnung der Ordnungen der Verfahrensfehler von Prädiktor- und Korrektorformeln (8.12) hat man nun noch das Fehlerverhalten von <u>Prädiktor-Korrektor-Verfahren</u> zu untersuchen. Dabei wird von folgendem Algorithmus ausgegangen:

<u>Start:</u> Man wähle eine Prädiktorformel

$$u_{j+k} = u_{j+k-q} + h\varphi_P[f,h](u_{j+m},\ldots,u_j) \ , \qquad (m<k, \ \ 0<q\leq k)$$

und eine Korrektorformel

$$u_{j+k*} = u_{j+k*-q*} + h\varphi_K[f,h](u_{j+k*},\ldots,u_j), \qquad (0<q*\leq k*) \ .$$

Die Verfahrensfunktionen φ_P und φ_K mögen für jedes $f \in$ Lip (G) eine gemeinsame LIPSCHITZ-Konstante L besitzen und die Schrittweite h sei so klein, daß $h \cdot L < 1$ gilt. Mit $M := \max(k,k*)-1$ berechne man Startwerte $u_M,\ldots,u_o$ in den Punkten $x_M,\ldots,x_o$, etwa durch Anwendung eines Einschrittverfahrens.

<u>Iterationsschritt:</u> Ausgehend von u_{j+k-1}, u_{j+k-2},... bestimmt man durch die Prädiktorformel

$$u_{j+k}^{(o)} := u_{j+k-q} + h\varphi_P[f,h](u_{j+m},...,u_j) \tag{8.18}$$

eine Näherung $u_{j+k}^{(o)}$ für u_{j+k} und iteriert anschließend ℓ-mal mit der Korrektorformel:

$$u_{j+k}^{(\nu)} := u_{j+k-q*} + h\varphi_K[f,h](u_{j+k}^{(\nu-1)},u_{j+k-1},...,u_{j+k-k*}) ,$$

$$\tag{8.19}$$

$$(1 \le \nu \le \ell) .$$

Dann setzt man $u_{j+k} := u_{j+k}^{(\ell)}$ und wiederholt den Iterationsschritt mit $j+1$ anstelle von j.

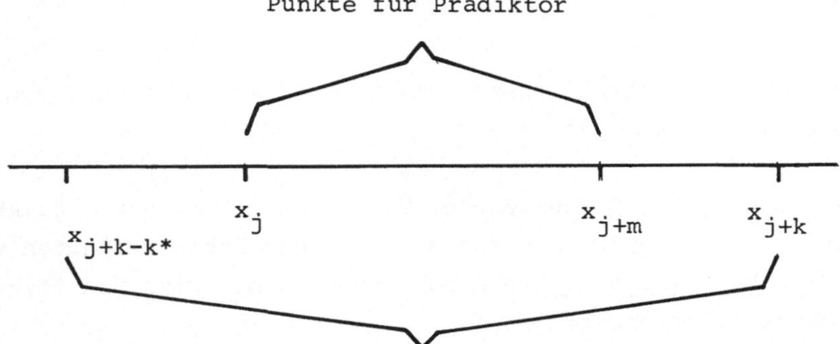

Schema der zur Berechnung von u_{j+k} verwendeteten Punkte.

<u>Definition 8.2.</u>
Durch

$$r_{PK}[f,h](x,y(x)) := \frac{y^{(\ell)}(x+kh) - y(x+kh)}{h} \tag{8.20}$$

wird der <u>(lokale) Verfahrensfehler</u> des obigen Prädiktor-Korrektor-Verfahrens definiert. Der Wert $y^{(\ell)}(x+kh)$ entstehe bei Durchführung des obigen Iterationsschrittes ausgehend von den Werten $y(x+(k-1)h),y(x+(k-2)h),...$.

Der Verfahrensfehler $r_{pK}[f,h]$ habe die <u>Ordnung</u> $p \in \mathbb{N}$ bezüglich $\mathcal{F} \subset \mathrm{Lip}\ (G)$, wenn für jedes $f \in \mathcal{F}$ die Beziehung

$$r_{pK}[f,h](x,y(x)) = O(h^p) \qquad \text{für } h \to 0$$

gleichmäßig bezüglich $x \in I$ gilt. ▲

<u>Bemerkung 8.1.</u>
Die Analogie zwischen (8.15) und (8.20) wird deutlich, wenn man (8.15) mit der (8.13) entsprechenden Gleichung

$$y^*(x+kh) := y(x+(k-q)h) + h\varphi_K[f,h](y(x+mh),\ldots,y(x)) \qquad (8.21)$$

umformt in

$$\underset{K}{r}[f,h](x,y(x)) = \frac{y^*(x+kh)-y(x+kh)}{h} \cdot \quad * \qquad (8.22)$$

<u>Satz 8.2.</u>
Das durch (8.18) und (8.19) gegebene Prädiktor-Korrektor-Verfahren hat die Ordnung

$$p = \min(k^*+1, \ell+m+1)\ ,$$

wenn die Verfahrensfehler von (8.18) bzw. (8.19) die Ordnung $m+1$ bzw. k^*+1 haben.

<u>Beweis:</u>
Nach (8.19), (8.21) und (8.22) folgt mit $r := k-k^*$ für alle $\nu \geq 1$ die Abschätzung

$$\frac{1}{h}\left|y(x+kh)-y^{(\nu)}(x+kh)\right| \leq \frac{1}{h}\left[\left|y(x+kh)-y^*(x+kh)\right| + \left|y^*(x+kh)-y^{(\nu)}(x+kh)\right|\right]$$

$$\leq \left|r_K\right| + \left|\varphi_K(y(x+kh),\ldots,y(x+rh))-\right.$$

$$\left. -\varphi_K(y^{(\nu-1)}(x+kh),y(x+(k-1)h),\ldots,y(x+rh))\right|$$

$$\leq \left|r_K\right| + h\cdot L\cdot\frac{1}{h}\left|y(x+kh)-y^{(\nu-1)}(x+kh)\right|$$

unter Fortlassung der Argumente $f,h,x,y(x)$, wobei r_K der Verfahrensfehler der Korrektorformel sei. Insgesamt hat man also nach ℓ Iterationen

$$|r_{PK}| \; := \; \frac{1}{h} \left| y(x+kh) - y^{(\ell)}(x+kh) \right|$$

$$\leq \; |r_K| \, (1+hL+\ldots+(hL)^{\ell-1}) + (hL)^\ell \, \frac{1}{h} \left| y(x+kh) - y^{(0)}(x+kh) \right| \quad (8.23)$$

$$\leq \; |r_K| \cdot \frac{1}{1-hL} + (hL)^\ell \, |r_P| \quad ,$$

wenn man die Darstellung der Form (8.22) für den Verfahrensfehler r_P
der Prädiktorformel benutzt. Mit Satz 8.1 läßt sich dann die Behauptung aus (8.23) ablesen. ∎

Bemerkung 8.2.
Um unnötigen Rechenaufwand zu vermeiden, wird man die Formeln (8.18)
und (8.19) so wählen, daß

$$k^*+1 \; = \; \ell+m+1$$

gilt. Diese Gleichung besagt, daß die Anzahl ℓ der Iterationen mit
der Korrektorformel gleich der Differenz der Ordnung k^*+1 des Verfahrensfehlers der Korrektorformel und der Ordnung $m+1$ des Verfahrensfehlers der Prädiktorformel sein soll. Im allgemeinen verwendet man
Prädiktorformeln mit $m=k^*-1$ und führt nur einen Iterationsschritt
mit der Korrektorformel aus, d.h. man verwendet Prädiktorformeln,
deren Verfahrensfehler eine um 1 kleinere Ordnung als die der Korrektorformeln besitzt. *

§ 9 Allgemeine lineare Mehrschrittverfahren

In den vorangegangenen Paragraphen wurde das Anfangswertproblem $\mathfrak{A}$
durch Ausdrücke der Form

$$\frac{u_{j+k} - u_{j+k-q}}{h} \; = \; \sum_{i=0}^{m} b_i \, f(x_{j+i}, u_{j+i}) \qquad (9.1)$$

diskretisiert, wobei der Differenzenquotient $\frac{1}{h}(u_{j+k} - u_{j+k-q})$ als
Näherung für die Ableitung $y'(x_{j+k})$ benutzt wurde. Nunmehr sollen
auch auf der linken Seite des Gleichheitszeichens in (9.1) mehr als
zwei Werte u_i zugelassen werden. Statt $u_{j+k} - u_{j+k-q}$ kann man allgemeiner eine Linearkombination von Termen $u_{j+k}, u_{j+k-1}, \ldots, u_j$ einsetzen.
Zur theoretischen Behandlung bildet man mit dem Verschiebungsoperator

$$Eu_j := u_{j+1}$$

und den Polynomen

$$\rho(t) := t^k + a_{k-1} t^{k-1} + \ldots + a_0 t^0 , \qquad a_i \in \mathbb{R}, \quad a_0 \neq 0, a_K := 1$$

$$\sigma(t) := b_m f^m + b_{m-1} f^{m-1} + \ldots + b_0 f^0 , \qquad\qquad b_i \in \mathbb{R}$$

$$(9.2)$$

die Differenzenoperatoren

$$\rho(E)u_j = E^k u_j + a_{k-1} E^{k-1} u_j + \ldots + a_0 u_j$$

$$= u_{j+k} + a_{k-1} u_{j+k-1} + \ldots + a_0 u_j$$

$$\sigma(E)v_j = b_m v_{j+m} + \ldots + b_0 v_j$$

und schreibt statt (9.1) allgemeiner

$$\frac{1}{h} \rho(E)u_j = \sigma(E)f(x_j, u_j) , \qquad h \in H := (0, h_0], \quad m \le k . \qquad (9.3)$$

Es sei wieder angenommen, daß die exakte Lösung im Intervall $[0, \delta]$
existiert und $x_j = h \cdot j$ für $j = 0, \ldots, N(h) := \left[\frac{\delta}{h}\right]$ gesetzt wird.

Folgender Algorithmus beschreibt die numerische Behandlung des Anfangswertproblems $\mathfrak{A}$ durch das allgemeine Mehrschrittverfahren (9.3):

336

<u>Start:</u> Man wähle eine hinreichend kleine Schrittweite $h \in H$, so daß

$$h \cdot L \, |b_k| \; < \; 1 \qquad \text{für } k = m \tag{9.4}$$

mit dem Koeffizient b_k aus (9.2) und der LIPSCHITZ-Konstanten L von f gilt. Dann berechne man (etwa durch ein Einschrittverfahren) die Startwerte $u_o, \dots, u_{k-1}$ für das Verfahren (9.3).

<u>Iteration:</u> Für die Indizes $j = 0,1,\dots$ löse man die Gleichung (9.3). Im Falle $m < k$ kann man direkt nach u_j auflösen (<u>explizite</u> Verfahren); für $m = k$ iteriert man gemäß

$$u_{j+k}^{(\nu+1)} = -a_{k-1} u_{j+k-1} - \dots - a_o u_j + h \, b_k \, f(x_{j+k}, u_{j+k}^{(\nu)}) + h \sum_{i=0}^{k-1} b_i f(x_{j+i}, u_{j+i})$$

$$\tag{9.5}$$

(<u>implizites</u> Verfahren), um die Lösung u_{j+k} von (9.3) zu bestimmen.

Auf Grund von (9.4) wird bei der Iteration von (9.5) ein Fixpunkt erreicht, solange man G nicht verläßt.

Die folgenden Überlegungen sind davon unabhängig, ob ein implizites oder ein explizites Verfahren vorliegt. Außerdem kann man wie im vorangegangenen Paragraphen statt (9.3) eine explizite und eine implizite Formel (9.3) zu einem <u>Prädiktor-Korrektor-Verfahren</u> kombinieren.

Da sich der in Satz 6.1 gegebene Konvergenzbeweis für die Einschrittverfahren leicht auf den Fall der speziellen Einschrittverfahren von § 7 anwenden ließ, erwartet man eine ähnlich einfache Anwendung auf die Mehrschrittverfahren (9.3). Diese Vermutung wird sich aber als unzutreffend erweisen.

<u>Beispiel 9.1.</u>
Für das Polynom

$$\rho(t) = t^2 - 3t + 2$$

gilt

$$- \frac{1}{h} \, \rho(E) y(x_j) \Big|_{j=0} = - \frac{1}{h} \Big[y(x_0 + 2h) - 3y(x_0 + h) + 2y(x_0) \Big]$$

$$= y'(x_0) + o(1) \ ,$$

und daher ist $\frac{1}{h} \, \rho(E) y(x_j) \Big|_{j=0}$ bis auf das Vorzeichen eine Näherung für die Ableitung $y'(x_0)$. Verwendet man irgendein geeignetes Polynom σ in (9.3), so ist das Verfahren

$$\frac{1}{h} \, \rho(E) u_j = \sigma(E) f(x_j, u_j)$$

eine Näherung für die Differentialgleichung $y'(x) = f(x, y(x))$. Daher ist zu erwarten, daß das Verfahren bei Vorliegen geeigneter Start-werte konvergent ist.

Für das einfache Anfangswertproblem

$$y'(x) = 0 \ , \quad y(0) = 0$$

mit der exakten Lösung $y(x) = 0$ für alle $x \in \mathbb{R}$ ergibt sich bei den Startwerten $u_0 = h$, $u_1 = 2h$ aus

$$\rho(E) u_j = u_{j+2} - 3u_{j+1} + 2u_j = 0 \qquad (j = 0,1,2,\ldots)$$

die Folge $u_j = 2^j h$. Obwohl die Anfangswerte das Verhalten

$$u_j(h) = O(h) \qquad \text{für } h \to 0 \quad (j = 0,1)$$

aufweisen, erhält man für die Näherungen zu $y(1) = 0$ im Punkt $x = 1 = j \cdot h$ die Werte

$$u_j(h) = \frac{1}{j} \, 2^j \to \infty \qquad \text{für } h \to 0 \ ,$$

d.h. man hat keine Konvergenz gegen die exakte Lösung.

Ebenso wie sich Differentialgleichungen höherer Ordnung als System von Differentialgleichungen erster Ordnung schreiben lassen, kann man die allgemeinen linearen Mehrschrittverfahren als Einschrittverfahren

338

für Systeme umformulieren.

Dazu benutzt man etwa für k = m die abgekürzte Schreibweise

$$\tilde{v}_h(x) := \begin{pmatrix} v(x) \\ v(x+h) \\ \cdot \\ \cdot \\ \cdot \\ v(x+(k-1)h) \end{pmatrix} \qquad (9.6)$$

und

$$\tilde{f}_h(x,y(x)) = \begin{pmatrix} f(x,y(x)) \\ \cdot \\ \cdot \\ \cdot \\ f(x+(k-1)h,y(x+(k-1)h)) \end{pmatrix}$$

bzw. $\qquad (9.7)$

$$\tilde{f}_h(x,u_j) := \begin{pmatrix} f(x_j,u_j) \\ \cdot \\ \cdot \\ \cdot \\ f(x_{j+k-1},u_{j+k-1}) \end{pmatrix} \cdot$$

Das Anfangswertproblem $\mathcal{Ol}$ wird transformiert in das äquivalente parameterabhängige System

$$\tilde{\mathcal{Ol}}_H: \quad \tilde{y}_h(x) = \tilde{f}_h(x,y(x)) \qquad h \in H = (0,h_o]$$

$$\tilde{y}_h(0) = \tilde{y}^o := \Big(y(0),y(h),\ldots,y(h(k-1)) \Big)' \cdot$$

$\qquad (9.8)$

Ganz offensichtlich ist $\tilde{f}_h$ <u>gleichmäßig</u> LIPSCHITZstetig, so daß die in § 6 gestellten Forderungen erfüllt sind.

Ein Verfahren (9.3) läßt sich analog zum Vorgehen bei der Definition
der Begleitmatrizen von Polynomen (vgl. Band I) oder dem Übergang von
einer Differentialgleichung höherer Ordnung zu einem System 1. Ordnung
formulieren als

$$\tilde{u}_{j+1} - A\tilde{u}_j = h \cdot B_1 \; \tilde{f}_h(x, \tilde{u}_{j+1}) + h \cdot B_2 \; \tilde{f}_h(x, \tilde{u}_j) = h \cdot \begin{pmatrix} 0 \\ \vdots \\ 0 \\ \sigma(E) f(x_j, u_j) \end{pmatrix} \qquad (9.9)$$

mit

$$\tilde{u}_j := \begin{pmatrix} u_j \\ u_{j+1} \\ \cdot \\ \cdot \\ \cdot \\ u_{j+k-1} \end{pmatrix}, \quad A := \begin{pmatrix} 0 & 1 & 0 & \ldots & 0 \\ \cdot & 0 & 1 & \cdot & \\ \cdot & & \cdot & \cdot & 0 \\ 0 & \cdot & \cdot & 0 & 1 \\ -a_0 & -a_1 & -a_2 & -a_{k-2} & -a_{k-1} \end{pmatrix},$$

$$B_1 := \begin{pmatrix} 0 & \ldots & 0 & 0 \\ \cdot & & \cdot & \cdot \\ \cdot & & \cdot & \cdot \\ 0 & \ldots & 0 & 0 \\ 0 & \ldots & 0 & b_k \end{pmatrix}, \quad B_2 := \begin{pmatrix} 0 & \ldots & 0 & 0 \\ \cdot & & \cdot & \cdot \\ \cdot & & \cdot & \cdot \\ 0 & \ldots & 0 & 0 \\ b_0 & \cdots & b_{k-2} & b_{k-1} \end{pmatrix}.$$

Diese Schreibweise ist nur für Skalare u_j korrekt; im allgemeinen
Falle hat man die skalaren Matrixelemente durch Produkte von Skalaren
mit der Identität in $\mathbb{B}$ zu ersetzen.

Unter der Bedingung (9.4) ist

$$\tilde{u}_{j+1}(h) = A\tilde{u}_j(h) + h \, B_1\tilde{f}_h(x, \tilde{u}_{j+1}(h)) + h \, B_2\tilde{f}_h(x, \tilde{u}_j(h)) \qquad (9.10)$$

nach $\tilde{u}_{j+1}(h)$ auflösbar, wie schon oben gezeigt wurde.

Besonders simpel wird die Aufstellung des allgemeinen Operators
$C(f,h,x)$ mit

$$\tilde{u}_{j+1}(h) = C(f,h,x)\,\tilde{u}_{j}(h) \tag{9.11}$$

dadurch, daß die ersten $k-1$ Komponenten von $\tilde{u}_{j+1}(h)$ aus den letzten
$k-1$ Komponenten von $\tilde{u}_{j}(h)$ entstehen und die k-te Komponente von $\tilde{u}_{j+1}(h)$
durch die Lösung $u_{j+k}(h)$ der Gleichung

$$\sum_{i=0}^{k} a_i\, u_{j+i}(h) = h \sum_{i=0}^{k} b_i\, f(x+ih, u_{j+i}(h))$$

ersetzt wird. Wird beispielsweise $\tilde{y}(x)$ statt $\tilde{u}_{j}(h)$ eingesetzt, so
unterscheidet sich $\tilde{u}_{j+1}(h)$ von $\tilde{y}(x+h)$ nur in der k-ten Komponente;
es gilt

$$\tilde{u}_{j+1}(h) - \tilde{y}(x+h) = \begin{pmatrix} 0 \\ \vdots \\ 0 \\ y^*(x+kh) - y(x+kh) \end{pmatrix} \tag{9.12}$$

mit

$$y^*(x+kh) + \sum_{i=0}^{k-1} a_i y(x+ih) = h\, b_k f(x+kh, y(x+kh)) + h \sum_{i=0}^{k-1} b_i f(x+ih, y(x+ih))$$

$$\tag{9.13}$$

$$= h\, b_k f(x+kh, y(x+kh)) + h \sum_{i=0}^{k-1} b_i y'(x+ih).$$

Die allgemeine Form des Verfahrensfehlers (6.10) geht also mit der
Matrixschreibweise über in

$$\frac{1}{h}\left(C(f,h,x)\,y(x) - y(x+h)\right) =$$

$$= \frac{1}{h} \begin{pmatrix} 0 \\ \vdots \\ 0 \\ y^*(x+kh) - y(x+kh) \end{pmatrix} = \tag{9.14}$$

und es folgt für die in (6.11) definierte Funktion

$$\kappa(h) = \|r[f,h](x,y(x))\|_\infty$$

$$= \frac{1}{h} \max_{x \in I} \|y^*(x+kh) - y(x+kh)\|$$

$$(9.15)$$

mit der durch (9.13) definierten Größe $y^*(x+kh)$. Es ist zu erkennen, daß die Formel (8.15) bei den speziellen Mehrschrittverfahren über (8.22) und (9.14) genau mit dem Verfahrensfehler gemäß Definition 6.3 übereinstimmt. Daher sind die dort gemachten Aussagen über die Ordnung des Verfahrensfehlers als Aussagen über die <u>Konsistenzordnung</u> zu verstehen. Die Gleichungen (9.13) und (9.14) lassen sich für den allgemeinen Fall in einfache Kriterien umformulieren; man setze

$$y^*(x+kh) = y(x+kh) + h\, r[f,h](x,y(x)) \qquad (9.16)$$

in (9.13) ein und schreibe das Resultat in der Form

$$\frac{1}{h} \sum_{i=0}^{k} a_i y(x+ih) - \sum_{i=0}^{k} b_i y'(x+ih) =$$

$$= - r[f,h](x,y(x)) + b_k\Big(f(x+kh,y^*(x+kh))-y'(x+kh)\Big)$$

$$(9.17)$$

$$= - r[f,h](x,y(x)) + O\Big(h\cdot r[f,h](x,y(x))\Big)$$

unter Einsetzung von (9.16) in das zweite Argument von f und Ausnutzung der LIPSCHITZ-Stetigkeit.

<u>Satz 9.1.</u>
Für ein Verfahren der Form (9.3) ist die Konsistenz äquivalent zur Gültigkeit der "<u>Konsistenzbedingungen</u>"

$$\rho(1) = 0 \quad \text{und} \quad \rho'(1) = \sum_{i=0}^{m} b_i . \qquad (9.18)$$

Insbesondere hat ein Verfahren der Gestalt (9.3) genau dann die Konsistenzordnung $p \in \mathbb{N}$ für alle $f \in \mathcal{F} := C^{p+1}(\overline{G})$, wenn die linearen Gleichungen

$$\mathcal{L}\,[x^{\nu},1] = 0 \qquad (0 \le \nu \le p) \tag{9.19}$$

gelten, wobei für Funktionen $g \in C^1(\mathbb{R})$ der lineare Operator $\mathcal{L}$ durch

$$\mathcal{L}\,[g(x),h] := \frac{1}{h} \sum_{i=0}^{k} a_i\, g(h \cdot i) - \sum_{i=0}^{m} b_i\, g'(h \cdot i) \tag{9.20}$$

definiert sei.

<u>Beweis:</u>
Liegt ein Verfahren der Form (9.3) vor, so hat für jedes $f \in \mathrm{Lip}\,(G)$
der Verfahrensfehler eine Entwicklung der Gestalt

$$r[f,h]\,(x,y(x)) = \sum_{i=0}^{m} b_i\, y'(x) - \frac{1}{h}\, y(x)\rho(1) - y'(x)\rho'(1) + o(1)\,, \tag{9.21}$$

wie man durch Entwicklung der Terme in (9.17) um den Punkt x sofort
verifiziert. Daher führen die Konsistenzbedingungen (9.18) zur Konsistenz des Verfahrens (9.3) gemäß Definition 6.3.

Umgekehrt liefert die Konsistenz nach (9.17) für das spezielle Anfangswertproblem $y' = 0$, $y(x_0) = 1$ mit der Lösung $y(x) = 1$ für alle
$x \in \mathbb{R}$ zunächst

$$\frac{1}{h}\,\rho(1) = o(1)$$

und somit die Konsistenzbedingung $\rho(1) = 0$. Setzt man das Anfangswertproblem $y' = f(x,y) = 1$, $y(0) = 0$, also $y(jh) = jh$ ein, so folgt
aus (9.17) und der bereits abgeleiteten Beziehung $\rho(1) = 0$ die Gleichung

$$\sum_{i=0}^{m} b_i - \varrho'(1) = o(1)$$

woraus sich die zweite Konsistenzbedingung ergibt.

Zur Bestimmung der Konsistenzordnung der Verfahren (9.3) erhält man
durch Einsetzung von

$$y(x+ih) = \sum_{\nu=0}^{p} y^{(\nu)}(x) \frac{i^{\nu}h^{\nu}}{\nu!} + O(h^{p+1})$$

und der analogen Entwicklung für $y'(x+ih)$ in (9.17) den Ausdruck

$$r[f,h](x,y(x)) =$$

$$= -\frac{1}{h}\rho(1)y(x) + \sum_{\nu=0}^{p-1} y^{(\nu+1)}(x)h^{\nu}\left(\sum_{i=0}^{m} b_i \frac{i^{\nu}}{\nu!} - \sum_{i=0}^{k} a_i \frac{i^{\nu+1}}{(\nu+1)!}\right) + O(h^p)$$

$$= -\sum_{\nu=0}^{p} h^{\nu-1}y^{(\nu)}(x) \, \mathcal{L}\left[\frac{x^{\nu}}{\nu!},1\right] + O(h^p)$$

für alle $f \in C^{p+1}(\overline{G})$, woraus sich die Äquivalenz von (9.17) und (9.19) entnehmen läßt. ∎

Die Entscheidung über die Stabilität des homogenen Anteils ist auch einfach:

<u>Satz 9.2.</u>
Ein Verfahren (9.3) ist genau dann stabil für alle LIPSCHITZstetigen Funktionen $f(x,y)$, wenn der homogene Anteil die <u>Wurzelbedingung</u> erfüllt, d.h. wenn alle Wurzeln des charakteristischen Polynoms $\rho(t)$ aus (9.2) betragsmäßig kleiner oder gleich Eins sind und nur einfache Wurzeln den Betrag Eins haben können (vgl. § 5).

<u>Beweis:</u>
Ist A die Matrix aus (9.10), so ist durch

$$A^j \, \tilde{u}_o = \tilde{u}_j$$

die Lösung der homogenen linearen Differenzengleichung

$$u_{j+k} + a_{k-1} u_{j+k-1} + \dots + a_o u_j = 0$$

beschrieben. Da A^j eine lineare Abbildung ist, fällt LIPSCHITZ-Stetigkeit mit Beschränktheit zusammen und die Stabilität bedeutet Beschränktheit <u>aller</u> Potenzen A^j, da A nicht von h abhängt. Dies besagt wegen

$$\|\tilde{u}_j\| \leq \|A^j\| \ \|\tilde{u}_o\| \ ,$$

daß die homogenen Lösungen gleichmäßig durch ihre Anfangswerte beschränkt sind und nach Korollar 5.1 ist dies gleichbedeutend zur Wurzelbedingung. ∎

Für Verfahren des Typs (9.3) ist die Wurzelbedingung auch notwendig für Konvergenz:

<u>Satz 9.3.</u>
Eine notwendige Bedingung für die Konvergenz des Differenzenverfahrens (9.3) ist die Wurzelbedingung.

<u>Beweis:</u>
Stellt man das zu der betrachteten Klasse gehörende Anfangswertproblem

$$y'(x) = 0 \qquad (x \in I := [0,1]) \ ,$$

$$y^o = 0$$

mit der exakten Lösung $y(x) = 0$, so impliziert die Konvergenz von (9.3), daß für jede Lösung $u_j(h)$ von

$$\frac{1}{h} \ \rho(E) u_j(h) = 0 \quad (0 \leq j \leq N(h))$$

mit konsistenten Anfangswerten die Beziehung

$$|u_j(h) - 0| = o(1)$$

speziell für $h \cdot j = 1$ und $h \to 0$ gelten muß.

Ist u_j^* eine Lösung von $\rho(E) u_j = 0$, so erfüllt

$$u_j(h) := h \cdot u_j^*$$

offenbar die obigen Voraussetzungen. Mit $h = \frac{1}{j}$ folgt also

$$u_j^* = \frac{u_j(h)}{h} = j \cdot o(1) = o(j)$$

für jede Lösung u_j^* von $\rho(E)u_j = 0$. Nach Korollar 5.1 muß also für ρ die Wurzelbedingung erfüllt sein. ∎

<u>Bemerkung 9.1.</u>

Bei den Einschrittverfahren und den speziellen Mehrschrittverfahren (8.2) des vorigen Paragraphen ist die Wurzelbedingung erfüllt, da in diesen Fällen nur Polynome der Form

$$\rho(t) = t^k - t^{k-q} = t^{k-q}(t^q-1) \tag{9.22}$$

mit 0 als $(k-q)$-facher Wurzel und mit den q einfachen Wurzeln $t_j^* = \exp(\frac{2\pi i j}{q})$, $0 \le j \le q-1$ vorliegen. Somit trat die Wurzelbedingung als notwendige Bedingung für Konvergenzen nicht explizit in Erscheinung.

Die linearen Gleichungen (9.19) für ein Verfahren (9.3) legen $p+1$ der $k+m+1$ Parameter $a_0,\ldots,a_{k-1}$, $b_0,\ldots,b_m$ fest. Für eine Formel der Gestalt (9.3) ist, wie man sich leicht überlegt, maximal

$$p = k+m$$

als Ordnung des Verfahrensfehlers erreichbar. Bei den allgemeinen Verfahren (9.3) ist die gemäß Satz 9.3 für die Konvergenz notwendige Wurzelbedingung eine weitere Einschränkung. Es zeigt sich in Paragraph 11, daß dadurch die maximal erreichbare Ordnung des Verfahrensfehlers noch wesentlich weiter herabgesetzt wird.

Betrachtet man in (9.3) den Spezialfall $\rho(t) = t^k + a_{k-q}t^{k-q}$, so liefert (9.19) die Gleichungen

$$a_{k-q} = -1 ,$$

$$\frac{k^\nu}{\nu!} - \frac{(k-q)^\nu}{\nu!} = \sum_{i=0}^{m} b_i \frac{i^{\nu-1}}{(\nu-1)!} \qquad (1 \le \nu \le p) , \tag{9.23}$$

und (9.23) besagt gerade, daß die Integrationsformel

$$\int_{k-q}^{k} g(t)\, dt = \sum_{i=0}^{m} b_i\, g(i) \tag{9.24}$$

exakt ist für alle Polynome vom Grade $\leq$ p-1. Die maximale Ordnung für das Mehrschrittverfahren (9.3) im Spezialfall $\rho(t) = t^k + a_{k-q} t^{k-q}$ ergibt sich also durch Verwendung der Gewichte b_i einer Interpolationsquadraturformel (9.24). Dies liefert genau die im vorangegangenen Paragraphen hergeleiteten Formeln von ADAMS-BASHFORTH, ADAMS-MOULTON, NYSTRÖM und MILNE-SIMPSON, wenn man sich auf die Fälle q = 1,2, m = k,k-1 beschränkt. *

Für Verfahren der Form (9.3) kann die Notwendigkeit der Konsistenz für die Konvergenz bewiesen werden:

Satz 9.4.
Ist ein Differenzenverfahren (9.3) für jedes Anfangswertproblem $\mathfrak{A}$ mit LIPSCHITZstetigem f(x,y) konvergent, so ist das Verfahren konsistent.

Beweis:
Behandelt man mit einem konvergenten Verfahren (9.3) wieder das Anfangswertproblem y'(x) = 0, $y(x_0)$ = 1 mit der Lösung y(x) = 1 unter Verwendung der Startwerte $u_0 = 1,\ldots,u_{k-1}$ = 1, so geht (9.3) über in

$$\frac{1}{h}\, \rho(E) u_j = \frac{1}{h} \sum_{i=0}^{k} a_i\, u_{j+i} = 0 \ ,$$

und man erhält die von h <u>unabhängigen</u> Werte $u_k,\ u_{k+1},\ldots$ aus der Rekursionsformel

$$\sum_{i=0}^{k} a_i\, u_{j+i} = \rho(E) u_j = 0 \qquad \text{für } j = 0,1,\ldots \ .$$

Wegen der Konvergenz muß also

$$u_0 = u_1 = \ldots = u_k = u_{k+1} = \ldots = 1$$

gelten und es folgt

$$\rho(1) = \rho(E)u_j = 0 \ .$$

Damit ist die Konsistenzbedingung $\rho(1) = 0$ nachgewiesen.

Aus Satz 9.3 folgt, daß $\rho'(1)$ für ein konvergentes Verfahren nicht verschwinden kann. Bei dem speziellen Anfangswertproblem
$y'(x) = 1 \in \mathbb{R}$, $y(x_0) = 0$ in $I := [0,1]$ erhält man aus (9.3) die Rekursionsformel

$$\rho(E)u_j = \sum_{i=0}^{k} a_i \, u_{j+i} = h \sum_{i=0}^{m} b_i =: h \, \beta \ .$$

Dies ist eine inhomogene Differenzengleichung, deren rechte Seite von j unabhängig ist. Da weiter die homogene Differenzengleichung wegen $\rho(1) = 0$ die Lösung $y = const$ besitzt und zum anderen $\rho'(1) \neq 0$ gilt, kommt man für die inhomogene Differenzengleichung nach § 5 zu einer Lösung der Form $u_j = j \cdot const$. Bei Vorliegen der Anfangswerte

$$u_j = j \cdot h \, \frac{\beta}{\rho'(1)} \qquad (0 \leq j < k)$$

wird die Differenzengleichung durch die Vektoren

$$u_j = j \cdot h \, \frac{\beta}{\rho'(1)} \qquad (0 \leq j \leq N(h))$$

gelöst. Durchläuft h eine Nullfolge, so folgt aus der Konvergenz des Verfahrens speziell in $x = 1$ für $h = \dfrac{1}{N(h)}$ die Aussage

$$u_{N(h)} = \frac{\beta}{\rho'(1)} \to y(1) = 1 \qquad \text{für } N(h) \to \infty \ .$$

Somit gilt

$$\beta = \rho'(1)$$

und die zweite Konsistenzbedingung ist nachgewiesen. ∎

Die Konsistenzbedingung für die Anfangswerte nimmt mit (9.8) die Form

$$\kappa_0(h) = \left\| \overset{\vee}{u}_0(h) - \overset{\vee}{y}_h(0) \right\|$$

$$= \left\| \left(\begin{matrix} u_0 & - y(0) \\ u_1 & - y(h) \\ & \vdots \\ u_{k-1} & - y((k-1)h) \end{matrix} \right) \right\|$$

an, d.h. die Anteile müssen das Verhalten

$$\| u_j - y(jh) \|_B = o(1) \quad \text{bzw.} \quad O(h^p) \qquad (0 \le j \le k-1)$$

haben, wenn Konsistenz bzw. Konsistenz p-ter Ordnung vorliegen soll.

<u>Bemerkung 9.2.</u>
1) Durch die obigen Sätze sind für lineare Mehrschrittverfahren des
   Typs (9.3) insgesamt die folgenden Implikationen nachgewiesen:

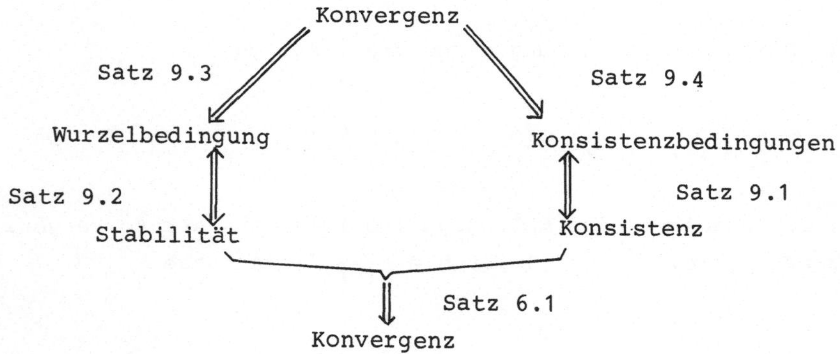

Somit sind <u>Stabilität und Konsistenz</u> eines Differenzenverfahrens
(9.3) zusammen äquivalent zur <u>Konvergenz</u>.

2) Aus der Abschätzung (6.16) für den Diskretisierungsfehler läßt
   sich wie bei den früher behandelten Verfahren von

$$\kappa(h) = O(h^p) \qquad \text{für } h \to 0$$

und

$$\kappa_o(h) = O(h^p) \qquad \text{für } h \to 0$$

auf

$$\varepsilon(h) = O(h^p) \qquad \text{für } h \to 0$$

schließen, d.h. ein stabiles Verfahren, dessen lokaler Verfahrensfehler die Ordnung p hat, liefert bei Konvergenz der Anfangswerte
von der Ordnung p auch mindestens die Konvergenzordnung p für die
Lösung $u_j(h)$. Der folgende Paragraph wird die Abhängigkeit des
Diskretisierungsfehlers von h genauer untersuchen. *

Die hier für ein Anfangswertproblem gewöhnlicher Differentialgleichun-
gen angestellten Untersuchungen gehen im wesentlichen auf DAHLQUIST
(Math. Scand. 4, 1956) zurück. Für die allgemeine Theorie sei auf
ANSORGE-HASS, GRIGORIEFF und STETTER verwiesen.

§ 10 Asymptotische Entwicklung des Fehlers bei linearen Mehrschrittverfahren

1. Wesentliche Wurzeln

In der Praxis wird ein Verfahren

$$\frac{1}{h} \rho(E) u_j = \sigma(E) f(x_j, u_j) \tag{10.1}$$

nie exakt ablaufen, sondern es wird mit gestörten Polynomen $\tilde{\rho}$, $\tilde{\sigma}$ gemäß

$$\frac{1}{h} \tilde{\rho}(E) \tilde{u}_j = \tilde{\sigma}(E) f(x_j, \tilde{u}_j)$$

gerechnet. Dadurch wird in der Regel die Konsistenzordnung p verän-
dert, dies setzt aber lediglich die Konvergenzgeschwindigkeit herab

(wenn die Störungen nach § 6 nicht mindestens wie $\sigma(h^{p+1})$ mit $h \to 0$ abklingen).

Unangenehmer ist die Tatsache, daß Wurzeln vom Betrage 1 durch kleine Störungen den Einheitskreis verlassen können und dann zur Instabilität des Verfahrens und wegen der Sätze 9.3 und 9.4 zur Divergenz führen. Für solche Wurzeln hat man deshalb einen speziellen Begriff geprägt:

Definition 10.1.
Ist (10.1) ein stabiles Differenzenverfahren, so werden die (nach Satz 9.3 stets einfachen) Wurzeln $t^* \in \mathbb{C}$ von ρ mit $|t^*| = 1$ als <u>wesentliche</u> Wurzeln bezeichnet. ▲

Ist $t = e^{i\vartheta}$ mit $\vartheta \in [0, 2\pi)$ eine wesentliche Wurzel, die durch eine Störung $\delta(h)$ des Betrages mit $\delta(h) > 0$ in

$$t(h) = (1 + \delta(h)) e^{i\vartheta}$$

übergeht (Störungen des Winkels ϑ sind für das Folgende irrelevant), so wird ein Anfangsfehler $\kappa_0(h)$ im wesentlichen mit der entsprechenden Lösung $t^N(h)$ der homogenen Gleichung

$$\frac{1}{h} \rho(E) u_j = 0$$

fortgepflanzt, d.h. es ist nach $N(h) = x/h$ Schritten ein Fehler

$$t^{N(h)}(h) = (1 + \delta(h))^{N(h)} e^{iN(h)\vartheta}$$

zu erwarten. Im Falle $\vartheta \neq 0$ tritt also <u>Oszillation</u> ein; der Betrag verhält sich für kleine Werte von $\delta(h)$ wie $\exp(\delta(h) \cdot N(h)) = \exp(x \cdot \frac{\delta(h)}{h})$. Also hat man stets <u>exponentielles Anwachsen</u> der Amplitude mit wachsendem x. Durch Verkleinern der Störungen $\delta(h)$ läßt sich dieser Mißstand lediglich <u>verzögern</u>.

Die obige Betrachtung macht deutlich, daß bei Störung wesentlicher Wurzeln ein schwingungsartiger Fehler mit exponentiell anwachsender Amplitude auftreten kann. Dies ist nicht gefährlich, wenn die Lösung $y(x)$ selbst wenigstens in gleicher Weise exponentiell wächst. Wenn aber die Lösung $y(x)$ des Anfangswertproblems exponentiell fällt und

<u>dennoch</u> die Maximalamplitude des Fehleranteils exponentiell anwächst, dann können <u>trotz der Stabilität des Verfahrens</u> die Diskretisierungsfehler das Ergebnis relativ stark verfälschen. Solche Störungen treten infolge der Rundungsfehler <u>immer</u> auf, wenn man über große Intervalle rechnet. Da die Störungen in den Anfangswerten <u>direkt</u> zum Auftreten der oszillierenden Fehler führen, machen sich bei stark fehlerbehafteten Anfangswerten die anwachsenden oszillierenden Fehler schon sehr bald bemerkbar. Sind die Störungen der Anfangswerte relativ klein oder Null, so werden die durch Rundungsfehler eingestreuten Fehler erst für relativ große x in den Anfangswerten durch Oszillation angezeigt. Dies läßt sich an den numerischen Resultaten deutlich erkennen. Dazu wird folgendes Beispiel angegeben:

Beispiel 10.1.

Der einfachste Fall der Extrapolationsformel von NYSTRÖM ist das auf der "midpoint-rule" zur numerischen Integration (vgl. III. 6.4) basierende Diskretisierungsverfahren

$$u_{j+2} - u_j = 2hf(x_{j+1}, u_{j+1}) \ . \tag{10.2}$$

Aus

$$\mathcal{L}[x^j, 1] = 2^j - 0^j - 2 \cdot j \cdot 1^{j-1} = \begin{cases} 0 & \text{für } 0 \le j \le 2, \quad 0^0 := 1 \\ 2 & \text{für } j = 3 \end{cases}$$

folgt gemäß Satz 9.1, daß der lokale Verfahrensfehler die Ordnung 2 hat. Die Wurzeln des Polynoms

$$\rho(t) = t^2 - 1$$

sind $t_{1/2} = \pm 1$, und daher sind oszillierende Fehler bei Rechnung über längere Intervalle zu erwarten.

Als Anfangswertproblem sei

$$y'(x) = -2xy(x) \ , \qquad y(0) = 1 \ , \qquad x \in [0,2] \tag{10.3}$$

mit der (exakten) Lösung

$$y(x) = e^{-x^2}$$

bei der Schrittweite h = 0,1 zu lösen. Es werden drei verschiedene Paare von Startwerten u_{-1} und u_o als Näherungen für $y(-h) = e^{-h^2}$ und $y(0) = 1$ verwendet:

Fall 1: exakte Startwerte: $u_{-1} = e^{-h^2}$, $u_o = 1$.

Fall 2: Startwerte mit Fehler der Größenordnung h^2: $u_{-1} = 1$, $u_o = 1$.

Fall 3: Startwerte mit Fehler der Größenordnung h: $u_{-1} = 1-h$, $u_o = 1$.

Die in den drei Fällen berechneten Näherungen u_j, $j = 1,2,\ldots,20$ führen bei 7-stelliger Genauigkeit zu den folgenden Fehlerwerten

$$\epsilon_j := \frac{1}{h^2}(u_j - e^{-j^2 h^2}):$$

j	Fall 1	Fall 2	Fall 3
0	0.000	0.000	0.000
1	0.000	0.995	-9.005
2	-0.039	-0.079	0.321
3	-0.071	0.927	-9.105
4	-0.133	-0.293	1.311
5	-0.171	0.852	-9.436
6	-0.228	-0.593	3.069
7	-0.243	0.868	-10.299
8	-0.275	-0.951	5.838
9	-0.252	1.076	-12.264
10	-0.258	-1.411	10.179
11	-0.198	1.591	-16.385
12	-0.197	-2.137	17.363
13	-0.108	2.612	-24.724
14	-0.129	-3.484	30.231
15	-0.012	4.587	-41.629
16	-0.090	-6.204	55.240
17	0.081	8.592	-76.948
18	-0.110	-12.012	107.600
19	0.193	17.274	-154.387
20	-0.228	-25.111	224.963

Man erkennt deutlich, daß auch bei exakten Anfangswerten der Fehler schließlich zur Oszillation tendiert; bei fehlerbehafteten Anfangswerten tritt rasch eine starke Aufschaukelung des Fehlers ein.

Diese Effekte sind schon seit längerem bekannt, aber erst in den sechziger Jahren haben theoretische Untersuchungen zu ihrer Aufklärung geführt. Sind die Stabilitätsbedingungen (Wurzelbedingung) erfüllt, so hat man also zunächst nur "schwache Stabilität". Erfüllen darüberhinaus alle von 1 verschiedenen Wurzeln von ρ die Bedingung $|t_\nu| < 1$, so hat man ein <u>stark stabiles</u> Differenzenverfahren.

2. Asymptotische Entwicklung der NYSTRÖM-Formel

Wie bei der iterierten Trapezregel oder beim symmetrischen Differenzenquotienten sucht man auch bei der Lösung von Anfangswertaufgaben nach Verfahren, die eine Entwicklung nach <u>geraden</u> Potenzen der Schrittweite h haben. Es ist naheliegend, daß man dazu ein symmetrisch gebautes Verfahren nimmt, etwa die NYSTRÖM-Formel

$$\frac{u_{j+1} - u_{j-1}}{2h} = f(x_j, u_j) \ . \tag{10.4}$$

Entscheidend für den Ansatz bei der Herleitung asymptotischer Entwicklungen ist, daß man den Zielpunkt x festhält und bei Start in O genau $n = \frac{x}{h}$ Schritte der Länge $h = \frac{x}{n}$ macht; man hat $u_n = u_{x/h}$ als Funktion von x und h auszudrücken und die mit h veränderliche Zahl von Schritten zur Erreichung von $u_{x/h}$ zu berücksichtigen. Deshalb wird man direkt einen formalen Ansatz der Form

$$u(z,h) = \sum_{m=0}^{\infty} h^{2m} \varphi_m(z) \tag{10.5}$$

für $z \in [0,x]$ machen und unterstellen, daß u gemäß (10.4) zu festem h mit noch zu fixierenden Anfangswerten gebildet wird:

$$u(z+h,h) = u(z-h,h) + 2h \cdot f(z,u(z,h)) \ . \tag{10.6}$$

Im Falle x = z hat man in (10.5) dann die gewünschte Entwicklung.

Im folgenden wird untersucht, wann eine asymptotische Entwicklung
(10.5) möglich ist; dabei wird zunächst nur formal gerechnet und die
Konvergenz aller auftretenden Reihen (stillschweigend) vorausgesetzt.
Es ist leicht, a posteriori das Vorgehen zu rechtfertigen bzw. alles
für endliche Entwicklungen mit Restglied durchzuführen. Außerdem werden zur Vereinfachung nur skalare Funktionen u betrachtet.

Die Substitution des Ansatzes (10.5) in die Funktionalgleichung (10.6)
liefert unter Fortlassung der h-Komponente im Argument von u die Beziehung

$$\frac{u(z+h) - u(z-h)}{2h} = \frac{1}{2h} \sum_{m=0}^{\infty} h^{2m}(\varphi_m(z+h) - \varphi_m(z-h))$$

$$= f(z,u(z)) \tag{10.7}$$

$$= f(z, \sum_{m=0}^{\infty} h^{2m}\varphi_m(z)) \ .$$

Da aus der Konvergenz des Verfahrens (10.4) bei konsistenten Anfangswerten stets

$$u(z) = y(z) + O(h^2) = \varphi_0(z) + \sum_{m=1}^{\infty} h^{2m}\varphi_m(z)$$

$$=: y(z) + \varepsilon(z)$$

folgt, kann man die rechte Seite von (10.7) bei vorausgesetzter Analy-
tizität von f umformen mit

$$f(z,u(z)) = \sum_{k=0}^{\infty} \frac{f^{(k)}(z,y(z))\varepsilon^k(z)}{k!}$$

$$= f(z,y(z)) + f'(z,y(z))\varepsilon(z) \tag{10.8}$$

$$+ \sum_{k=2}^{\infty} \frac{f^{(k)}(z,y(z))}{k!} \cdot \left(\sum_{m=1}^{\infty} h^{2m}\varphi_m(z) \right)^k ,$$

wobei die k-ten Ableitungen von f nach dem zweiten Argument mit $f^{(k)}$ bezeichnet worden sind. Von jetzt ab seien nicht ausgeschriebene Argumente stets an der Stelle z bzw. $(z,y(z))$ zu nehmen; ferner wird die formale Potenzreihenidentität

$$\sum_{m=2}^{\infty} a_m(z) t^m = \sum_{k=2}^{\infty} \frac{f^{(k)}(z,y(z))}{k!} \left(\sum_{m=1}^{\infty} \varphi_m(z) t^m \right)^k \tag{10.9}$$

verwendet, die es erlaubt, rekursiv bei gegebenem f und y die Funktionen a_m durch die φ_ν mit $\nu < m$ auszudrücken.

Dann nimmt (10.8) mit $a_1 := 0$ die Form

$$\frac{u(z+h) - u(z-h)}{2h} = f + f' \cdot \varepsilon + \sum_{m=1}^{\infty} a_m h^{2m}$$

$$\tag{10.10}$$

$$= f + \sum_{m=1}^{\infty} h^{2m}(a_m + f' \cdot \varphi_m)$$

an und man kann in (10.7) noch die TAYLOR-Entwicklung der symmetrischen Differenzenquotienten einsetzen, um anschließend einen Koeffizientenvergleich zu versuchen:

$$\frac{u(z+h) - u(z-h)}{2h} = \sum_{m=0}^{\infty} h^{2m} \sum_{k=0}^{\infty} \frac{\varphi_m^{(2k+1)}(z)}{(2k+1)!} h^{2k}$$

$$\tag{10.11}$$

$$= \sum_{m=0}^{\infty} h^{2m} \varphi_m'(z) + \sum_{m=1}^{\infty} h^{2m} \sum_{k=1}^{m} \varphi_{m-k}^{(2k+1)}(z) \frac{1}{(2k+1)!}$$

Beim Koeffizientenvergleich erkennt man, daß zu viele Bestimmungsgleichungen für die φ_m vorliegen. Während nämlich für $u(z,h)$ bei $z = 0$ und h Vorgaben gemacht werden können, hat man jetzt nur die Möglichkeit, Anfangswerte für $\varphi_\nu(0)$ vorzugeben. Einfache Abhilfe bekommt man dadurch, daß man stets h so wählt, daß $\frac{x}{h}$ geradzahlig ausfällt und statt (10.5) je einen Ansatz für u_{2j} bzw. u_{2j+1} macht, d.h. man verwendet ein 2-Komponenten-System aus (10.5) für $z = 2kh$ und

$$v(z,h) = \sum_{m=0}^{\infty} h^{2m} \psi(z) \qquad \text{für } z = (2k+1)h . \tag{10.12}$$

Dann ist das Verfahren (10.4) durch

$$u(z+h) - u(z-h) = 2h\, f(z,v(z)) \qquad\qquad (10.13)$$

$$v(z+h) - v(z-h) = 2h\, f(z,u(z)) \qquad\qquad (10.14)$$

zu ersetzen. Die Gleichung (10.13) führt dann zum Koeffizientenvergleich in (10.10) und (10.11), wobei in (10.10) die ψ_m statt φ_m zu setzen sind. Bei der analogen Gleichung (10.14) ist umgekehrt zu verfahren. Es folgt mit $\varphi_o' = y' = f$ dann

$$b_m + f' \cdot \psi_m = \sum_{k=1}^{m} \varphi_{m-k}^{(2k+1)} \frac{1}{(2k+1)!} + \varphi_m' \qquad (m \geq 1)$$

$$\qquad\qquad (10.15)$$

$$a_m + f' \cdot \varphi_m = \sum_{k=1}^{m} \psi_{m-k}^{(2k+1)} \frac{1}{(2k+1)!} + \psi_m' \qquad (m \geq 1) \;,$$

wobei die Größen b_m durch die zu (10.9) analoge Formel

$$\sum_{m=2}^{\infty} b_m(z) t^m = \sum_{k=2}^{\infty} \frac{f^{(k)}(z,y(z))}{k!} \left(\sum_{m=1}^{\infty} \psi_m(z) t^m \right)^k \qquad (10.16)$$

definiert sind. Durch (10.15) sind zwei Differentialgleichungen für φ_m und ψ_m gegeben, wenn man die Funktionen

$$c_m := - \sum_{k=1}^{m} \varphi_{m-k}^{(2k+1)} \frac{1}{(2k+1)!} \;,\quad c_o := 0 \qquad (m \geq 0)$$

$$\qquad\qquad (10.17)$$

$$d_m := - \sum_{k=1}^{m} \psi_{m-k}^{(2k+1)} \frac{1}{(2k+1)!} \;,\quad d_o := 0 \qquad (m \geq 0)$$

einführt. Das Differentialgleichungssystem

$$\varphi_m' = f' \psi_m + b_m + c_m \qquad\qquad (m \geq 1)$$

$$\qquad\qquad (10.18)$$

$$\psi_m' = f' \varphi_m + a_m + d_m \qquad\qquad (m \geq 1)$$

definiert φ_m und ψ_m bei Vorliegen geeigneter Anfangswerte $\varphi_m(0)$ und $\psi_m(0)$, da alle anderen Größen in dem Gleichungssystem (10.18) nur von $\varphi_0 = y, \varphi_1, \ldots, \varphi_{m-1}$, $\psi_0 = y, \psi_1, \ldots, \psi_{m-1}$ abhängen. Damit wird das bisherige Vorgehen nachträglich gerechtfertigt; die so konstruierten Funktionen φ_m und ψ_m führen zu Entwicklungen (10.5) bzw. (10.12), die die Funktionalgleichungen (10.13) bzw. (10.14) erfüllen.

Somit bleibt nur noch die Problematik der Anfangswerte zu betrachten. Für das Verfahren (10.4) wird man

$$u_0 = u(0) = \sum_{m=0}^{\infty} h^{2m} \varphi_m(0) = y(0)$$

$$u_1 = v(h) = \sum_{m=0}^{\infty} h^{2m} \psi_m(h) = y(h) \tag{10.19}$$

verwenden, d.h. man wird

$$\varphi_0(0) = y(0)$$

$$\varphi_j(0) = 0 \qquad (j \geq 1) \tag{10.20}$$

setzen, aber die Vorgabe von $\psi_m(0)$ für $m \geq 1$ ist problematisch, da man nur die $\psi_m(h)$ über den zweiten Startwert des Verfahrens (10.4) in der Hand hat. Daher hat man aus $v(h)$ die $\psi_m(0)$ so zu konstruieren, daß den bisher abgeleiteten Gleichungen Genüge getan wird. Man erhält

$$v(h) = \sum_{m=0}^{\infty} h^{2m} \psi_m(h)$$

$$= \sum_{m=0}^{\infty} h^{2m} \sum_{k=0}^{\infty} \frac{\psi_m^{(k)}(0)}{k!} h^k$$

$$= \sum_{n=0}^{\infty} h^{2n+1} \sum_{k=0}^{n} \frac{\psi_{n-k}^{(2k+1)}(0)}{(2k+1)!} + \sum_{n=0}^{\infty} h^{2n} \sum_{k=0}^{n} \frac{\psi_{n-k}^{(2k)}(0)}{(2k)!}$$

aus (10.12) durch TAYLOR-Entwicklung von ψ_m und geeignete Summierung.
Mit (10.17), (10.18) und der Formel

$$\gamma_n := \sum_{k=0}^{n} \frac{\psi_{n-k}^{(2k)}(0)}{(2k)!} = \psi_n(0) + \sum_{k=1}^{n} \frac{\psi_{n-k}^{(2k)}(0)}{(2k)!} \qquad (n \geq 0) , \qquad (10.21)$$

die bei gegebenem γ_n zur rekursiven Definition der $\psi_n(0)$ verwendbar
ist, folgt weiter

$$v(h) = \sum_{n=0}^{\infty} h^{2n+1} (\psi_n'(0) - d_n(0)) + \sum_{n=0}^{\infty} h^{2n} \gamma_n$$

$$= h\psi_0'(0) + \sum_{n=1}^{\infty} h^{2n+1} (f'(0,y(0))\varphi_n(0) + a_n(0)) + \sum_{n=0}^{\infty} h^{2n} \gamma_n \qquad (10.22)$$

$$= h\, f(0,y(0)) + y(0) + \sum_{n=1}^{\infty} h^{2n} \gamma_n$$

unter Verwendung von $\psi_0(z) = y(z)$ und des aus (10.20) und (10.9) folgenden Verschwindens aller $a_n(0)$. Man hat also $v(h)$ überraschender-
weise als

$$v(h) = y(0) + h\, f(0,y(0)) + h^2\text{-Entwicklung}$$

zu wählen, was einerseits $v(h) - y(h) = O(h^2)$ sichert, aber keine
quadratische Entwicklung für $v(h) - y(h)$ bedeutet.

Um unnötigen Rechenaufwand zu vermeiden, wird man also die Startwerte

$$u_0 = y(0)$$

$$u_1 = v(h) = y(0) + h\, f(0,y(0)) ,$$

wählen und mit $\gamma_n = 0$ die $\psi_n(0)$ durch (10.21) definieren.

Setzt man

$$w_m = \frac{\varphi_m + \psi_m}{2}$$

$$v_m = \frac{\varphi_m - \psi_m}{2} \quad ,$$

so erhält man insgesamt die Formel

$$u_{\frac{x}{h}}(h) = y(x) + \sum_{m=1}^{\infty} h^{2m}\left(w_m(x) + (-1)^{\frac{x}{h}} v_m(x)\right) , \qquad (10.23)$$

die die Fälle $n = \frac{x}{h}$ gerade bzw. ungerade vereinigt. Es ist ersichtlich, daß der zweite Anteil für die Oszillationen der "midpoint-rule" infolge der Wurzel $t = -1$ des charakteristischen Polynoms verantwortlich ist; bei herkömmlicher Extrapolation werden nur dann beide Anteile systematisch vernichtet, wenn x stets ein gerades Vielfaches der Schrittweite h ist.

Da das Beispiel 10.1 zeigte, daß der Term $h^2 (-1)^{\frac{x}{h}} v_1(x)$ die Lösung überwuchern kann, sollte er so früh wie möglich aus der Rechnung entfernt werden. Dies kann durch einen simplen Trick von GRAGG geschehen; man bildet für $\frac{x}{h}$ geradzahlig das gewichtete Mittel

$$\frac{1}{4}\left(2u_{\frac{x}{h}}(h) + u_{\frac{x-h}{h}}(h) + u_{\frac{x+h}{h}}(h)\right) =$$

$$= \frac{1}{4}\left(\sum_{m=0}^{\infty} h^{2m}\left(2\varphi_m(x) + \psi_m(x-h) + \psi_m(x+h)\right)\right)$$

$$= \frac{1}{4}\left(2y(x) + y(x-h) + y(x+h) + 2\sum_{m=1}^{\infty} h^{2m}(\varphi_m(x) + \psi_m(x))\right)$$

$$+ \frac{1}{2}\sum_{m=1}^{\infty} h^{2m}\sum_{k=1}^{\infty}\frac{\psi_m^{(2k)}(x)}{(2k)!} h^{2k} \qquad (10.24)$$

$$= y(x) + \frac{1}{2}\sum_{m=1}^{\infty} h^{2m}\left(\varphi_m(x) + \psi_m(x) + \frac{y^{(2m)}(x)}{(2m)!}\right)$$

$$+ \frac{1}{2}\sum_{n=2}^{\infty} h^{2n}\sum_{k=1}^{n-1}\frac{\psi_{n-k}^{(2k)}(x)}{(2k)!} \quad ,$$

dessen erster Reihenterm in φ und ψ symmetrisch ist und deshalb für ungerades $\frac{x}{h}$ in gleicher Form entsteht. Der erste Oszillationsterm des nach GRAGG zu berechnenden Ausdrucks

$$\frac{1}{2}\left[u_{\frac{x}{h}}(h) + h\ f(x,u_{\frac{x}{h}}(h)) + u_{\frac{x-h}{h}}(h)\right]$$

$$= \frac{1}{4}\left(2u_{\frac{x}{h}}(h) + u_{\frac{x-h}{h}}(h) + u_{\frac{x+h}{h}}(h)\right)$$

ist also gerade

$$-\frac{1}{4}h^4\ v_1''(x)\ (-1)^{\frac{x}{h}}$$

wie man analog zur Berechnung der Formel (10.23) findet, während der erste Fehlerterm sich aus (10.24) zu

$$\frac{h^2}{2}\left(\varphi_1(x) + \psi_1(x) + \frac{1}{2}\ y''(x)\right)$$

ergibt. Insgesamt hat man

<u>Satz 10.1.</u>
Für hinreichend glatte Funktionen $f(x,y)$ ist die Lösung $y(x)$ des Anfangswertproblems

$$y'(x) = f(x,y(x))$$

$$y(x_0) = y_0$$

an der Stelle $x = x_n = x_0 + nh$ mit geradem n durch das Verfahren

$$u_0 = y_0$$

$$u_1 = y_0 + h\ f(x_0,y_0)$$

$$u_j = u_{j-2} + 2h\ f(x_{j-1},u_{j-1}),\quad x_{j-1} = x_{j-2} + h\ ,\quad 2 \le j \le n$$

$$v_n = \frac{1}{2}\ (u_n + h\ f(x_n,u_n) + u_{n-1})$$

und nachfolgende Extrapolation der v_n-Werte nach Potenzen von h^2 berechenbar. ∎

Beispiel 10.2.

In der Situation des Beispiels 10.1 ergeben sich mit dem Trick von GRAGG, wenn man von $x = 0$ bis $x = 2$ rechnet, für die letzten fünf Schritte die Fehlerwerte

j	Fall 1	Fall 2	Fall 3
15	0.123	0.056	0.737
16	0.131	0.352	- 1.865
17	0.123	- 0.125	2.369
18	0.121	0.568	- 3.923
19	0.096	- 0.559	6.031
20	0.099	1.174	- 9.634

Bei Extrapolation mit der Schrittweitenfolge $h = \frac{1}{8}, \frac{1}{16}$ usw. ergibt sich die folgende Tabelle der Form (III. 8.2) für die Näherungen von $y(2) = e^{-4} = 0.018315639\ldots$

0.044429				
0.020473	0.012487			
0.018527	0.017878	0.018237		
0.018347	0.018287	0.018314	0.018315	
0.018322	0.018314	0.018316	0.018316	0.018316

§ 11 Die Stabilitätsaussagen von DAHLQUIST

In diesem Abschnitt werden Differenzenverfahren

$$\frac{1}{h}\,\rho(E)u_j = \sigma(E)f(x_j,u_j), \qquad f \in \text{Lip}(G), \quad j \geq 0, \tag{11.1}$$

mit Funktionen

$$\rho(t) = t^k + a_{k-1}t^{k-1} + \ldots + a_o$$

$$\tag{11.2}$$

$$\sigma(t) = b_k t^k + b_{k-1}t^{k-1} + \ldots + b_o$$

und reellen Zahlen $a_o,\ldots,a_{k-1}$, $b_o,\ldots,b_k$ betrachtet. Nach den Resultaten von § 9 sind Verfahren der Form (11.1) nur dann konvergent, wenn das Polynom ρ die Wurzelbedingung erfüllt. Die Konvergenzordnung hängt (außer von den Startwerten) von der Ordnung des lokalen Verfahrensfehlers ab. Diese Ordnung kann durch Satz 9.1 leicht ermittelt werden. Fixiert man die Zahl der Parameter in (11.2) und sucht man dann nach einer möglichst günstigen Formel (11.1), so hat man einerseits die Wurzelbedingung für ρ und andererseits für eine möglichst große Zahl $p \in \mathbb{N}$ die Gleichungen

$$\mathcal{L}[x^\nu,1] = \rho(E)j^\nu - \nu\sigma(E)j^{\nu-1} = 0 \qquad (0 \leq \nu \leq p) \tag{11.3}$$

zu erfüllen.

Der folgende Satz gibt eine äquivalente Formulierung für die Gleichungen (11.3), welche sich auch praktisch gut verwenden läßt.

Satz 11.1.

Es seien Polynome ρ und σ der Form (11.2) gegeben mit der Zusatzbedingung

$$\rho(1) = 0, \quad \rho'(1) \neq 0.$$

Dann gilt:
Das mit ρ und σ gebildete Differenzenverfahren (11.1) hat genau dann die Ordnung $p \in \mathbb{N}$, wenn die Funktion

$$g(t) := \frac{\rho(t)}{\log t} - \sigma(t)$$

in $t = 1$ eine Nullstelle der Ordnung p hat.

<u>Beweis:</u>

Bildet man zu $h > 0$ den Ausdruck

$$\mathcal{L}[e^x, h] = \frac{1}{h} \rho(E)e^{jh} - \sigma(E)e^{jh} \tag{11.4}$$

und substituiert $t = e^h$, so folgt

$$\mathcal{L}[e^x, h] = \frac{\rho(t)}{\log t} - \sigma(t) = g(t) \; . \tag{11.5}$$

Der Bruch $\frac{\rho(t)}{\log t}$ ist in $t = 1$ analytisch, da $\rho(t)$ und $\log t$ in $t = 1$ je eine einfache Nullstelle haben.

Da

$$\frac{dt}{dh}\bigg|_{h=0} = 1$$

ist, hat $g(t)$ in $t = 1$ genau dann eine Nullstelle der Ordnung p, wenn $\mathcal{L}[e^x, h]$ in $h = 0$ eine Nullstelle der Ordnung p hat.

Mit

$$e^{jh} = \sum_{\nu=0}^{p+1} \frac{(jh)^\nu}{\nu!} + O(h^{p+2}) = \sum_{\nu=0}^{p+1} \frac{h^\nu}{\nu!} j^\nu + O(h^{p+2})$$

sowie der Linearität von $\mathcal{L}$ läßt sich (11.4) umformen in

$$\mathcal{L}[e^x, h] = \sum_{\nu=0}^{p+1} \frac{h^{\nu-1}}{\nu!} \mathcal{L}[x^\nu, 1] + O(h^{p+1}) \; . \tag{11.6}$$

Aus dieser Gleichung folgt, daß $\mathcal{L}[e^x, h]$ in $h = 0$ genau dann eine Nullstelle der Ordnung p besitzt, wenn die Gleichungen (11.3) gelten. Damit ist Satz 11.1 bewiesen. ∎

Bemerkung 11.1.

Satz 11.1 gestattet, zu einem gegebenen Polynom ρ, welches wegen der Stabilität zumindest der Wurzelbedingung genügen sollte, ein Polynom σ so zu konstruieren, daß das resultierende Verfahren (11.1) eine vorgegebene Ordnung hat. Man hat lediglich die Funktion $\rho(t)/\log t$ um den Punkt $t = 1$ zu entwickeln und $\sigma(t)$ so zu bestimmen, daß durch σ die ersten p Terme der Entwicklung kompensiert werden. Man kann dazu die Variablentransformation $t = \frac{1}{1-v}$ durchführen und obige Gleichung mit $(1-v)^k \log(1-v)$ multiplizieren. Man erhält

$$(1-v)^k \cdot g\left(\tfrac{1}{1-v}\right) \cdot \log(1-v) = -\left[\rho\left(\tfrac{1}{1-v}\right) + \log(1-v) \cdot \sigma\left(\tfrac{1}{1-v}\right)\right](1-v)^k \ ,$$

und diese Funktion ist um den Punkt $v = 0$ in eine Potenzreihe entwickelbar. Die Forderung, daß $g(t)$ in $t = 1$ eine Nullstelle p-ter Ordnung haben soll, geht dann über in die Forderung

$$(1-v)^k \cdot \rho\left(\tfrac{1}{1-v}\right) + (1-v)^k \cdot \log(1-v) \cdot \sigma\left(\tfrac{1}{1-v}\right) = O(v^{p+1}) \quad \text{für } v \to 0 \ .$$

Im Falle $\rho(t) = t^k - t^{k-1}$ hat man beispielsweise

$$(1-v)^k \cdot \rho\left(\tfrac{1}{1-v}\right) = (1-v)^k\left[\left(\tfrac{1}{1-v}\right)^k - \left(\tfrac{1}{1-v}\right)^{k-1}\right] = 1-1+v = v$$

zu vergleichen mit

$$(1-v)^k \cdot \log(1-v) \cdot \sigma\left(\tfrac{1}{1-v}\right) = \log(1-v)\left[b_0(1-v)^k + b_1(1-v)^{k-1} + \dots + b_m(1-v)^{k-m}\right],$$

und man erhält die Formeln von ADAMS-MOULTON bzw. ADAMS-BASHFORTH, je nachdem, ob man $m = k$ oder $m = k-1$ fordert. Dabei ist allerdings zu berücksichtigen, daß die oben verwendeten Koeffizienten $b_0, \dots, b_m$ noch gemäß der Identität

$$b_0(1-v)^k + \dots + b_m(1-v)^{k-m} = \sum_{\nu=0}^{k} c_\nu v^\nu \qquad (v \in \mathbb{R})$$

auf die in § 8 verwendeten Koeffizienten umgerechnet werden müssen. $*$

In dieser Anwendung von Satz 11.1 war das Polynom ρ vorgegeben. Durch
seine Wahl sollte also die Stabilität von (11.1) bereits sicherge-
stellt sein. Im folgenden wird hingegen die Frage untersucht, welche
Ordnung bei 2k+1 freien Parametern in (11.2) für den Verfahrensfehler
erreicht werden kann, wenn $\rho(t)$ auch frei wählbar ist, allerdings dabei für Stabilität gesorgt werden muß. DAHLQUIST gibt darauf folgende
Antwort:

Satz 11.2.

Ein mit Polynomen $\rho,\sigma \in \mathcal{R}_k$ gemäß (11.1) und (11.2) gebildetes <u>stabi-</u>
<u>les</u> Differenzenverfahren hat <u>höchstens</u> die Ordnung

$$
p = 2\left[\frac{k+2}{2}\right] \leq k+2 \ . \tag{11.7}
$$

Man kann durch geeignete Wahl von ρ und σ die angegebene Ordnung (11.7)
erreichen; ist k gerade, so erhält man ein Polynom ρ, dessen Wurzeln
aus +1, -1 und $\frac{k-2}{2}$ Paaren konjugiert komplexer Zahlen bestehen, die
auf dem Rand des Einheitskreises liegen.

Beweis:

Es sei $\rho(t) = t^k + a_{k-1}t^{k-1} + \ldots + a_o \in \mathcal{R}_k$ mit reellen Koeffizienten gegeben und ρ erfülle die Wurzelbedingung; im folgenden wird ρ
als komplexwertige Funktion auf $\mathbb{C}$ betrachtet. Bei der konformen Abbildung

$$
v = \frac{t-1}{t+1} \ , \quad t = \frac{1+v}{1-v} \tag{11.8}
$$

gehen rein imaginäre v-Werte in t-Werte vom Betrage 1 über und die
Punkte -1,0 der v-Ebene werden auf die Punkte 0,1 der t-Ebene abgebildet. Somit geht der Einheitskreis der t-Ebene in die linke Halbebene der v-Ebene über. Transformiert man ρ entsprechend, so wird ρ
eine rationale Funktion in v, deren Zähler mit r(v) bezeichnet werde:

$$
\frac{r(v)}{(1-v)^k} := \rho\left(\frac{1+v}{1-v}\right) \ , \quad \partial r \leq k \ . \tag{11.9}
$$

Die auf Grund der Stabilität im Einheitskreis liegenden, von -1 verschiedenen Wurzeln von ρ gehen über in Wurzeln von r in der linken
Halbebene mit gleicher Vielfachheit, d.h. alle Wurzeln von r haben

einen nichtpositiven Realteil. Ist -1 eine Nullstelle der Ordnung μ von ρ, so ist der Grad von $r(v)$ reduziert zu $k-\mu$. Sind $v_1,\ldots,v_m$ die reellen und $v_{m+1},\bar{v}_{m+1},\ldots,v_{m+j},\bar{v}_{m+j}$ die Paare konjugiert komplexer Nullstellen von r, so gilt

$$r(v) = \prod_{\nu=1}^{m} (v-v_\nu) \prod_{\nu=1}^{j} (v-v_{m+\nu})(v-\bar{v}_{m+\nu})$$

$$= \prod_{\nu=1}^{m} (v+|v_\nu|) \prod_{\nu=1}^{j} \left[v^2 - v(v_{m+\nu}+\bar{v}_{m+\nu}) + v_{m+\nu}\,\bar{v}_{m+\nu} \right]$$

$$= \prod_{\nu=1}^{m} (v+|v_\nu|) \prod_{\nu=1}^{j} \left[v^2 + 2v|\mathrm{Re}(v_{m+\nu})| + |v_{m+\nu}|^2 \right] ,$$

und beim Ausmultiplizieren erhält man ausschließlich <u>nichtnegative</u> Koeffizienten von $r(v)$ in der Darstellung

$$r(v) = a_0^* + a_1^* v + \ldots + a_k^* v^k .$$

Die Ordnung von $r(v)$ im Punkt $v = 0$ entspricht nach (11.9) der von $\rho(t)$ in $t = 1$, d.h. r hat in $v = 0$ eine <u>einfache</u> Nullstelle. Somit hat $r(v)$ die Gestalt

$$r(v) = v(a_1^* + a_2^* v + \ldots + a_k^* v^{k-1}) \tag{11.10}$$

mit den Vorzeichenbeschränkungen

$$a_1^* > 0, \quad a_2^* \geq 0, \quad \ldots , \quad a_k^* \geq 0 \tag{11.11}$$

für die Koeffizienten.

Damit ist eine zur Wurzelbedingung äquivalente Aussage abgeleitet worden; es geht nunmehr darum, die Ordnung eines durch $\rho(t)$ und ein Polynom $\sigma \in \mathcal{R}_k$ gegebenen Verfahrens (11.1) hochzutreiben. Nach Satz 11.1 hat man dafür zu sorgen, daß

$$g(t) = \frac{\rho(t)}{\log t} - \sigma(t)$$

in t = 1 eine Nullstelle möglichst hoher Ordnung hat. Transformiert
man mit (11.8), so folgt

$$(1-v)^k \cdot g\left(\frac{1+v}{1-v}\right) = \frac{r(v)}{\log \frac{1+v}{1-v}} - s(v) \, , \tag{11.12}$$

wenn man analog zu (11.9) das Polynom s(v) durch

$$\frac{s(v)}{(1-v)^k} := \sigma\left(\frac{1+v}{1-v}\right) \, , \qquad \partial s \leq k \tag{11.13}$$

einführt. Da g(t) um t = 1 in eine Potenzreihe entwickelbar ist, besitzt die linke Seite von (11.12) eine Potenzreihenentwicklung um
v = O. Entwickelt man den ersten Term der rechten Seite von (11.12)
in eine Potenzreihe, so kann man die ersten Potenzen von v bis ein-
schließlich v^k durch geeignete Wahl von s kompensieren und dadurch
eine Nullstelle der Ordnung k+1 in v = O erzielen. Somit bleibt zu
klären, ob man die Ordnung k+1 überschreiten kann.

Zu diesem Zwecke muß man die auftretenden Entwicklungen genauer untersuchen; aus

$$\frac{1}{2v} \log \frac{1+v}{1-v} = \frac{1}{2v} \left[\log(1+v) - \log(1-v)\right] = 1 + \frac{v^2}{3} + \frac{v^4}{5} + \dots$$

kann man zunächst die Potenzreihe $c_o + c_2 v^2 + c_4 v^4 + \dots$ der Funktion
$2v[\log \frac{1+v}{1-v}]^{-1}$ ermitteln:

$$1 = \left[c_o + c_2 v^2 + c_4 v^4 + \dots\right] \cdot \left[1 + \frac{v^2}{3} + \frac{v^4}{5} + \dots\right] \, .$$

Man erhält $c_o = 1$, $\quad c_2 = -\frac{1}{3}$, $\quad c_4 = -\frac{1}{45}$, allgemein

$$\sum_{v=O}^{j} c_{2j-2v} \cdot \frac{1}{2v+1} = O \qquad (j \in \mathbb{N}) \, . \tag{11.14}$$

Da für alle $j > v \geq 1$ die Abschätzung

$$0 < \frac{2j+1}{2j-1} = 1 + \frac{2}{2j-1} < 1 + \frac{2}{2\nu-1} = \frac{2\nu+1}{2\nu-1}$$

gilt, erhält man ausgehend von c_2, c_4, ..., $c_{2j-2} < 0$ die Ungleichung

$$-c_{2j} = \sum_{\nu=1}^{j} c_{2j-2\nu} \frac{1}{2\nu+1} > \frac{2j-1}{2j+1} \sum_{\nu=1}^{j} c_{2j-2\nu} \frac{1}{2\nu-1} =$$

$$= \frac{2j-1}{2j+1} \sum_{\nu=0}^{j-1} c_{2(j-1)-2\nu} \frac{1}{2\nu+1} = 0$$

aus der sich ablesen läßt, daß die Relation

$$c_{2j} < 0 \tag{11.15}$$

für jedes $j \geq 1$ gilt.

Durch Einsetzen in (11.12) ergibt sich mit (11.10) die Forderung

$$2s(v) = [a_1^* + a_2^* v + ... + a_k^* v^{k-1}] \cdot [c_0 + c_2 v^2 + c_4 v^4 + ...] + O(v^p) \ .$$

Die Koeffizienten $b_0^*, ..., b_k^*$ von $s(v)$ sind also gemäß der Rekursions-formel

$$2b_j^* = a_{j+1}^* c_0 + a_{j-1}^* c_2 + ... + \begin{cases} a_1^* c_j & \text{falls } j \text{ gerade} \\ \\ a_2^* c_{j-1} & \text{falls } j \text{ ungerade} \end{cases} \tag{11.16}$$

für $j = 0, 1, ..., k$ zu bestimmen; mit geeignet zu wählenden, nach den obigen Überlegungen stets nichtnegativen Koeffizienten a_j^* möchte man die obigen Gleichungen auch noch für $j = k+1$, $k+2$, ... erfüllen, um die Ordnung hochzutreiben. Da der Grad von s und r durch k beschränkt ist, hat man also durch geschickte Wahl nichtnegativer reeller Zahlen $a_1^*, ..., a_k^*$ mit $a_1^* > 0$ die Gleichungen (11.16) auch für die Indizes $j = k+1$, $k+2$, ... mit $b_{k+1}^* = b_{k+2}^* = ... = 0$ und $a_{k+1}^* = a_{k+2}^* = ... = 0$ zu lösen.

Ist $k+i$ ($i=1,2$) <u>gerade</u>, so liefert (11.16) für $j = k+i$ wegen
$a^*_{k+i} = 0$, (11.11) und (11.15) die Ungleichung

$$2b^*_{k+i} = a^*_{k+i-1}\, c_2 + \ldots + a^*_1\, c_{k+i} < 0 \; ,$$

d.h. diese gerade Ordnung $k+i$ ist nicht zu übertreffen. Für ungerade
k ist somit die Ordnung $k+1$ nicht zu übertreffen, während für gerades
k höchstens die Ordnung $k+2$ erreichbar sein kann.

Im Falle k <u>gerade</u> gilt

$$2b^*_{k+1} = a^*_k\, c_2 + \ldots + a^*_2\, c_k$$

und man kann $b^*_{k+1} = 0$ wegen (11.11) und (11.15) nur durch
$a^*_2 = a^*_4 = \ldots = a^*_k = 0$ erfüllen, d.h. $r(v)$ ist als <u>ungerades</u> Polynom
zu wählen. Wegen $r(v) = -r(-v)$ ist mit $+v_j$ auch $-v_j$ eine Nullstelle;
da alle Nullstellen von $r(v)$ wegen der Stabilität einen nichtpositiven Realteil haben, gilt $\mathrm{Re}\ v_j \leq 0$ und

$$\mathrm{Re}(-v_j) = -\mathrm{Re}\ v_j \leq 0 \; ,$$

also müssen sämtliche Wurzeln von $r(v)$ rein imaginär sein. Da bei der
Transformation (11.8) die imaginäre Achse in der v-Ebene das Bild des
Randes des Einheitskreises der t-Ebene ist, müssen die Wurzeln von
$\rho(t)$ auf dem Rand des Einheitskreises liegen. Da $t = 1$ eine einfache
Wurzel ist, die komplexen Nullstellen in konjugierten Paaren auftre-
ten und die Anzahl der Wurzeln gerade ist, muß auch $t = -1$ eine Wur-
zel sein. Für geradzahliges k ist somit die Ordnung $k+2$ erreichbar.
Damit ist der Satz bewiesen. ∎

<u>Beispiel 11.1.</u>
Als Spezialfall der obigen Überlegungen sei der Fall $k = 2$ angeführt.
Nach Satz 11.2 gilt für das zu einer optimalen Formel (11.1) gehörige
Polynom ρ die Gleichung

$$\rho(t) = (t-1)(t+1) = t^2 - 1 \; .$$

Mit der Transformation (11.8) ergibt sich

$$r(v) = (1-v)^2 \, \rho\left(\frac{1+v}{1-v}\right) = (1+v)^2 - (1-v)^2 = 4v \ .$$

Aus (11.12) ermittelt man s(v) durch

$$s(v) = \frac{4v}{\log\frac{1+v}{1-v}} + O(v^p) \ ,$$

für p = 4 zu

$$s(v) = 2 - \frac{2}{3} v^2 \ .$$

Die Rücktransformation nach (11.8) ergibt

$$\sigma(t) = (1-v)^{-2} \, s\left(\frac{t-1}{t+1}\right) = \frac{(t+1)^2}{4}\left[2 - \frac{2}{3}\left(\frac{t-1}{t+1}\right)^2\right] = \frac{1}{3}\left[t^2 + 4t + 1\right] \ .$$

Insgesamt erhält man das Verfahren

$$\frac{1}{h}(u_{j+2} - u_j) = \frac{1}{3}\left[f(x_{j+2}, u_{j+2}) + 4u_{j+1} + u_j\right]$$

vom MILNE-SIMPSON-Typ mit der Ordnung 4 (vgl. § 8).

Bei einem vorgelegten Anfangswertproblem mit LIPSCHITZstetiger rechter Seite f(x,y) kann man durch die angegebenen diskreten Verfahren Näherungswerte auf einem Raster berechnen, die dort die Lösung mit einer vorgeschriebenen Genauigkeit darstellen. Man hat in der Theorie dafür nur die Schrittweite h hinreichend klein zu wählen; in der Praxis dagegen kann man wegen der unvermeidlich auftretenden Rundungsfehler bei fester Rechengenauigkeit keine beliebig kleine Schrittweite benutzen. Zuweilen läßt sich schon mit verhältnismäßig großer Schrittweite die gewünschte Genauigkeit erreichen. Die Werte an Zwischenstellen ermittelt man dann durch Interpolation der durch das Integrationsverfahren gelieferten Daten. Dabei wird man ausnutzen, daß neben den Näherungen für die Funktionswerte auch die Ableitungen näherungsweise bekannt sind. Es bietet sich also eine HERMITE-Interpolation an.

In diesem Kapitel wurde versucht, die Phänomene zu beschreiben, welche bei der praktischen Arbeit auftreten können. Bei der Programmierung einer Methode, z.B. einem Prädiktor-Korrektor-Verfahren, sind noch

einige Probleme organisatorischer Art zu lösen, etwa der automatische
Start und die Steuerung der Schrittweite. Man findet eine ausführli-
che Beschreibung vollständiger Algorithmen bei NORDSIECK (Math. Comp.
XVI, 1962) und Ergänzungen bei GEAR (Math. Comp. XXI, 1967). Verwie-
sen sei aber auch auf die neueren Darstellungen von GEAR, GRIGORIEFF,
HALL-WATT, LAMBERT und STETTER.

Damit scheint die Behandlung der Anfangswertaufgaben für gewöhnliche
Differentialgleichungen einen befriedigenden Abschluß gefunden zu
haben. Die beschriebenen Methoden arbeiten jedoch unbefriedigend,
wenn große LIPSCHITZ-Konstanten auftreten, da dann sehr kleine Schrittweiten erforderlich sind. Oft tritt dieses Phänomen gerade bei der
Auswertung von Differentialgleichungssystemen auf, die besonders
stabile Lösungen erwarten lassen, z.B. bei Einschwingvorgängen mit
starker Dämpfung. Ein Modellfall ist das lineare System

$$y' = A \cdot y \tag{11.17}$$

mit einer Matrix A, die betragsmäßig sehr große, negative Eigenwerte
besitzt (<u>Steife Systeme</u>). Nach wenigen Schritten ist der Einfluß der
zu diesen Eigenwerten gehörenden Bestandteile der homogenen Lösung
abgeklungen und man möchte die Integration mit einer verhältnismäßig
großen Schrittweite fortsetzen. Bei der Diskretisierung sollte dann
dafür gesorgt werden, daß die entsprechenden Komponenten in der diskretisierten Lösung ebenfalls rasch abklingen.

Benutzt man etwa eines der in diesem Paragraphen besprochenen linearen Mehrschrittverfahren, so ist

$$\rho(E)y_j - h \cdot \sigma(E) \cdot Ay_j = 0$$

zu betrachten und man wünscht, daß für beliebiges $h \cdot \lambda$ mit $Re(h \cdot \lambda) < 0$
die das Verhalten der Lösungen der Differenzengleichung bestimmenden
Wurzeln von

$$\rho(t) - h \cdot \lambda \cdot \sigma(t) = 0$$

vom Betrage kleiner als 1 sind (<u>A-Stabilität</u>). DAHLQUIST hat auch
diese Frage untersucht (BIT 3, 1963) und festgestellt, daß diese Forderung die Ordnung eines Verfahrens mit teilerfremden Polynomen ρ

und σ weiter drastisch eingeschränkt, nämlich auf 2. Die bezüglich des ersten Koeffizienten in der Entwicklung des lokalen Fehlers optimale Formel liefert die Trapezregel $\rho = t-1$, $\sigma = \frac{1}{2}(t+1)$.

Es sind von einigen Autoren (BRUNNER, DAHLQUIST, GEAR, LINIGER, OSBORNE, STETTER, WIDLUND) Ansätze gemacht worden, die unter Abschwächung der Forderung der A-Stabilität zu effektiveren Verfahren führen. Es sei in diesem Zusammenhang auf die in den Proceedings der IFIP-Kongresse 1968 und 1971 (North-Holland-Publishing Company, Amsterdam) enthaltenen Arbeiten und die dort zitierte Literatur, insbesondere den Übersichtsvortrag von HULL, ebenso wie auf die Proceedings des Symposiums über Stiff Differential Systems (Hrsg. R.A. WILLOUGHBY) hingewiesen.

Symbolverzeichnis

$\rightarrow$	siehe Seite
$\{x \mid \alpha(x)\}$	Menge der x mit der Eigenschaft $\alpha(\mathbf{x})$
$[a,b]$	$\{x \in \mathbb{R} \mid a \leq x \leq b\}$
$(a,b]$	$\{x \in \mathbb{R} \mid a < x \leq b\}$
$[a,b)$	$\{x \in \mathbb{R} \mid a \leq x < b\}$ $\quad a < b$
(a,b)	$\{x \in \mathbb{R} \mid a < x < b\}$
(u,v)	Skalarprodukt der Vektoren u und v
$\alpha(j) \quad (1 \leq j \leq n)$	$\alpha(j)$ gilt für $j=1,2,\ldots,n$
$[x]$	$\max\{z \in \mathbb{Z} \mid z \leq x\}$
$(x)_+^j$	abgeschnittene Potenzfunktion $\rightarrow$ 169
$A \times B$	cartesisches Produkt
$\|\cdot\|$	Norm
$\|\cdot\|_\infty$	TSCHEBYSCHEFF-Norm $\rightarrow$ 83
$\|\cdot\|_q$	L_q-Norm $\rightarrow$ 83
$(f,g)_k$	Bilinearform $\rightarrow$ 164
$\|f\|_k$	Seminorm $\rightarrow$ 164
$\|\cdot\|$	Betrag in $\mathbb{R}$, Vektornorm ab Kap. IV
$\perp$	orthogonal
$'$	Transposition eines Zeilenvektors
$\in$	Element von
$\subset$	Teilmenge
$\approx$	näherungsweise gleich
$\forall$	für alle, für jedes
$\sqcap$	Kettenbruchsymbol $\rightarrow$ 65

$\nabla^n(x_o,\ldots,x_n)f$	inverser Differenzenquotient $\to$ 66
∇^j	absteigende Differenzen $\to$ 324
$\square$	arithmetische Verknüpfung $\to$ 36
$\blacksquare$	Ende eines Beweises
$\blacktriangle$	Ende einer Definition
$*$	Ende einer Bemerkung
$\mathcal{A},\ \mathcal{A}_h$	Anfangswertprobleme $\to$ 252, 304
$\mathcal{A}(\alpha)$	parameterabhängiges Anfangswertproblem $\to$ 268
B	Menge von Referenzen $\to$ 96
$\bar{B}$	abgeschlossene Hülle von B $\to$ 100
$\mathbb{B}$	normierter Raum $\to$ 3, BANACH-Raum ab 301
$B_n f$	n-tes BERNSTEIN-Polynom zur Funktion f $\to$ 133
$B_j^{r,s}(t)$	allgemeiner B-Spline $\to$ 201
$B_{j,*}^{r,s}(t)$	$\to$ 103
$B_i(t)$	$\to$ 106
B_j	BERNOULLI-Zahlen $\to$ 241
$C(I)$	Raum der stetigen Funktionen auf I
$C^m(I)$	Raum der m-mal stetig differenzierbaren Funktionen auf I
$C_{2\pi}$	Raum der stetigen 2π-periodischen Funktionen auf $\mathbb{R}$
$C_{2\pi}^*$	Raum der geraden Funktionen aus $C_{2\pi}$
$C_n^j(I)$ $\left.\vphantom{\begin{matrix}a\\b\end{matrix}}\right\}$ $C_n(I) := C_n^o(I)$	Raum der j-mal stetig differenzierbaren Funktionen mit Werten im $\mathbb{R}^n$
$C(f,h,x)$	Verschiebungsoperator $\to$ 304
$\mathcal{C}_m^n(f,h)$	iterierter Verschiebungsoperator $\to$ 305
D	Differentialoperator $\to$ 285
$D_n(z)$	DIRICHLETscher Kern $\to$ 143
$D(X)f$	Funktional bei der TSCHEBYSCHEFF-Approximation $\to$ 98
$\mathbb{D}^k(I),\ \mathbb{D}^k$	Grundräume für Spline-Funktionen $\to$ 85

∂P	Grad des Polynoms P → 38
$\left.\begin{array}{l}\Delta^n(x_o,\ldots,x_n)f\\\Delta_t^n(x_o,\ldots,x_n)f(t)\end{array}\right\}$	n-ter Differenzenquotient → 22
$\delta_{ij} := \begin{cases} 1 & \text{falls } i=j \\ 0 & \text{sonst} \end{cases}$	KRONECKERsymbol
E	Verschiebungsoperator → 297, 335
$\left.\begin{array}{l}E(\varepsilon_1,\varepsilon_2,L,x)\\E_1(\varepsilon_1,\varepsilon_2,L,x)\end{array}\right\}$	→ 260
e_i	i-ter Einheitsvektor
$<\varepsilon>$	Größenordnung → 36
$\left.\begin{array}{l}\eta(f)\\\eta(f,x)\end{array}\right\}$	Minimalabweichung → 86, 92
$\varepsilon(h)$	(globaler) Diskretisierungsfehler → 305
ℓ_H	allgemeines Einschrittverfahren → 303
$f(x)$	Funktion → 1
$\hat{f}$	FOURIER-Transformierte von f → 117
$\mathcal{F}$	Funktionenklasse ⊂ Lip (G)
G	Gebiet → 247
$G_k(x,t)$	Kernfunktion → 173
$G_k(x,c,t)$	Kernfunktion → 177
gl	Gleitkommaoperator → 36
$\mathbb{H}$	linearer Raum mit Skalarprodukt → 107
h_j	Stützstellenabstand → 186
h	maximaler Stützstellenabstand → 193
I	Intervall → 390, oder Identität
$I(\delta)$	Intervall → 253, 301
$\ker T := \{s \mid Ts=0\}$	Kern der linearen Abbildung T
$K_k(x,t)$	Kernfunktion → 169
$K_k^-(x,t)$	Kernfunktion → 176
K_n	KOROVKIN-Operator → 132
$K_r(x_o)$	Kegel → 148

$\kappa_0(h)$	Konsistenzfunktion der Startwerte $\to$ 304
$\kappa(h)$	Konsistenzfunktion eines Einschrittverfahrens $\to$ 306
Lip(G)	Klasse der LIPSCHITZstetigen Funktionen über G $\to$ 254
λ_j^n	Gewichte von Differenzenquotienten $\to$ 22
λ_n	LEBESGUEsche Konstanten $\to$ 144
L_ℓ	LIPSCHITZkonstante des iterierten Verschiebungsoperators $\to$ 307
$\mathscr{L}$	Konsistenzfunktional $\to$ 342
L	in Kap. IV: LIPSCHITZkonstante $\to$ 254
$\mathbb{N}$	Menge der natürlichen Zahlen
$\mathbb{N}_0 := \mathbb{N} \cup \{0\}$	
N(h)	ab S. 302 Schrittzahl
$\mathbb{P}$, $\mathbb{P}_n$	Projektion $\to$ 17
$\mathbb{P}$	linearer Teilraum eines normierten Raumes $\mathbb{B}$ $\to$ 85
p*	beste Approximation $\to$ 86
$\mathscr{P}_n$	Raum der Polynome vom Grad $\leq$ n
$\mathbb{P}_s = \mathbb{P}_s(T,k)$	Spline-Interpolationsproblem $\to$ 165
$\mathscr{P}_{k,a}v$	polynomialer Teil der TAYLORformel $\to$ 170
$\varphi[f,h]$	Verfahrensfunktion $\to$ 314
$\mathbb{R}$	Menge der reellen Zahlen
$\mathbb{R}^n$	n-dimensionaler reeller Vektorraum
$\mathbb{R}(\ell,m)$	Menge von rationalen Funktionen $\to$ 59
R(f)	Fehlerfunktional $\to$ 172, 213
r[f,h]	(lokaler) Verfahrensfehler $\to$ 306
ρ	charakteristisches Polynom bei Mehrschrittverfahren $\to$ 335
S = S(T,k)	Menge von natürlichen Spline-Funktionen $\to$ 167
s*	interpolierender Spline
$S_n(f)$	n-te FOURIER-Partialsumme von f $\to$ 117

σ	charakteristisches Polynom bei Mehrschritt-verfahren $\rightarrow$ 336
T	Datenabbildung $\rightarrow$ 8, 164
$T(x)$	trigonometrisches Polynom $\rightarrow$ 44
$\mathcal{T}_m$	Raum von trigonometrischen Polynomen $\rightarrow$ 44
$T_n(x)$	TSCHEBYSCHEFF-Polynom $\rightarrow$ 125
$\tau_j^{(n)}$	Abminderungsfaktoren $\rightarrow$ 119
u^*	beste Approximation
$U_n(x)$	TSCHEBYSCHEFF-Polynom 2. Art $\rightarrow$ 126
$u_j = u_j(h)$	Näherungslösungen für Anfangswertprobleme $\rightarrow$ 303
$u_o = u_o(h)$	zugehörige Startwerte $\rightarrow$ 304
$w(x)$	Gewichtsfunktion $\rightarrow$ 90
$\Omega(x)$, $\Omega_j(x)$	Polynome $\rightarrow$ 79
$\omega_i(x)$	Basispolynom für LAGRANGE-Interpolation $\rightarrow$ 6
$\omega_j^k(x)$	Basispolynom für HERMITE-Interpolation $\rightarrow$ 9
$\omega_{jk}(x,y)$	Basispolynom für zweidimensionale LAGRANGE-Interpolation $\rightarrow$ 19
X	endliche Teilmenge bei diskreter Approximation $\rightarrow$ 92
X^k	Referenz $\rightarrow$ 102
X^*	Alternante $\rightarrow$ 107
x_i	Stützstellen $\rightarrow$ 3
x	tiefgestellt bei T_x: Wirkung auf Variable x
y^o bzw. $y_n(0)$	Anfangswert $\rightarrow$ 253 bzw. 304
$y(x)$ bzw. $y_n(x)$	ab S. 302: exakte Lösung des Anfangswert-problems $\mathcal{O}\!\ell$ bzw. $\mathcal{O}\!\ell_h$
$\mathbb{Z}$	Menge der ganzen Zahlen
ζ_n^j	n-te Einheitswurzeln $\rightarrow$ 128

Literaturverzeichnis

Lehrbücher der numerischen Mathematik

BERESIN, I.S.,   Numerische Methoden, 2 Bände,
SHIDKOW, N.P.   Berlin: Deutscher Verlag der Wissenschaften,
                        1970-71

BLUM, E.K.   Numerical Analysis and Computation:
                        Theory and Practice
                        Reading — Menlo Park — London — Don Mills:
                        Addison-Wesley, 1972

BROSOWSKI, B.,   Einführung in die Numerische Mathematik I und II,
KRESS, R.   Mannheim-Wien-Zürich: Bibliographisches
                        Institut, 1975/76

COLLATZ, L.   Funktionalanalysis und numerische Mathematik,
                        Berlin-Göttingen-Heidelberg: Springer, 1964

GAUSS, C.F.   Werke Band III, Zweiter Abdruck, herausgegeben
                        von der Königlichen Gesellschaft der Wissen-
                        schaften zu Göttingen, 1876

HENRICI, P.   Elements of numerical analysis,
                        New York-London-Sydney: J. Wiley & Sons, 1964

HENRICI, P.   Applied and Computational Complex Analysis,
                        2 Bände
                        New York-London-Sydney-Toronto: J. Wiley & Sons,
                        1974/77

ISAACSON, E.,   Analyse numerischer Verfahren,
KELLER, H.B.   Zürich-Frankfurt am Main: Harri Deutsch, 1973

JORDAN-ENGELN, G.,   Numerische Mathematik für Ingenieure,
REUTTER, F.   Mannheim-Wien-Zürich: Bibliographisches
                        Institut, 1973 (Band 104)

JORDAN-ENGELN, G.,   Formelsammlung zur Numerischen Mathematik mit
REUTTER, F.   FORTRAN IV-Programmen,
                        Mannheim-Wien-Zürich: Bibliographisches
                        Institut, 1976 (Band 106)

NITSCHE, J.   Praktische Mathematik, Hochschultaschenbücher,
                        Mannheim: Bibliographisches Institut, 1968

RUTISHAUSER, H.   Vorlesungen über numerische Mathematik, 2 Bände,
                        Basel-Stuttgart: Birkhäuser, 1976

SCHMEISSER, G.,   Praktische Mathematik,
SCHIRMEIER, M.   Berlin-New York: de Gruyter, 1976

STOER, J.   Einführung in die Numerische Mathematik I,
                        Berlin-Heidelberg-New York: Springer, 1972

STOER, J.
BULIRSCH, R.

Einführung in die Numerische Mathematik,
Berlin-Heidelberg-New York: Springer, 1973

STUMMEL, F.,
HAINER, K.

Praktische Mathematik,
Stuttgart: Teubner Studienbücher, 1971

WERNER, H.

Praktische Mathematik I, Methoden der linearen
Algebra,
Berlin-Heidelberg-New York: Springer,
2. Auflage, 1975

WILKINSON, J.H.

Rundungsfehler, Heidelberg Taschenbücher,
Berlin-Heidelberg-New York: Springer, 1969

Approximationstheorie und Splinefunktionen

BÖHMER, K.,
MEINARDUS, G.,
SCHEMPP, W.

Spline-Funktionen,
Mannheim-Wien-Zürich: Bibliographisches
Institut, 1974

BÖHMER, K.,
MEINARDUS, G.,
SCHEMPP, W.

Spline Functions,
Berlin-Heidelberg-New York: Springer, 1976

CHENEY, E.W.

Introduction to Approximation Theory,
New York-St.Louis-San Francisco-Toronto-London-
Sydney: McGraw-Hill, 1966

DAVIS, P.J.,
RABINOWITZ, P.

Numerical Integration,
Waltham-Toronto-London: Blaisdell, 1967

GREVILLE, T.N.E.

Theory and Applications of Spline Functions,
New York-London: Academic Press, 1969

MEINARDUS, G.

Approximation of Functions: Theory and
Numerical Methods,
Berlin-Heidelberg-New York: Springer, 1967

MICCHELLI, C.A.,
RIVLIN, T.J.

Optimal Estimation in Approximation Theory,
New York-London: Plenum Press, 1977

MÜLLER, M.W.

Approximationstheorie,
Wiesbaden: Akad. Verlagsges., 1978, 247 pp.

RICE, J.R.

The Approximation of Functions,
Reading, Mass.-Palo Alto-London: Addison-Wesley,
Vol. I: Linear Theory, 1964
Vol. II: Advanced Topics, 1969

RIVLIN, T.J.

The Chebyshev Polynomials,
New York-London-Sydney-Toronto: J. Wiley & Sons,
1974

SARD, A.

Linear Approximation, Math. Surveys, Vol. 9,
Providence: American Mathem. Society, 1963

SCHÖNHAGE, A.

Approximationstheorie,
Berlin: de Gruyter, 1971

380

TRICOMI, F.G.   Vorlesungen über Orthogonalreihen,
                             Berlin-Göttingen-Heidelberg: Springer, 1955

Differentialgleichungen

ANSORGE, R.,   Konvergenz von Differenzenverfahren für lineare
HASS, R.   und nichtlineare Anfangswertaufgaben,
                             Berlin-Heidelberg-New York: Springer, 1970

BABUSKA, J.,   Numerical Processes in Differential Equations,
PRAGER, M.,   Prag: Intersc. Publ.,
VITASEK, E.   London-New York-Sydney: J. Wiley & Sons, 1966

BETTIS, D.G.   Proceedings of the Conference on the Numerical
                             Solution of Ordinary Differential Equations,
                             Berlin-Heidelberg-New York: Springer, 1974

BULIRSCH, R.,   Numerical Treatment of Differential Equations,
GRIGORIEFF, R.D.,   Lecture Notes in Mathematics 631
SCHRÖDER, J.   Berlin-Heidelberg-New York: Springer, 1978

CESCHINO, F.,   Numerical Solution of Initial Value Problems,
KUNTZMANN, J.   Englewood Cliffs, N.J.: Prentice Hall, 1966

COLLATZ, L.   The Numerical Treatment of Differential
                             Equations,
                             Berlin-Göttingen-Heidelberg: Springer, 1960

GEAR, C.W.   Numerical Initial Value Problems in Ordinary
                             Differential Equations, (2. Auflage)
                             Englewood Cliffs: Prentice Hall, 1975

GRIGORIEFF, R.D.   Numerik gewöhnlicher Differentialgleichungen,
                             2 Bände, Stuttgart: B.G. Teubner, 1972/77

HALL, G.,   Modern Numerical Methods for Ordinary
WATT, J.M.   Differential Equations,
                             Oxford: Clarendon Press, 1976

HENRICI, P.   Error Propagation for Difference Methods
                             New York-London-Sydney: J. Wiley & Sons, 1963

HENRICI, P.   Discrete Variable Methods in Ordinary
                             Differential Equations,
                             New York-London-Sydney: J. Wiley & Sons, 1962

LAMBERT, J.D.   Computational Methods in Ordinary Differential
                             Equations,
                             London-New York-Sydney-Toronto: J. Wiley & Sons,
                             1973

STETTER, H.J.   Analysis of Discretization Methods for Ordinary
                             Differential Equations,
                             Berlin-Heidelberg-New York: Springer, 1973

WILLOUGHBY, R.A.   Stiff Differential Systems,
                             New York-London: Plenum Press, 1974

Stichwortverzeichnis

A-Stabilität 371

Abgeschlossene Integra-
tionsformeln 142

Abgeschnittene Potenz-
funktion 169

Abminderungsfaktoren 119

ADAMS-BASHFORTH-Verfahren 323,364

ADAMS-MOULTON-Verfahren 323,364

AITKEN → NEVILLE

Alternation 97

Alternante 107

Anfangswertproblem 252
  benachbartes - 261,266
  parameterabhängiges - 268,273

ANSORGE 249

Approximation 83
  beste lineare - 85,86
  Charakterisierung
    bester -en 108
    - - in euklidischen
      Räumen 107
    - - durch Spline-
      Funktionen 167
  Konvergenzfragen bei der - 137
  - linearer Funktionale 134
  numerische Verfahren
    zur - 91,95,102,111
  - von Funktionalen 211
  - ssatz von WEIERSTRASS 135
  TSCHEBYSCHEFF - 90
    diskrete - - 90,91
  - sfehler 99

Asymptotische Fehlerent-
wicklung bei
  - iterierter Trapezregel 253
  - NYSTRÖM-Verfahren 317

Ausgleichsproblem, lineares 110

BAIRE, Satz von - 148

BANACH-STEINHAUS, Satz von - 149

BERNOULLI-Zahlen 241

BERNSTEIN-Polynome 134

BESSELsche Ungleichung 115

beste Approximation →
  Approximation

Blending-Methode 20

BRUNNER 372

BULIRSCH-Folge 244

BUTCHER 320

Charakterisierung bester
  Approximationen 86,94,107,108

charakteristisches Polynom
  - einer linearen Differen-
    tialgleichung 289
  - einer linearen Differen-
    zengleichung 297

COOLEY 50

DAHLQUIST 345,362,365,371,372

Datenabbildung
  allgemeine - 164
  HERMITEsche - 8
  LAGRANGEsche - 164,206

Differentialgleichung 247
  charakteristisches Polynom
    einer - 289
  explizite gewöhnliche - 247
  homogene - 248
  implizite gewöhnliche - 247
  lineare - 248
    - - mit konstanten
      Koeffizienten 248,288
  Lösung einer - 247
  Ordnung einer - 247

Differentialgleichung
  partielle -   247,314
  System von -en   250
Differentialoperator   289
Differentiation
  numerische -   174,233
  spezielle -sformeln   174
Differenzengleichung
  → Differenzenverfahren
  charakteristisches
  Polynom einer -   297
  homogene -   295
  inhomogene Lösung einer - 300
  Wurzelbedingung für -en   300
Differenzenquotient
  inverser -   66
  n-ter -   22,28
  Rekursionsformel für -en 28
Differenzenschema für
  - Polynominterpolation   33
  - rationale Interpolation 67,70
Differenzenverfahren
  → Einschrittverfahren
  → Mehrschrittverfahren
  → Prädiktor - Korrektor
    Verfahren
Differenzierbare Abhängigkeit
  von Parametern   273
DIRICHLETscher Kern   144
diskrete TSCHEBYSCHEFF-
  Approximation   90
Diskretisierungsfehler   305
  Abschätzung des -s   309
  Entwicklung des -s   353
  maximaler -   305
Eindeutigkeitssatz für
  - beste lineare Approxi-
    mationen   88
  - die HERMITE-Inter-
    polation   8,11
  - die Polynominterpolation 5
  - die Spline-Interpolation 166

Einrichten von Kettenbrüchen 68
Einschrittverfahren, allgemeine 301
  - klassische   314
Entwicklung, → asymptotische -
  euklidisch   107
EULER-CAUCHY-Verfahren   318
EULERsches Polygonver-
  fahren   301,316,318
  verbessertes -   316,318
Existenzsatz
  - für Anfangswertprobleme 254
  - für beste lineare Approxi-
    mationen   86
  - für HERMITE-Interpolation 8,11
  - für Polynominterpolation 5
  - für rationale Interpolation 62
  - für Spline-Interpolation 189
  - von PEANO   260
  - von PICARD-LINDELÖF 254
Explizite Differentialgleichung 247
Extrapolationsverfahren nach
  - RICHARDSON   231
  - WYNN und STOER   232
FABER, Satz von -   155
FEHLBERG   320
Fehlerabschätzung bei
  - allgemeinen Einschritt-
    verfahren   309
  - diskreter TSCHEBYSCHEFF-
    Approximation   99
  - Entwicklung nach orthogo-
    nalen Funktionen 139
  - GAUSS-Quadratur 224
  - HERMITE-Interpolation 11
  - linearer Approximation 89
  - Spline-Interpolation 190,198
Fehlerfunktional   218
  -,Darstellungssatz 168,172
  - bei numerischer Diffe-
    rentiation   174,175
  - bei numerischer Inte-
    gration   178,179

FILIPPI 320

FORTRAN-Programm
- für schnelle FOURIER-
Transformation 55
- für ROMBERG-Integration 243

Fortsetzung der Lösung einer
Differentialgleichung 257

FOURIER -
- Analyse, diskrete 47
- Koeffizienten 117
- Partialsummen 117
- Synthese, diskrete 47
- Transformation, diskrete 47
- Transformation, schnelle 50
- Transformierte 117

FRECHET-Ableitung 281,284

Funktionaldifferential-
gleichungen 314

GAUSS 50,111
- Quadratur 222
klassische - - 223,230
- -,Fehlerabschätzung 224

GEAR 371,372

Gewöhnliche Differential-
gleichungen
→ Differentialgleichungen

GORDON 20

GRAGG 359

GRAMsche Determinante 109

graphische Integration 217

GREENsche Funktion 301

GRIGORIEFF 318,319,321,349,371

HAARsches System 41

HALL 371

HASS 349

HERMITE-Interpolation 8
Fehlerabschätzung für die - 11
numerische Behandlung der - 33

HERMITEsche Polynome 125

HEUN, Verfahren von 318

Histosplines 184

HÖLDER-Stetigkeit 160

homogene
- Differentialgleichung 248
- Differenzengleichung 295

HORNER-Schema 5
- für TSCHEBYSCHEFF-Polynome 127

HOUWEN, van der 319

HULL 372

HUTA 320

Idempotenz 17,114

Implizite Differentialgleichung 247

inhomogene
- Differentialgleichung 248
- Differenzengleichung 300

Integralgleichung, VOL-
TERRAsche 254,322

Integration
allgemeine Diskussion der
numerischen - 216
- durch Interpolation 218
Formeln zur numerischen - 219,236
abgeschlossene - - 219
beste - - 216
offene - - 221
- - von SIMPSON 179,220
-,graphische 217
-,Konvergenzfragen 226

Interpolation
Fehlerabschätzung bei
HERMITE- - 11
Spline- - 190,198
- sformeln von
HERMITE 8
LAGRANGE 6,32
NEVILLE-AITKEN 17
NEWTON 31
Konvergenzfragen bei der - 137,154
mehrdimensionale - 18
- - mit der Blending-
Methode 20
- - durch Tensorprodukt-
bildung 19

Interpolation
  Polynom -   3
    - - bei äquidistanten
        Stützstellen   38
    - - bei TSCHEBYSCHEFF-
        Stützstellen   57,156
    - -,klassische For-
        meln   6,8,30
    - -,Rundungsfehler   36
    - -,Stützstellenauswahl   38
  rationale -   59
    - -,Kettenbruchmethode   64
    - - nach WYNN und STOER   77
    - -,numerische Behand-
        lung   64,75
    - -,Stetigkeit   63
  Spline- -   165,185
    - -,Eindeutigkeit   166
    - -,Existenz   168,189
    - -,Fehlerabschätzung   190
    - -,numerische Behand-
        lung   185,199,208
  -squadratur   219
  trigonometrische -   41
  -sverfahren von NEVILLE
    und AITKEN   17
Interpolierende   3
inverser Differenzenquotient   66
iterierte Trapezregel   236
JACKSON, Sätze von -   142
Kettenbruch
  - algorithmus bei rationa-
    ler Interpolation   64
  - darstellung rationaler
    Funktionen   64
  -,Einrichten   68
Knotenmatrix   138
Konsistenz
  - bedingungen   341
  - ordnung   306
  - von Anfangswerten   304
  - von Einschrittverfahren   306

Konvergenz von
  - Approximationen   137
  - Einschrittverfahren   305
  - Extrapolationsverfahren   235
  - Interpolationspolynom-
    folgen   137,154
  - Quadraturformeln   226
  - Spline-Interpolierenden   196
  - LAGRANGE-Interpolierenden   23
Konvexität, strikte -   87
KOROVKIN, Satz von -   134
Korrektorformel   323
KUSMIN, Satz von -   229
KUTTA, Verfahren von -   319
LAGRANGE-Interpolation   6,19,32
  -,Konvergenz   23
  - mit Polynomen   6,32
  - mit rationalen Funktionen   59
  - mit trigonometrischen
    Polynomen   41
  -,zweidimensionale   19
LAGUERREsche Polynome   125
LAMBERT   319,371
LAWSON   320
LEBESGUEsche Konstanten   144
LEGENDRE-Polynome   124,223
LEIBNIZsche Formel   28
lineare
  - Abhängigkeit   4
  - Approximation   85
  - Datenabbildung   164
  - Differentialgleichung   248
  - Differenzengleichung   295
LININGER   372
LIPSCHITZ-
  - Bedingung   142
  - konstante   254
  - stetig   254
Matrix
  Knoten -   138
  - norm   271
  VANDERMONDE- -   24

mehrdimensionale Interpolation 18
Mehrschrittverfahren
  allgemeine -   334
  spezielle -   322
Methode der kleinsten
  Quadrate   110
mid point rule   221,351
MILNE-SIMPSON-Verfahren   323
Minimaleigenschaft von
  Splines   165
Minimalfolge   86
monotone Operatoren   132
Monotoniesätze   272
NEVILLE-AITKEN-Interpolation   17
NEWTON-COTES-Formeln
  abgeschlossene -   219
  offene -   221
NEWTONsche Interpolations-
  formel   30
  -,Variante bei rationaler
  Interpolation   76
NORDSIECK   371
Norm
  L_q -   83
  Matrix -   271
    zugeordnete - -   271
  Semi -   164
  TSCHEBYSCHEFF -   83,90
Normalgleichungen   109
Numerische
  - Differentiation   174,233
  - Integration   178,216,236
NYSTRÖM-Verfahren   323,351
  Fehlerabschätzung beim -   353
Offene Integrationsformeln   221
Operatoren
  Differential -   289
  monotone -   132
  Projektions -   150
  Translations -   151
  Verschiebungs -   297

Optimale
  - Mehrschrittverfahren   265
  - Stützstellenauswahl   38
Ordnung
  - des Verfahrensfehlers
    → Verfahrensfehler
  - einer Differentialgleichung 247
  - einer Differenzengleichung 295
  Konvergenz - → Konvergenz
Orthogonale Funktionen   114
  - HERMITE-Polynome   125
  - LAGUERRE-Polynome   125
  - LEGENDRE-Polynome   124
  - Monome   116
  - Rekursionsformel   123
  - trigonometrische Funktionen 116
  - TSCHEBYSCHEFF-Polynome   125
    - - 2. Art   126
Orthogonalität   84
  - s-Bedingungen   108
  w- -   121
Orthogonalisierungsverfahren
  zur Lösung der Normal-
  gleichungen   111
OSBORNE   372
Parameter
  differenzierbare Abhängigkeit
  von -n   273,285
  stetige Abhängigkeit
  von -n   261,268
PARSEVALsche Gleichung   139
Partielle Differential-
  gleichung   247,303
PEANO
  Existenzsatz von -   260
  Satz von -   168
    - -,Erweiterung   176
PICARD-LINDELÖF, Satz von -   254
Polygonverfahren, EULER-
  sches   301,316,318
  - verbessertes   316,318

Polygonzüge 188

Polynom 3

  BERNSTEIN- -e 134

  charakteristisches -

    - - bei Differential-

      gleichungen 285

    - - bei Differenzen-

      gleichungen 297

  HERMITE- - 125

    - - interpolation

      → Interpolation

  LAGUERRE - - 125

  LEGENDRE - - 124,223

  numerisches Rechnen

    mit -en 127

  orthogonale -e 114,121

  trigonometrische -e 44

  TSCHEBYSCHEFF - -e

    - - erster Art 125

    - - zweiter Art 126

Potenzfunktion, abge-

  schnittene 169

POWELL 155,156

Prädiktor

  - formel 323

  - -Korrektor-Metho-

    den 323,331,336

Projektion 114

  - soperator 17,150

PYTHAGORAS, Satz von - 166

Quadratur → Integration

Randwertproblem 252

rationale Funktionen

  → Interpolation

RAYLEIGH-RITZ-GALERKIN-

  Verfahren 113

Referenz 96

REMES-Algorithmus 102

RICCATIsche Differential-

  gleichung 264

RICHARDSON-Extrapolation 218,231

Richtungsfeld 247

RIVLIN 40

ROMBERG

  - Folge 234

  - Verfahren 242

Rundungsfehler bei

  - allgemeinen Einschritt-

    verfahren 312

  - Interpolation mit Polynomen 36

RUNGE-KUTTA-Verfahren 319

Satz von

  - BAIRE 148

  - BANACH-STEINHAUS 149

  - CHARSHILADZE-LOSINSKI 150

  - FABER 155

  - JACKSON 142

  - KOROVKIN 134

  - PEANO 168,260

  - PICARD-LINDELÖF 254

  - POWELL 155

  - PYTHAGORAS 166

  - WEIERSTRASS 131

Schrittkennzahl 321

Schrittweite 302

Seminorm 164

SHANKS 320

Simplexverfahren 91

SIMPSON-Regel 179,220

Singularität

  bewegliche - 259

Skalarprodukt 84

Spline-Funktionen

  analytische Beschreibung

    natürlicher - 180

  Approximationssatz für - 167

  B- - 199

  Basis von - 169,182,199,206

  Charakterisierung von - 168

  Eindeutigkeitssatz für - 166

  Existenz von interpolie-

    renden - 188

Spline-Funktionen
  Fehlerabschätzungen für -   192
  Histo -   184
  interpolierende -   165,167,185
  Konvergenz von -   196
  kubische -   183,185
  Minimaleigenschaft der -   165
  natürliche -   166
  numerische Behandlung
    von -   185,199,205
  Orthogonalitätsrelationen
    der -   165
  periodische -   187
  spezielle Klassen von -   182
Stabilität   307
  A - -   371
  - schwache bzw. starke   353
  - stheorie von DAHLQUIST   362
Stabilitätskriterium für
  Einschrittverfahren   310
  - für Mehrschrittverfahren   343
Startwert   304
Steife Systeme   371
stetige Abhängigkeit von
  Parametern   269
Stetigkeit bei rationaler
  Interpolation   64
STETTER   319,371,372
STOER und WYNN-Algorithmus   77
  - zur Extrapolation   232
strikt konvex   87,108
Stützstellen   3
  - äquidistante   38
  - bei GAUSS-Quadratur   223
  - optimale Auswahl   38
System von Differential-
  gleichungen   250
Tensorproduktbildung   20
Translationsinvarianz   118
Translationsoperator   151

Trapezregel   178,219
  iterierte -   236
trigonometrische
  - Interpolation   44
  - Polynome   44
TSCHEBYSCHEFF
  - Approximation   90
    diskrete - -   90
  - Norm   90
  - Polynome   39,125
    - - 2. Art   126
  - Systeme   41
TUKEY   51
unerreichbare Punkte bei
  rationaler Interpolation   72
Ungleichung
  BESSELsche -   115
unisolvent   41
VANDERMONDE-Matrix   24
Verfahren von
  - ADAMS-BASHFORTH   323,364
  - ADAMS-MOULTON   323,364
  - AITKEN-NEVILLE   17
  - EULER   301,316,318
  - EULER-CAUCHY   318
  - HEUN   318
  - KUTTA   319
  - MILNE-SIMPSON   323
  - NYSTRÖM   323
  - ROMBERG   242
  - RUNGE-KUTTA   319
  - WYNN und STOER   77
Verfahrensfehler
  - allgemeiner Einschritt-
    verfahren   306
  - allgemeiner Mehrschritt-
    verfahren   340
  - klassischer Einschritt-
    verfahren   315
  - spezieller Mehrschritt-
    verfahren   330

388

Verfahrensfehler	
- von Prädiktor-Korrektor-	
Methoden	332
Verfahrensfunktion	315
Verschiebungsoperator	297,304
- iterierter	305
Vertauschungsrelation	170
VOLTERRAsche Integral-	
gleichung	254,322
w-orthogonal	121
WATT	371

WEIERSTRASS, Satz von -	131
wesentliche Wurzeln	350
WIDLUND	372
WILKINSON	36
WILLOUGHBY	372
Wurzelbedingung	343
WYNN und STOER-Algorithmus	77
- zur Extrapolation	232
zugeordnete Matrixnorm	271
zusammenrückende Punkte	
bei der Interpolation	23

Was können wir bei der nächsten Auflage besser machen?

Sie haben dieses Lehrbuch jetzt benutzt und sich Ihr eigenes Urteil darüber gebildet. Ihre Meinung interessiert uns sehr. Wir würden uns deshalb freuen, wenn Sie die folgenden Fragen beantworten könnten.

Finden Sie die Darstellung in einem Kapitel besonders gut? Wenn ja in welchem und warum?

____

____

____

Welches Kapitel hat Ihnen am wenigsten gefallen? Warum?

____

____

____

Bitte geben Sie uns Ihre Meinung zu folgenden Punkten
(bitte ankreuzen)

	Vorteilhaft	Angemessen	Nicht angemessen
Umfang des Buches	☐	☐	☐
Gliederung	☐	☐	☐
Aufgaben/Beispiele	☐	☐	☐
Aufmachung/Druck	☐	☐	☐
Register	☐	☐	☐

Sollte etwas geändert werden (auch im Hinblick auf die obigen Punkte)? Wenn ja, warum? (Hier erbitten wir auch Hinweise auf Fehler)

____

____

____

____

Wie beurteilen Sie den Preis des Buches (auch im Hinblick auf Umfang und Ausstattung)?

____

Zu welchem Zweck haben Sie das Buch gekauft?

☐ Begleitende Literatur zu einer Vorlesung ☐ Seminar

☐ Ergänzende Literatur zu einer Vorlesung ☐ Für eine wissenschaftl. Arbeit

☐ Prüfungsvorbereitung ☐ _______________________________

Was hat Sie zum Kauf dieses Buches angeregt?

☐ Dozentenempfehlung ☐ Buchbesprechung

☐ Empfehlung von Kommilitonen ☐ Verlagswerbung

☐ Literaturhinweise in einem anderen Buch ☐ _______________________

Gibt es Fächer, zu denen Ihrer Meinung nach moderne Lehrbücher fehlen?

____

____

____

Als kleines Zeichen unseres Dankes für die Beantwortung der Fragen halten wir für Sie ein Gratisheft der Zeitschrift „Mathematical Intelligencer" bereit.

Bitte senden Sie dieses Blatt an: Frau B. Göhring
Planung Mathematik
Springer-Verlag
Neuenheimer Landstraße 28
D-6900 Heidelberg

Name: ____

Adresse: ____

____

H. Werner

Praktische Mathematik I

Methoden der linearen Algebra
Vorlesung gehalten im Wintersemester 1968/69
Nach einem von R. Schaback angefertigten Skriptum,
herausgegeben mit Unterstützung von R. Runge,
U. Ebert

2. Auflage 1975. VIII, 275 Seiten
Hochschultext
DM 24,80
ISBN 3-540-06974-7

Aus den Besprechungen der ersten Auflage:

„...Die Stoffauswahl und die Art der Darbietung entsprechen modernen Vorstellungen, z.B. werden im II. Kapitel das gewöhnliche Iterationsverfahren und das NEWTON-Verfahren im funktionalanalytischen Gewand behandelt. Im III. Kapitel wird die "backward error analysis" exemplarisch auf den GAUSS-schen Algorithmus angewandt, außerdem werden neuere Ergebnisse der Störungstheorie linearer Gleichungstheorie und der Theorie der positiven Operatoren in halbgeordneten Räumen benutzt. Im IV. Kapitel finden sich die meisten der z. Z. angewandten modernen Verfahren zur Eigenwertbestimmung... Als Ausarbeitung einer Vorlesung besitzt das Buch viele Vorzüge einer solchen:...Aussagen werden bewiesen, notwendige Bemerkungen explizit als solche gekennzeichnet und längere Beweise durch vorausgenommene Lemmata übersichtlicher gestaltet. Der Text ist daher auch für Anfänger im Detail verständlich...Auch der Praktiker wird das Buch mit Gewinn in die Hand nehmen, kann er sich doch hier über neuere Entwicklungen in verständlicher Form informieren...Findet man in dem Buch eine glückliche Synthese zwischen der theoretischen Grundlegung der behandelten Gebiete und der Vermittlung anwendbarer Algorithmen. Sowohl Studenten und Hochschullehrern als auch Praktikern mit Interesse an der Numerischen Mathematik kann das preisgünstige Buch nur empfohlen werden."

Zeitschrift für angewandte Mathematik und Mechanik

Springer-Verlag
Berlin
Heidelberg
New York

Hochschultexte

In diese Sammlung werden preiswerte Lehrbücher aufgenommen, die, was Anordnung und Präsentation des Stoffes betrifft, nach didaktischen Gesichtspunkten aufgebaut und in erster Linie für Studenten mittlerer Semester geeignet sind. Die einzelnen Bände – es sind entweder Ausarbeitungen von aktuellen Vorlesungen oder Übersetzungen bekannter fremdsprachiger Bücher – geben jeweils eine solide Einführung in ein nicht nur für Spezialisten interessantes Fachgebiet.

M. Aigner, Kombinatorik. I. Grundlagen und Zähltheorie. 1975. DM 39,–
M. Aigner, Kombinatorik. II. Matroide und Transversaltheorie. 1976. DM 34,–
B. Booß, Topologie und Analysis. Einführung in die Atiyah-Singer-Indexformel. 1977. DM 39,90
H. Bühlmann/H. Loeffel/E. Nievergelt, Entscheidungs- und Spieltheorie. 1975. DM 28,60
K. L. Chung, Elementare Wahrscheinlichkeitstheorie und stochastische Prozesse. 1978. DM 32,–
F. J. Fritz/B. Huppert/W. Willems, Stochastische Matrizen. 1978. DM 32,–
K. Deimling, Nichtlineare Gleichungen und Abbildungsgrade. 1974. DM 21,–
P. Gänssler/W. Stute, Wahrscheinlichkeitstheorie. 1977. DM 36,–
H. Grauert/K. Fritzsche, Einführung in die Funktionentheorie mehrerer Veränderlicher. 1974. DM 24,80
M. Gross/A. Lentin, Mathematische Linguistik. 1971. DM 46,–
H. Heyer, Mathematische Theorie statistischer Experimente. 1973. DM 24,80
K. Hinderer, Grundbegriffe der Wahrscheinlichkeitstheorie. Korr. Nachdruck der 1. Auflage. 1975 DM 22,80
K. Jänich, Einführung in die Funktionentheorie. 1977. DM 22,–
K. Jörgens/F. Rellich, Eigenwerttheorie gewöhnlicher Differentialgleichungen. 1976. DM 31,–
K. Krickeberg/H. Ziezold, Stochastische Methoden. 1977. DM 29,40
G. Kreisel/J.-L. Krivine, Modelltheorie. 1972. DM 35,–
H. Kurzweil, Endliche Gruppen. 1977. DM 25,20
A. Langenbach, Monotone Potentialoperatoren in Theorie und Anwendung. 1977. DM 58,–
H. Lüneburg, Einführung in die Algebra. 1973. DM 29,80
T. Meis/U. Marcowitz, Numerische Behandlung partieller Differentialgleichungen. 1978. DM 36,–
S. MacLane, Kategorien. 1972. DM 38,–
G. Owen, Spieltheorie. 1972. DM 36,–
J. C. Oxtoby, Maß und Kategorie. 1971. DM 28,–
G. Preuss, Allgemeine Topologie. 2. Auflage 1975. DM 44,–
B. v. Querenburg, Mengentheoretische Topologie. Korrigierter Nachdruck der 1. Auflage. 1976. DM 16,80
S. Rolewicz, Funktionalanalysis und Steuerungstheorie. 1976. DM 39,60
S. Schach/Th. Schäfer, Regressions- und Varianzanalyse. 1978. DM 29,–
K. Stange, Bayes-Verfahren. 1977. DM 42,–
H. Werner, Praktische Mathematik I. 2. Auflage. 1975. DM 24,80

Preisänderungen vorbehalten

Springer-Verlag Berlin Heidelberg New York